제2판

정역학

김낙석 · 황신우 · 주석범 · 윤석호 공저

도서출판
구미서관

머리말 PREFACE

정역학은 토목, 기계, 건축 등 공학을 전공하는 학생들이 처음으로 접하는 역학과목으로 어려운 이론 분야 중 하나인 역학을 처음으로 접하게 되는데, 그 원리와 개념을 정확히 이해하는데 많은 노력을 기울여야 한다. 우리나라에서는 대부분 한 학기 3시간 동안 3~4학점 과목을 기준으로 정역학 강의를 하고 있는 실정이다.

이 책에서 제시된 내용 설명과 예제는 학생들의 이해를 돕기 위해 실제 구조물을 가능한 한 반영하여 구성하였다. 각 장의 핵심 내용에 관한 학생들의 이해를 돕기 위하여 가급적 많은 예제를 통하여 이론적인 배경을 이해하도록 노력하였으며 보충적으로 연습문제를 수록하였다. 특히, 내용 설명에 있어 역학에 대한 학생들의 흥미 유발과 이해력 증진을 위하여 가급적으로 난해한 수학적인 접근방법은 피하고 직관적인 접근방법을 많이 시도하였다.

이 책은 2008년 처음 출판되었던 책의 구성을 새롭게 하고 많은 예제와 연습문제를 추가하여 개정하고 편집디자인을 새롭게 하였다. 크게 총 10장으로 구성하였으며 각 장마다 많은 예제와 연습문제를 수록하였으며 각 장의 구성은 다음과 같다.

제1장 서론, 제2장 한 점에 작용하는 힘의 합, 제3장 한 점에 작용하지 않는 힘의 합, 제4장 한 점에 작용하는 힘의 평형, 제5장 한 점에 작용하지 않는 힘의 평형, 제6장 분포력, 제7장 보 해석, 제8장 트러스 해석, 제9장 중심과 도심, 제10장 관성모멘트, 부록

이 책이 많은 학생들에게 정역학을 쉽게 이해하고 친근감을 갖는데 도움이 되도록 노력하였으나 아직도 미흡한 부분이 많을 것으로 생각되며, 부족한 부분은 앞으로 꾸준히 수정 보완하여 좋은 교재가 되도록 할 것임을 약속드리며 독자 여러분의 애정 어린 충고를 부탁드린다.

끝으로, 어려운 출판 여건 속에서도 이 책의 출판을 위해 수고하여 주신 구미서관 임해진 사장님을 비롯한 편집부 관계자 여러분의 노고에 깊은 감사를 드린다.

2016년 2월

저자 김낙석, 황신우, 주석범, 윤석호

차 례 CONTENTS

CHAPTER 1

서 론

CHAPTER 1

서론

1.1 공학에 대한 소개

1.1.1 공학의 의미

공학 계열의 학과에서 공부하는 학생이라면, 누구나 공학이 무엇을 하는 학문 분야인지는 이해하고 있어야 한다. 그리고 그러한 이해는 자신의 전공 분야를 공부하는데 큰 도움을 주는 것 또한 사실이다. 따라서 정역학에 대해 이야기하기에 앞서 공학에 대해 알아보기로 하자.

먼저 간단하게 말하면, 공학(工學, engineering)은 자연현상에 대한 이해를 토대로 실생활에 필요한 것들을 만들어내기 위해 그 생산 기술이나 이론 따위를 체계적으로 연구하는 학문 분야라고 할 수 있다. 공학의 세분화된 분야로는 토목, 건축, 기계, 전기, 전자, 항공, 선박, 화학공학 등과 같은 분야를 들 수 있다. 그리고 여기서 말하는 "자연현상에 대한 이해"는 주로 수학, 물리학, 화학, 생물학, 지구과학 등과 같은 자연과학[1] 분야의 연구 성과에 의해 얻어진 이론들을 말한다.

즉, 공학은 순수 자연과학에서 얻어진 원리를 응용하여 공중(公衆)이나 개인이 필요로 하는 것을 만들어내는 학문 분야를 말하는데, 공중의 필요에 의한 것으로는 도로, 교량, 철도, 댐, 항만, 공항, 항공기, 선박, 공장 등을 들 수 있고, 개인의 필요에 의한 것으로는 승용차, 주택, 전자제품 등과 같이 우리가 매일 사용하는 수많은 물건들을 그 예로 들 수 있다.

한편, 공학을 공부하는 이유라고 한다면, 그것은 좋은 물건을 적은 비용으로 만들기 위한 것이라고 할 수 있다. 즉, 공학을 통하여 생산된 제품이나 건설된 구조물이 사용자들에게

1) 자연과학(自然科學)은 우리의 주변에서 일어나는 자연현상을 연구 대상으로 하여 그 원리를 알아내는 학문 분야를 말하는데, 좁게는 자연현상 그 자체의 법칙을 탐구하는 수학, 물리학, 화학, 생물학, 지구과학 등을 말하고, 넓게는 자연현상을 실생활에 응용하는 것을 목적으로 하는 공학, 농학, 의학 등을 포함하여 말하기도 한다.

해를 끼칠 수 있는 요소가 전혀 없는 안전한 것이어야 하며, 저렴한 가격으로 생산되거나 시공되어 많은 사람들이 혜택을 누릴 수 있도록 해야 한다는 것이다.

따라서, 공학도(工學徒)는 과학적인 원리를 익히는 것뿐만 아니라 그 원리를 실제문제에 이용할 수 있는 응용 능력을 충분히 길러야 한다. 그리고 일반 대중(大衆)의 안전과 공공(公共)의 이익을 먼저 생각하는 도덕성 또한 갖추어야 한다.

1.1.2 공학의 분류

자연과학이 자연(自然) 그 자체를 대상으로 하여 자연의 법칙을 탐구하는 것이라고 한다면, 공학은 자연을 대상으로 하고, 자연의 법칙을 탐구하지만 결과적으로는 필요한 무엇인가를 만들어 낸다는 점에서 자연과학과 구별된다. 그리고 자연과학과 공학의 구분이 명확하지 않은 분야를 응용과학이라고 한다면, 순수 자연과학과 구별하기 위해서 응용과학을 공학의 일부분으로 보는 것이 일반적이다.

그러나 역사적으로는 자연과학도 실제적인 필요에 의해 발생된 것이기 때문에 공학과 순수 자연과학을 명확하게 구별하기는 어려울 뿐만 아니라 그러한 구별이 큰 의미가 있는 것도 아니다.

한편, 공학에는 '관리' 또는 '계획' 등의 분야도 포함되는데, 시공관리, 생산관리, 도시계획 등을 그 예로 들 수 있다. 이들 분야에서는 현실적 문제 해결을 위하여 경제학이나 경영학의 원리까지 포함하게 된다.

이와 같이 공학은 순수 자연과학에서부터 경제학 분야에 이르는 광범위한 학문 영역을 포괄하고 있으며, 순수 자연과학에 비해 현실적인 문제로서 경제성을 고려한다는 것이 또한 그 특징이라고 할 수 있다.

이처럼 광범위한 영역을 포괄하고 있는 공학을 간단하게 분류한다는 것은 그렇게 쉬운 일이 아닐 뿐만 아니라, 현재로서는 정해진 분류기준이 있는 것도 아니다. 따라서 대학에서의 연구조직과 교육제도에 따라 공학을 대략적으로 분류해본다면, 다음과 같은 몇 개의 분야로 나누어 볼 수 있으며, 이들은 각각 여러 개의 세세한 분야로 또 다시 나누어진다.

(1) 건설공학(建設工學) : 도로, 교량, 철도, 댐, 항만, 공항, 건물 등과 같은 건설 사업을 계획・시공・관리하는 일뿐만 아니라 환경 및 도시 계획 등을 포함한 넓은 의미의 사회간접자본(SOC) 시설에 관하여 연구하는 학문 분야이다.

(2) 기계공학(機械工學) : 기계와 기계에 관련된 내용들을 연구하는 학문 분야이다.

(3) 전기전자공학(電氣電子工學) : 전기에 관한 모든 이론과 그 응용을 연구하는 학문 분야이며, 통신, 전력, 제어, 정보 처리 등과 같은 분야를 연구한다.

(4) 화학공학(化學工學) : 화학 공업의 여러 공정을 합리적이고 경제적으로 진행하기 위해 화학 장치의 조합(組合) 및 장치 안의 반응 등을 연구하는 분야이다.

(5) 재료공학(材料工學) : 각종 재료와 자원을 연구 대상으로 하는 학문 분야이다.

(6) 원자력공학(原子力工學) : 원자력의 개발과 이용을 연구하는 학문 분야이다.

(7) 항공공학(航空工學) : 항공기의 개발과 제작 및 운용을 위한 문제들을 연구하는 학문 분야이다.

(8) 선박공학(船舶工學) : 선박의 설계 및 건조(建造), 유지 등에 대한 기술과 이론을 연구하는 학문 분야이며, 조선학(造船學)이라고도 한다.

(9) 교통공학(交通工學) : 교통의 안정성, 편리성, 경제성을 높이기 위한 기술과 이론을 연구하는 학문 분야이다.

(10) 생명공학(生命工學) : 생물 기능 그 자체를 인위적으로 조작하는 기술을 통틀어 이르는 말로서 유전자의 재조합, 세포 융합 등과 같은 기술을 바탕으로 육종, 의료, 공해 방지 등과 같은 다양한 분야에 대한 응용을 연구 대상으로 하는 학문 분야이다.

이 밖에도 위의 분야에 공통된 공학 분야로서 응용수학[2] 분야, 경영공학 분야(품질관리, 시스템공학[3] 등) 등이 있다. 그리고 지금도 시대적(時代的)인 필요에 따라 새로운 공학 분야들이 계속 생성되고 있다.

1.2 정역학에 대한 소개

정역학은 공학도가 맨 처음 배우는 공학 과목일 경우가 많으며, 공학계열 학과의 전공과목인 재료역학, 구조역학, 기계설계학, 건축구조역학 등과 같은 과목의 기초과목에 해당되기 때문에 잘 이해하고 있어야 할 필요가 있다.

2) 응용수학(應用數學)은 역학, 통계학, 광학, 물리학, 공학 등에 응용되는 수학을 말하며, 대부분의 공학 계열의 학과에서는 공업수학을 기본 과목으로 채택하고 있다.

3) 시스템공학(systems engineering)은 체계를 구성하는 각각의 작용과 기기(機器) 따위를 분석하여 가장 적합한 체계를 설계하는 공학을 말하며, 생산공정관리, 정보처리, 경영관리, 우주개발 등과 같은 넓은 영역에 응용된다.

정역학을 한 마디로 요약한다면, 정지되어 있는 강체에 작용하는 힘의 영향에 대해서 공부하는 과목이라고 할 수 있다. 여기에서 강체(剛體, rigid body)라고 하는 것은 질량과 부피를 가지고 있고, 힘을 가하여도 그 모양과 부피가 변하지 않는 물체를 말한다. 따라서 실제 우리의 주변에 있는 물체들 중에서는 완전한 강체를 찾아 볼 수 없다.

그러므로 정역학에서 말하는 강체란 외력(外力)에 의한 변형이 아주 적어 강체로 볼 수 있는 물체, 즉 적절한 힘을 가할 때 그 모양과 부피가 무시할 수 있을 만큼 적게 변하는 물체를 의미한다. 예를 들어 설명하면, 힘이 작용할 때 큰 변형(變形)이 발생되지 않는 한도 내에서는 우리가 사용하는 의자나 책상도 강체이고, 건물이나 교량, 송전용 철탑 등도 강체라고 할 수 있다. 따라서 정역학은 물체나 구조물에 발생되는 변형이 무시할 수 있을 만큼 적은 한도 내에서 그 물체나 구조물에 작용하는 힘의 영향에 대해서 공부하는 과목이라고 할 수 있다.

1.3 힘과 역계

1.3.1 힘

힘은 물체의 운동 상태, 형상 또는 체적을 변화시키는 작용의 총칭으로, 우리가 보거나 만질 수 있는 것은 아니지만, 우리의 주변에서 일어나는 현상들을 관찰해 보면 많은 종류의 힘이 항상 작용하고 있음을 알 수 있으며, 이러한 힘의 예로는 중력이나 자기력뿐만 아니라 우리가 물체를 밀거나 끌어당기는 힘 같은 것을 들 수 있다.

[힘 (force)]

힘은 정지하고 있는 물체를 움직이게 하거나 또는 움직이고 있는 물체의 속도를 변화시키는 물리적인 작용을 말한다. 그리고 힘은 벡터로 다음과 같은 특성을 가지고 있다.

① 힘은 크기가 있다.
② 힘은 작용하는 방향이 있다.
③ 힘은 작용점이 있다.

따라서, 기하학적으로는 힘을 화살표로 나타내면 그 특성을 쉽게 표현할 수 있다. 즉, 그림 1-1에서와 같이 물체를 잡아당기는 힘의 크기는 화살표의 길이로 나타내고, 힘의 작용방향은 화살표가 지시하는 방향으로 나타내면 된다. 이때 작용점을 지나가고 힘과 방향이 같은 직선을 힘의 작용선(作用線)이라고 한다.

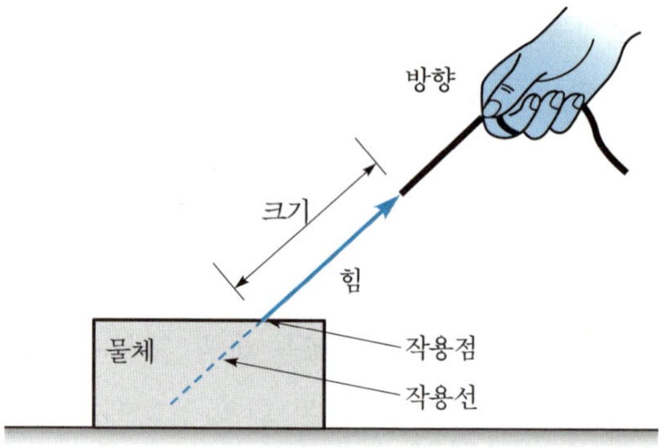

그림 1-1

한편, 힘과 같이 크기와 작용방향을 가지는 물리적인 양을 벡터라고 하는데, 벡터에는 힘뿐만 아니라 변위(變位, displacement), 속도(速度, velocity), 가속도(加速度, acceleration), 운동량(運動量, momentum) 등도 이에 해당된다. 그리고 차량에 설치된 거리계 및 속력계와 같이 방향은 고려하지 않고, 단지 크기로만 표시되는 물리량을 스칼라라고 하는데, 길이, 면적, 부피, 이동 거리, 속력, 질량, 밀도, 온도, 에너지 등이 이에 해당된다.

예제 1-1

O점부터 시작하여 A점을 지나 B점까지 움직인 경우, 평균속력(Average Speed : Scalar)과 평균속도(Average Velocity : Vector)는?

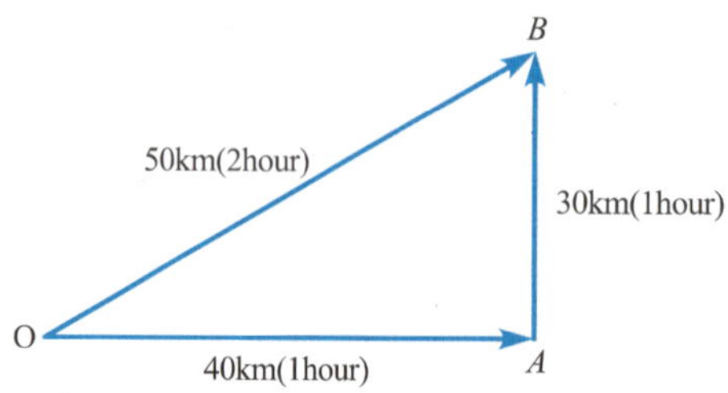

그림 1-2

풀이

(1) 평균속력 (Scalar) = 이동거리 / 이동시간

1) 이동거리 = 40 + 30 = 70 km

2) 이동시간 = 1h + 1h = 2 hour

3) 평균속력 = (70 km) / (2 hour) = 35 km/hr

(2) 평균속도 (Vector) = 변위 / 이동시간

1) 변위 = 50 km ↗

2) 이동시간 = 2 hour

3) 평균속력 = (50 km ↗) / (2 hour) = 25 km/hr ↗

1.3.2 역계(力系)

일정한 상호 작용이나 서로 관련이 있는 물체의 집합체를 계(系, system)라고 하는데, 이와 마찬가지로 서로 관련이 있거나 일정한 상호작용을 하는 힘들의 집합을 힘계 또는 역계(力系, force system)라고 한다. 즉, 어떤 물체나 구조물에 작용하는 힘들의 집합을 역계라고 할 수 있다.

이러한 역계는 그림 1-3과 같이 그 종류를 나누어 볼 수 있는데, 평면력계(平面力系, coplanar force system)는 역계를 이루고 있는 모든 힘들이 한 평면 위에 있는 경우를 말하고, 공간력계(空間力系, space force system)는 역계를 이루고 있는 힘들이 3차원 공간에서 임의로 작용하고 있는 경우를 말한다.

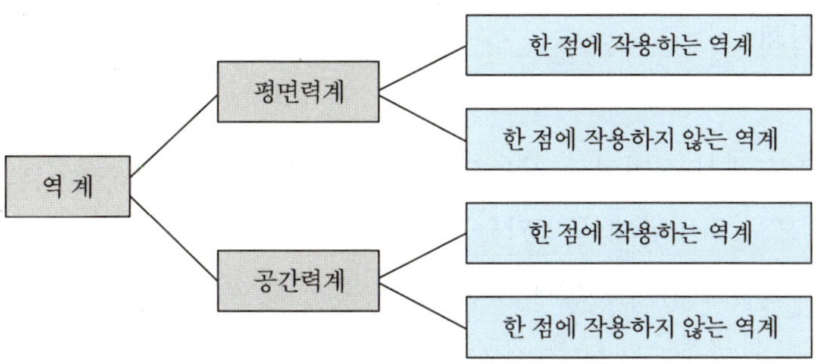

그림 1-3 역계의 종류

그리고 역계를 이루고 있는 힘들이 한 점에 작용하느냐 그렇지 않느냐에 따라 '한 점에 작용하는 역계(concurrent force system)'와 '한 점에 작용하지 않는 역계(non-concurrent force system)'로 구분하며, 한 점에 작용하는 역계는 공점력계(共點力系)라고도 한다.

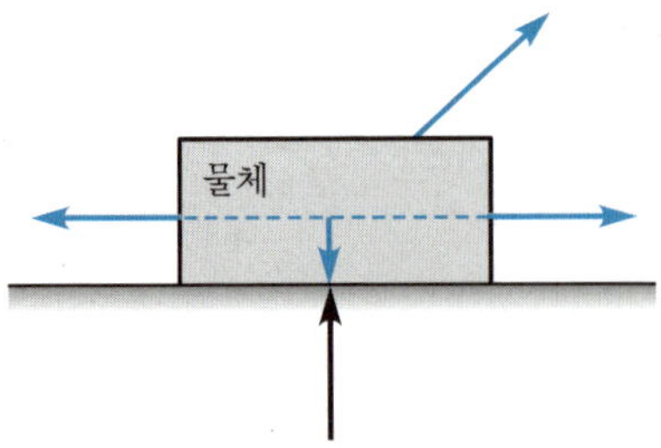

그림 1-4 한 점에 작용하는 평면력계

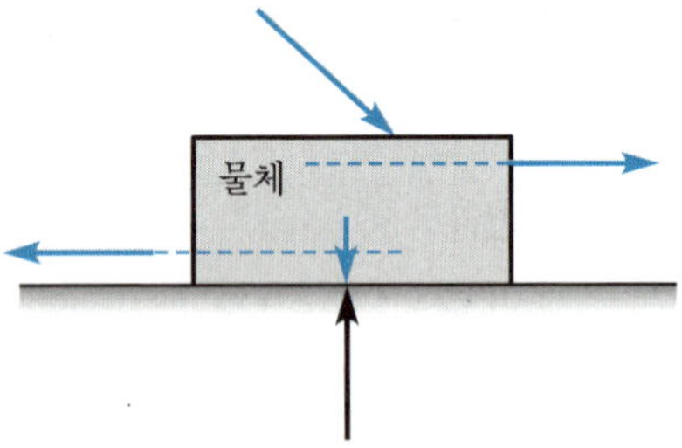

그림 1-5 한 점에 작용하지 않는 평면력계

이 외에도 역계를 이루고 있는 모든 힘들이 동일한 직선 위에 놓여 있느냐 그렇지 않느냐에 따라 직선력계(直線力系, collinear force system)와 비직선력계(非直線力系, non-collinear force system)로 나누기도 하며, 한 점에 작용하지 않는 역계의 힘들이 모두 평행하느냐 그렇지 않느냐에 따라 평행력계(平行力系, parallel force system)와 비평행력계(非平行力系, non-parallel force system)로 나누기도 한다.

이 책에서는 역계를 구분하는 여러 가지 방법 중 역계를 이루고 있는 힘들이 한 점에 작용하느냐 그렇지 않느냐에 따라 구분한 '한 점에 작용하는 역계(concurrent force system)'와 '한 점에 작용하지 않는 역계(non-concurrent force system)'로 나누어 살펴보고자 한다.

1.4 단위계

우리는 일상생활 속에서 길이나 무게를 재거나 시간을 확인하는 등과 같은 활동이 필요한데, 특히 공학적으로 정밀하게 무언가를 만들어야 할 때에는 그 중요성이 더욱 높아진다. 따라서 사용되고 있는 단위계에 대해서 잘 알아두어야 할 필요가 있으며, 다른 단위계로 쓰인 참고 서적이나 설계계산서 등을 활용하기 위해서는 다른 단위계로의 변환에 대해서도 알아둘 필요가 있다.

단위(單位)란 길이, 무게, 시간 등과 같은 어떤 물리량(物理量)의 크기를 수치로 나타낼 때 비교의 기준이 되는 크기로, 예를 들어 질량 1kg은 파리 근교의 국제도량형국에 보관되어 있는 국제 킬로그램 원기(백금-이리듐 원통)의 질량을 표준으로 하며, 4℃인 물 1리터($=1000\text{cm}^3$)의 질량과 거의 같다.

이러한 기준 단위들의 집합을 단위계(單位系)라고 하는데, 이러한 단위계는 자연계에 본래부터 존재하는 것이 아니라 우리의 필요에 따라 그 크기의 기준을 정해 놓은 것이다.

가장 많이 사용되는 대표적인 단위계로는 MKS 단위계, 미·영 단위계를 들 수 있는데, 이 단위계들을 이루고 있는 4개의 기본적인 물리량은 길이(length), 질량(mass), 시간(time), 힘(force)이다.[4)]

그리고 이러한 단위계들은 기본단위로 정한 물리량의 종류에 따라 표 1-1과 같이 구분된다. 즉, 4가지 기본적인 물리량 중에서 길이, 질량, 시간을 기본단위로 하여 만들어진 단위계를 절대단위계(絶對單位系, absolute system of units)라고 하며, 길이, 힘, 시간을 기본단위로 하여 만들어진 단위계를 중력단위계(重力單位系, gravitational system of units)라고 한다.

표 1-1 절대단위계와 중력단위계

유형	명칭	길이	질량	시간	힘	비고
절대단위계	MKS 단위계	m	kg	sec	N (Newton)	SI단위계
	cgs 단위계	cm	g	sec	dyn (dyne)	물리, 화학에서 많이 쓰임.
	미·영 단위계	ft	lb	sec	pdl (poundal)	
중력단위계(공학단위계)	MKS 단위계	m	kg	sec	kgf (kg중)	m, cm 병용
	미·영 단위계	ft	slug	sec	lbf (lb중)	ft, inch 병용

1.4.1 MKS 단위계

MKS 단위계는 기본단위를 길이는 m(미터, meter), 질량은 kg(킬로그램, kilogram), 시간은 s(초, sec)를 사용하는 단위계를 총칭한다.

이 중 MKS 절대단위계인 국제단위계(SI 단위계)는 1960년 국제도량형총회(General Conference on Weights and Measures)에서 정한 것으로 표 1-2에 정리해 놓은 것과 같이 기본단위를 m(미터, meter), kg(킬로그램, kilogram), s(초, sec)로 정하고, 힘은 이 단위들로부터 유도된($\text{N}=\text{kg}\cdot\text{m/s}^2$, newton) 것을 사용한다.

4) 여기에서 언급한 4개의 기본적인 물리량 중에서 힘은 다른 3가지 물리량으로부터 유도되어 정의(定義)되기 때문에 유도단위(誘導單位, derived unit)라고 한다.

표 1-2 SI 단위계

	물리량	단위 명	기호
기본 단위	길이	미터(meter)	m
	질량	킬로그램(kilogram)	kg
	시간	초(sec)	s
유도된 단위	힘	뉴턴(newton)	$N(=kg \cdot m/s^2)$
	일, 에너지	주울(joule)	$J(=N \cdot m)$
	압력, 응력	파스칼(pascal)	$Pa(=N/m^2)$

이때, SI 단위계의 힘의 단위인 뉴턴은 힘 = (질량) × (가속도) 라는 뉴턴 법칙에 따라 질량 1kg 인 물체가 $1\,m/s^2$의 가속도를 갖게 되는 힘을 의미한다.

$$1N = (1kg) \times (1m/s^2) = 1\,kg \cdot m/s^2$$

일과 에너지의 단위로는 J가 사용되며 $1J = 1N \times 1m = 1N \cdot m$를 뜻하며, 압력, 응력의 단위로는 Pa가 사용되며 $1Pa = 1N/m^2$, $1MPa = 1N/mm^2$ 을 의미한다.

또한, MKS 중력단위계에서는 지구상에서 어떤 물체에 작용하는 중력(重力)의 크기, 즉 물체의 중량(重量, weight) 또는 무게로 힘을 표시하며, 이때 질량이 m 인 물체의 무게 W 는

$$W = mg$$

라고 나타내며, 이때 g 는 중력가속도로 그 값은 지구상의 위치와 높이에 따라 다르지만 대략적으로 $9.81m/s^2$ 정도를 사용한다.

즉, 질량이 1kg 인 물체의 중량(1kg중)은

$$1kg중 = (1kg) \times (9.81m/s^2) = 9.81N$$

을 의미하며, 이때 kg중 = kgf = kg_f와 같이 나타내기도 한다.

그 외로 물리, 화학 분야에서 많이 쓰이는 절대단위계로 CGS 단위계가 있으며, CGS 단위계는 기본단위로 cm, g(gram), s(초, sec)가 사용되고, 힘의 단위로는 dyn(다인)이 사용된다.

$$1dyn = (1g) \times (1cm/s^2) = 1g \cdot cm/s^2$$

1.4.2 미 · 영 단위계

영어 사용국에서 관습적으로 사용되는 미 · 영 단위계는 FPS(Foot Pound Second System) 단위라고도 불리우며, 미 · 영 단위계에도 절대단위계와 중력단위계가 있으나 주로 중력 단위계가 사용된다.

미 · 영 중력단위계는 기본단위로 ft(피트), lbf(pound force, 무게의 단위), s(초, sec)를 사용하며, 질량은 1 lbf의 힘이 작용하여 1 ft/sec^{2}의 가속도가 생길 때를 1 slug(= lbf · s^2/ft, 슬러그)라고 정의하여 사용한다.

즉,

$$1\,\text{slug} = \frac{1\,\text{lbf}}{1\,\text{ft/s}^2} = 1\,\text{lbf} \cdot \text{s}^2/\text{ft}$$

이다. 또한 미 · 영 절대단위계에서 질량의 단위로 lb (pound)도 사용되는데 이 값은 무게 1 lbf를 갖게 하는 질량을 뜻하며, 중력가속도 $g = 32.2\,\text{ft/s}^2$ 를 사용하여 나타내면 다음과 같다.

$$1\,\text{lb} = \frac{1\,\text{lbf}}{32.2\,\text{ft/s}^2} = \frac{1}{32.2}\ \text{slug}$$

또한 미 · 영 절대단위계에서는 힘의 단위로 pdl(poundal)이 사용되는데, 이 단위는 질량 1lb의 물체가 1 ft/s^{2}의 가속도를 가질 때를 의미하며, 무게의 단위와 비교하여 나타내면 다음과 같다.

$$1\,\text{pdl} = 1\,\text{lb} \times 1\,\text{ft/s}^2 = 1\,\text{lb} \cdot \text{ft/s}^2$$

$$1\,\text{lbf} = 1\,\text{slug} \times 1\,\text{ft/s}^2 = 1\,\text{lb} \times 32.2\,\text{ft/s}^2 = 32.2\,\text{pdl}$$

참고로 미 · 영 단위계에서 길이를 나타내는 단위로 ft 이외에 in(인치, inch), yd(야드, yard), mi(마일, mile)이 있으며 ft와의 관계를 나타내면 다음과 같다.

$$1\,\text{ft} = 12\,\text{in},\ 1\,\text{yd} = 3\,\text{ft},\ 1\,\text{mi} = 5280\,\text{ft}$$

1.4.3 단위 변환

단위를 표시할 때 10의 승수에 해당하는 기호를 사용하기도 하는데, 이를 나타내면 표 1-3과 같다.

표 1-3 단위계의 접두어

기호	명칭	10의 곱	기호	명칭	10의 곱
T	tera(테라)	10^{12}	d	deci(데시)	10^{-1}
G	giga(기가)	10^{9}	c	centi(센티)	10^{-2}
M	mega(메가)	10^{6}	m	milli(밀리)	10^{-3}
k	kilo(킬로)	10^{3}	μ	micro (마이크로)	10^{-6}
h	hecto(헥토)	10^{2}	n	nano(나노)	10^{-9}
da	deca(데카)	10	p	pico(피코)	10^{-12}

간혹 다른 단위로 변환된 값을 구해야 할 경우가 있는데, 이런 경우에 먼저 변환해야 할 두 단위 사이의 기본적인 크기 관계는 알고 있어야 한다.

예를 들어 미·영 단위계를 국제단위계(SI 단위계)로 표현하면 다음과 같다.

길이 : $1\text{ in} = 2.54\text{ cm}$, $1\text{ ft} = 0.3048\text{ m}$, $1\text{ mi} = 1.609\text{ km}$

무게 : $2.20\text{ lbf} = 1\text{ kgf}$, $1\text{ lbf} = 4.448\text{ N}$

위 관계를 이용하여 질량 1slug가 몇 kg인지 구해보면

$$
\begin{aligned}
1\text{ slug} &= \frac{1\text{ lbf}}{1\text{ ft/s}^2} \\
&= \frac{(4.448\text{ N})}{(0.3048\text{ m})/\text{s}^2} \\
&= 14.59\left(\frac{\text{kg}\cdot\text{m/s}^2}{\text{m/s}^2}\right) \\
&= 14.59\text{ kg}
\end{aligned}
$$

이 얻어진다.

예제 1-2

SI 단위계로 나타내어진 중력가속도 $g = 9.81\text{m/s}^2$을 미·영 단위계인 ft/s^2로 변환하시오.

풀이 1

$1\text{ m} = \dfrac{1}{0.3048}\text{ ft}$ 이므로

$$g = 9.81\text{m/s}^2 = 9.81\frac{\left(\dfrac{1}{0.3048}\text{ft}\right)}{\text{s}^2} = 32.2\text{ ft/s}^2$$

풀이 2

$\dfrac{1\text{ ft}}{0.3048\text{ m}} = 1$ 이므로

$$g = 9.81\text{m/s}^2 = \left(9.81\frac{\text{m}}{\text{s}^2}\right)\times\left(\frac{1\text{ ft}}{0.3048\text{ m}}\right) = 32.2\text{ ft/s}^2$$

예제 1-3

자동차가 60mi/hr로 달리고 있다면, 이 차의 속력은 몇 km/hr인지 구하시오. 여기서 hr은 1시간(=3600초)을 뜻한다.

풀이 1

$1\text{ mi} = 5{,}280\text{ ft},\ 1\text{ ft} = 0.3048\text{ m},\ 1\text{ m} = 10^{-3}\text{ km}$이므로

$$1\text{ mi} = 5{,}280\text{ ft} = 5{,}280(0.3048\text{ m}) = (5{,}280\times0.3048)(10^{-3}\text{km}) = 1.609\text{ km}$$

따라서, $60\text{ mi/hr} = 60\times(1.609\text{ km})/\text{hr} = 96.54\text{ km/hr}$

풀이 2

$\dfrac{5{,}280\text{ ft}}{1\text{ mi}} = 1,\ \dfrac{0.3048\text{ m}}{1\text{ ft}} = 1,\ \dfrac{10^{-3}\text{ km}}{1\text{ m}} = 1$이므로

$$60\text{ mi/hr} = \left(60\frac{\text{mi}}{\text{hr}}\right)\times\left(\frac{5{,}280\text{ ft}}{1\text{ mi}}\right)\times\left(\frac{0.3048\text{ m}}{1\text{ ft}}\right)\times\left(\frac{10^{-3}\text{ km}}{1\text{ m}}\right)$$

$$= 96.56\text{ km/hr}$$

예제 1-4

56cm/s^{2}은 몇 mi/hr^{2}에 해당되는지 변환하시오.

풀이 1

$$1\text{ cm} = \frac{1}{2.54}\text{ in},\ 1\text{ in} = \frac{1}{12}\text{ ft},\ 1\text{ ft} = \frac{1}{5,280}\text{ mi}$$ 이므로

$$1\text{ cm} = \frac{1}{2.54}\text{ in} = \frac{1}{2.54}\left(\frac{1}{12}\text{ ft}\right) = \frac{1}{2.54}\left(\frac{1}{12}\right)\left(\frac{1}{5,280}\text{mi}\right) = 6.213\times 10^{-6}\text{mi}$$

$$1\text{ s} = \frac{1}{3,600}\text{hr}$$ 이므로

$$56\text{ cm/s}^2 = \frac{56\times(6.213\times10^{-6}\text{mi})}{\left(\frac{1}{3,600}\text{hr}\right)^2} = 4,509\text{ mi/hr}^2$$

풀이 2

$$\frac{1\text{ in}}{2.54\text{ cm}} = 1,\ \frac{1\text{ ft}}{12\text{ in}} = 1,\ \frac{1\text{ mi}}{5280\text{ ft}} = 1$$ 이고, $$\frac{3,600\text{ s}}{1\text{ hr}} = 1$$ 이므로

$$56\text{ cm/s}^2 = \left(56\ \frac{\text{cm}}{\text{s}^2}\right)\times\left(\frac{1\text{ in}}{2.54\text{ cm}}\right)\times\left(\frac{1\text{ ft}}{12\text{ in}}\right)\times\left(\frac{1\text{ mi}}{5280\text{ ft}}\right)\times\left(\frac{3,600\text{ s}}{1\text{ hr}}\right)^2$$

$$= 4,510\text{ mi/hr}^2$$

예제 1-5

6,000kgf/cm^{2}는 몇 lbf/in^{2}에 해당되는지 변환하시오.

풀이 1

$$1\text{ kgf} = 2.20\text{ lbf},\ 1\text{ cm} = \frac{1}{2.54}\text{ in}$$ 이므로

$$6,000\text{ kgf/cm}^2 = \frac{6,000\times(2.20\text{ lbf})}{\left(\frac{1}{2.54}\text{in}\right)^2} = 85,160\text{ lbf/in}^2$$

풀이 2

$$\frac{2.20\text{ lbf}}{1\text{ kgf}} = 1,\ \frac{2.54\text{ cm}}{1\text{ in}} = 1$$ 이므로

$$6,000\text{ kgf/cm}^2 = \left(\frac{6,000\text{ kgf}}{\text{cm}^2}\right)\times\left(\frac{2.20\text{ lbf}}{1\text{ kgf}}\right)\times\left(\frac{2.54\text{ cm}}{1\text{ in}}\right)^2 = 85,160\text{ lbf/in}^2$$

CHAPTER 1

연습문제

1.1 가속도 3m/s^2은 몇 ft/s^2인지 구하시오.

1.2 1m^3는 몇 ft^3인가?

1.3 어떤 사람의 몸무게가 120kgf이라고 한다. 이 사람의 몸무게가 몇 lbf인지 구하시오.

1.4 자동차가 45mi/hr로 달리고 있다면, 이 차의 속력은 몇 km/hr인지 구하시오.

1.5 자동차가 105km/hr로 달리고 있다면, 이 차의 속력은 몇 mi/hr인지 구하시오.

1.6 $10\ \text{cm/s}^2$은 몇 mi/hr^2에 해당되는지 변환하시오.

1.7 $F=\dfrac{wa}{g}$에서 $F=5{,}000\,\text{lb}$, $w=4.50\,\text{ton}$, $g=9.8\,\text{m/sec}^2$일 때, 가속도 a는 몇 ft/sec^2인가?

1.8 물체의 운동에너지 $\dfrac{wv^2}{2g}$에서 $w=50\,\text{lb}$, 운동에너지$=1{,}000\,\text{ft}\cdot\text{lb}$, $g=980\,\text{cm/sec}^2$일 때, v는 몇 km/hr인가?

CHAPTER 2

한 점에 작용하는 힘의 합

CHAPTER 2

한 점에 작용하는 힘의 합

2.1 평면상의 한 힘의 분력

2.1.1 평행사변형의 법칙

그림 2-1, 그림 2-2와 같이 중량이 W인 물체가 천정에 두 줄과 한 줄로 각각 매달려 있는 경우를 고려해보자.

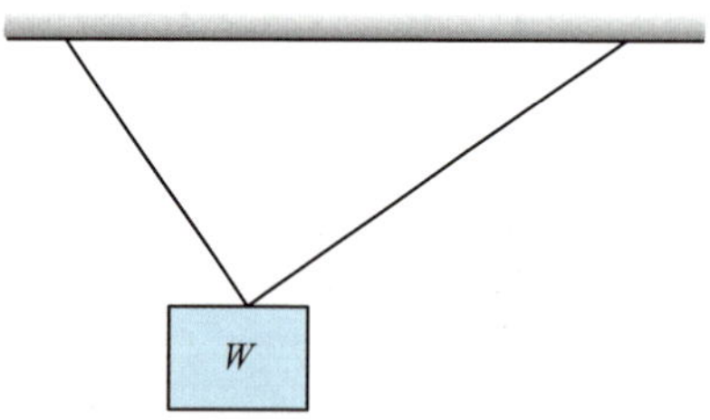

그림 2-1

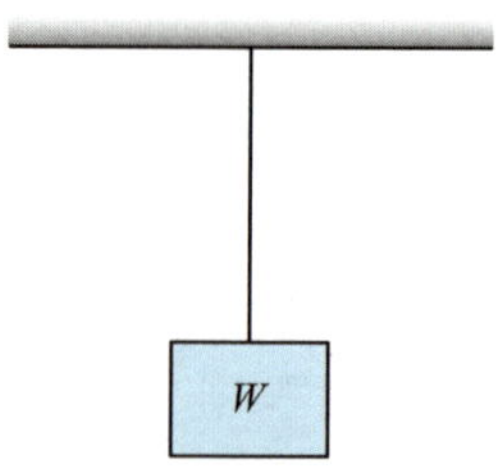

그림 2-2

그림 2-3에 나타낸 것과 같이 두 줄에 매달린 경우는 두 힘 A와 B에 의해 물체의 중량에 저항하고, 그림 2-4와 같이 한 줄에 매달린 경우는 하나의 힘 C에 의해 물체의 중량에 저항한다. 그런데 두 경우 모두 물체의 중량은 동일하므로 두 힘 A와 B에 의한 효과와 한 힘 C에 의한 효과가 동일하다는 것을 알 수 있다.

따라서, 이러한 사실로부터 물체에 작용하는 두 힘은 동일한 효과를 가진 한 힘으로 대치될 수 있다는 것을 알 수 있고, 또한 역으로 물체에 작용하는 한 힘은 동일한 효과를 가진 두 힘으로 분해될 수 있다는 것도 알 수 있다.

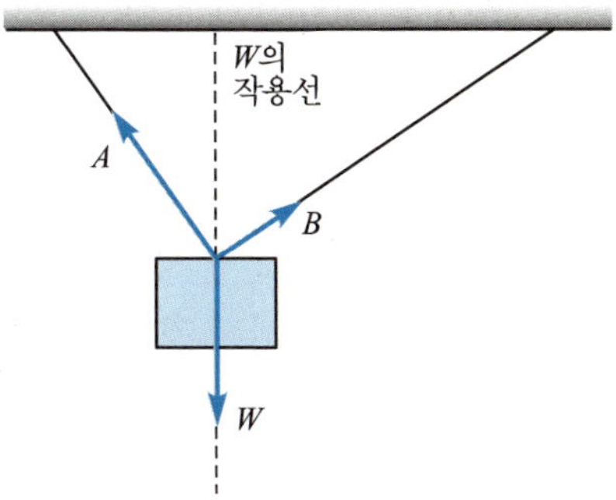

그림 2-3

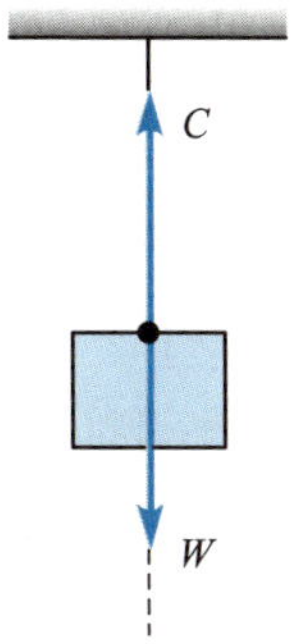

그림 2-4

이때 두 힘과 동일한 효과를 가진 하나의 힘을 구했다면, 구해진 한 힘을 두 힘의 합력(合力, resultant force)이라고 하며, 역으로 하나의 힘을 동일한 효과를 가진 두 개의 힘으로 분해했다면, 분해된 두 힘을 각각 분력(分力, component of force)이라고 한다.

이러한 두 힘의 합력이나 한 힘의 두 분력은 평행사변형[1]의 법칙을 적용하여 구할 수 있다.

[평행사변형의 법칙(平行四邊形法則, parallelogram law)]

한 점에 작용하는 두 힘의 합력은 두 힘을 인접한 변으로 갖는 평행사변형의 대각선과 같다.

즉, 그림 2-5와 같이 시점(始點)이 일치하는 두 힘 A, B의 합력 C(= A + B)는 A와 B를 인접한 두 변으로 갖는 평행사변형을 그렸을 때, 그 평행사변형의 대각선과 같다는 것이 평행사변형의 법칙이다.

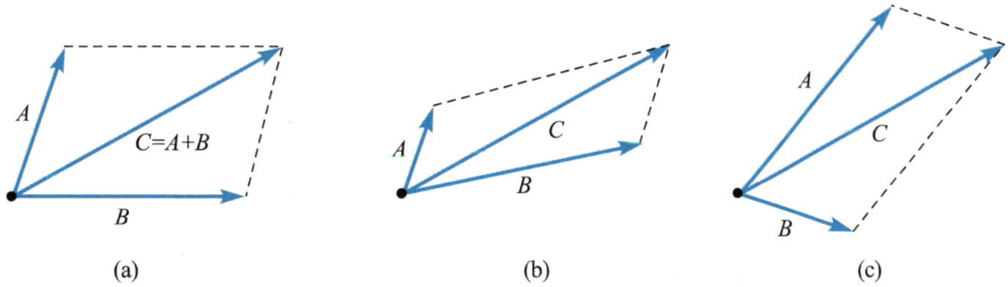

그림 2-5

1) 서로 마주 대하는 두 쌍의 변이 각각 평행인 사각형을 평행사변형이라 한다.

또한 한 힘의 분력은 평행사변형의 법칙을 역으로 적용하여 구할 수 있다. 즉, 그림 2-5와 같이 힘 C를 대각선으로 갖는 평행사변형을 그리면, 그 평행사변형의 두 변 A, B는 힘 C의 분력이 된다는 것이다. 그리고 그림 2-5의 (a), (b), (c)를 비교해 보면 같은 힘이라도 여러 가지의 크기와 방향을 가진 두 힘으로 나눌 수 있음을 알 수 있다.

이러한 평행사변형의 법칙은 수학적으로 유도되어 구해진 것이 아니고, 실제 자연현상이 이와 같이 작용한다는 것으로부터 얻어진 것이다. 따라서, 평행사변형의 법칙이 실제 사실과 잘 일치한다는 것은 실험을 통해 확인할 수 있다.

2.1.2 직교 좌표축에 대한 분력

두 힘의 합력을 구하는 문제는 뒤에서 다루기로 하고, 이 절에서는 먼저 한 힘의 분력을 구하는 것에 대해 알아보기로 하는데, 역학적인 문제에서는 직각 분력(直角分力, rectangular components)을 구하는 경우가 대부분이므로 한 힘의 직각 분력을 구해보기로 한다.

여기서, 직각분력은 그림 2-6이나 그림 2-7과 같이 힘 C의 분력 A와 B가 서로 직각을 이루도록 분해된 것을 말한다.

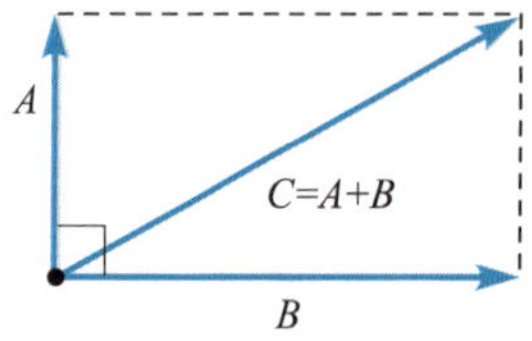

그림 2-6

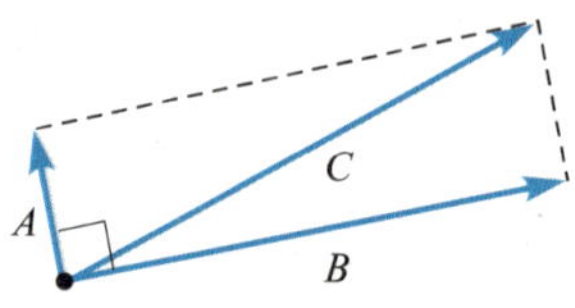

그림 2-7

이러한 직각 분력을 구하기 위하여

$$\cos\theta = \frac{\text{접한 변}}{\text{빗변}} \qquad \sin\theta = \frac{\text{마주 보는 변}}{\text{빗변}}$$

이라 정의하고, 그림 2-8과 같이 힘 **F**의 크기를 F, x축과 힘 **F**사이의 각을 θ_x, y축과 힘 **F** 사이의 각을 θ_y라고 하면, 분력 $\mathbf{F}_x$, $\mathbf{F}_y$의 크기 F_x, F_y는 코사인함수를 이용하여 다음과 같이 표현할 수 있다.

$$\cos\theta_x = \frac{F_x}{F} \qquad \therefore F_x = F\cos\theta_x (\rightarrow)$$

$$\cos\theta_y = \frac{F_y}{F} \qquad \therefore\ F_y = F\cos\theta_y(\uparrow)$$

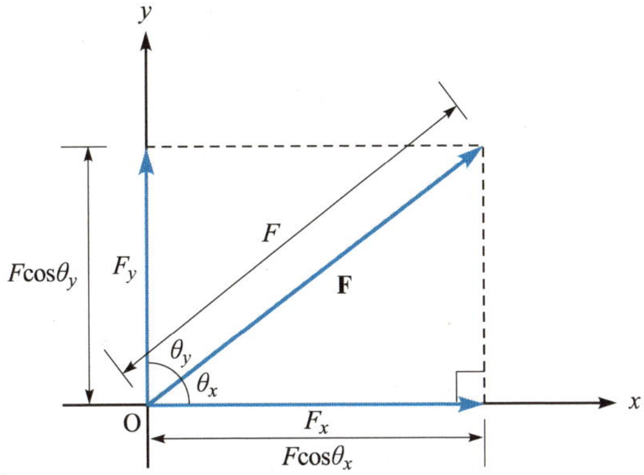

그림 2-8

또한 사인함수를 이용하여 다음과 같이 표현할 수도 있다.

$$\sin\theta_y = \frac{F_x}{F} \qquad \therefore\ F_x = F\sin\theta_y(\rightarrow)$$

$$\sin\theta_x = \frac{F_y}{F} \qquad \therefore\ F_y = F\sin\theta_x(\uparrow)$$

그리고 피타고라스의 정리에 의해 각 힘의 크기 F, F_x, F_y사이에는 다음 식이 성립한다.

$$F^2 = F_x^2 + F_y^2 \qquad \therefore\ F = \sqrt{F_x^2 + F_y^2}$$

예제 2-1

그림과 같이 점 O에 그 크기가 180N인 힘 F가 수평과 30°의 각도로 작용하고 있을 때, 이 힘의 수평분력 F_x와 수직분력 F_y를 구하시오.

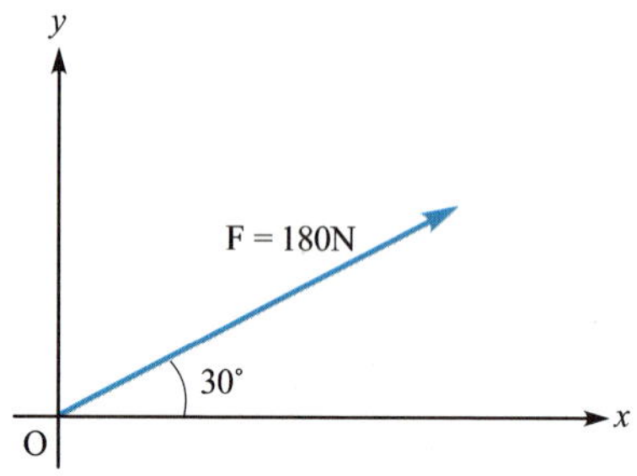

그림 2-9

풀이

힘 F의 수평 분력의 크기 F_x는

$$F_x = F\cos\theta_x = 180\cos 30° = 155.9\ \mathrm{N}(\rightarrow)$$

이고, 힘 F의 수직 분력의 크기 F_y는

$$F_y = F\cos\theta_y = 180\cos(90° - 30°) = 90\ \mathrm{N}(\uparrow)$$

이며, 수평분력과 수직분력 결과를 나타내면 다음과 같다.

$F_x = 155.9\ \mathrm{N}(\rightarrow)$ $\quad F_y = 90\ \mathrm{N}(\uparrow)$

한편, 그림 2-10에 있는 직사각형에서 마주보는 변의 길이는 같으므로 F_y는 다음과 같이 구해도 된다.

$$F_y = F\sin\theta_x = 180\sin 30° = 90\ \mathrm{N}(\uparrow)$$

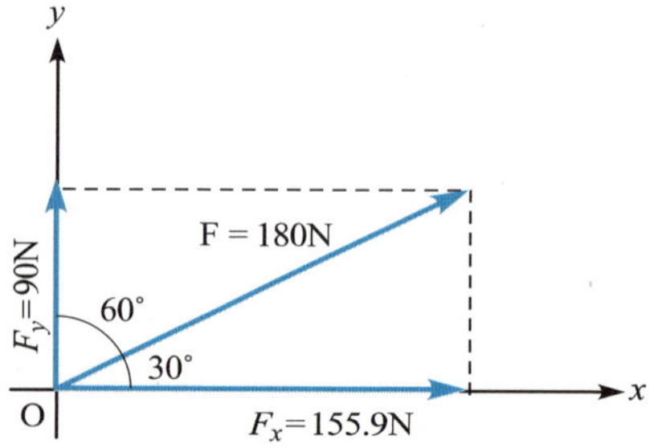

그림 2-10

예제 2-2

점 O에 그 크기가 30N인 힘 F가 그림과 같은 기울기를 갖고 작용하고 있을 때, 이 힘의 수평분력 F_x와 수직분력 F_y를 구하시오.

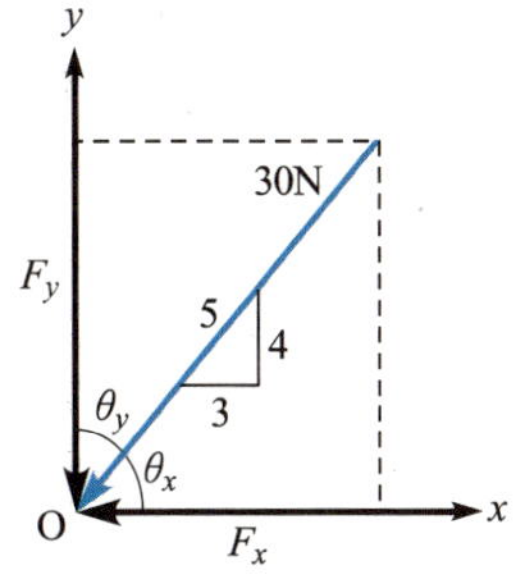

그림 2-11

풀이

그림 2-11에서 $\cos\theta_x = \frac{3}{5}$, $\cos\theta_y = \frac{4}{5}$ 이므로, 힘 F의 수평 분력의 크기 F_x는

$$F_x = F\cos\theta_x = 30 \times \frac{3}{5} = 18\ \mathrm{N}\ (\leftarrow)$$

이고, 힘 F의 수직 분력의 크기 F_y는

$$F_y = F\cos\theta_y = 30 \times \frac{4}{5} = 24\ \mathrm{N}\ (\downarrow)$$

이며, 수평분력과 수직분력 결과를 나타내면 다음과 같다.

$F_x = 18\ \mathrm{N}(\leftarrow)$ $\qquad$ $F_y = 24\ \mathrm{N}(\downarrow)$

예제 2-3

그림과 같이 두 줄에 중량이 W인 물체가 매달려 있어서 줄에는 각각 $A = 86.6\mathrm{N}$, $B = 50\mathrm{N}$이 작용한다고 할 때, 힘 A와 B의 수평분력과 수직분력을 구하시오.

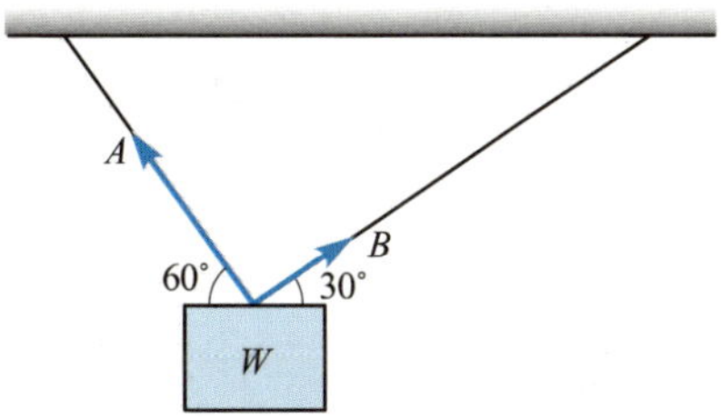

그림 2-12

풀이

그림 2-13과 같이 좌표축을 정하고, 삼각함수를 이용하여 그 분력을 구하면 다음과 같다.

$$A_x = A\cos 60^\circ$$
$$= 86.6 \times \frac{1}{2} = 43.3\text{N}\,(\leftarrow)$$

$$A_y = A\cos 30^\circ$$
$$= 86.6 \times \frac{\sqrt{3}}{2} = 75\text{N}\,(\uparrow)$$

$$B_x = B\cos 30^\circ$$
$$= 50 \times \frac{\sqrt{3}}{2} = 43.3\text{N}\,(\rightarrow)$$

$$B_y = B\cos 60^\circ$$
$$= 50 \times \frac{1}{2} = 25\text{N}\,(\uparrow)$$

참고로 말하면, A_y, B_y는 다음과 같이 구해도 동일한 결과가 얻어진다.

$$A_y = A\sin 60^\circ = 86.6 \times \frac{\sqrt{3}}{2} = 75\text{N}\,(\uparrow)$$

$$B_y = B\sin 30^\circ = 50 \times \frac{1}{2} = 25\text{N}\,(\uparrow)$$

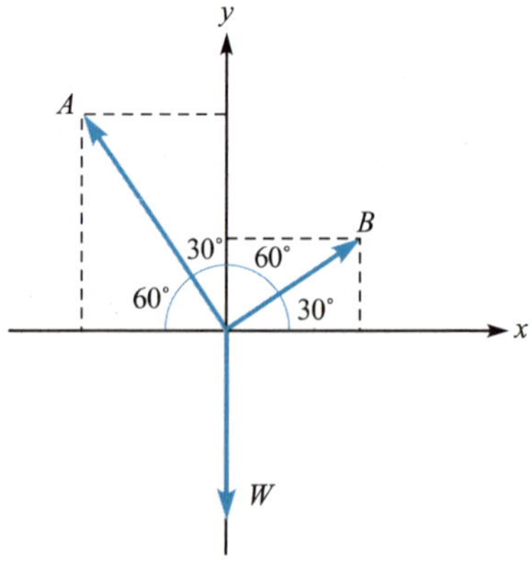

그림 2-13

2.1.3 임의 축에 대한 분력

sign법칙을 이용하면 임의 축에 대한 힘의 분력과 합력을 구할 수 있다.

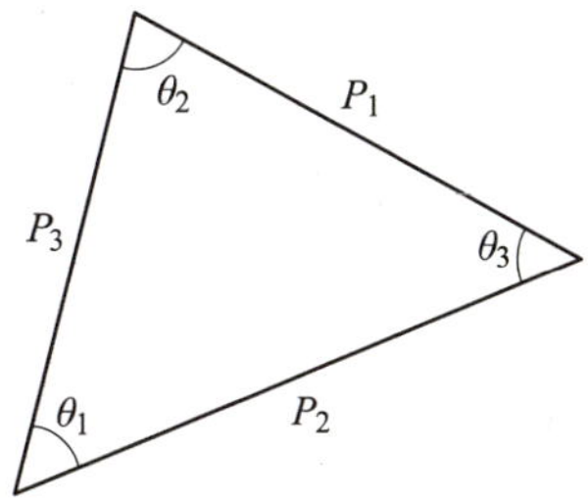

그림 2-14 sign법칙

$$\frac{P_1}{\sin\theta_1} = \frac{P_2}{\sin\theta_2} = \frac{P_3}{\sin\theta_3}$$

예제 2-4

다음 그림과 같은 힘의 분력 P_1, P_2을 구하시오.

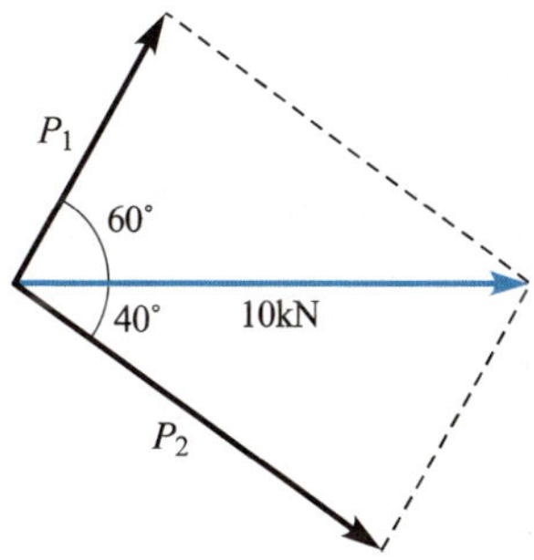

그림 2-15

풀이

sign 법칙을 이용하기 위해서 P_2 힘을 이동한다.

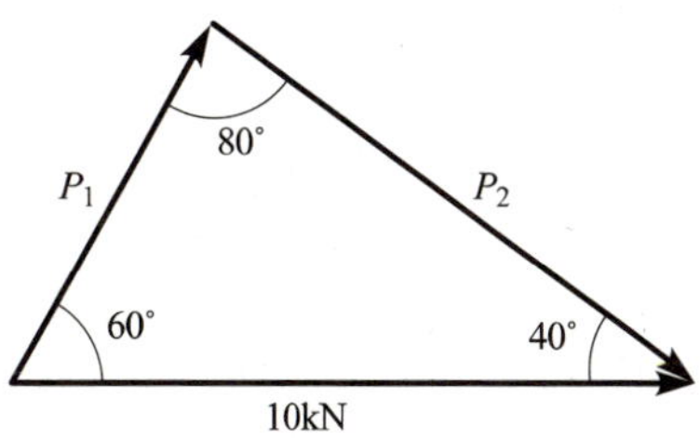

그림 2-16

$$\frac{10}{\sin 80} = \frac{P_1}{\sin 40} = \frac{P_2}{\sin 60}$$에서

$$\frac{10}{\sin 80} = \frac{P_1}{\sin 40}$$

P_1에 대해서 정리하면 다음과 같다.

$$P_1 = \frac{10}{\sin 80} \times \sin 40 = 6.53kN(\nearrow)$$

두 번째 항을 옮겨 쓰면 다음과 같다.

$$\frac{10}{\sin 80} = \frac{P_2}{\sin 60}$$

P_2에 대해서 정리하면 다음과 같다.

$$P_2 = \frac{10}{\sin 80} \times \sin 60 = 8.79kN(\searrow)$$

2.2 3차원공간에서 작용하는 힘의 분력

그림 2-17과 같이 3차원 공간에서 작용하고 있는 한 힘의 작용점이 원점이 되도록 직교좌표계를 정하면, 그 힘의 작용선과 각 (+)좌표축이 이루는 각을 좌표축에 대한 힘의 방향각(方向角, direction angle)이라고 한다. 즉, 그림 2-17에서 힘 **F**의 방향각은 θ_x, θ_y, θ_z이다.

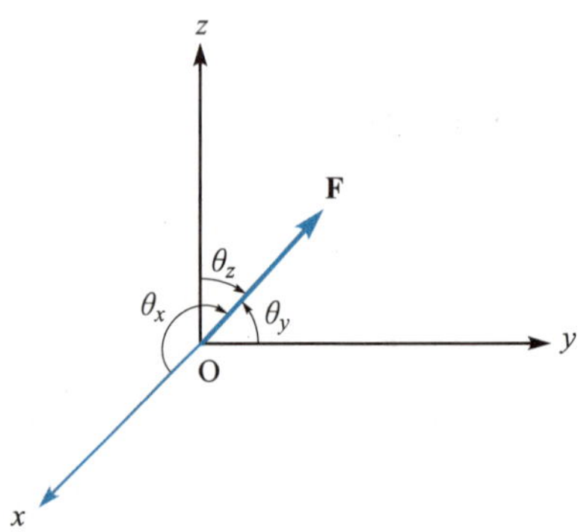

그림 2-17

그리고 힘의 방향각을 알면, 평면에 있는 힘의 경우와 마찬가지로 각 좌표축과 평행한 방향을 가진 분력을 구할 수 있다.

즉, 그림 2-17과 같이 직교좌표계를 도입하고, 힘 **F**의 크기를 F, 각 좌표축과 힘 **F**사이의 각을 θ_x, θ_y, θ_z라고 하면, 삼각함수를 이용하여 각 좌표축과 평행한 분력의 크기 F_x, F_y, F_z는 각각 다음과 같이 구해진다.

$$\cos\theta_x = \frac{F_x}{F}, \qquad \therefore F_x = F\cos\theta_x$$

$$\cos\theta_y = \frac{F_y}{F} \qquad \therefore F_y = F\cos\theta_y$$

$$\cos\theta_z = \frac{F_z}{F}, \qquad \therefore F_z = F\cos\theta_z$$

그리고 위의 식에 있는 $\cos\theta_x$, $\cos\theta_y$, $\cos\theta_z$를 방향 코사인(direction cosine)이라고 하며, 이들 사이에는 다음 관계식이 성립한다.

$$\cos^2\theta_x + \cos^2\theta_y + \cos^2\theta_z = 1$$

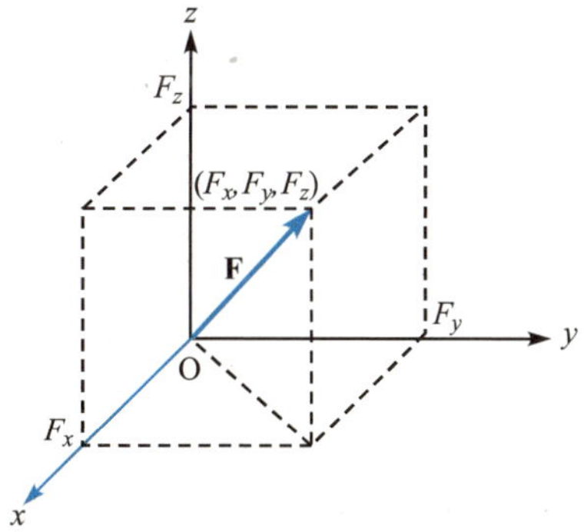

그림 2-18

한편, 힘의 크기와 방향각이 결정되면, 그 값들은 공간에 있는 하나의 힘을 나타내게 되는데, 이런 표현방법 외에도 직교좌표계의 원점이 힘의 작용점에 있도록 좌표계를 정하면, 힘을 나타내는 화살표의 끝이 가리키는 좌표 3개를 나열함으로써 주어진 힘을 나타낼 수도 있다. 즉, 그림 2-17에서와 같이 **F**가 3차원공간에 있는 힘이고, 직교좌표계를 그림 2-18과 같이 정하면, 힘 **F**를 다음과 같이 나타낼 수 있다.

$$\mathrm{F} = (F_x,\ F_y,\ F_z)$$

여기서 F_x, F_y, F_z는 각각 힘 F의 좌표축과 평행한 분력의 크기이기도 하다. 그리고 피타고라스의 정리를 이용하면 힘 F의 크기 F는 다음과 같이 구해진다.

$$F = \sqrt{F_x^2 + F_y^2 + F_z^2}$$

예제 2-5

3차원공간에서 x, y, z축과 각각 45°, 120°, 60°의 각을 이루는 방향으로 250kN의 힘이 작용하고 있을 때, 좌표축과 평행한 방향에 대한 이 힘의 세 직각 분력 F_x, F_y, F_z를 각각 구하시오.

풀이

주어진 힘의 좌표축방향 분력의 크기는 각각 다음과 같이 구해진다.

$$F_x = F\cos\theta_x$$
$$= 250\cos 45° = 176.8(\mathrm{kN})$$

$$F_y = F\cos\theta_y$$
$$= 250\cos 120° = -125(\mathrm{kN})$$

$$F_z = F\cos\theta_z$$
$$= 250\cos 60° = 125(\mathrm{kN})$$

따라서 각 좌표축과 평행한 주어진 힘의 세 직각분력은 다음과 같으며, 음(–)의 값을 가진 F_y는 그림 2–19에 나타낸 것과 같이 y축의 음의 방향을 향하는 힘이다.

$$\mathrm{F}_x = 176.8\mathrm{kN}\ (\swarrow)$$

$$\mathrm{F}_y = 125\mathrm{kN}\ (\leftarrow)$$

$$\mathrm{F}_z = 125\mathrm{kN}\ (\uparrow)$$

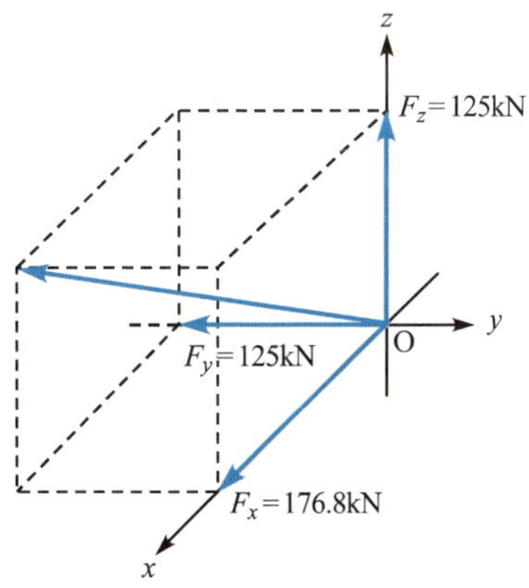

그림 2-19

예제 2-6

다음 그림에 나타낸 힘 u와 방향이 같은 힘 F= 220MN 의 세 직각분력 F_x, F_y, F_z를 구하시오.

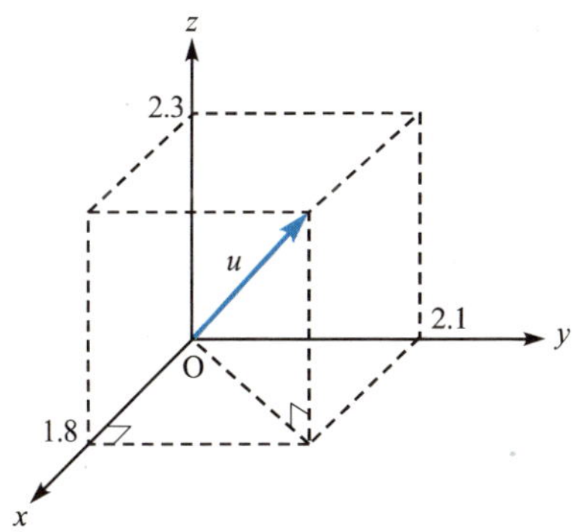

그림 2-20

풀이 1

힘 u와 힘 F는 작용하는 방향이 같으므로 그 방향각뿐만 아니라 방향코사인도 같다. 따라서, 힘 u의 방향코사인을 먼저 구하기로 한다. 힘 u의 크기를 구하면,

$$u = \sqrt{u_x^2 + u_y^2 + u_z^2}$$

$$= \sqrt{1.8^2 + 2.1^2 + 2.3^2} = 3.60$$

이므로 힘 u의 방향코사인은 다음과 같다.

$$\cos\theta_x = \frac{u_x}{u} = \frac{1.8}{3.60}$$

$$\cos\theta_y = \frac{u_y}{u} = \frac{2.1}{3.60}$$

$$\cos\theta_z = \frac{u_z}{u} = \frac{2.3}{3.60}$$

힘 $\mathbf{F} = 220\mathrm{MN}$의 좌표축방향 분력의 크기는 각각 다음과 같이 구해진다.

$$F_x = F\cos\theta_x$$

$$= 220 \times \frac{1.8}{3.60} = 110(\mathrm{MN})(\rightarrow)$$

$$F_y = F\cos\theta_y$$

$$= 220 \times \frac{2.1}{3.60} = 128(\mathrm{MN})(\rightarrow)$$

$$F_z = F\cos\theta_z$$

$$= 220 \times \frac{2.3}{3.60} = 141(\mathrm{MN})(\uparrow)$$

풀이 2

힘 u와 힘 F는 작용하는 방향이 같으므로 그 방향각이 같다. 따라서 힘 u의 방향각을 먼저 구하기로 한다.

힘 u의 크기를 구하면,

$$u = \sqrt{u_x^2 + u_y^2 + u_z^2}$$

$$= \sqrt{1.8^2 + 2.1^2 + 2.3^2} = 3.60$$

이므로 힘 u의 방향각은 다음과 같다.

$$\cos\theta_x = \frac{u_x}{u} = \frac{1.8}{3.60} = 0.5$$

$$\therefore \theta_x = \cos^{-1}0.5 = 60°$$

$$\cos\theta_y = \frac{u_y}{u} = \frac{2.1}{3.60} = 0.583$$

$$\therefore \theta_y = \cos^{-1}0.58 = 54.3°$$

$$\cos\theta_z = \frac{u_z}{u} = \frac{2.3}{3.60} = 0.639$$

$$\therefore \theta_z = \cos^{-1}0.639 = 50.3°$$

그러므로 힘 F의 방향각은

$$\theta_x = 60°$$

$$\theta_y = 54.3°$$

$$\theta_z = 50.3°$$

이고, 힘 $\mathrm{F} = 220\mathrm{MN}$의 좌표축방향 분력의 크기는 각각 다음과 같이 구해진다.

$$F_x = F\cos\theta_x$$

$$= 220\cos 60° = 110(\mathrm{MN})(\swarrow)$$

$$F_y = F\cos\theta_y$$

$$= 220\cos 54.3° = 128(\mathrm{MN})(\rightarrow)$$

$$F_z = F\cos\theta_z$$

$$= 220\cos 50.3° = 141(\mathrm{MN})(\uparrow)$$

2.3 한 점에 작용하는 평면력의 합력

한 점에 작용하는 여러 힘은 그 힘들과 동일한 효과를 나타내는 하나의 힘으로 대치될 수 있는데, 그렇게 대치된 하나의 힘을 합력(合力, resultant force)이라고 한다. 이 절에서는 도해법과 해석법으로 여러 힘의 합력을 구하는 방법에 대해 알아보기로 한다.

2.3.1 도해법

도해법(圖解法, Graphical Solution)은 그림을 그려서 풀이하는 방법을 말하며, 한 점에 작용하는 두 힘의 합력은 평행사변형의 법칙 또는 평행사변형의 법칙으로부터 얻어진 삼각형의 법칙으로 구할 수 있다.

[삼각형의 법칙(三角形法則, triangle law)]

그림 2-21과 같이 힘 B의 시점이 힘 A의 종점과 일치하도록 힘 B를 평행 이동시킨 후, 힘 A의 시점과 힘 B의 종점을 연결하면 두 힘의 합력 R이 얻어진다. 또는 그림 2-22와 같이 힘 A를 평행 이동시켜 두 힘의 합력 R을 구할 수도 있다.

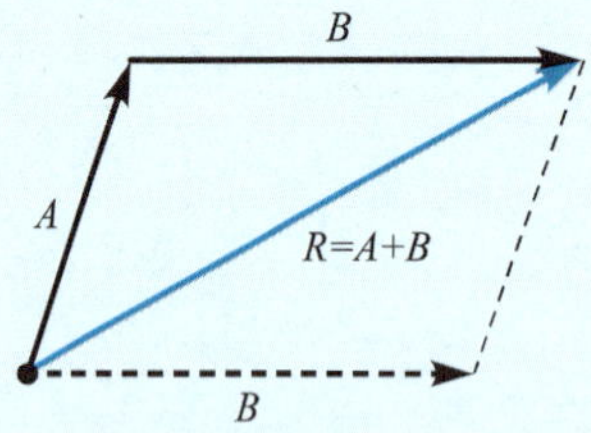

그림 2-21

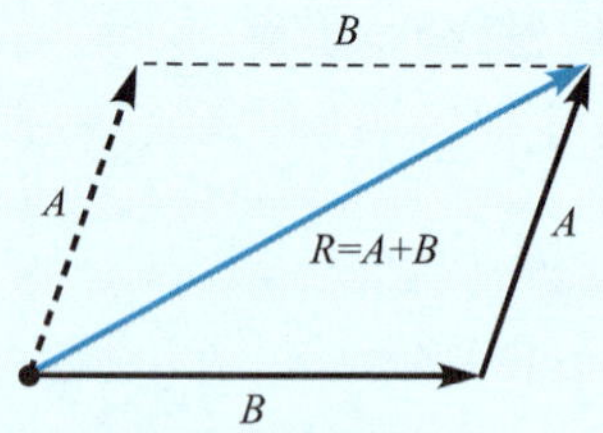

그림 2-22

한 점에 3개 이상의 힘이 작용할 때, 작용하는 힘의 합력은 평행사변형의 법칙이나 삼각형의 법칙을 반복 적용함으로써 구할 수 있다.

즉, 그림 2-23(a)와 같이 한 점에 3개의 힘이 동시에 작용하고 있을 때, 세 힘의 합력 R은 그림 2-23(b)와 같이 삼각형의 법칙을 한 번 적용하여 (A + B)를 구한 후, (A + B)와 C에 대해 삼각형의 법칙을 한 번 더 적용하여 구할 수 있다.

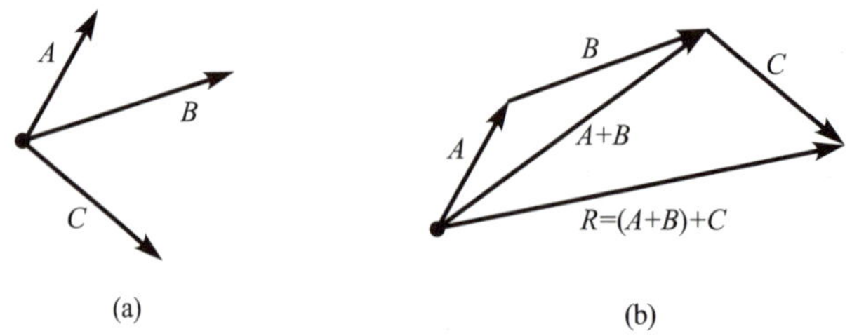

그림 2-23

2.3.2 해석법 (1)

일반적으로 역학에서는 수치를 사용하여 계산함으로써 구조물의 내부에 생기는 힘이나 변형 등을 구하는 방법을 해석법(解析法, Analytical Solution)이라고 말한다. 힘의 연산을 다룰 경우에 직교좌표계를 이용하면 매우 편리하므로 그림 2-24와 같이 직교좌표계의 원점이 힘 A의 작용점과 일치되도록 좌표계를 정하면, 힘 A는 화살표의 끝이 나타내는 좌표를 이용하여 다음과 같이 나타낼 수 있다.

$$\mathrm{A} = (A_x,\ A_y)$$

그리고 피타고라스의 정리를 이용하면, 힘 A의 크기 A는 다음과 같이 구해진다.

$$A^2 = A_x^2 + A_y^2, \qquad \therefore A = \sqrt{A_x^2 + A_y^2}$$

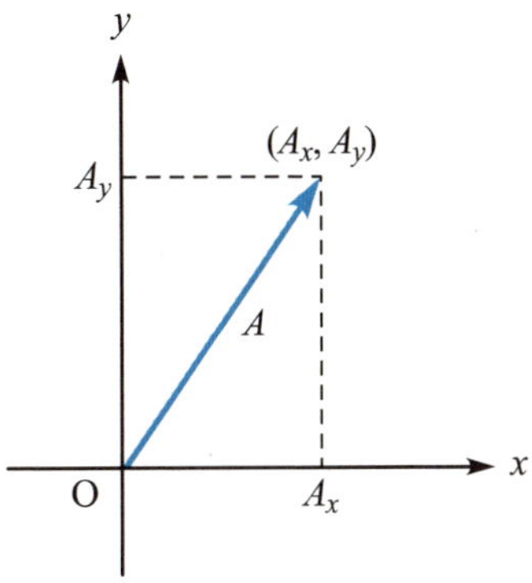

그림 2-24

한편, 그림 2-25에 나타낸 두 힘 $\mathrm{A} = (A_x,\ A_y)$와 $\mathrm{B} = (B_x,\ B_y)$의 합력 R은 그림 2-26에 나타낸 것과 같이 평행사변형의 법칙 또는 삼각형의 법칙에 따라 구해지며, 그 결과는 다음과 같다.

$$\mathrm{R} = \mathrm{A} + \mathrm{B} = (A_x + B_x,\ A_y + B_y)$$

이때 한 가지 명심할 것은 분명히 힘은 좌표계가 도입되기 이전에 이미 존재하는 것이므로 힘에 대한 연산의 결과는 좌표계를 어떻게 설정(設定)하던지 간에 좌표계와는 상관없이 동일한 결과가 얻어진다는 것이다.

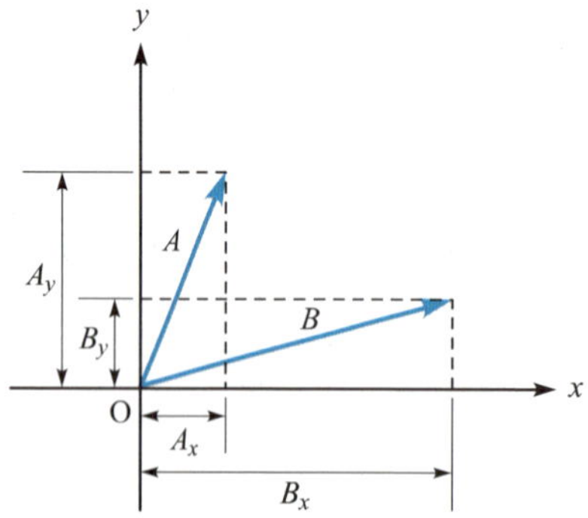

그림 2-25

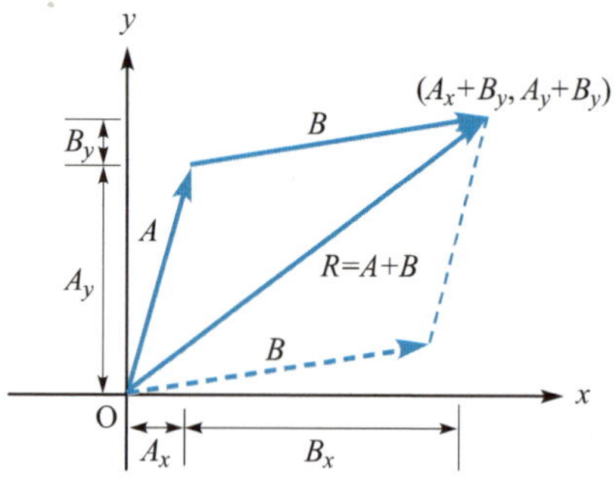

그림 2-26 두 힘의 합력

그리고 그림 2-27에 나타낸 세 힘 A = (A_x, A_y), B = (B_x, B_y), C = (C_x, C_y)의 합력 R 역시, 그림 2-28에 나타낸 것과 같이 삼각형의 법칙을 반복 적용하여 구하면, 다음과 같이 된다.

$$\mathrm{R} = \mathrm{A} + \mathrm{B} + \mathrm{C} = (A_x + B_x + C_x,\ A_y + B_y + C_y)$$

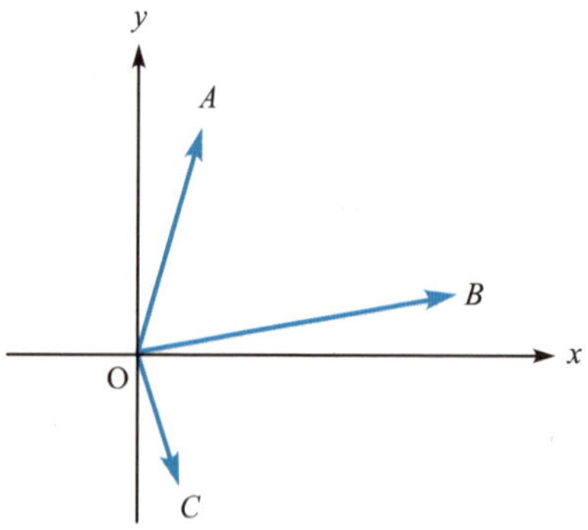

그림 2-27

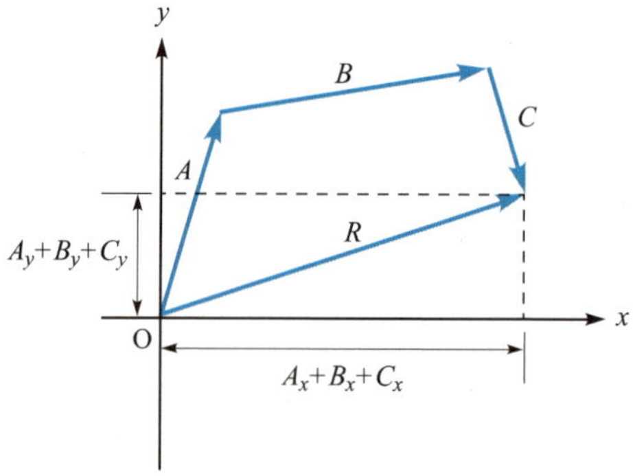

그림 2-28 세 힘의 합력

따라서, 평면상에서 한 점에 작용하는 4개 이상의 힘의 합력도 동일한 방법으로 구할 수 있다는 것을 알 수 있으며, 임의의 n개의 힘 F_1, F_2, ⋯, F_n의 합력 R은 다음과 같이 구해진다.

$$\mathrm{R} = (R_x,\ R_y) = (\Sigma F_x,\ \Sigma F_y)$$

여기서, ΣF_x, ΣF_y는 각각 작용하는 힘들의 좌표축방향 분력들의 합이다. 그리고 합력 R의 크기는

$$R = \sqrt{R_x^2 + R_y^2}$$

로 구해지며, 합력 R이 x축과 이루는 각 θ_x는 다음과 같이 구한다.

$$\tan\theta_x = \frac{R_y}{R_x}, \qquad \therefore \theta_x = \tan^{-1}\left(\frac{R_y}{R_x}\right)$$

또는

$$\cos\theta_x = \frac{R_x}{R}, \qquad \therefore \theta_x = \cos^{-1}\left(\frac{R_x}{R}\right)$$

그림 2-29와 같이 두 힘이 직각이 아닐 때의 합성방법은 다음과 같다.

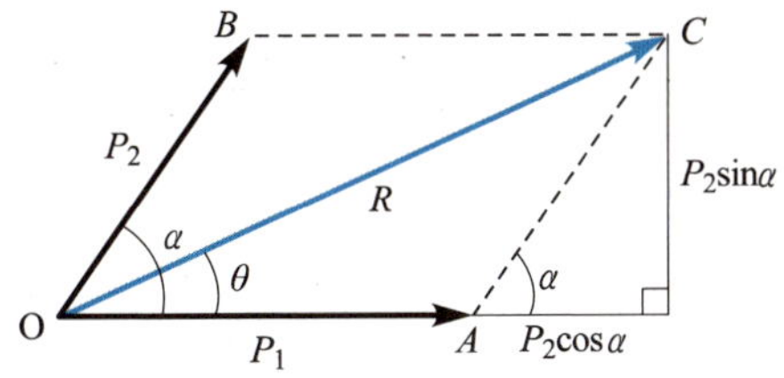

그림 2-29 두 힘의 합성

$$(OC)^2 = (OD)^2 + (CD)^2$$

$$\begin{aligned} R^2 &= (P_1 + P_2\cos\alpha)^2 + (P_2\sin\alpha)^2 \\ &= P_1^2 + 2P_1P_2\cos\alpha + P_2^2\cos^2\alpha + P_2^2\sin^2\alpha \\ &= P_1^2 + 2P_1P_2\cos\alpha + P_2^2(\cos^2\alpha + \sin^2\alpha) \\ &= P_1^2 + 2P_1P_2\cos\alpha + P_2^2 \end{aligned}$$

$$\therefore R = \sqrt{P_1^2 + P_2^2 + 2P_1P_2\cos\alpha}$$

$$\therefore \tan\theta = \frac{P_2\sin\alpha}{P_1 + P_2\cos\alpha}$$

예제 2-7

두 힘 P_1, P_2의 합력 R을 구하고, 각도 θ를 구하시오.

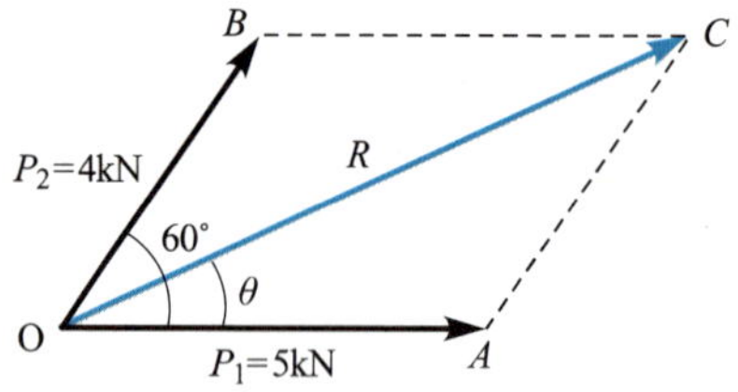

그림 2-30

풀이

$$R = \sqrt{P_1^2 + P_2^2 + 2P_1P_2\cos\alpha}$$

$$= \sqrt{5^2 + 4^2 + 2 \times 5 \times 4 \times \cos 60} = 7.81\text{kN}$$

$$\tan\theta = \frac{P_2 \sin\alpha}{P_1 + P_2\cos\alpha}$$

$$= \frac{4\sin 60}{5 + 4\cos 60} = 0.49487$$

$$\therefore \theta = \tan^{-1}(0.49487) = 26.33^o$$

예제 2-8

두 힘 A = (1, 4), B = (5, 0.8)의 합력 R(= A + B)을 구하고, 또 그 크기를 구하시오.

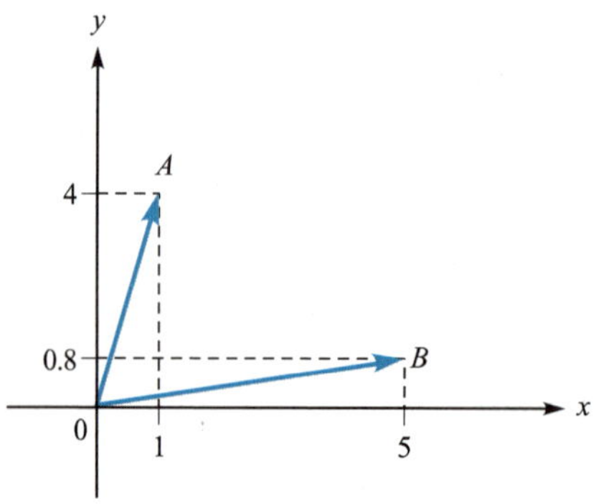

그림 2-31

풀이

힘 A, B의 좌표축방향 분력들의 합을 구하면,

$$\sum F_x = A_x + B_x$$
$$= 1 + 5 = 6$$
$$\sum F_y = A_y + B_y$$
$$= 4 + 0.8 = 4.8$$

이다. 따라서 두 힘의 합력 R은 다음과 같고,

$$\mathrm{R} = (R_x,\ R_y) = (\sum F_x, \sum F_y) = (6,\ 4.8)$$

합력의 크기 R은 다음과 같다.

$$R = \sqrt{R_x^2 + R_y^2}$$
$$= \sqrt{6^2 + 4.8^2} = 7.684(\nearrow)$$

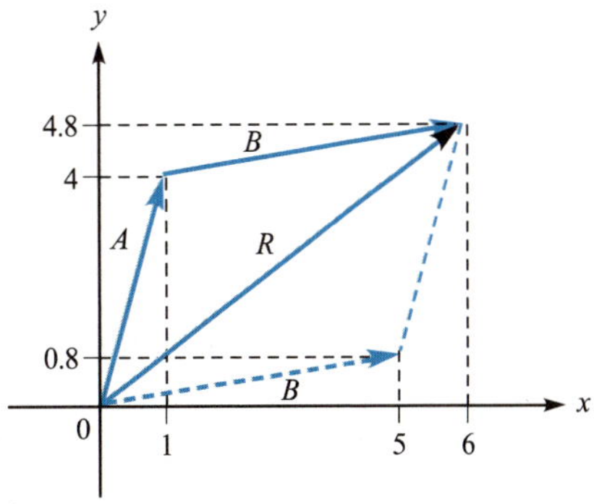

그림 2-32

예제 2-9

다음 그림과 같이 점 O에 작용하는 세 힘의 합력 R을 구하시오.

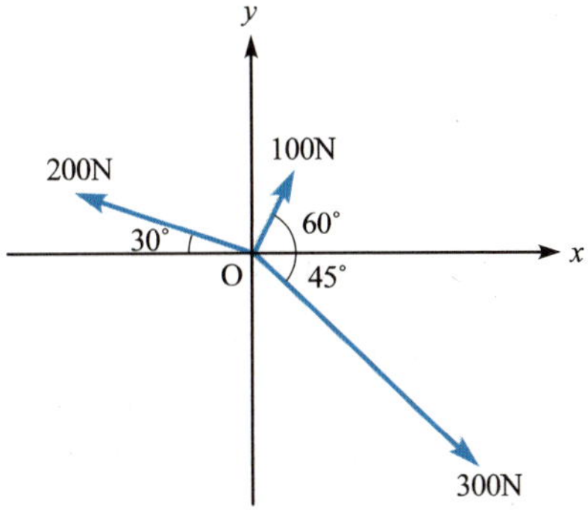

그림 2-33

풀이

세 힘의 좌표축방향 분력들의 합을 구하면,

$$\overset{\rightarrow}{+}\ R_x = \sum F_x$$

$$= 100\cos 60° - 200\cos 30° + 300\cos 45°$$

$$= +88.9 = 88.9\text{N}\,(\rightarrow)$$

$$+\uparrow R_y = \sum F_y$$

$$= 100\sin 60° + 200\sin 30° - 300\sin 45°$$

$$= -25.5 = 25.5\text{N}\,(\downarrow)$$

이다. 따라서, 세 힘의 합력 R의 크기는 다음과 같고,

$$R = \sqrt{R_x^2 + R_y^2}$$

$$= \sqrt{(88.9)^2 + (-25.5)^2} = 92.5\text{N}\,(\searrow)$$

합력 R이 x축과 이루는 각은 다음과 같이 구해지며, 합력 R은 오른쪽 아래 방향으로 작용한다.

$$\cos\theta_x = \frac{R_x}{R} = \frac{88.9}{92.5} = 0.961$$

$$\therefore \theta_x = \cos^{-1}(0.961) = 16°$$

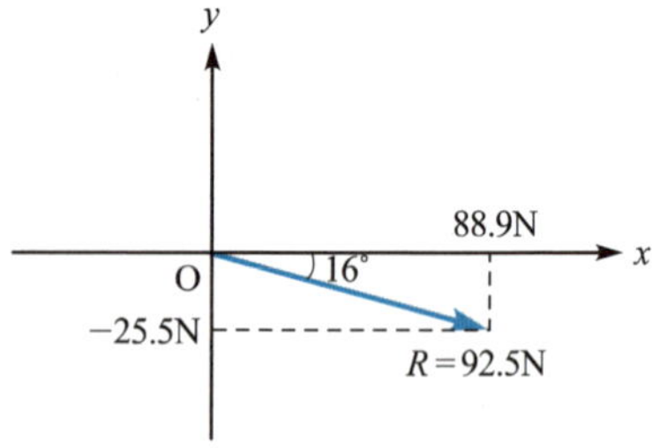

그림 2-34

예제 2-10

그림과 같이 두 줄에 중량이 W인 물체가 매달려 있어서 줄에는 각각 $A = 86.6\text{N}$, $B = 50\text{N}$이 작용한다고 할 때, 힘 A와 B의 합력을 이용하여 물체의 중량 W를 구하시오.

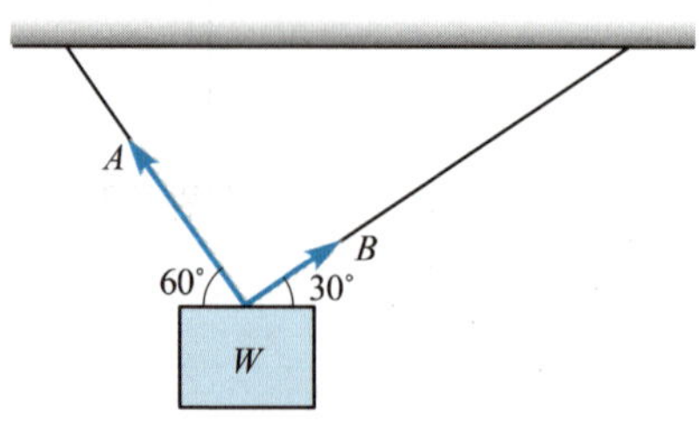

그림 2-35

풀이

그림 2-36과 같이 좌표축을 정하고, 힘 A와 B의 좌표축방향 분력의 합을 구하면, 다음과 같다.

$$\overrightarrow{+}\ R_x = \Sigma F_x$$

$$= -A\cos 60° + B\cos 30°$$

$$= -86.6\cos 60° + 50\cos 30°$$

$$= 0$$

$$+\uparrow\ R_y = \Sigma F_y$$

$$= A\sin 60° + B\sin 30°$$

$$= 86.6\sin 60° + 50\sin 30°$$

$$= 100\text{N}(\uparrow)$$

따라서, 합력의 크기 R은 다음과 같고,

$$R = \sqrt{R_x^2 + R_y^2}$$

$$= \sqrt{0^2 + 100^2} = 100\text{N}(\uparrow)$$

$R_x = 0$이므로 작용하는 방향은 y축과 평행한 방향이다.

그리고 이 결과로부터 두 줄에 매달린 물체의 중량은 100N임을 알 수 있으며, 이를 환산하면,

$W = \dfrac{100}{9.81} = 10.2$kg중 이다.

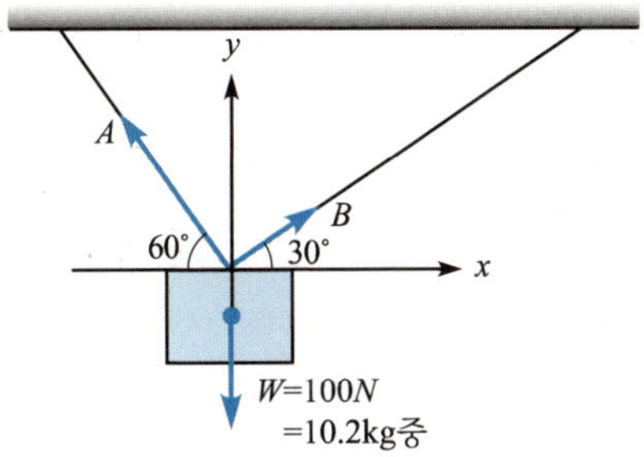

그림 2-36

2.3.3 해석법 (2)

단위벡터(unit vector)[2]는 그 크기가 1인 벡터를 말하는데, 이러한 단위벡터(또는 단위 크기인 힘)를 이용하여 임의의 벡터(또는 힘)를 나타낼 수도 있다.

그림 2-37과 같이 시점이 원점에 있고 x 축과 나란한 단위벡터를 i, y 축과 나란한 단위벡터를 j 로 표기하기로 하자.[3] 사실 직교좌표계와는 무관하지만 편의를 위해 단위벡터 i, j를 좌표축 위에 놓기로 한다.

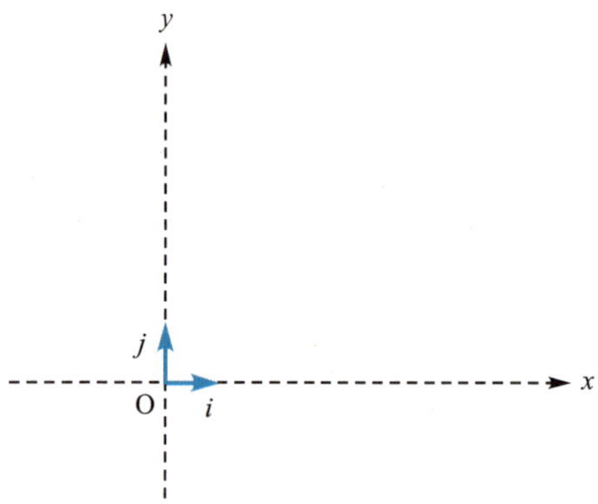

그림 2-37

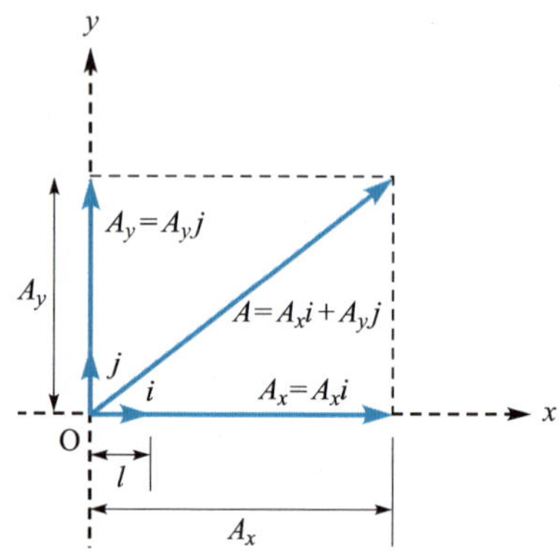

그림 2-38

그러면 그림 2-38처럼 단위벡터 i, j 를 이용하여 벡터 A를 다음 식과 같이 나타낼 수 있는데, 다음 식은 벡터 $\mathbf{A}_x$와 $\mathbf{A}_y$의 합이 벡터 A임을 나타내고 있다.

$$\mathbf{A} = \mathbf{A}_x + \mathbf{A}_y = A_x\mathrm{i} + A_y\mathrm{j}$$

한편 그림 2-38에 나타낸 것과 같이 벡터 $\mathbf{A}_x = A_x\mathrm{i}$는 벡터 i의 A_x배인 벡터를 나타내는데, 벡터 i에 스칼라 A_x가 곱해져 있는 이와 같은 연산을 스칼라 곱이라고 한다. $\mathbf{A}_y = A_y\mathrm{j}$ 역시 같은 원리로 설명된다.

2) 단위(單位)는 길이, 무게, 수효, 시간 등과 같은 어떤 물리량(物理量)의 크기를 수치로 나타낼 때 비교의 기준이 되는 크기를 말하며, 근, 되, 자, 그램, 리터, 미터, 초 등이 있다. 그리고 단위벡터는 단위의 기준으로 취한 크기와 같은 크기에 해당되는 벡터를 뜻한다. 즉, 힘을 다룰 때, N(뉴턴)을 단위로 사용한다면, 단위벡터(또는 단위 크기인 힘)는 1N을 뜻하게 된다.

3) 직교하지 않으면서 방향이 다른 두 단위벡터를 이용하여 평면상에 있는 임의의 벡터를 나타낼 수도 있다. 그러나 직교하는 두 단위벡터를 이용하는 것이 가장 용이하므로 특별하게 언급하지 않는 한 이 책에서 단위벡터 i와 j는 항상 직교하는 경우를 나타내는 것으로 한다.

또 피타고라스의 정리를 이용하면, 벡터 A의 크기 A는

$$A = \sqrt{A_x^2 + A_y^2}$$

로 구해진다.

그림 2-39에 나타낸 것과 같이 두 벡터(또는 힘) $\mathrm{A} = A_x\mathrm{i} + A_y\mathrm{j}$ 와 $\mathrm{B} = B_x\mathrm{i} + B_y\mathrm{j}$ 의 합 R 은 평행사변형의 법칙으로부터 구해지며, 그 결과는 다음과 같다.

$$\begin{aligned}\mathrm{R} &= \mathrm{A} + \mathrm{B} \\ &= \{A_x\mathrm{i} + A_y\mathrm{j}\} + \{B_x\mathrm{i} + B_y\mathrm{j}\} \\ &= A_x\mathrm{i} + B_x\mathrm{i} + A_y\mathrm{j} + B_y\mathrm{j} \\ &= (A_x + B_x)\mathrm{i} + (A_y + B_y)\mathrm{j}\end{aligned}$$

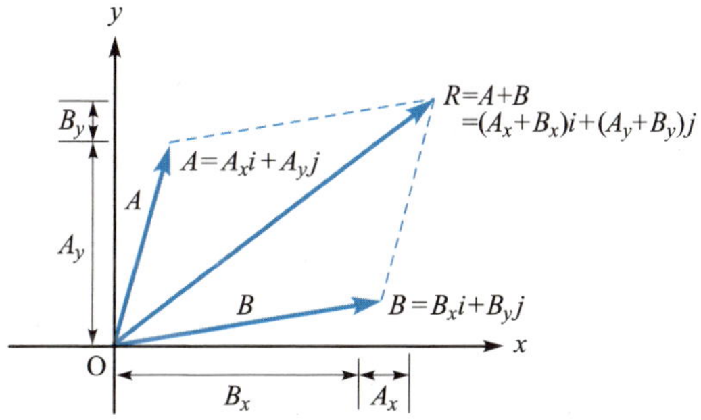

그림 2-39 벡터(또는 힘)의 합

그리고 세 벡터 $\mathrm{A} = A_x\mathrm{i} + A_y\mathrm{j}$, $\mathrm{B} = B_x\mathrm{i} + B_y\mathrm{j}$, $\mathrm{C} = C_x\mathrm{i} + C_y\mathrm{j}$ 의 합 R은 다음과 같이 구해진다.

$$\begin{aligned}\mathrm{R} &= \mathrm{A} + \mathrm{B} + \mathrm{C} \\ &= (\mathrm{A} + \mathrm{B}) + \mathrm{C} \\ &= \{(A_x + B_x)i + (A_y + B_y)j\} + \{C_xi + C_yj\} \\ &= (A_x + B_x + C_x)i + (A_y + B_y + C_y)j\end{aligned}$$

따라서, 평면상의 한 점에 작용하는 임의의 n개의 벡터

$$\mathrm{F}_1 = F_{1x}\mathrm{i} + F_{1y}\mathrm{j}$$

$$\mathbf{F}_2 = F_{2x}\mathrm{i} + F_{2y}\mathrm{j}$$
$$\vdots$$
$$\mathbf{F}_n = F_{nx}\mathrm{i} + F_{ny}\mathrm{j}$$

의 합 **R**은 다음과 같이 구해지며,

$$\begin{aligned}\mathbf{R} &= R_x\mathrm{i} + R_y\mathrm{j} \\ &= (\Sigma F_x)\mathrm{i} + (\Sigma F_y)\mathrm{j}\end{aligned}$$

여기서,

$$R_x = \Sigma F_x = F_{1x} + F_{2x} + \cdots + F_{nx}$$
$$R_y = \Sigma F_y = F_{1y} + F_{2y} + \cdots + F_{ny}$$

이고, 합력 **R**의 크기는

$$R = \sqrt{R_x^2 + R_y^2}$$

이다.

예제 2-11

두 힘 $\mathrm{A} = \mathrm{i} + 4\mathrm{j}$ (N), $\mathrm{B} = 5\mathrm{i} + 0.8\mathrm{j}$ (N)의 합력 $\mathrm{R}(= \mathrm{A} + \mathrm{B})$을 구하고, 또 그 크기를 구하시오.

풀이

$$\begin{aligned}\mathrm{R} &= \mathrm{A} + \mathrm{B} \\ &= (\mathrm{i} + 4\mathrm{j}) + (5\mathrm{i} + 0.8\mathrm{j}) \\ &= (1+5)\mathrm{i} + (4+0.8)\mathrm{j} \\ &= 6\mathrm{i} + 4.8\mathrm{j}\ \ (\mathrm{N})\end{aligned}$$

합력의 크기 R은 다음과 같다.

$$R = \sqrt{R_x^2 + R_y^2} = \sqrt{6^2 + 4.8^2} = 7.684\mathrm{N}$$

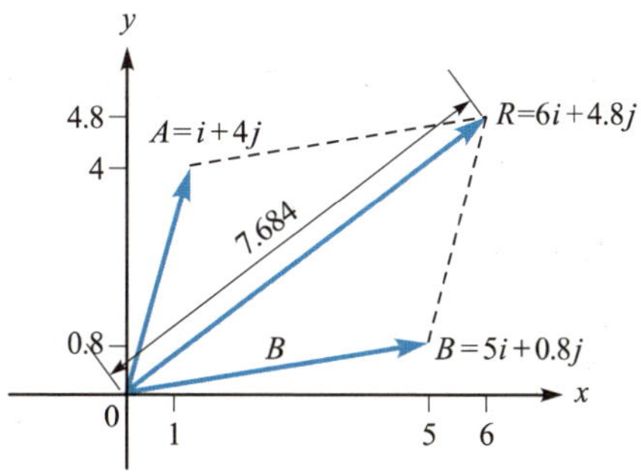

그림 2-40

예제 2-12

그림과 같이 점 O에 작용하는 세 힘의 합력 R과 그 크기를 구하시오.

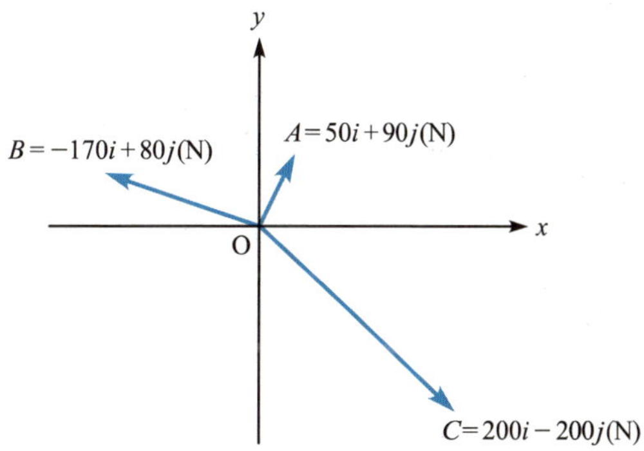

그림 2-41

풀이

$$R = A + B + C$$
$$= (50i + 90j) + (-170i + 80j) + (200i - 200j)$$
$$= (50 - 170 + 200)i + (90 + 80 - 200)j$$
$$= 80i - 30j \ (N)$$

이다. 따라서, 세 힘의 합력 R의 크기는 다음과 같다.

$$R = \sqrt{R_x^2 + R_y^2}$$
$$= \sqrt{(80)^2 + (-30)^2} = 85.4N(\searrow)$$

2.4 한 점에 작용하는 평면력의 차 및 스칼라 곱

2.4.1 두 벡터(또는 힘)의 차

벡터 B와 크기는 같고 방향이 반대인 벡터를 $-\mathrm{B}$라고 하면, A에서 B를 뺀 벡터 D는 다음과 같다.

$$\mathrm{D} = \mathrm{A} + (-\mathrm{B}) = \mathrm{A} - \mathrm{B}$$

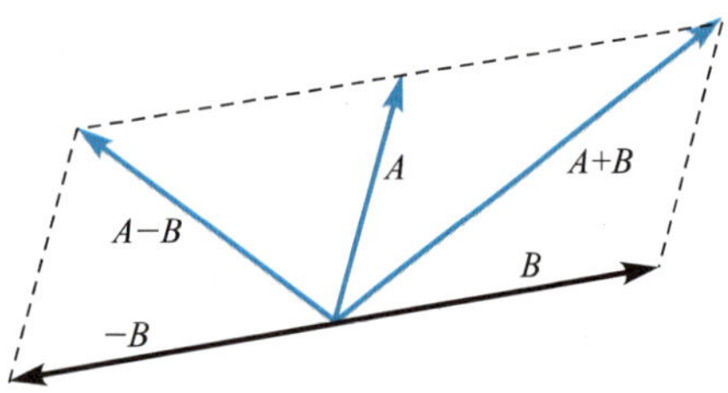

그림 2-42 벡터의 차

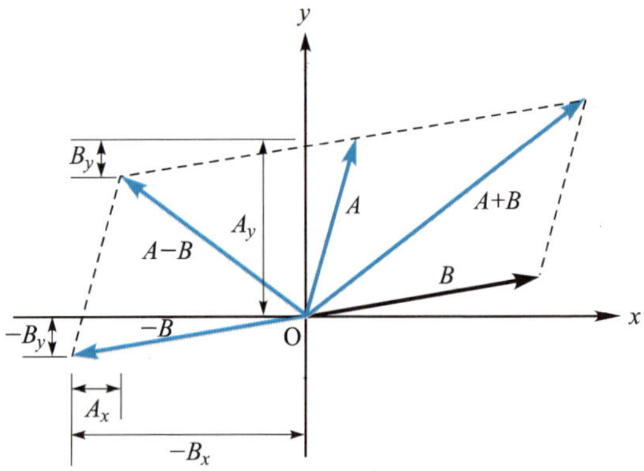

그림 2-43 벡터의 차

또 그림 2-43과 같이 직교좌표계를 도입하였을 때, 두 벡터가 $\mathrm{A} = (A_x,\ A_y)$, $\mathrm{B} = (B_x,\ B_y)$라고 하면,

$$\begin{aligned}\mathrm{D} &= \mathrm{A} - \mathrm{B} \\ &= (A_x - B_x,\ A_y - B_y)\end{aligned}$$

이다.

그리고 두 벡터가 $\mathrm{A} = A_x\mathrm{i} + A_y\mathrm{j}$, $\mathrm{B} = B_x\mathrm{i} + B_y\mathrm{j}$ 와 같이 단위벡터를 이용하여 나타내어져 있다면, $\mathrm{A} - \mathrm{B}$ 는 다음과 같이 구해진다.

$$\begin{aligned}\mathrm{D} &= \mathrm{A} - \mathrm{B} \\ &= \{A_x\mathrm{i} + A_y\mathrm{j}\} - \{B_x\mathrm{i} + B_y\mathrm{j}\} \\ &= (A_x - B_x)\mathrm{i} + (A_y - B_y)\mathrm{j}\end{aligned}$$

예제 2-13

두 힘 $A = i + 4j$ (N), $B = 5i + 0.8j$ (N)의 차 $D = A - B$를 구하시오.

풀이

$$
\begin{aligned}
R &= A - B \\
&= (i + 4j) - (5i + 0.8j) \\
&= (1 - 5)i + (4 - 0.8)j \\
&= -4i + 3.2j \ \text{(N)}
\end{aligned}
$$

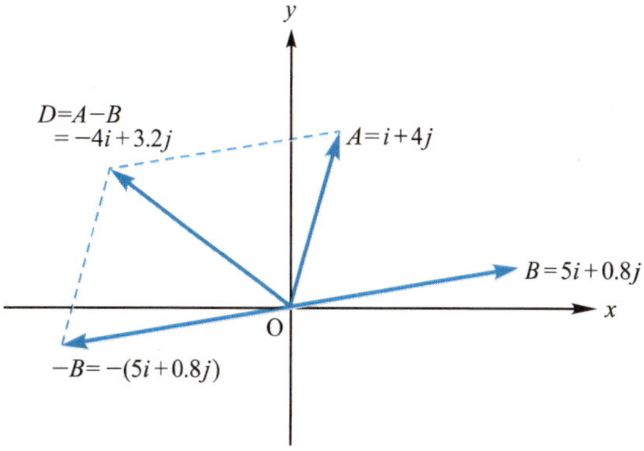

그림 2-44

2.4.2 스칼라 곱

어떤 점에 힘이 작용하고 있을 때, 그 힘과 방향은 동일하고 크기는 몇 배인 힘의 작용을 생각해볼 수 있는데, 그림 2-45와 같이 힘 A와 방향은 같고, 크기가 A의 k 배(단, k는 임의의 실수)인 힘을 kA로 나타낸다. 이때 실수인 k는 크기만 있고 방향은 없으므로 스칼라이다. 따라서 kA를 A의 실수 배 또는 스칼라 곱이라고 한다.

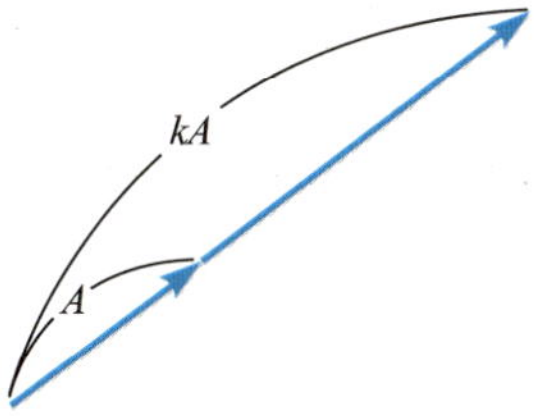

그림 2-45 스칼라 곱

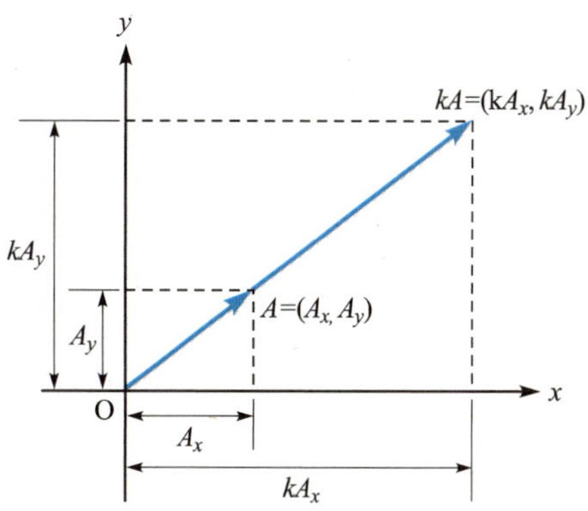

그림 2-46 스칼라 곱

또한 그림 2-46과 같이 좌표계를 정하면, 벡터(또는 힘) $\mathrm{A} = (A_x,\ A_y)$를 k 배한 스칼라 곱 $k\mathrm{A}$는 다음과 같다.

$$k\mathrm{A} = k(A_x,\ A_y) \qquad \text{(단, } k\text{는 임의의 실수)}$$
$$= (kA_x,\ kA_y)$$

그리고 벡터가 단위벡터를 이용하여 $\mathrm{A} = A_x\mathrm{i} + A_y\mathrm{j}$ 와 같이 나타내져 있다며, A를 k 배한 스칼라 곱 $k\mathrm{A}$는 다음과 같다.

$$k\mathrm{A} = k(A_x\mathrm{i} + A_y\mathrm{j})$$
$$= kA_x\mathrm{i} + kA_y\mathrm{j}$$

예제 2-14

힘 $\mathrm{A} = 6\mathrm{i} + 5\mathrm{j}$ (N)와 방향은 같고, 크기가 A의 2배인 힘 B를 구하시오.

풀이

$$\mathrm{B} = 2\mathrm{A}$$
$$= 2(6\mathrm{i} + 5\mathrm{j})$$
$$= 12\mathrm{i} + 10\mathrm{j}\ (\mathrm{N})$$

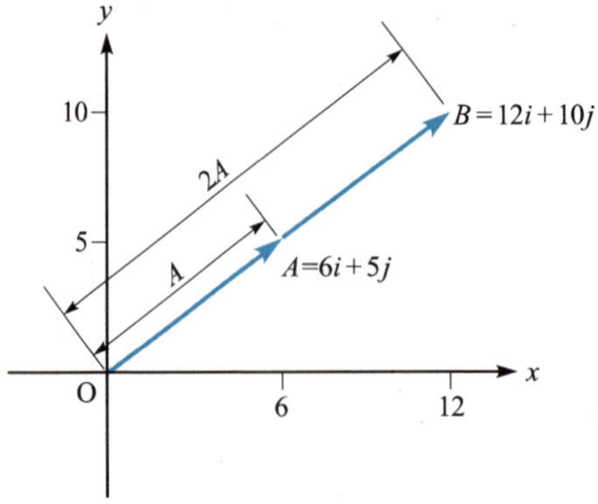

그림 2-47

힘 A와 B의 크기를 비교해 보면,

$$A = \sqrt{6^2 + 5^2} = \sqrt{61}$$

이고,

$$B = \sqrt{12^2 + 10^2} = \sqrt{244} = \sqrt{4 \times 61} = 2\sqrt{61} = 2A$$

이다.

2.4.3 단위벡터

단위벡터는 그 크기가 1인 벡터를 말하며, 앞에서 시점이 원점에 있고 x축, y축과 각각 나란한 단위벡터 i, j를 이미 사용했었다. 여기서는 임의의 방향을 가진 어떤 벡터와 같은 방향을 가진 단위벡터를 구해보기로 한다.

누구나 알고 있듯이 어떤 한 실수에 같은 수를 나누면 1이 구해진다. 이 경우와 유사하게, 어떤 벡터에 그 벡터의 크기를 나누어주면, 주어진 벡터와 방향이 같으면서 그 크기가 1인 단위벡터가 구해진다. 즉, 어떤 벡터의 크기가 A라고 하면, 그 벡터에 $1/A$을 스칼라 곱하면, 방향은 같고 크기가 1인 단위벡터가 구해진다.

따라서, 2차원공간에 있는 어떤 벡터가 $\mathrm{A} = A_x\mathrm{i} + A_y\mathrm{j}$ 로 주어지면, 벡터 A의 크기 A는 피타고라스의 정리에 의해

$$A = \sqrt{A_x^2 + A_y^2}$$

으로 구해지므로, 방향이 벡터 A와 같은 단위벡터 $\mathrm{u_A}$는 다음과 같이 구해진다.

$$\begin{aligned}\mathrm{u_A} &= \frac{1}{A}\mathrm{A} \\ &= \frac{1}{\sqrt{A_x^2 + A_y^2}}(A_x\mathrm{i} + A_y\mathrm{j}) \\ &= \frac{A_x}{\sqrt{A_x^2 + A_y^2}}\mathrm{i} + \frac{A_y}{\sqrt{A_x^2 + A_y^2}}\mathrm{j}\end{aligned}$$

그런데 그림 2-48과 같이 x축과 벡터 A사이의 각을 θ_x, y축과 벡터 A사이의 각을 θ_y 라고 하면, 삼각함수의 정의에 따라 다음 식이 각각 성립한다.

$$\cos\theta_x = \frac{A_x}{A} = \frac{A_x}{\sqrt{A_x^2 + A_y^2}}$$

$$\cos\theta_y = \frac{A_y}{A} = \frac{A_y}{\sqrt{A_x^2 + A_y^2}}$$

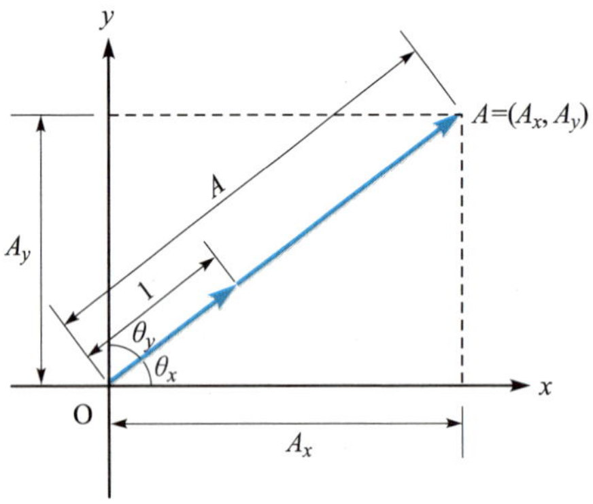

그림 2-48

따라서, 단위벡터 u_A는 다음과 같이 바꾸어 쓸 수 있다.

$$u_A = \frac{A_x}{\sqrt{A_x^2 + A_y^2}} i + \frac{A_y}{\sqrt{A_x^2 + A_y^2}} j = (\cos\theta_x) i + (\cos\theta_y) j$$

예제 2-15

힘 $A = 6i + 5j$ (N)와 방향은 같고, 크기는 1 N인 힘 u_A를 구하시오.

풀이

$$u_A = \frac{1}{A} A$$

$$= \frac{1}{\sqrt{6^2 + 5^2}} (6i + 5j)$$

$$= \frac{1}{\sqrt{61}} (6i + 5j)$$

$$= \frac{6}{\sqrt{61}} i + \frac{5}{\sqrt{61}} j \text{ (N)}$$

힘 u_A 의 크기를 구해 보면 다음과 같이 1 N이 된다.

$$u_A = \sqrt{\left(\frac{6}{\sqrt{61}}\right)^2 + \left(\frac{5}{\sqrt{61}}\right)^2}$$

$$= \sqrt{\frac{36}{61} + \frac{25}{61}}$$

$$= 1\ (\mathrm{N})$$

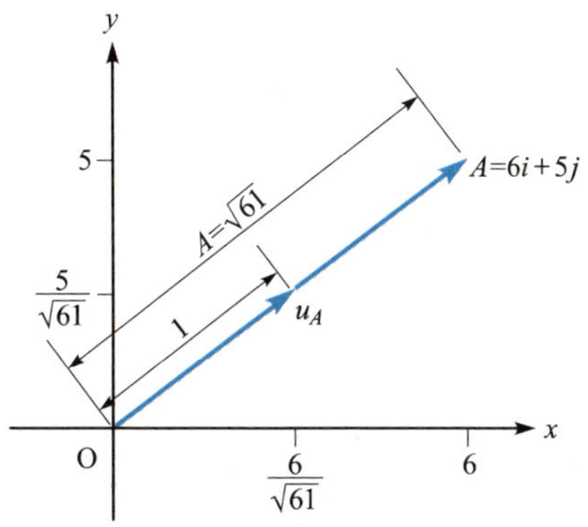

그림 2-49

2.4.4 연산의 성질

지금까지 살펴본 내용으로부터 벡터(또는 힘)의 합과 스칼라 곱에 대해 다음과 같은 성질이 성립함을 알 수 있으며, 다음 식들은 쉽게 증명될 수 있는 것들이므로 증명은 생략한다.

A, B, C가 2차원에서의 벡터이고, k와 l이 스칼라이면 다음 식이 성립한다. 여기서 0은 영벡터(zero vector)이다. 즉, $0 = (0,\ 0)$이다.

(1) $\mathrm{A} + \mathrm{B} = \mathrm{B} + \mathrm{A}$
(2) $\mathrm{A} + (\mathrm{B} + \mathrm{C}) = (\mathrm{A} + \mathrm{B}) + \mathrm{C}$
(3) $\mathrm{A} + 0 = \mathrm{A}$
(4) $\mathrm{A} - \mathrm{A} = 0$
(5) $k(l\mathrm{A}) = (kl)\mathrm{A}$
(6) $k(\mathrm{A} + \mathrm{B}) = k\mathrm{A} + k\mathrm{B}$
(7) $(k + l)\mathrm{A} = k\mathrm{A} + l\mathrm{A}$
(8) $1\mathrm{A} = \mathrm{A}$

2.5 한 점에 작용하는 공간력의 합, 차, 스칼라 곱

2.5.1 오른손 좌표계와 왼손 좌표계

2차원일 경우와 마찬가지로 3차원공간의 벡터(또는 힘)에 대해서도 직교 좌표계를 도입하면, 벡터의 연산이 매우 쉬워지는데, 2차원일 경우와는 달리 3차원일 경우에는 두 종류의 좌표계가 사용될 수 있다.

즉, 그림 2-50과 같이 정한 오른손 좌표계(右手系, right-handed system)와 그림 2-51과 같이 정한 왼손 좌표계(左手系, left-handed system)가 3차원공간에서 사용될 수 있는 직교 좌표계인데, 어떤 좌표계를 사용하던지 벡터 연산의 결과는 같으므로 이 책에서는 오른손 좌표계만을 사용하기로 한다.

[오른손 좌표계]

오른손 좌표계(또는 우수계)는 x축에서 y축 쪽으로 오른손을 말아 쥘 때, 엄지손가락의 방향을 z축이 되도록 정한 좌표계를 말한다.

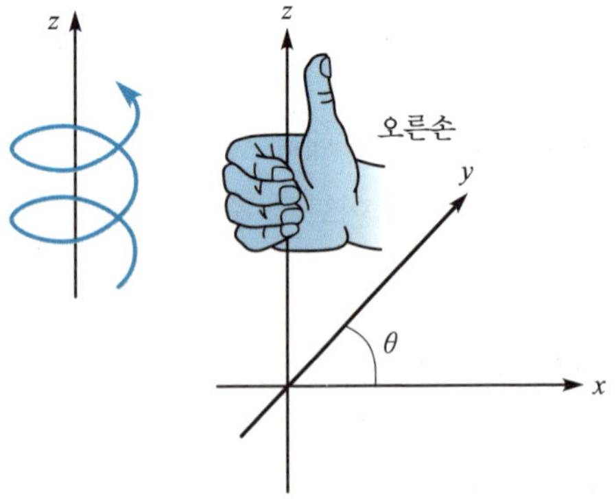

그림 2-50 오른손 좌표계

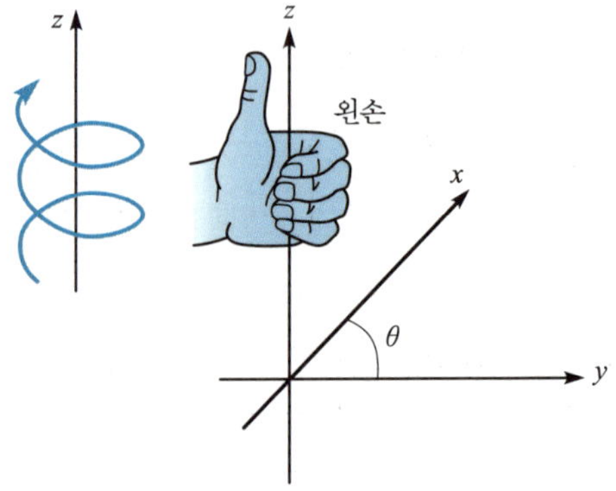

그림 2-51 왼손 좌표계

2.5.2 3차원 공간 벡터의 표기법

2차원에서의 벡터와 마찬가지로 3차원 공간의 벡터에 대해서도 직교 좌표계의 원점이 주어진 벡터의 시점에 있도록 좌표계를 정하면, 종점의 좌표인 3개의 실수를 나열함으로써 주어진 벡터를 나타낼 수 있다. 즉, 그림 2-52와 같이 A가 3차원공간에 있는 벡터이고, 직교좌표계를 그림 2-52와 같이 정하면, 벡터 A를 다음과 같이 나타낼 수 있는데, 이를 2차원일 경우와 비교하면 z축 방향의 성분이 하나 더 추가된 것뿐이다.

$$\mathrm{A} = (A_x,\ A_y,\ A_z)$$

또 그림 2-53과 같이 시점이 원점에 있고 x축과 나란한 단위벡터를 i, y축과 나란한 단위벡터를 j, z축과 나란한 단위벡터를 k로 나타내면, 이 단위벡터들을 이용하여 3차원 공간 내에 있는 벡터 A를 다음과 같이 나타낼 수도 있다.

$$\mathrm{A} = A_x\mathrm{i} + A_y\mathrm{j} + A_z\mathrm{k}$$

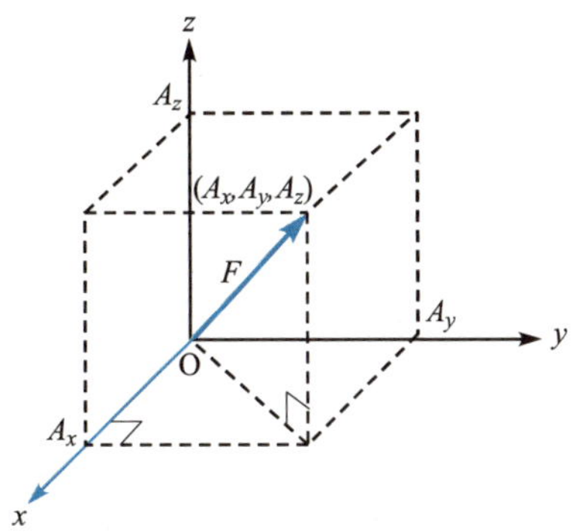

그림 2-52

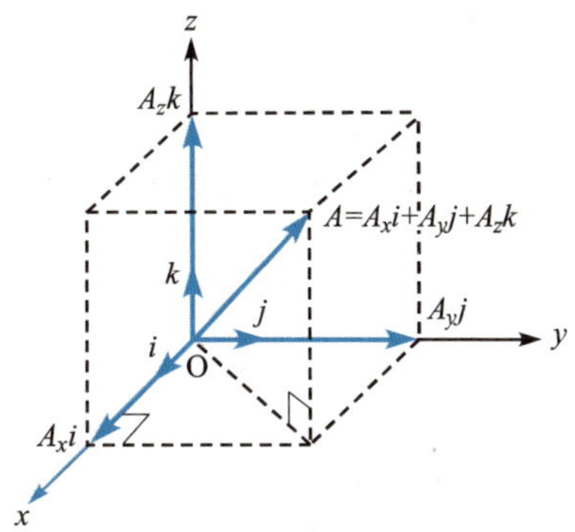

그림 2-53

2.5.3 벡터의 합, 차, 스칼라 곱

3차원공간에 있는 벡터의 합, 차, 스칼라 곱은 벡터가 좌표계를 이용하여 $\mathrm{A} = (A_x,\ A_y,\ A_z)$, $\mathrm{B} = (B_x,\ B_y,\ B_z)$로 나타내져 있으면, 다음과 같이 되고,

$$\mathrm{A} + \mathrm{B} = (A_x + B_x,\ A_y + B_y,\ A_z + B_z)$$

$$\mathrm{A} - \mathrm{B} = (A_x - B_x,\ A_y - B_y,\ A_z - B_z)$$

$$k\mathrm{A} = (kA_x,\ kA_y,\ kA_z) \quad (\text{단, } k\text{는 임의의 스칼라})$$

두 벡터가 $\mathrm{A} = A_x\mathrm{i} + A_y\mathrm{j} + A_z\mathrm{k}$, $\mathrm{B} = B_x\mathrm{i} + B_y\mathrm{j} + B_z\mathrm{k}$ 와 같이 단위벡터를 이용하여 나타내져 있으면, 벡터의 합, 차, 스칼라 곱은 다음과 같이 된다.

$$\mathrm{A} + \mathrm{B} = (A_x + B_x)\mathrm{i} + (A_y + B_y)\mathrm{j} + (A_z + B_z)\mathrm{k}$$

$$\mathrm{A} - \mathrm{B} = (A_x - B_x)\mathrm{i} + (A_y - B_y)\mathrm{j} + (A_z - B_z)\mathrm{k}$$

$$k\mathrm{A} = kA_x\mathrm{i} + kA_y\mathrm{j} + kA_z\mathrm{k} \quad (\text{단, } k\text{는 임의의 스칼라})$$

예제 2-16

한 점에 두 힘 $\mathrm{A} = \mathrm{i} + 3\mathrm{j} + 2\mathrm{k}\,(\mathrm{N})$, $\mathrm{B} = 5\mathrm{i} + 2\mathrm{j} - 3\mathrm{k}\,(\mathrm{N})$이 작용하고 있을 때, 두 힘의 합력 $\mathrm{R}(= \mathrm{A} + \mathrm{B})$과 차 $\mathrm{D}(= \mathrm{A} - \mathrm{B})$를 구하고, 또 힘 A와 방향은 같고 크기가 3배인 힘을 구하시오.

풀이

$$\begin{aligned} \mathrm{R} &= \mathrm{A} + \mathrm{B} \\ &= (\mathrm{i} + 3\mathrm{j} + 2\mathrm{k}) + (5\mathrm{i} + 2\mathrm{j} - 3\mathrm{k}) \\ &= (1+5)\mathrm{i} + (3+2)\mathrm{j} + (2-3)\mathrm{k} \\ &= 6\mathrm{i} + 5\mathrm{j} - \mathrm{k}\,(\mathrm{N}) \end{aligned}$$

$$\begin{aligned} \mathrm{D} &= \mathrm{A} - \mathrm{B} \\ &= (\mathrm{i} + 3\mathrm{j} + 2\mathrm{k}) - (5\mathrm{i} + 2\mathrm{j} - 3\mathrm{k}) \\ &= (1-5)\mathrm{i} + (3-2)\mathrm{j} + (2+3)\mathrm{k} \\ &= -4\mathrm{i} + \mathrm{j} + 5\mathrm{k}\,(\mathrm{N}) \end{aligned}$$

힘 A와 방향은 같고 크기가 3배인 힘 3A는 다음과 같다.

$$3\mathrm{A} = 3(\mathrm{i} + 3\mathrm{j} + 2\mathrm{k}) = 3\mathrm{i} + 9\mathrm{j} + 6\mathrm{k}\,(\mathrm{N})$$

2.5.4 단위벡터

2차원일 경우와 동일하게 3차원공간에 있는 어떤 벡터 A와 방향이 같은 단위벡터 $\mathrm{u_A}$는 $1/A$을 A에 스칼라 곱하면 구해지며, 여기서 A는 벡터 A의 크기이다.

따라서, 3차원 공간에 있는 어떤 벡터가 $\mathrm{A} = A_x\mathrm{i} + A_y\mathrm{j} + A_z\mathrm{k}$로 주어지면, 벡터 A의 크기 A는 피타고라스의 정리에 의해

$$A = \sqrt{A_x^2 + A_y^2 + A_z^2}$$

로 구해지고, 벡터 A와 같은 방향을 가진 단위벡터 u_A는 다음과 같이 구해진다.

$$\begin{aligned} u_A &= \frac{1}{A}A \\ &= \frac{1}{\sqrt{A_x^2 + A_y^2 + A_z^2}}(A_x i + A_y j + A_z k) \\ &= \frac{A_x}{\sqrt{A_x^2 + A_y^2 + A_z^2}} i + \frac{A_y}{\sqrt{A_x^2 + A_y^2 + A_z^2}} j + \frac{A_z}{\sqrt{A_x^2 + A_y^2 + A_z^2}} k \end{aligned}$$

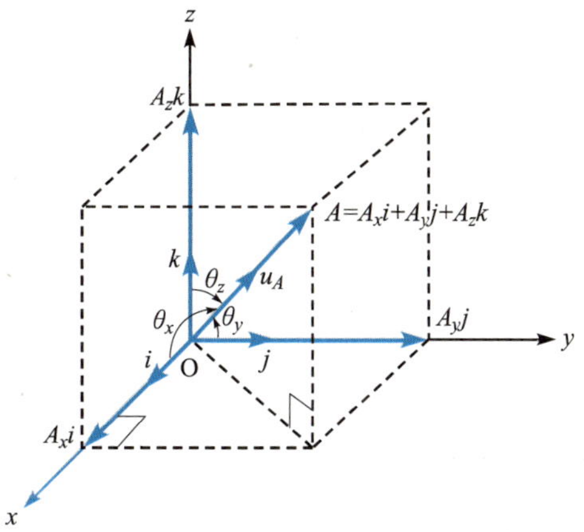

그림 2-54

그림 2-54와 같이 벡터 A와 x축 사이의 각을 θ_x, y축 사이의 각을 θ_y, z축 사이의 각을 θ_z라고 하면, 삼각함수의 정의에 따라 다음 식이 각각 성립하므로

$$\cos\theta_x = \frac{A_x}{A} = \frac{A_x}{\sqrt{A_x^2 + A_y^2 + A_z^2}}$$

$$\cos\theta_y = \frac{A_y}{A} = \frac{A_y}{\sqrt{A_x^2 + A_y^2 + A_z^2}}$$

$$\cos\theta_z = \frac{A_z}{A} = \frac{A_z}{\sqrt{A_x^2 + A_y^2 + A_z^2}}$$

단위벡터 u_A는 다음과 같이 나타낼 수도 있다.

$$u_A = (\cos\theta_x)i + (\cos\theta_y)j + (\cos\theta_z)k$$

그리고 단위벡터의 크기는 1이므로 피타고라스의 정리를 이용하여 u_A의 크기를 구해보면, 다음 식이 성립한다는 것은 쉽게 밝힐 수 있다.

$$\cos^2\theta_x + \cos^2\theta_y + \cos^2\theta_z = 1$$

예제 2-17

힘 $A = i + 3j + 2k$ (N)와 방향은 같고, 크기는 1 N인 힘 u_A를 구하시오.

풀이

$$u_A = \frac{1}{A}A$$

$$= \frac{1}{\sqrt{1^2 + 3^2 + 2^2}}(i + 3j + 2k)$$

$$= \frac{1}{\sqrt{14}}(i + 3j + 2k)$$

$$= \frac{1}{\sqrt{14}}i + \frac{3}{\sqrt{14}}j + \frac{2}{\sqrt{14}}k \text{ (N)}$$

예제 2-18

크기가 $F_1 = 200$ kN, $F_2 = 300$ kN, $F_3 = 160$ kN인 세 힘이 각각 원점으로부터 점 $P_1(2,\ 3,\ 5)$, $P_2(-2,\ 1,\ -3)$, $P_3(-3,\ 2,\ 3)$을 향해 작용할 때 이 힘들의 합력 R을 구하시오. 단, 거리의 단위는 m이다.

풀이 1

원점에서 각 점 P_1, P_2, P_3을 각각 가리키는 벡터 r_1, r_2, r_3은 다음과 같고,

$$r_1 = 2i + 3j + 5k$$

$$r_2 = -2i + j - 3k$$

$$r_3 = -3i + 2j + 3k$$

원점에서 각 점 P_1, P_2, P_3을 향하는 단위벡터 u_1, u_2, u_3는 다음과 같다.

$$u_1 = \frac{1}{r_1} r_1$$

$$= \frac{1}{\sqrt{2^2 + 3^2 + 5^2}} (2i + 3j + 5k)$$

$$= \frac{2}{\sqrt{38}} i + \frac{3}{\sqrt{38}} j + \frac{5}{\sqrt{38}} k$$

$$u_2 = \frac{1}{r_2} r_2$$

$$= \frac{1}{\sqrt{(-2)^2 + 1^2 + (-3)^2}} (-2i + j - 3k)$$

$$= -\frac{2}{\sqrt{14}} i + \frac{1}{\sqrt{14}} j - \frac{3}{\sqrt{14}} k$$

$$u_3 = \frac{1}{r_3} r_3$$

$$= \frac{1}{\sqrt{(-3)^2 + 2^2 + 3^2}} (-3i + 2j + 3k)$$

$$= -\frac{3}{\sqrt{22}} i + \frac{2}{\sqrt{22}} j + \frac{3}{\sqrt{22}} k$$

따라서, 세 힘은 각각 다음과 같고,

$$F_1 = 200 u_1$$

$$= 200\left(\frac{2}{\sqrt{38}} i + \frac{3}{\sqrt{38}} j + \frac{5}{\sqrt{38}} k\right)$$

$$= 64.9i + 97.3j + 162.2k \text{ (kN)}$$

$$F_2 = 300 u_2$$

$$= 300\left(-\frac{2}{\sqrt{14}} i + \frac{1}{\sqrt{14}} j - \frac{3}{\sqrt{14}} k\right)$$

$$= -160.4i + 80.2j - 240.5k \text{ (kN)}$$

$$\mathrm{F}_3 = 160\mathrm{u}_3$$

$$= 160\left(-\frac{3}{\sqrt{22}}\mathrm{i} + \frac{2}{\sqrt{22}}\mathrm{j} + \frac{3}{\sqrt{22}}\mathrm{k}\right)$$

$$= -102.3\mathrm{i} + 68.2\mathrm{j} + 102.3\mathrm{k}\ (\mathrm{kN})$$

세 힘의 합력 R은 다음과 같이 구해진다.

$$\mathrm{R} = \mathrm{F}_1 + \mathrm{F}_2 + \mathrm{F}_3$$

$$= (64.9\mathrm{i} + 97.3\mathrm{j} + 162.2\mathrm{k}) + (-160.4\mathrm{i} + 80.2\mathrm{j} - 240.5\mathrm{k}) + (-102.3\mathrm{i} + 68.2\mathrm{j} + 102.3\mathrm{k})$$

$$= (64.9 - 160.4 - 102.3)\mathrm{i} + (97.3 + 80.2 + 68.2)\mathrm{j} + (162.2 - 240.5 + 102.3)\mathrm{k}$$

$$= -197.8\mathrm{i} + 245.7\mathrm{j} + 24.0\mathrm{k}\ (\mathrm{kN})$$

풀이 2

원점에서 점 $P_1(2, 3, 5)$를 가리키는 벡터의 각 축 방향 성분은 (2, 3, 5)이고, 원점으로부터 점 P_1 사이의 거리는 6.16m 이다.

따라서 힘 $F_1 = 200\text{kN}$ 의 분력은 다음과 같이 구해진다.

$$F_{1x} = 200\left(\frac{2}{6.16}\right) = 64.9\ \text{kN}$$

$$F_{1y} = 200\left(\frac{3}{6.16}\right) = 97.4\ \text{kN}$$

$$F_{1z} = 200\left(\frac{5}{6.16}\right) = 162.3\ \text{kN}$$

같은 방법으로 힘 F_2와 F_3의 분력을 구하면 다음 표 2-1과 같다.

표 2-1

힘	방향의 성분			거리	분력		
	x	y	z		F_x	F_y	F_z
$F_1 = 200$ kN	2	3	5	6.16	64.9	97.4	162.3
$F_2 = 300$ kN	-2	1	-3	3.74	-160.4	80.2	-240.6
$F_3 = 160$ kN	-3	2	3	4.69	-102.3	68.2	102.3
합계					$R_x = -197.8$	$R_y = 245.8$	$R_z = 24.0$

합력의 크기 R과 합력의 작용방향은 다음과 같이 구해진다.

$$R = \sqrt{R_x^2 + R_y^2 + R_z^2}$$

$$= \sqrt{(-197.8)^2 + (245.8)^2 + (24.0)^2}$$

$$= 316.4\ (\text{kN})$$

$$\cos\theta_x = \frac{R_x}{R}$$

$$\therefore \theta_x = \cos^{-1}\left(\frac{R_x}{R}\right) = \cos^{-1}\left(-\frac{197.8}{316.4}\right) = 128.7°$$

$$\cos\theta_y = \frac{R_y}{R}$$

$$\therefore \theta_y = \cos^{-1}\left(\frac{R_y}{R}\right) = \cos^{-1}\left(\frac{245.8}{316.4}\right) = 39.0°$$

$$\cos\theta_z = \frac{R_z}{R}$$

$$\therefore \theta_z = \cos^{-1}\left(\frac{R_z}{R}\right) = \cos^{-1}\left(\frac{24.0}{316.4}\right) = 85.6°$$

2.5.5 연산의 성질

3차원공간에 있는 벡터의 합, 차, 스칼라 곱에 대해 다음 식들이 성립하는데, 2차원일 경우와 비교해보면, 벡터를 나타내는데 z축 방향의 성분이 하나 더 추가된 것 외에는 다를 게 없다.

A, B, C가 3차원에서의 벡터이고, k와 l이 스칼라이면 다음 식이 성립한다. 여기서 0은 영벡터(zero vector)이다. 즉, $0 = (0,\ 0,\ 0)$이다.

(1) $A + B = B + A$	(2) $A + (B + C) = (A + B) + C$
(3) $A + 0 = A$	(4) $A - A = 0$
(5) $k(lA) = (kl)A$	(6) $k(A + B) = kA + kB$
(7) $(k + l)A = kA + lA$	(8) $1A = A$

CHAPTER 2

연습문제

2.1 힘 F = 240N이 수평과 60°의 각도로 작용하고 있을 때, 이 힘의 수평분력 F_x와 수직분력 F_y를 구하시오.

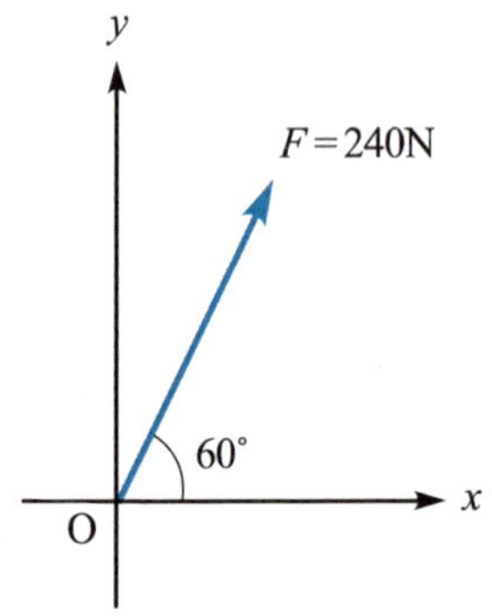

그림 2-55

2.2 그림과 같이 점 O에 작용하는 네 힘의 합력 R의 크기와 방향을 구하시오.

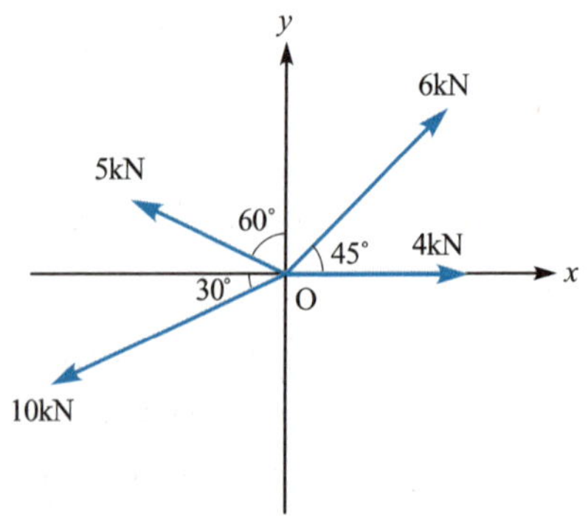

그림 2-56

2.3 그림에 나타낸 힘 u와 방향이 같은 힘 F = 180MN의 세 직각분력 F_x, F_y, F_z를 구하시오.

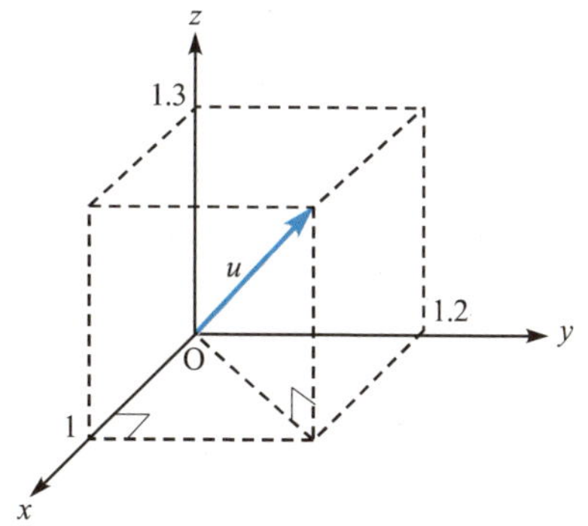

그림 2-57

2.4 그림과 같이 점 O에 작용하는 세 힘의 합력 R의 크기와 방향을 구하시오.

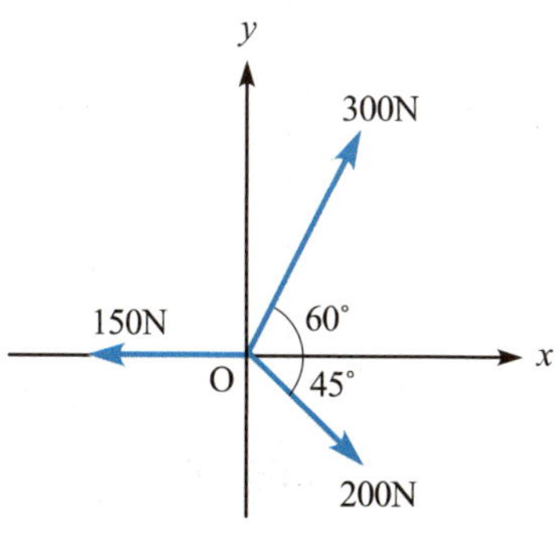

그림 2-58

2.5 그림과 같이 지면 위에 놓인 둥근 물체에 힘이 작용하고 있다. 물체가 어느 방향으로 움직일지 판별하시오.

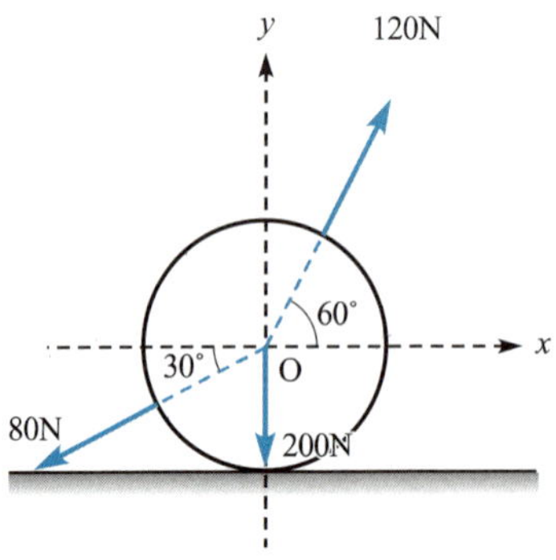

그림 2-59

2.6 그림과 같이 점 O에 작용하는 세 힘의 합력 R의 크기와 방향을 구하시오.

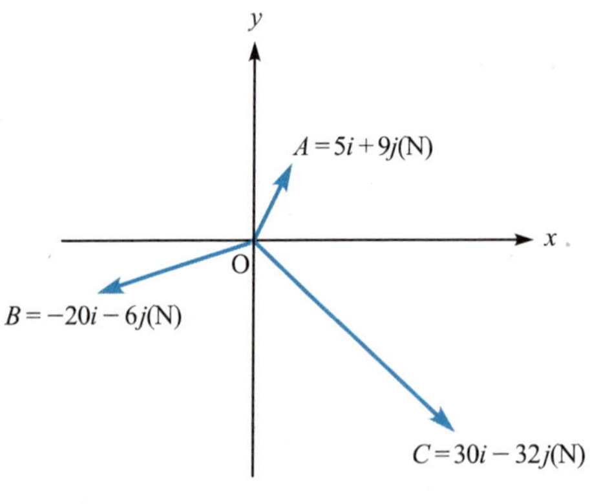

그림 2-60

2.7 한 점에 두 힘 $A = 3i + j + 2k\ (N)$, $B = 4i + 3j - 3k\ (N)$이 작용하고 있을 때, 두 힘의 합력 $R(= A + B)$과 차 $D(= A - B)$를 구하고, 또 힘 A와 방향은 반대이고 크기가 2배인 힘 C를 구하시오.

2.8 힘 $A = 3i + j + 2k$ (N)와 방향은 같고, 크기는 1 N인 힘 u_A를 구하시오.

2.9 그림과 같이 한 점에 작용하는 세 힘들의 합력이 y축의 아래 방향으로 200N이다. 이러한 합력이 될 때 필요한 힘 F와 θ의 값을 구하시오.

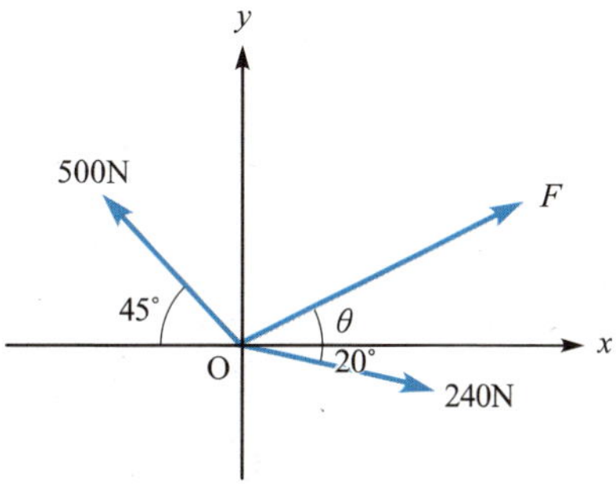

그림 2-61

2.10 그림과 같이 수평으로 놓여 있는 물체를 F=100N의 힘으로 끌어당길 때, 물체를 수평방향으로 끌고 가려는 힘과 수직방향으로 들어 올리려고 하는 힘을 구하시오.

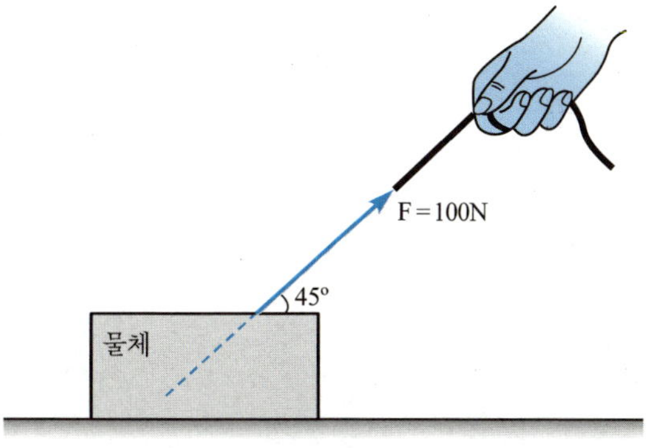

그림 2-62

CHAPTER 3

한 점에 작용하지 않는 힘의 합

CHAPTER 3

한 점에 작용하지 않는 힘의 합

3.1 한 점에 대한 힘의 모멘트

3.1.1 모멘트

대부분의 실제적인 문제에서는 물체를 회전시키려는 힘을 고려해야만 한다.[1)]

예를 들어 그림 3-1과 같이 렌치로 볼트를 조이는 경우는 렌치를 미는 힘 F가 볼트의 중심 O에 작용하고 있지 않는 경우에 해당된다. 이 경우 렌치를 미는 힘 F는 볼트의 중심 O를 축으로 하여 볼트에 회전을 일으키는데, 이와 같이 힘이 물체를 회전시키려는 물리적인 효과를 모멘트라고 한다.

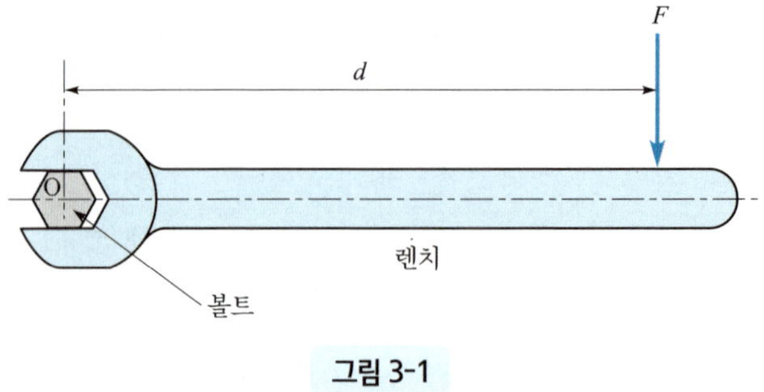

그림 3-1

우리가 경험을 통해 알고 있듯이 렌치를 미는 힘이 증가하거나, 같은 크기의 힘이라도 렌치의 길이가 길어지면, 볼트를 조이는 회전효과가 증가한다. 그리고 이러한 경험으로부터 모멘트는 작용하는 힘의 크기와 회전축으로부터 힘까지의 거리에 비례함을 알 수 있다.

1) 한 점에 작용하지 않는 역계를 받고 있는 물체는 작용하는 힘에 의해 회전이 발생될 수 있다.

따라서, 모멘트를 회전축으로부터 힘의 작용선까지의 수직거리와 작용하는 힘의 크기를 곱한 량으로 정의하면, 그 크기를 잘 나타낼 수 있다.

한편, 그림 3-1에 나타낸 d와 같이 회전축으로부터 모멘트를 일으키는 힘의 작용선까지의 수직거리를 모멘트 팔(moment arm)이라고 한다.

그리고 모멘트의 단위는 힘과 거리가 곱해진 N · m 가 사용된다.

[모멘트(moment)]

힘이 점 또는 축을 중심으로 물체를 회전시키려는 성질을 모멘트라고 한다.
그리고 모멘트의 크기 M은 작용하는 힘의 크기 F와 회전축으로부터 힘의 작용선까지의 수직 거리 d를 곱한 값으로 정의된다.

$$M = Fd$$

3.1.2 모멘트의 방향

앞에서는 모멘트의 뜻에 대해 알아보고, 또 그 크기만을 구했는데, 사실 모멘트는 회전하는 방향이 있기 때문에 그 회전 방향을 나타낼 필요가 있고, 또 양(+)이나 음(−)에 대한 부호 규약도 필요하다.

평면에 있는 비교적 간단한 문제를 다룰 때에는 모멘트의 회전방향을 원형 화살표로 표시하고, 부호 규약은 반시계방향 또는 시계방향 중에서 한 방향을 양으로 취하면 되는데, 이때 주의할 것은 한 문제를 푸는 동안에는 한 가지 부호 규약만을 정해서 사용해야 혼돈을 피할 수 있다는 것이다. 그림 3-2는 평면 위에서 힘 F가 점 O에 대해 일으키는 모멘트의 회전방향을 원형 화살표로 나타낸 것이다.

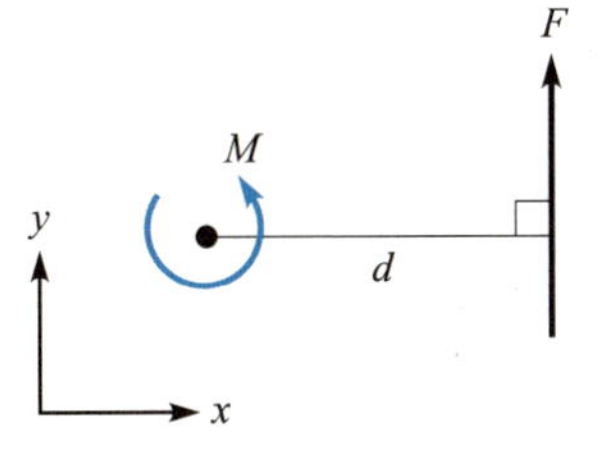

그림 3-2

그리고 3차원 공간에 있는 복잡한 문제를 다룰 때에는 벡터 연산을 이용하는 것이 더 편리한 경우가 많은데, 이때에는 모멘트의 방향을 오른손법칙(right-hand rule)에 따라 정할 수 있다. 즉, 회전하는 방향을 가리키도록 오른손의 네 손가락을 말아 쥘 때, 곧게 편 엄지 손가락이 가리키는 방향을 양의 방향으로 정하면 된다. 그림 3-3은 오른손법칙을 나타낸 것이고, 그림 3-4는 xy 평면상에 있는 힘 F가 점 O에 대해 일으키는 모멘트를 화살표로 나타낸 것이며, 이 화살표는 z 축과 평행하다.

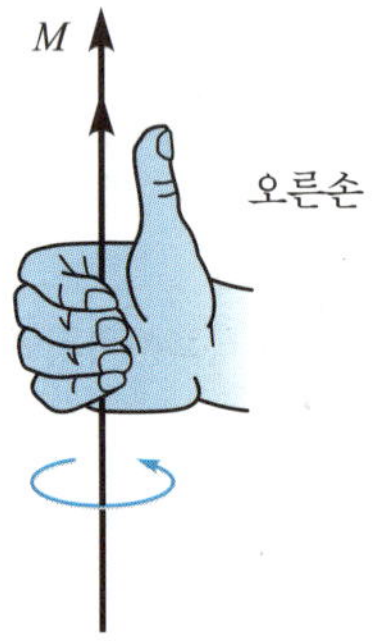

그림 3-3 오른손법칙

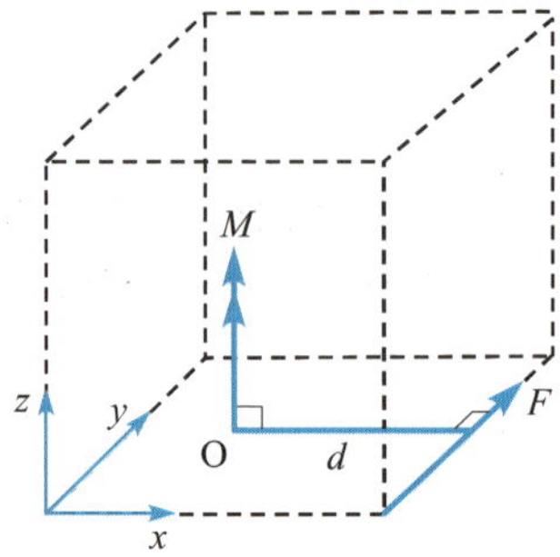

그림 3-4

예제 3-1

그림과 같이 렌치를 80N의 힘으로 돌려 볼트를 조인다고 할 때, 볼트에 작용하는 모멘트를 구하시오. 단 볼트의 중심으로부터 힘의 작용선까지의 거리 $d = 0.2\text{m}$이다.

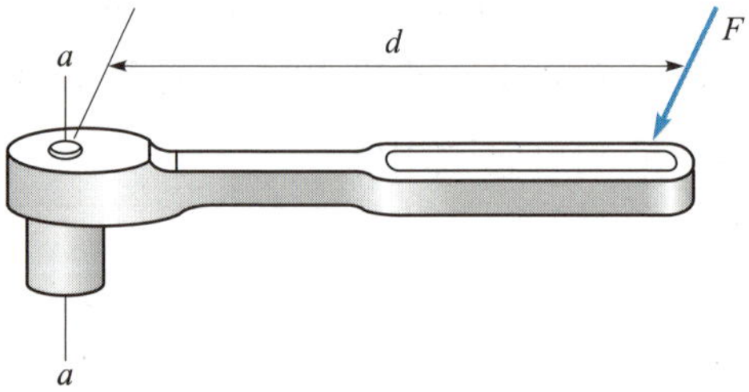

그림 3-5

풀이

모멘트의 크기 M은 작용하는 힘의 크기 F와 회전축으로부터 힘의 작용선까지의 수직 거리 d를 곱한 값이며, 그 단위는 힘의 단위와 거리의 단위가 곱해진 N · m가 된다.

$$M = Fd = 80 \times 0.2 = 16\,\text{N} \cdot \text{m}$$

예제 3-2

그림과 같이 삭도(索道, cableway)[2]에 통나무가 매달려 있다. 왼쪽 기둥이 연결된 줄에 의해 1470N의 힘을 받을 때, 왼쪽 기둥의 하단에 작용하는 모멘트를 구하시오.

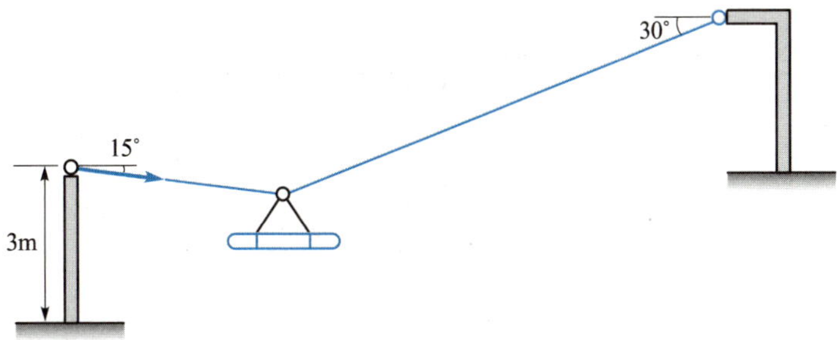

그림 3-6

풀이

기둥의 하단에 작용하는 모멘트를 구하려고 하면, 먼저 기둥의 하단으로부터 힘의 작용선까지의 수직 거리 d를 구해야만 한다.

그림 3-7로부터 d를 구하면,

$$d = 3\cos 15^{\circ} = 2.898\text{m}$$

이다.

그리고 기둥의 하단에 작용하는 모멘트 M의 크기는 다음과 같이 구해지며, 시계방향으로 작용한다.

$$M = Fd$$
$$= 1470 \times 2.898 = 4260\text{N} \cdot \text{m}(\circlearrowright)$$

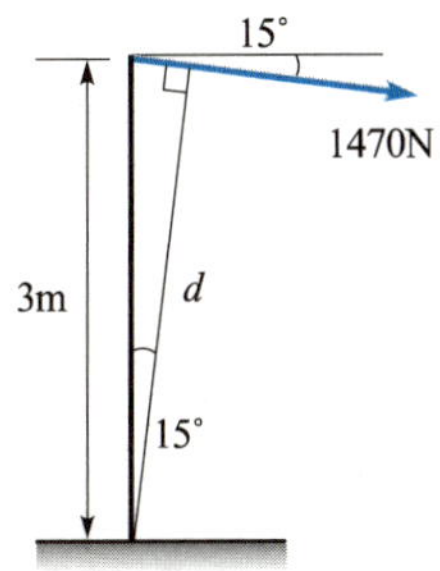

그림 3-7

2) 공중에 달린 밧줄 또는 케이블에 객실이나 짐칸을 만들어 사람이나 화물을 운반하는 장치를 케이블 카(cable car)라고 한다.

예제 3-3

그림과 같은 사각형 단면의 중점 A에 작용하는 모멘트를 구하시오.

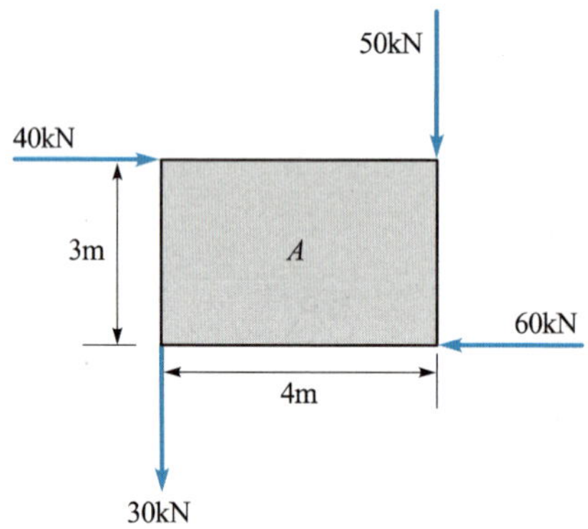

그림 3-8

풀이

수직력과 수평력에 의한 A점의 모멘트를 구하면 아래와 같다.

A점에 대하여 시계방향의 모멘트를 발생시키는 하중은 40kN, 50kN, 60kN 이고, 30kN은 반시계방향의 모멘트를 발생시킨다.

따라서 시계방향을 (+)모멘트라 가정하면 30kN 은 반대방향이므로 (−)의 부호를 갖는다.

$$\circlearrowright M = \Sigma Fd$$

$$= 40 \times 1.5 + 50 \times 2 + 60 \times 1.5 - 30 \times 2$$

$$= 190\ kN \cdot \text{m}(\circlearrowright)$$

예제 3-4

그림과 같은 구조물에서 지점 A에 작용하는 힘과 모멘트를 구하시오.

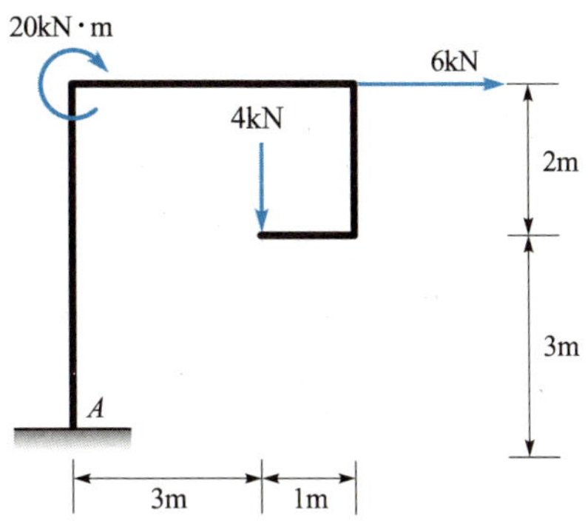

그림 3-9

풀이

힘에 의한 A점에 작용하는 모멘트는 힘과 A점까지의 수직거리의 곱으로 구하고 모멘트는 산술적으로 더해서 결과를 구한다.
먼저 합력의 크기와 방향을 구하면 아래와 같다.

$$R = \sqrt{F_x^2 + F_y^2} = \sqrt{6^2 + 4^2} = 7.21\,kN\ (\searrow)$$

$$\tan\theta = \frac{4}{6} = 0.67$$

따라서 수평면과 이루는 각도는 아래와 같다.

$$\theta = \tan^{-1}(0.67) = 33.69^o$$

수직력과 수평력에 의한 A점의 모멘트를 구하면 아래와 같다.

$$\circlearrowright M_2 = \Sigma Fd$$

$$= 6 \times 5 + 4 \times 3 = 42\ kN \cdot m(\circlearrowright)$$

여기에 작용하는 모멘트는 방향이 같으므로 더해주면 된다.

$$\circlearrowright M = \Sigma M = M_1 + M_2$$

$$= 20 + 42 = 62\,kN \cdot m(\circlearrowright)$$

3.2 바리뇽의 정리

3.2.1 바리뇽의 정리

임의의 방향으로 작용하는 힘이 일으키는 모멘트를 계산하는 것이 좀 복잡할 때가 있는데, 다음 정리를 이용하면 그 힘의 분력이 일으키는 모멘트를 각각 구해 모두 합함으로써 좀 더 쉽게 본래의 힘이 일으키는 모멘트를 구할 수 있다.

다음 정리는 프랑스의 수학자 바리뇽(Varignon, 1654~1722)에 의해 발표되었으며, 그의 이름을 따서 바리뇽의 정리라고 한다.

[바리뇽의 정리]

한 점 또는 축에 대해 어떤 힘이 일으키는 모멘트는 그 힘의 분력에 의한 모멘트를 모두 합한 것과 같다.

예를 들어 설명하면, 그림 3-10과 같이 점 $P(\overline{x},\ \overline{y})$에 작용하는 힘 F가 원점 O에 대해 일으키는 모멘트 M_O는 그림 3-11에 나타낸 힘 F의 수평분력 F_x와 수직분력 F_y가 원점에 대해 일으키는 모멘트를 합한 것과 그 크기가 같다는 것이 바리뇽의 정리이다. 즉, 반시계방향(↺)으로 회전하는 것을 양(+)으로 취하면, 다음 식이 성립한다.

$$\circlearrowleft\!\!+\ M_O = Fd = -F_x\overline{y} + F_y\overline{x}$$

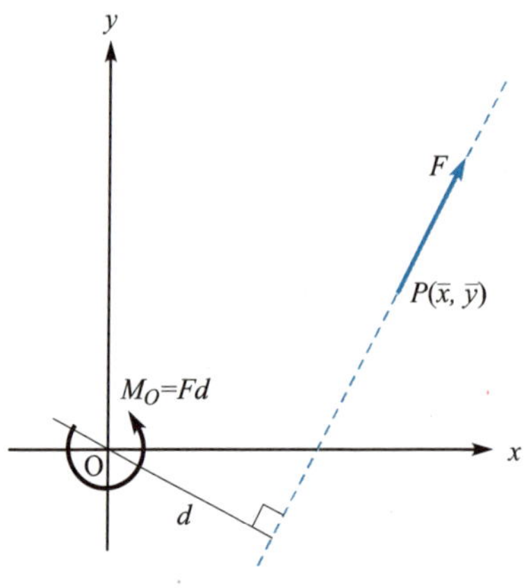

그림 3-10

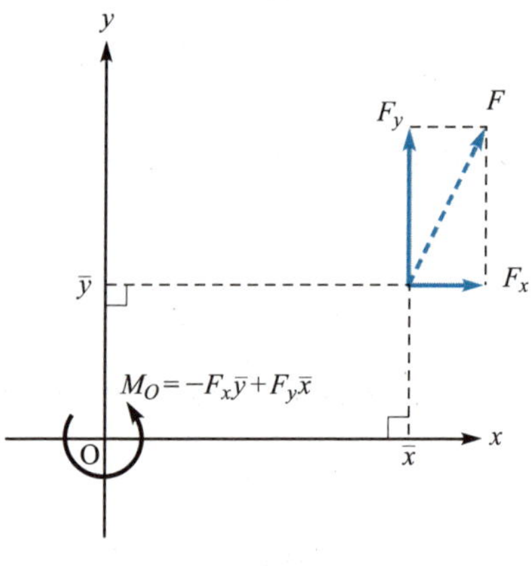

그림 3-11

또한 역으로 말하면, 한 점에 작용하는 여러 힘이 다른 점에 대해 일으키는 모멘트의 합은 그 힘들의 합력이 일으키는 모멘트와 같다고 할 수 있다.

2차원일 경우, 바리뇽의 정리에 대한 증명은 다음과 같다. 그림 3-12와 같이 점 Q에 수직선을 긋고, 또 점 Q를 지나가면서 힘 F와 평행한 선을 그으면, 선분 PS의 길이는 $\bar{y}\sin\theta$로 구해지고, 선분 OR의 길이는 $\bar{x}\cos\theta$로 구해진다. 따라서 원점 O로부터 힘 F의 작용선까지의 수직거리 d는 다음과 같이 된다.

$$d = \bar{x}\cos\theta - \bar{y}\sin\theta$$

힘 F가 원점 O에 대해 일으키는 모멘트는 $M_O = Fd$이므로 이 식에 위의 식을 대입하면,

$$M_O = Fd = F\bar{x}\cos\theta - F\bar{y}\sin\theta$$

가 되는데, 힘 F의 수평분력 F_x와 수직분력 F_y는

$$F_x = F\sin\theta$$
$$F_y = F\cos\theta$$

이므로 힘 F가 원점 O에 대해 일으키는 모멘트 M_O는 다음과 같이 된다.

$$M_O = Fd = \bar{x}F_y - \bar{y}F_x$$

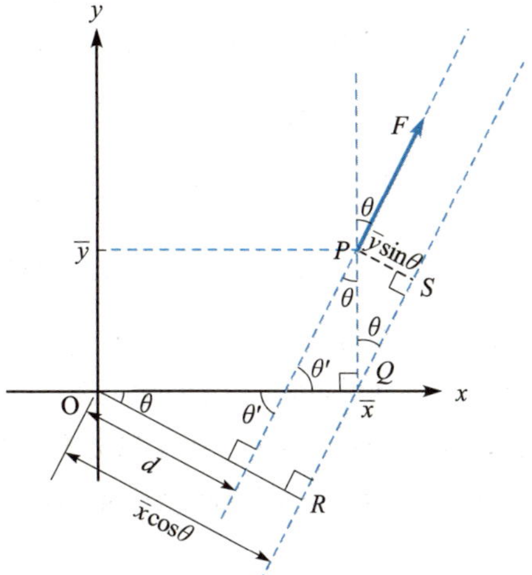

그림 3-12

예제 3-5

앞 절에 있는 예제 3-2를 바리뇽의 정리를 이용하여 다시 풀고, 그 결과를 비교하시오.

풀이

예제 3-2는 그림 3-13과 같은 기둥의 하단에 작용하는 모멘트를 구하는 문제였다.

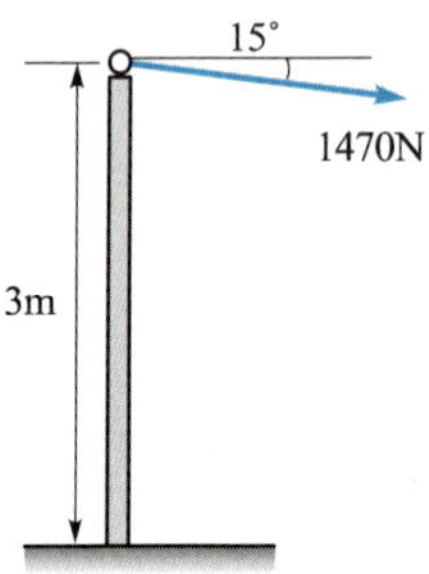

그림 3-13

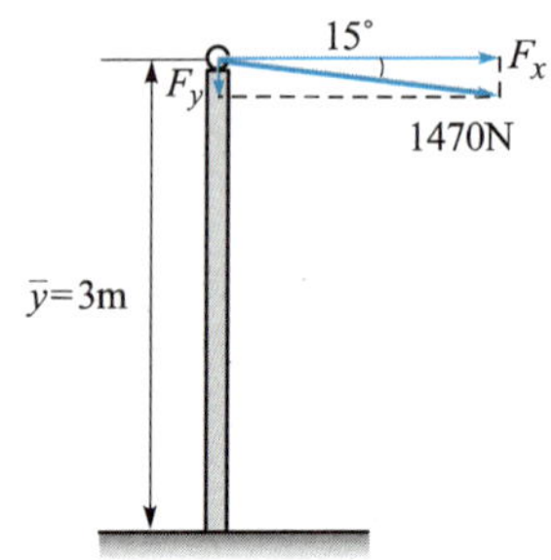

그림 3-14

기둥에 작용하는 힘의 분력들이 기둥의 하단에 대해 일으키는 모멘트를 모두 구하여 합하기로 한다. 먼저 그림 3-14에 나타낸 것과 같이 기둥에 작용하는 힘 1470N의 수평분력 F_x와 수직분력 F_y를 구하면,

$$F_x = 1470\cos 15° = 1420\text{N}\,(\rightarrow)$$
$$F_y = 1470\sin 15° = 380.5\text{N}\,(\downarrow)$$

이다. 기둥의 하단에 대해 분력들이 일으키는 모멘트의 합 M은 다음과 같이 구해지는데, 이때 수직분력 F_y는 그 작용선이 기둥의 하단을 지나가기 때문에 모멘트 팔의 길이는 0이 된다. 그리고 반시계방향(↺)으로 회전하는 것을 양(+)으로 취하였다.

$$\circlearrowleft\!+ M = -F_x\bar{y} + F_y\bar{x}$$
$$= -1420 \times 3 + 380.5 \times 0 = -4260\text{N}\cdot\text{m} = 4260\text{N}\cdot\text{m}\,(\circlearrowright)$$

반시계방향을 양으로 취하였는데, 음의 값이 얻어졌으므로 실제 회전방향은 시계방향(↻)임을 알 수 있으며, 이 결과를 예제 3-2의 결과와 비교해 보면, 모멘트의 크기와 회전방향이 일치함을 알 수 있다. 그러므로 바리뇽의 정리가 성립한다고 할 수 있다. 즉, 기둥에 작용하는 힘이 기둥의 하단에 대해 일으키는 모멘트는 그 힘의 분력들이 기둥의 하단에 대해 일으키는 모멘트를 모두 합한 것과 같다.

예제 3-6

그림과 같이 A 에 작용하는 F = 80kN 의 힘에 의한 B 점에서의 모멘트를 구하시오.

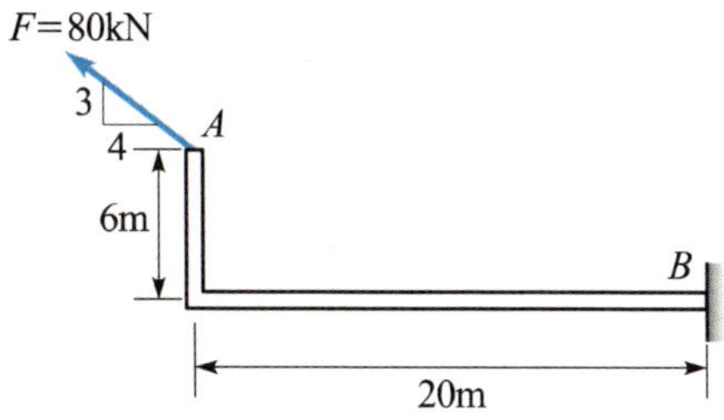

그림 3-15

풀이

(a) 기하학적 조건을 이용하여 구하는 방법

그림 3-16의 기하학적 조건으로부터 모멘트의 팔길이를 구하면

$$3:4 = AC : CD$$

$$\therefore CD = AC \times \frac{4}{3} = 6\text{m} \times \frac{4}{3} = 8\text{m}$$

$$BD = BC - CD = 20\text{m} - 8\text{m} = 12\text{m}$$

$$BD : d = 5 : 3$$

$$\therefore d = BD \times \frac{3}{5} = 12\text{m} \times \frac{3}{5} = 7.2\text{m}$$

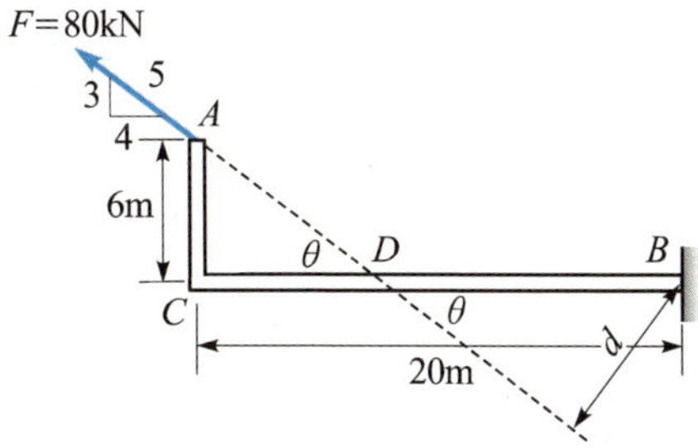

그림 3-16

따라서 팔길이를 이용하여 B점의 모멘트값을 구하면

$$M_B = Fd = 80\text{kN} \times 7.2\text{m} = 576\text{kN} \cdot \text{m} (\circlearrowright)$$ (시계방향 모멘트)

(b) 강체의 원리를 이용하여 구하는 방법

그림 3-17과 같이 강체의 원리에 의하여 힘 F가 점 D에 작용한다고 간주하고, 점 D에서 수평분력과 연직분력으로 분해하면 수평분력은 점 B를 통과하므로 모멘트를 발생시키지 않는다. 따라서 B점의 모멘트는 연직분력에 의하여 발생되므로 모멘트값을 구하면

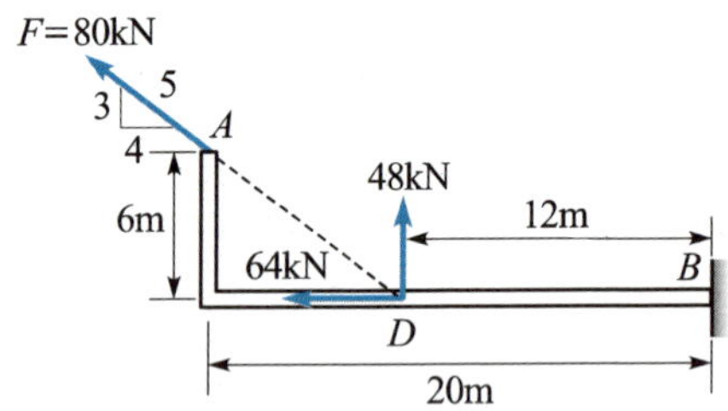

그림 3-17

$$M_B = 48\text{kN} \times 12\text{m} = 576\text{kN} \cdot \text{m}(\circlearrowright) \text{ (시계방향 모멘트)}$$

(c) Varignon 정리를 이용하여 구하는 방법

그림 3-18과 같이 수평분력과 연직분력으로 분해하면 연직분력은 시계방향 모멘트를, 수평분력은 반시계방향 모멘트를 발생시킨다.

$$M_B = 48\text{kN} \times 20\text{m} - 64\text{kN} \times 6\text{m} = 576\text{kN} \cdot \text{m}(\circlearrowright) \text{ (시계방향 모멘트)}$$

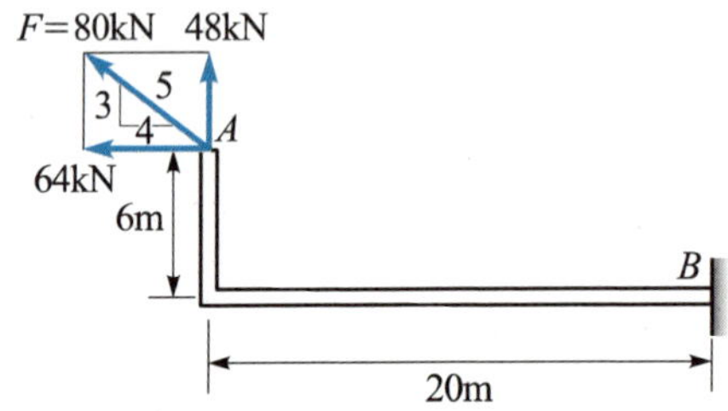

그림 3-18

예제 3-7

그림과 같이 삭도(索道)에 통나무가 매달려 있다. 오른쪽 기둥이 연결된 줄에 의해 1640N의 힘을 받을 때, 오른쪽 기둥의 하단에 작용하는 모멘트를 구하시오.

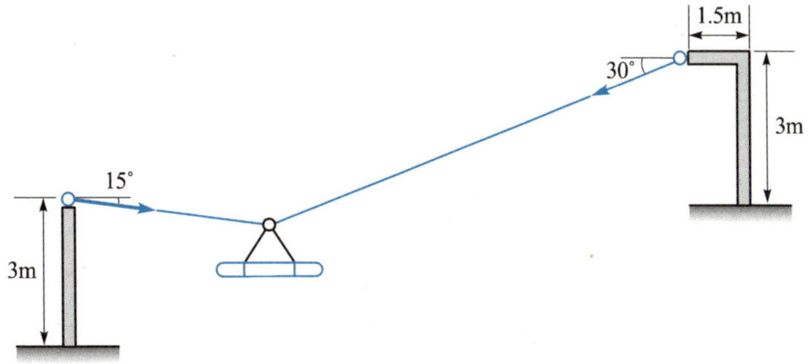

그림 3-19

풀이

기둥의 하단으로부터 힘의 작용선까지의 수직 거리를 구하는 것이 그렇게 용이하지 않으므로 바리뇽의 정리를 이용하는 것이 편리하다.

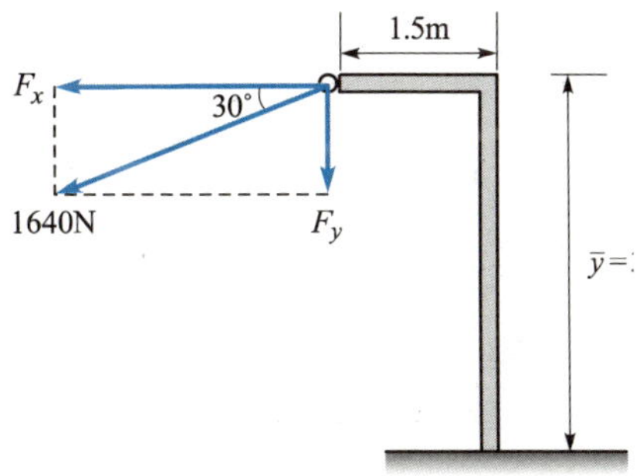

그림 3-20

따라서, 먼저 그림 3-20에 나타낸 것과 같이 기둥에 작용하는 힘 1640N의 수평분력 F_x와 수직분력 F_y를 구한다.

$$F_x = 1640\cos 30° = 1420\text{N} (\leftarrow)$$
$$F_y = 1640\sin 30° = 820\text{N} (\downarrow)$$

기둥의 하단에 대해 분력들이 일으키는 모멘트의 합 M은 다음과 같으며, 반시계방향(↺)을 양(+)으로 취하였다.

$$\circlearrowleft^{+} M = F_x\bar{y} + F_y\bar{x}$$
$$= 1420 \times 3 + 820 \times 1.5 = 5490\text{N} \cdot \text{m}(\circlearrowleft)$$

따라서, 기둥의 하단에는 5490N · m가 반시계방향으로 작용한다.

예제 3-8

다음 그림과 같은 구조물에서 지점A에 작용하는 힘과 모멘트를 구하시오.

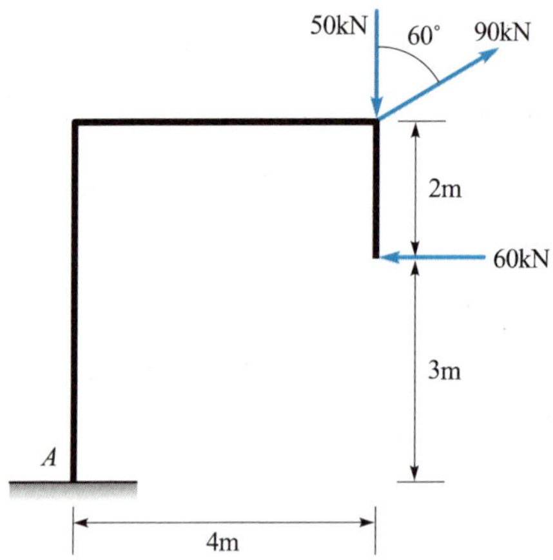

그림 3-21

풀이

A점에 작용하는 모멘트를 구하기 위해서는 경사지게 작용하는 90kN 의 수평, 수직방향의 분력을 구하고 A점으로부터의 수직거리를 구해야 한다.

$$F_x = 90\sin 60^\circ = 77.94\,kN(\rightarrow)$$
$$F_y = 90\cos 60^\circ = 45\,kN(\uparrow)$$
$$F_x = \Sigma F_x = 77.94 - 60 = 17.94\text{kN}(\rightarrow)$$
$$F_y = \Sigma F_y = -50 + 45 = -5\text{kN} = 5\text{kN}(\downarrow)$$

합력의 크기와 방향을 구하면 아래와 같다.

$$R = \sqrt{F_x^2 + F_y^2} = \sqrt{17.94^2 + (-5)^2} = 18.62\text{kN}(\searrow)$$
$$\tan\theta = \frac{5}{17.94} = 0.2787$$

따라서 수평면과 이루는 각도는 아래와 같다.

$$\theta = \tan^{-1}(0.2787) = 15.57^o$$

A점에 대한 모멘트를 구하면 아래와 같다.

$$\circlearrowright M = \Sigma Fd$$

$$= 50 \times 4 - 45 \times 4 + 77.94 \times 5 - 60 \times 3 = 229.71 kN \cdot m(\circlearrowright)$$

3.3 평행한 힘들의 합력

평행역계(平行力系, parallel force system)는 작용하고 있는 모든 힘의 작용선이 평행한 역계를 말하며, 이 절에서는 평행역계를 이루고 있는 힘들의 합력을 구해보기로 한다.

앞 단원에서 알아본 바와 같이, 한 점에 작용하는 힘들의 합력은 그 크기와 방향만 구하면 되고, 합력의 위치는 다른 힘들의 작용점과 일치한다. 그러나 평행역계를 이루고 있는 힘들의 합력은 그 크기와 방향뿐만 아니라 그 작용 위치까지 구해야 하는데, 그것은 작용하는 힘들이 모멘트를 발생시킬 수 있기 때문이다.

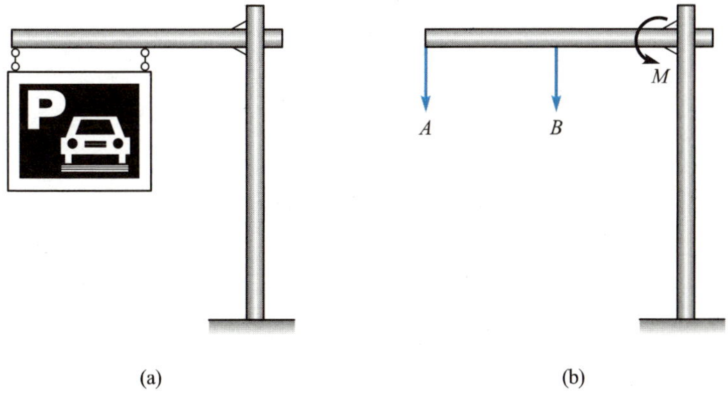

그림 3-22

즉, 그림 3-22(a)와 같이 표지판이 매달려 있는 경우, 표지판의 무게는 그림 3-22(b)에 나타낸 힘 A, B와 같이 부재에 평행역계로서 작용하며, 힘 A와 B는 부재의 한 단면에 대해 모멘트를 일으킨다. 따라서, 이와 같은 경우, 합력을 구할 때에는 힘의 크기뿐만 아니라 부재에 동일한 모멘트를 발생시키는 합력의 작용 위치도 알아내야만 하는데, 우리는 앞에서 배운 바리뇽의 정리를 이용하여 이 문제를 해결할 수 있다.

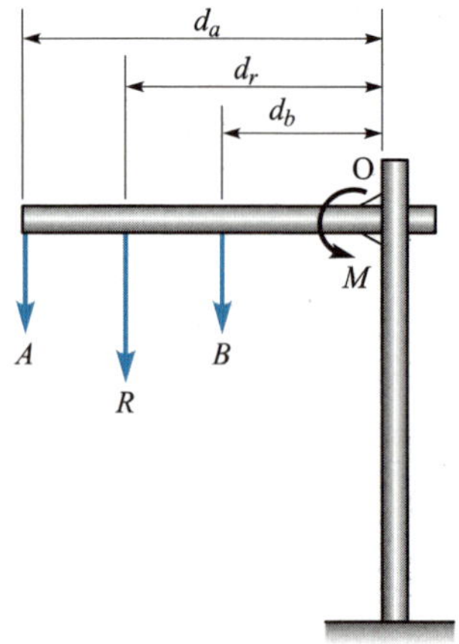

그림 3-23

그림 3-23과 같이 합력을 R로 표기하고, 부재의 단면 O로부터 R까지의 거리를 d_r로 표기하면, 바리뇽의 정리에 의해 d_r이 다음과 같이 구해진다. 여기서 d_a, d_b는 각각 단면 O로부터 A와 B까지의 거리이다.

$$Rd_r = Ad_a + Bd_b$$

$$\therefore d_r = \frac{Ad_a + Bd_b}{R}$$

그리고 $\Sigma M_O = Ad_a + Bd_b$로 나타내기로 한다면, 위의 식은

$$d_r = \frac{\Sigma M_O}{R}$$

와 같이 쓸 수 있고, 힘 R의 크기 R은

$$R = A + B$$

이다. 역시 동일한 방법으로 평행역계를 이루고 있는 3개 이상의 힘의 합력도 구할 수 있다.

예제 3-9

그림 3.24와 같이 표지판이 매달려 있는 연결고리에 각각 245N(= 25kg중)이 작용할 때, 2개의 연결고리에 작용하는 힘의 합력과 그 작용위치를 구하시오.

그림 3-24

풀이

2개의 연결고리에 작용하는 힘의 합력 R의 크기는

$$R = 245 + 245 = 490\text{N}(\downarrow)$$

이다. 그리고 합력 R의 작용 위치는 그림 3-25에 나타낸 단면 O에 대해 합력 R이 일으키는 모멘트와 연결고리에 작용하는 각 힘이 일으키는 모멘트의 합이 같다는 것으로부터 구한다.

$$490d_r = 245 \times 3.5 + 245 \times 1.5$$

$$\therefore d_r = \frac{245 \times 3.5 + 245 \times 1.5}{490} = 2.5\text{m}$$

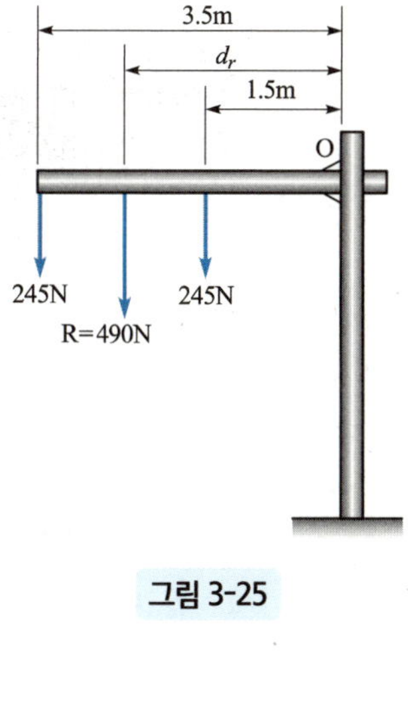

그림 3-25

따라서, 표지판의 중량은 490N(= 50kg중)이고, 중량의 작용위치는 단면 O로부터 2.5m 되는 지점이다.

참고로 말하면, 모멘트를 단면 O에 대해서 구하지 않고, 다른 단면 또는 점에 대해서 구해도 동일한 결과를 얻을 수 있다. 예를 들어 그림 3-26과 같이 단면 O에서 1.5m 떨어진 단면에 대해 모멘트를 구하여 합력 R의 작용위치를 구해보자.

$$490d_r' = 245 \times 2 + 245 \times 0$$

$$\therefore d_r' = \frac{245 \times 2}{490} = 1\text{m}$$

따라서, 합력의 작용위치는 점 O로부터 $1.5 + 1 = 2.5$m 되는 지점이다.

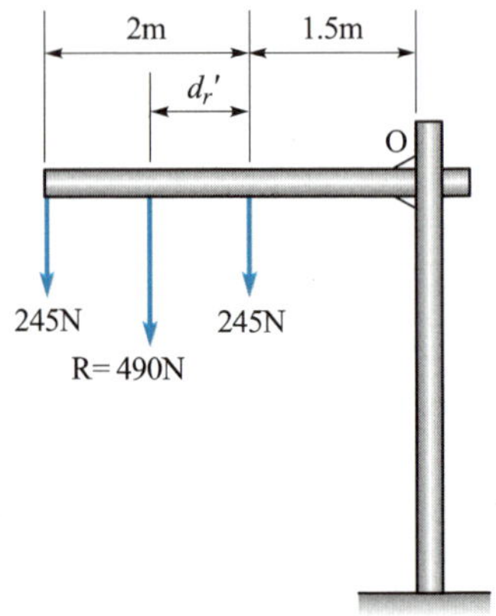

그림 3-26

예제 3-10

표지판이 매달려 있는 연결고리에 왼쪽에서부터 각각 50N, 100N, 150N, 150N이 작용할 때, 표지판이 매달려 있는 부재에 작용하는 힘들의 합력과 그 작용위치를 구하시오.

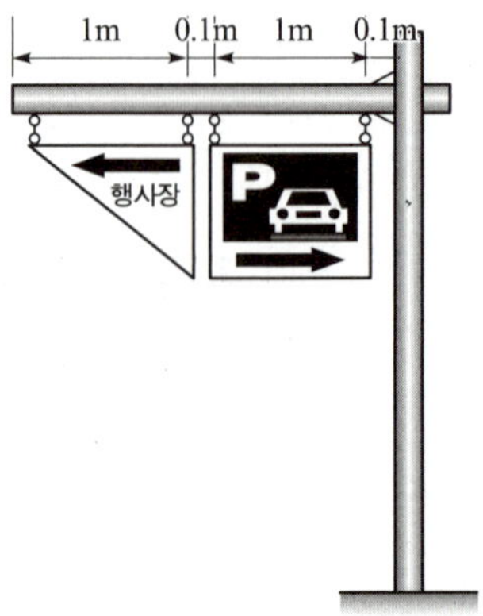

그림 3-27

풀이

연결고리에 작용하는 힘들의 합력 R 의 크기는

$$R = 50 + 100 + 150 + 150 = 450\text{N}(\downarrow)$$

이다. 그리고 합력 R 의 작용 위치는 그림 3-28에 나타낸 단면 O 에 대해 합력 R 이 일으키는 모멘트와 연결고리에 작용하는 각 힘이 일으키는 모멘트의 합이 같다는 것으로부터 다음과 같이 구해진다.

$$450d_r = 50 \times 2.2 + 100 \times 1.2 + 150 \times 1.1 + 150 \times 0.1$$

$$\therefore d_r = 0.911\text{m}$$

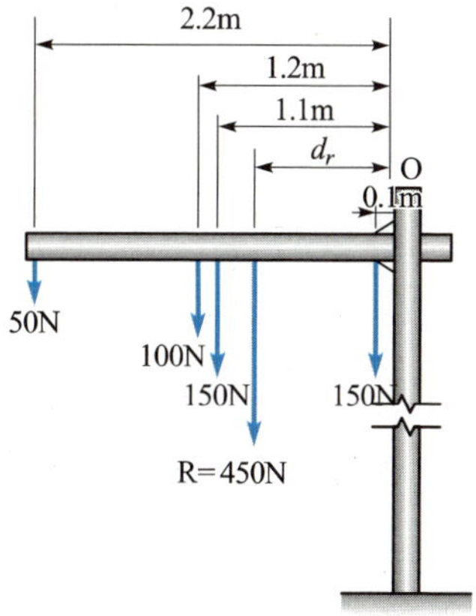

그림 3-28

따라서, 표지판 2개의 전체 중량은 450N(= 45.9kg중)이고, 전체 중량의 작용위치는 단면 O 로부터 0.911m 되는 지점이다.

예제 3-11

다음 그림과 같이 힘이 작용하고 있을 때 힘의 합력의 크기와 위치를 구하시오.

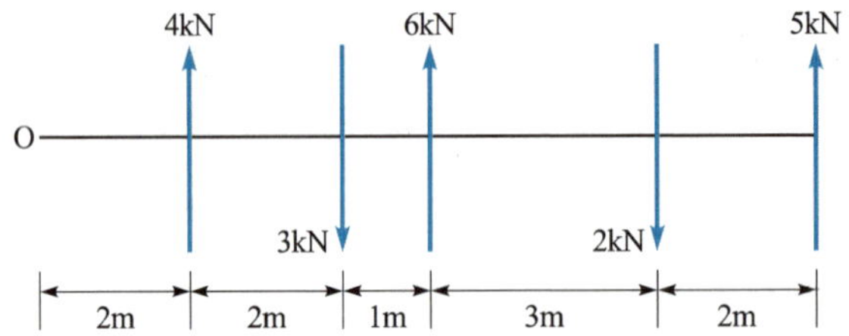

그림 3-29

풀이

작용하는 힘들의 합력 R의 크기는

$$R = 4 - 3 + 6 - 2 + 5 = 10kN(\uparrow)$$

이다. 그리고 합력 R의 작용 위치는 그림 3-30에 나타낸 단면 O에 대해 합력 R이 일으키는 모멘트와 각 힘들이 O점에 대해 일이키는 모멘트의 크기가 같다는 것으로부터 다음과 같이 구해진다.

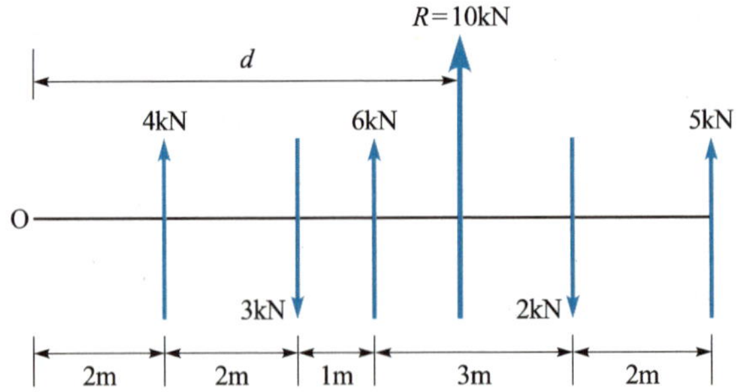

그림 3-30

$$10d = 4\times2 - 3\times4 + 6\times5 - 2\times8 + 5\times10$$

$$= 60\,kN\cdot m$$

$$\therefore d = \frac{60\ \ kN\cdot m}{10\ \ kN} = 6.0\text{m}$$

예제 3-12

다음 그림과 같이 직육면체인 상자의 네 귀퉁이에 밧줄을 매달아 상자를 들어 올리는데, 각 밧줄에 걸리는 하중이 다르다고 한다. 이 힘들의 합력과 합력의 작용위치를 구하시오.

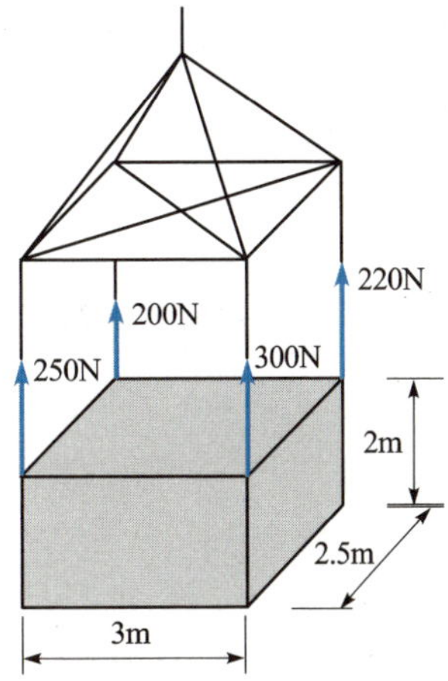

그림 3-31

풀이

상자의 네 귀퉁이에 작용하는 힘들의 합력 R의 크기는

$$R = 200 + 250 + 220 + 300 = 970\text{N}(\uparrow)$$

이다. 그리고 합력 R의 작용위치를 구하기 위해 그림 3-32와 같이 좌표축을 정하기로 하자.

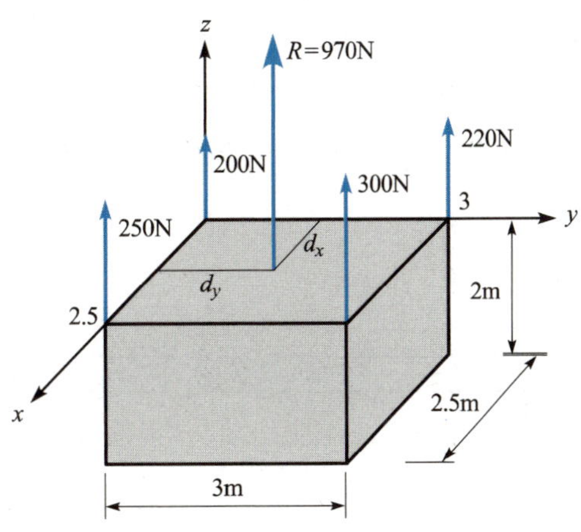

그림 3-32

그러면 y 축에 대해 합력 R이 일으키는 모멘트와 각 힘이 일으키는 모멘트의 합이 같다는 것으로부터 d_x 가 다음과 같이 구해진다.

$$-970d_x = -250 \times 2.5 - 300 \times 2.5$$
$$\therefore d_x = 1.42\text{m}$$

그리고 동일한 원리에 의해 x 축에 대해 모멘트를 취함으로써 d_y 가 다음과 같이 얻어진다.

$$970d_y = 220 \times 3 + 300 \times 3$$
$$\therefore d_y = 1.61\text{m}$$

따라서, 상자의 전체 중량은 970N 이고, 그 작용위치는 그림 3-32와 같이 좌표축을 정했을 때, 점 (1.42, 1.61)을 지나간다.

3.4 짝힘

3.4.1 짝힘

[짝힘(couple)]

크기는 같고, 방향은 반대인 두 개의 평행한 힘을 짝힘 또는 우력(偶力)이라고 한다.

예를 들면 그림 3-33과 같이 손잡이가 달린 렌치의 양쪽에 동일한 힘을 가하여 볼트를 조이거나 풀 경우가 짝힘이 작용하는 경우이며, 또 우리가 거의 매일 사용하는 짝힘으로는 돌려서 열거나 닫도록 만들어진 병마개를 두 손가락으로 돌릴 경우가 이에 해당된다.

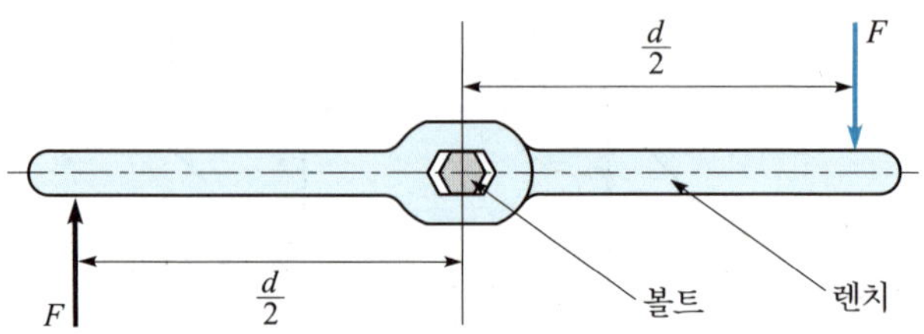

그림 3-33

예제 3-13

볼트를 풀기 위해 다음 그림과 같이 렌치의 양쪽에 200N 의 힘을 가할 때, 볼트에 가해지는 모멘트를 구하시오.

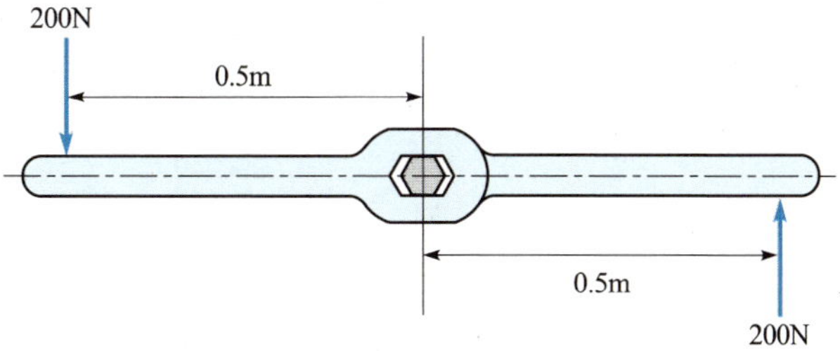

그림 3-34

풀이

모멘트의 크기는 작용하는 힘의 크기와 회전축으로부터 힘의 작용선까지의 수직 거리를 곱한 값이다. 따라서 두 힘에 의한 모멘트의 합을 구하면 다음과 같다.

$$M = 200 \times 0.5 + 200 \times 0.5 = 200\text{N} \cdot \text{m}(\circlearrowleft)$$

3.4.2 짝힘의 성질

짝힘이 크기는 같고 방향이 반대인 두 힘이란 점을 고려하면, 힘이 작용하는 방향에 대해서 두 힘의 합력이 0이므로 물체를 다른 위치로 이동시키는 운동은 일어나지 않으며, 병마개를 돌릴 경우와 같이 물체를 회전시키는 모멘트만 발생하게 되며, 이 모멘트 값은 짝힘과 동일한 평면상에 있는 임의 점에 대하여 구해도 항상 같은 값을 갖는다.

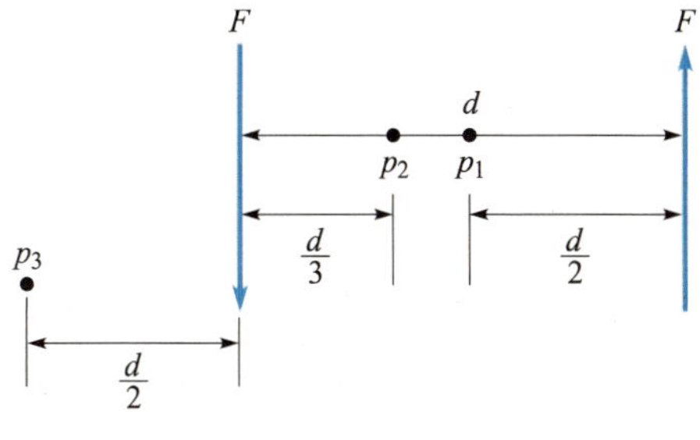

그림 3-35

예를 들어 그림 3-35와 같이 두 힘 사이의 거리가 d인 짝힘에 의한 모멘트를 점 p_1, p_2, p_3에 대해 각각 구해보기로 하자. 이때 힘이 각 점에 대해 반시계 방향의 모멘트를 양(+)으로 정하기로 한다.

먼저, 점 p_1에 대해 짝힘이 일으키는 모멘트 M_{p_1}은

$$\mathrm{M}_{p_1} = F\left(\frac{d}{2}\right) + F\left(\frac{d}{2}\right) = Fd(\circlearrowleft)$$

점 p_2에 대해 짝힘이 일으키는 모멘트 M_{p_2}는

$$\mathrm{M}_{p_2} = F\left(\frac{d}{3}\right) + F\left(\frac{2d}{3}\right) = Fd(\circlearrowleft)$$

이며, 점 p_3에 대해 짝힘이 일으키는 모멘트 M_{p_3}는

$$\mathrm{M}_{p_3} = -F\left(\frac{d}{2}\right) + F\left(\frac{d}{2} + d\right) = Fd(\circlearrowleft)$$

로 세 가지 경우 모두 회전 방향과 크기가 같은 모멘트가 얻어짐을 알 수 있는데, 위의 경우뿐만 아니라 다른 점에 대해서도 동일한 결과가 얻어진다. 이로부터 짝힘은 같은 평면상 모든 점에 대해 항상 크기와 회전방향이 같은 모멘트를 발생시킨다는 것을 알 수 있다.

그리고 짝힘에 의한 모멘트처럼 크기와 방향은 있지만 특정한 작용점을 갖지 않는 물리적인 양을 자유벡터라고 한다.

[짝힘의 성질]

(1) 짝힘의 합력은 0이며, 물체를 회전시키려는 모멘트만 일으킨다.
(2) 짝힘에 의한 모멘트는 특정한 작용점 없이 그 크기와 방향만을 가진다.

예제 3-14

그림과 같이 F= 80N 인 짝힘으로 렌치를 돌려서 볼트를 조인다고 할 때, 볼트에 가해지는 모멘트와 렌치의 중간 부분에 작용하는 모멘트를 구하시오. 단, $d = 0.2\mathrm{m}$ 이다.

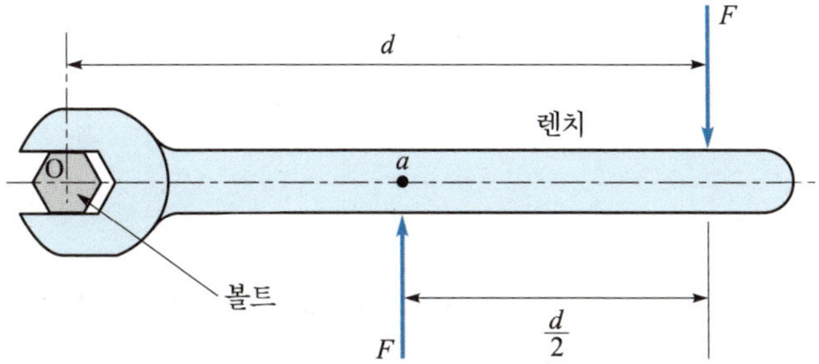

그림 3-36

풀이

볼트의 중심 O에 대해 두 힘이 일으키는 모멘트의 합을 구하면,

$$\circlearrowleft\!+ M_O = -Fd + F\left(\frac{d}{2}\right) = -80 \times 0.2 + 80 \times \frac{0.2}{2} = -8 = 8\text{N} \cdot \text{m}(\circlearrowright)$$

이다. 렌치의 중간에 있는 점 a에 대해 두 힘이 일으키는 모멘트는 다음과 같다.

$$M_a = -F\left(\frac{d}{2}\right) = -80 \times \frac{0.2}{2} = -8\text{N} \cdot \text{m} = 8\text{N} \cdot \text{m}(\circlearrowright)$$

이 결과로부터 짝힘이 일으키는 모멘트는 그 작용점에 상관없이 같다는 것을 알 수 있다.

3.4.3 등가인 짝힘

[등가(等價)인 짝힘]

크기와 방향이 같은 모멘트를 발생시키는 두 개의 짝힘은 같다고 한다.

예를 들어 그림 3-37과 같이 짝힘으로 렌치를 돌릴 경우, 그림 3-37(a)와 그림 3-37(b)의 두 경우는 비록 짝힘이 놓여 있는 위치는 달라도 볼트에 가해지는 모멘트가 동일함을 알 수 있는데, 이와 같이 발생시키는 모멘트가 같을 경우에 두 짝힘은 같다고 한다. 즉, 그림 3-37(a)와 그림 3-37(b)의 두 짝힘은 같다.

그리고 만일 볼트의 머리 부분이 조금 긴 경우라고 한다면, 렌치를 볼트 머리의 윗부분에서 돌리는 경우나 아랫부분에서 돌리는 경우 둘 다 볼트에 가해지는 모멘트는 역시 동일함을 알 수 있는데, 이런 점으로부터 본래의 짝힘이 놓여 있는 평면과 평행한 다른 평면에 짝힘을 옮겨 작용시켜도 짝힘에 의한 모멘트는 같음을 알 수 있다. 따라서, 이런 경우도 두 개의 짝힘은 같다고 한다.

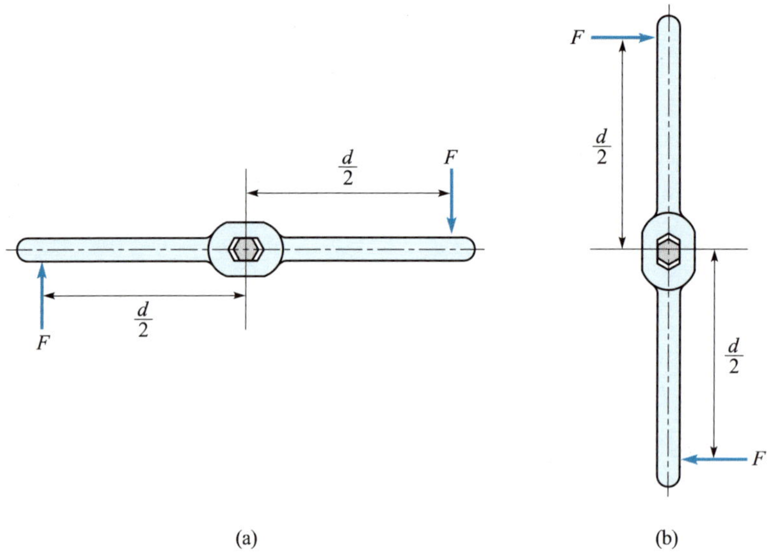

그림 3-37

따라서, 그림 3-38에 있는 두 가지 짝힘은 모두 같은 크기와 방향을 가진 모멘트를 발생시키므로 같은 짝힘이다. 그리고 짝힘은 짝힘이 놓여 있는 평면상에 있는 임의 점에 대해 항상 크기와 방향이 같은 모멘트를 발생시키므로 동일한 평면 내의 다른 위치로 짝힘을 이동시켜도 놓아도 그 짝힘은 본래의 짝힘과 같다.

또한 그림 3-39와 같이 평행한 두 평면상에 있으면서 크기와 방향이 같은 모멘트를 발생시키는 두 짝힘도 같은 짝힘이다.

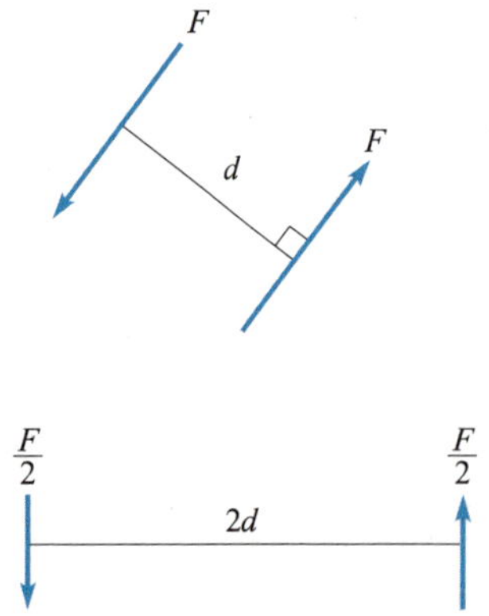

그림 3-38 등가인 짝힘

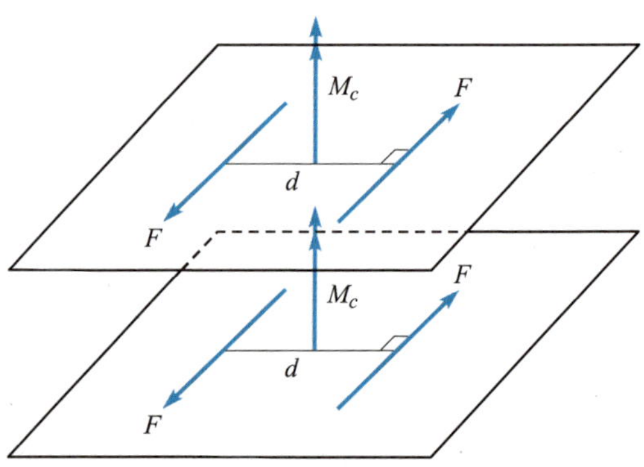

그림 3-39 등가인 짝힘

3.4.4 짝힘에 의한 모멘트의 합성

짝힘에 의한 모멘트의 작용은 오른손 법칙(right-hand rule)[3]에 따라 정해진 화살표로 나타내면 알아보기 편하다. 예를 들면, 그림 3-40과 같이 xy 평면에 있는 짝힘이 발생시키는 모멘트 M_C는 오른손 법칙에 따라 z축과 나란한 방향의 화살표로 나타내기로 한다.

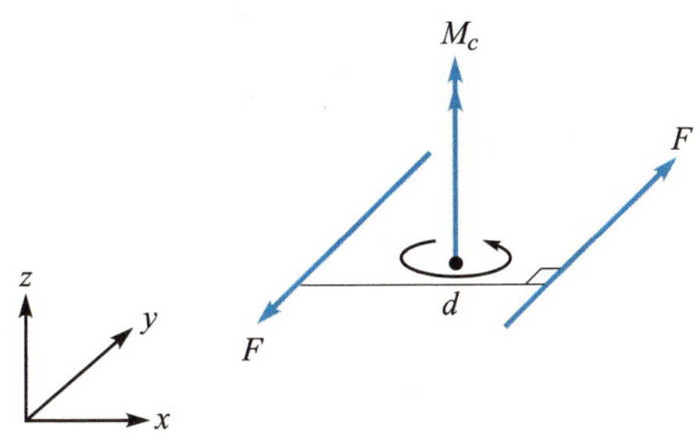

그림 3-40

한편, 짝힘에 의한 모멘트는 특정한 작용점이 없으므로 그림 3-41과 같이 동일한 평면[4] 위에서 작용하는 두 짝힘에 의한 모멘트 M_1, M_2의 합 M_R은 그 크기만을 합하면 구해진다. 즉,

$$M_R = M_1 + M_2$$

이다. 그리고 3개 이상의 짝힘에 대해서도 동일한 원리로 그 합을 구할 수 있다.

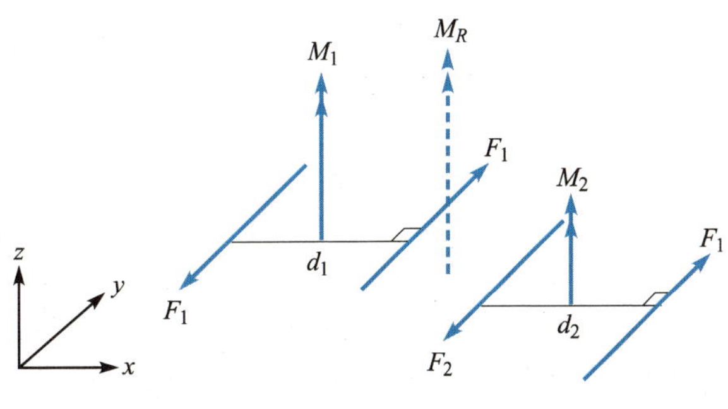

그림 3-41 동일한 평면상에 있는 두 짝힘의 합

3) 회전하는 방향을 따라 오른손의 네 손가락을 말아 쥘 때, 곧게 편 엄지손가락이 가리키는 방향이 화살표의 방향이 되도록 정해진 것을 말한다.
4) 그림은 2개의 짝힘이 xy평면위에 있는 경우를 나타내고 있다.

또 그림 3-42와 같이 3차원 공간에 있는 어떤 물체에 2개의 짝힘이 작용할 때, 그 두 짝힘이 동일한 평면 위에 있지 않을 경우에는 두 힘의 합력을 구할 때와 마찬가지로 평행사변형의 법칙을 적용하여 그 합을 구할 수 있다.

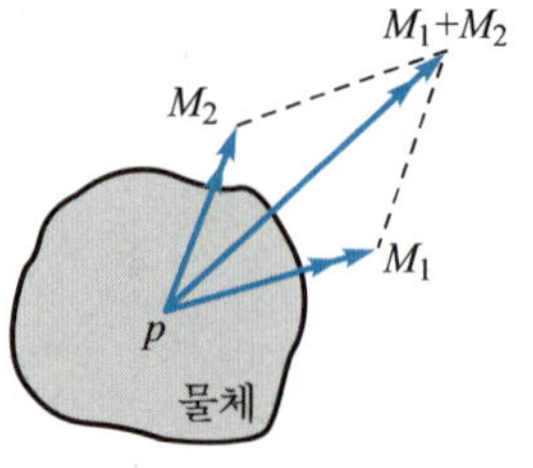

그림 3-42

그러므로 짝힘의 성질에 따라 그림 3-43(a)와 같이 물체에 작용하는 모멘트 M_1, M_2를 그림 3-43(b)와 같이 물체에 있는 어떤 점 p로 옮겨 작용시켜도 물체에 가해지는 효과는 동일하고, 또 그림 3-43(c)와 같이 두 모멘트의 합 $M_1 + M_2$를 물체에 작용시켜도 물체에 가해지는 효과는 같다. 여기서 두 모멘트의 합 $M_1 + M_2$는 그림 3-42와 같이 평행사변형의 법칙에 따라 구해진 것이다.

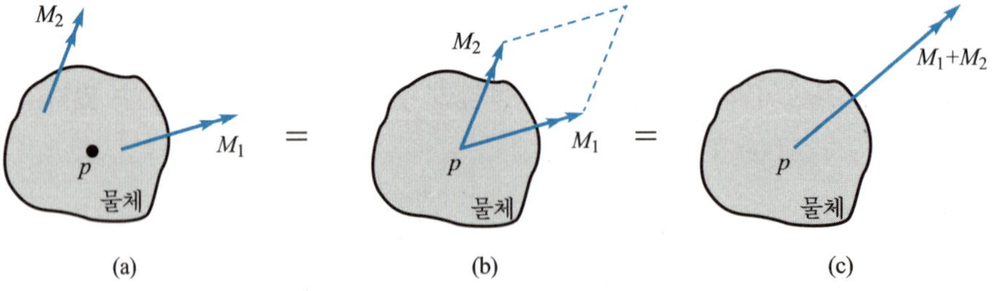

그림 3-43

또한 그림 3-44와 같이 짝힘에 의한 모멘트는 힘의 분력을 구할 때와 마찬가지로 좌표축과 평행한 모멘트로 분해될 수도 있을 뿐만 아니라 분해된 모멘트의 합으로 본래의 모멘트를 구할 수도 있다. 즉, 그림 3-44와 같이 각 좌표축과 모멘트 M 사이의 각을 θ_x, θ_y, θ_z라고 하면, 각 좌표축과 수직인 평면에 작용하는 짝힘에 의한 모멘트의 크기 M_x, M_y, M_z는 각각 다음과 같이 구해진다.

$$\cos\theta_x = \frac{M_x}{M} \qquad \therefore M_x = M\cos\theta_x$$

$$\cos\theta_y = \frac{M_y}{M}\ , \qquad \therefore M_y = M\cos\theta_y$$

$$\cos\theta_z = \frac{M_z}{M}\ , \qquad \therefore M_z = M\cos\theta_z$$

그리고 모멘트 M의 크기 M은 다음과 같다.

$$M = \sqrt{M_x^2 + M_y^2 + M_z^2}$$

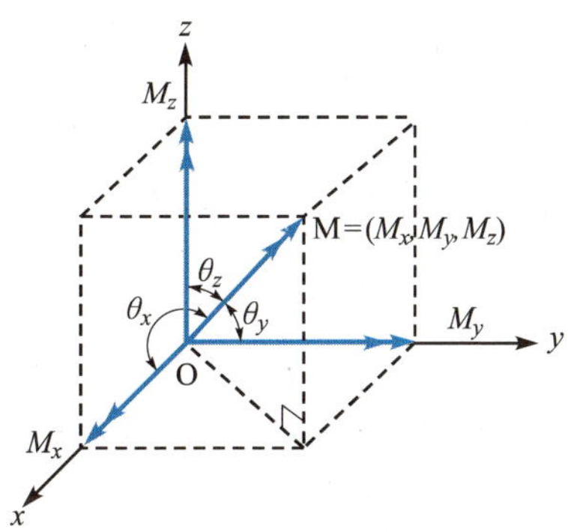

그림 3-44

예제 3-15

다음 그림과 같이 사각형 평판위에 작용하는 세 짝힘에 의한 모멘트의 합을 구하시오.

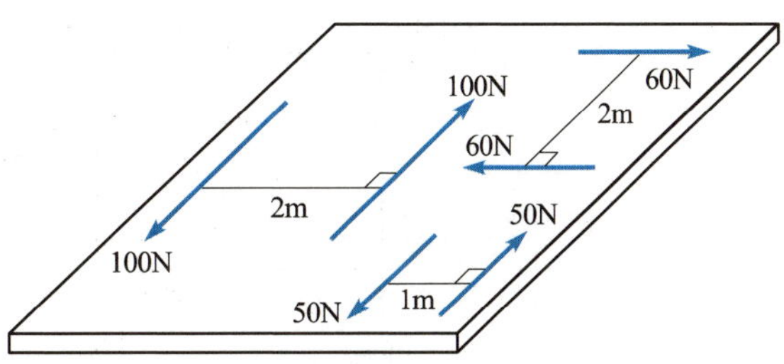

그림 3-45

풀이

짝힘에 의한 모멘트는 특정한 작용점이 없으므로 동일한 평면 위에서 작용하는 세 짝힘에 의한 모멘트의 합 M_R은 그 크기만을 합하면 구해진다.

$$\circlearrowleft + M_R = 100 \times 2 + 50 \times 1 - 60 \times 2 = 130\text{N} \cdot \text{m}(\circlearrowleft)$$

예제 3-16

그림 3-46과 같이 3개의 짝힘이 직사각형에 작용하고 있다. 3개의 짝힘에 의한 합 모멘트값을 구하고 이 짝힘에 대체할 수 있도록 모서리 B와 D점에 작용하는 등가 짝힘을 구하시오.

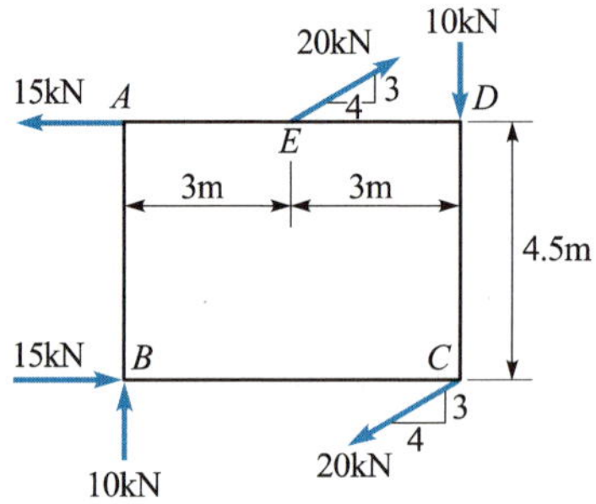

그림 3-46

풀이

C점과 E점에 작용하는 20kN 의 짝힘은 수직거리를 쉽게 구할 수 없기 때문에 그림 3-47과 같이 수평분력과 연직분력으로 분해하여 구한다.

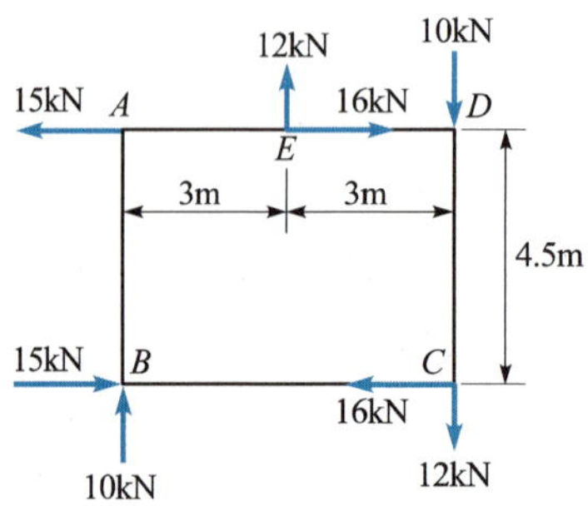

그림 3-47

따라서 분해한 두 개의 수평, 연직분력도 짝힘이 되므로 각 짝힘의 각 모멘트의 대수합을 구하여 합 모멘트를 구한다.

$$M = 10\text{kN} \times 6\text{m} - 15\text{kN} \times 4.5\text{m} + 12\text{kN} \times 3\text{m} + 16\text{kN} \times 4.5\text{m}$$
$$= 100.5\text{kN} \cdot \text{m}(\circlearrowright)$$

또는 수평방향 힘이 일직선상에 작용하므로 미리 정리하고 모멘트를 계산하면

$$M = 10\text{kN} \times 6\text{m} + (16-15)\text{kN} \times 4.5\text{m} + 12\text{kN} \times 3\text{m} = 100.5\text{kN} \cdot \text{m}(\circlearrowright)$$

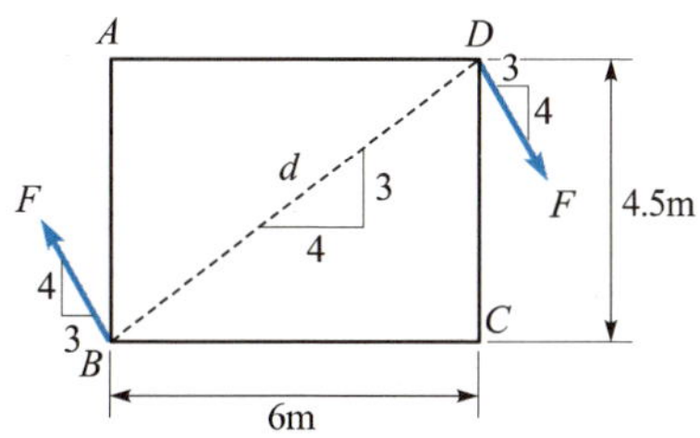

그림 3-48

그림 3-48에서 등가 짝힘을 구하기 위하여 대각선 BD의 거리 d를 구하면

$$d = \sqrt{6^2 + 4.5^2} = \sqrt{56.25} = 7.5\text{m}$$

이다. 등가 짝힘은 크기가 같고 방향이 반대인 두 개의 힘을 모서리 B 와 D에 작용시키며 이 힘이 최소가 되기 위해서는 두 힘이 대각선 BD에 수직이 되어야 한다.

$M = Fd$에서

$$F = \frac{M}{d}$$
$$= \frac{100.5}{7.5} = 13.4kN$$

예제 3-17

다음 그림과 같이 좌표평면에 접하도록 놓여 있는 직육면체의 세 면에 짝힘이 각각 작용하고 있을 때, 이 세 짝힘에 의한 모멘트의 합을 구하시오.

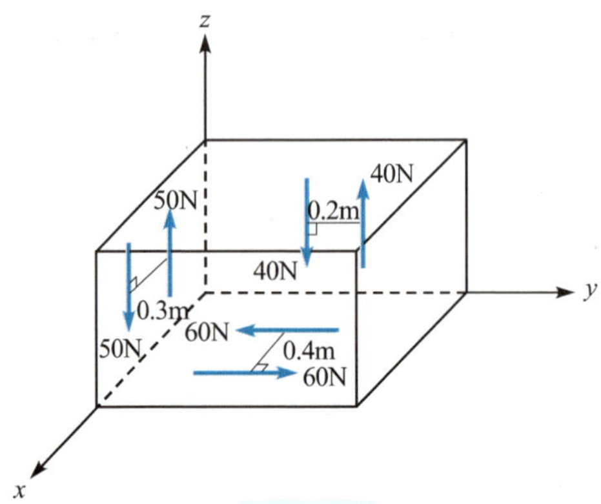

그림 3-49

풀이

x, y, z축 방향을 화살표로 나타내어진 모멘트의 양의 방향으로 정하고, 각 축방향에 대한 모멘트를 구한다.

$$\circlearrowleft^{+} M_x = 40 \times 0.2 = 8\text{N} \cdot \text{m}(\circlearrowleft)$$

$$\circlearrowleft^{+} M_y = 50 \times 0.3 = 15\text{N} \cdot \text{m}(\circlearrowleft)$$

$$\circlearrowleft^{+} M_z = 60 \times 0.4 = 24\text{N} \cdot \text{m}(\circlearrowleft)$$

따라서, 세 짝힘에 의한 모멘트의 합은 그 크기가 다음과 같고,

$$M_R = \sqrt{M_x^2 + M_y^2 + M_z^2}$$

$$= \sqrt{8^2 + 15^2 + 24^2} = 29.4\text{N} \cdot \text{m}$$

합력 모멘트의 작용 방향은 다음과 같다.

$$\cos\theta_x = \frac{M_x}{M_R} = \frac{8}{29.4} = 0.272 \qquad \therefore \theta_x = \cos^{-1}(0.272) = 74.2^\circ$$

$$\cos\theta_y = \frac{M_y}{M_R} = \frac{15}{29.4} = 0.510 \qquad \therefore \theta_y = \cos^{-1}(0.510) = 59.3^\circ$$

$$\cos\theta_z = \frac{M_z}{M_R} = \frac{24}{29.4} = 0.816 \qquad \therefore \theta_z = \cos^{-1}(0.816) = 35.3^\circ$$

3.5 한 점에 작용하지 않는 평면력계의 합력

앞에서 평면상에 있는 어떤 물체의 한 점에 작용하는 힘은 그 물체의 다른 점에 작용하는 등가의 힘 · 짝힘계로 변환될 수 있다는 것에 대해 알아보았는데, 이 원리를 반복 적용하여 물체에 여러 힘이 작용하는 경우도 한 점에 작용하는 힘 · 짝힘계로 변환할 수 있다.

즉, 물체에 여러 힘이 작용할 경우에는 각각의 힘을 동일한 한 점에 대한 힘 · 짝힘계로 변환한 다음에 변환된 힘들의 합력과 모멘트의 합을 구하면 된다.

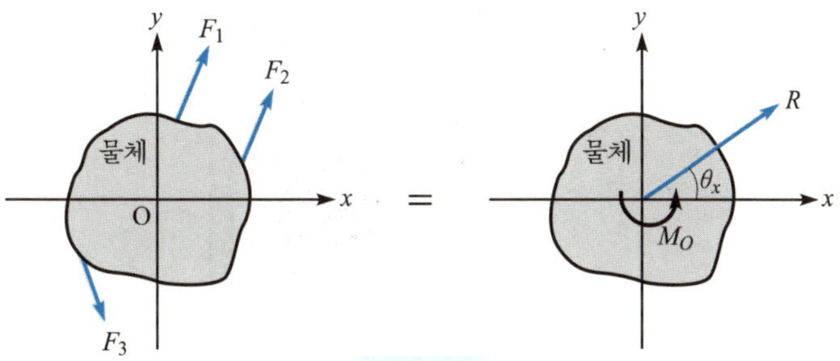

그림 3-50

그리고 실제 문제에서 힘 · 짝힘계로 변환할 때에는 다음과 같이 작용하는 힘들의 분력을 이용하여 계산하는 것이 매우 편리하다.

예를 들어 그림 3-50과 같이 평면상에 있는 물체에 작용하는 힘 F_1, F_2, F_3를 점 O에 작용하는 하나의 합력 R과 모멘트 M_O로 변환한다고 하면, 합력 R의 크기와 작용방향은 작용하는 힘들의 수평분력의 합 ΣF_x와 수직분력의 합 ΣF_y로부터 쉽게 구할 수 있다.

$$R_x = \Sigma F_x$$

$$R_y = \Sigma F_y$$

$$R = \sqrt{R_x^2 + R_y^2}$$

$$\cos\theta_x = \frac{R_x}{R}$$

그리고 모멘트 M_O는 작용하는 힘들의 수평분력과 수직분력이 각각 점 O에 대해 일으키는 모멘트를 모두 합하면 구해진다. 또한 합력 R과 점 O사이의 수직거리가 d라고 하면,

$$M_O = Rd$$

가 성립한다.

예제 3-18

표지판이 매달려 있는 연결고리에 왼쪽에서부터 각각 50N, 100N, 150N, 150N이 작용할 때, 기둥의 하단에 작용하는 힘과 모멘트를 구하시오.

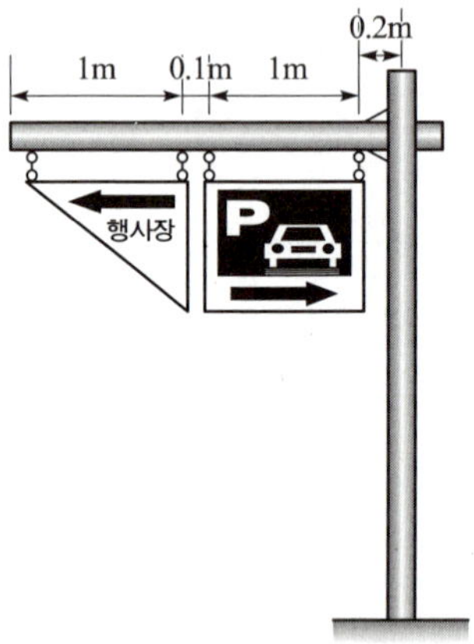

그림 3-51

풀이

그림 3–51에 나타낸 것과 같이 작용하는 수평력이 없으므로

$$R_x = \sum F_x = 0$$

이고, 수직력의 합력은

$$R_y = \sum F_y = 50 + 100 + 150 + 150 = 450\mathrm{N}(\downarrow)$$

이다. 따라서, 작용하는 힘들의 합력 R의 크기는

$$R = \sqrt{R_x^2 + R_y^2} = \sqrt{0^2 + 450^2} = 450\mathrm{N}$$

이며, 수직으로 작용한다.

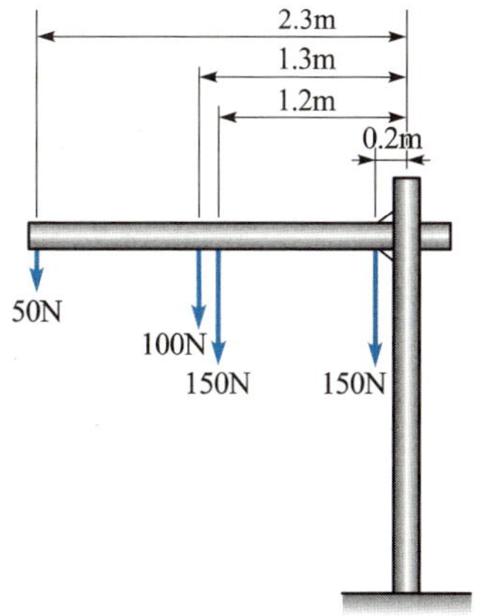

그림 3-52

그리고 연결고리에 작용하는 힘들이 기둥의 하단에 대해 일으키는 모멘트의 합 M은 다음과 같다.

$$M = 50 \times 2.3 + 100 \times 1.3 + 150 \times 1.2 + 150 \times 0.2$$

$$= 455\text{N} \cdot \text{m}$$

따라서 기둥의 하단에는 수직력 450N(= 45.9kg중)과 모멘트 455N · m가 작용한다.

[참고]

만일 네 힘의 합력과 그 작용선의 위치를 구하고자 한다면, 합력은 앞에서 구한 $R = 450\text{N}(\downarrow)$이며, 합력 R의 작용선의 위치는 다음과 같이 구할 수 있다.

$$M = Rd$$

$$455 = 450d$$

$$\therefore d = 1.01\text{m}$$

즉, 기둥의 중심선으로부터 왼쪽으로 1.01m 떨어진 수직선이 합력의 작용선이다.

예제 3-19

그림과 같은 역T형 옹벽[5]에 토압에 의한 수평력이 92kN, 옹벽의 자중(自重)[6]에 의한 수직력이 120kN, 그리고 저판의 상부에 있는 흙의 무게에 의한 수직력이 195kN 작용한다. 이 힘들의 합력의 작용선이 저판의 밑면과 만나는 점의 위치를 구하시오.

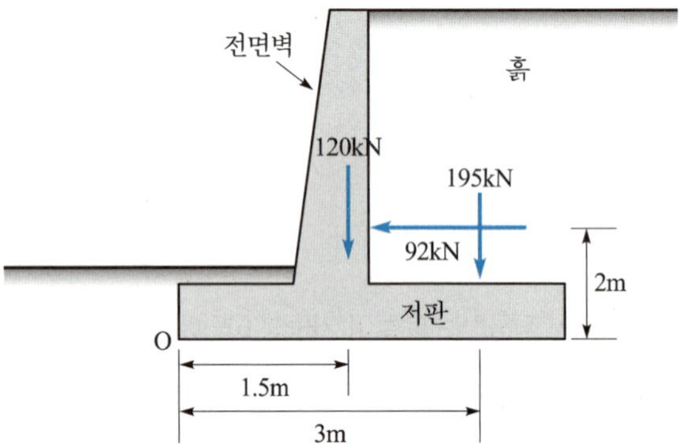

그림 3-53 역T형 옹벽

풀이

옹벽에 작용하는 합력의 크기 R은 다음과 같다.

$$R_x = \sum F_x = -92\text{kN} = 92\text{kN}(\leftarrow)$$

$$R_y = \sum F_y = -120 - 195 = -315\text{kN} = 315\text{kN}(\downarrow)$$

$$R = \sqrt{R_x^2 + R_y^2}$$

$$= \sqrt{(-92)^2 + (-315)^2} = 328.2\text{kN} \; (\swarrow)$$

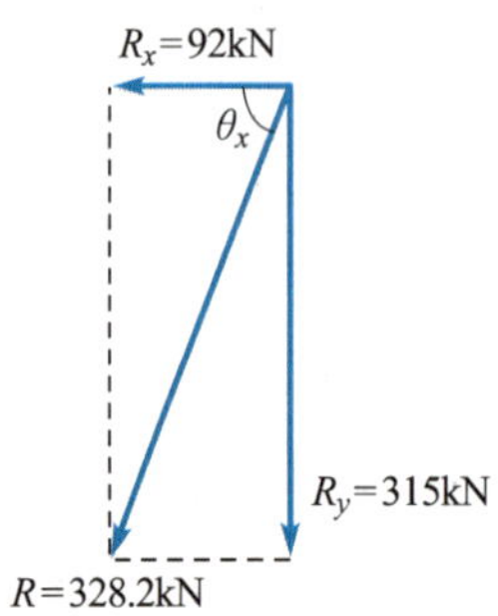

그림 3-54

5) 옹벽(retaining wall)은 토압에 저항하여 토사(土砂)의 붕괴를 방지하기 위해 설치되는 구조물을 말한다.
6) 구조물 자체의 중량을 말한다.

그리고 그림 3-54로부터 합력이 작용하는 방향은 다음과 같이 구해진다.

$$\cos\theta_x = \frac{R_x}{R} = \frac{92}{328.2} = 0.2803$$

$$\therefore \theta_x = \cos^{-1}0.2803 = 73.7^\circ$$

합력의 작용선이 저판의 밑면과 만나는 점을 구하기 위해, 저판의 밑면에 작용하는 합력이 점 O에 대해 일으키는 모멘트는 옹벽에 작용하는 힘들이 점 O에 대해 일으키는 모멘트를 모두 합한 것과 같아야 한다는 점을 이용하기로 하자.

이때 저판의 밑면에 작용하는 합력의 분력 R_x는 점 O에 대해 모멘트를 일으키지 않는다. 그리고 점 O로부터 합력의 작용선이 밑면과 만나는 점까지의 거리를 d라고 하고, 반시계방향을 양으로 취하면,

$$\circlearrowleft\!+ M = R_y d = \sum M_O$$

$$-315d = 92\times2 - 120\times1.5 - 195\times3$$

$$\therefore d = 1.84\text{m}$$

이다.

예제 3-20

힘 $\mathrm{F}_1 = 20$ kN이 점 $P_1(1,\ 2)$에서 $Q_1(5,\ 6)$을 향해 작용하고, 힘 $\mathrm{F}_2 = 30$ kN이 점 $P_2(-2,\ 3)$에서 $Q_2(-5,\ -7)$를 향해 작용할 때, 이 힘들의 원점에 관한 합력과 모멘트의 합을 구하시오. 단, 거리의 단위는 m이다.

풀이

점 $P_1(1,\ 2)$에서 $Q_1(5,\ 6)$을 가리키는 벡터의 각 축 방향 성분은 $(4,\ 4)$이고, 두 점 사이의 거리는 $4\sqrt{2}$ m이다. 따라서, 힘 $\mathrm{F}_1 = 20$ kN의 분력은 다음과 같이 구해진다.

$$F_{1x} = 20\left(\frac{4}{4\sqrt{2}}\right) = 14.14\text{kN} = 14.14\text{kN}\ (\rightarrow)$$

$$F_{1y} = 20\left(\frac{4}{4\sqrt{2}}\right) = 14.14\text{kN} = 14.14\text{kN}\ (\uparrow)$$

같은 방법으로 점 $P_2(-2,\ 3)$에서 $Q_2(-5,\ -7)$를 가리키는 벡터의 각 축 방향 성분은 $(-3,\ -10)$이고, 두 점 사이의 거리는 $\sqrt{109}$ m이다. 따라서 힘 $\mathrm{F}_2 = 30$ kN의 분력은 다음과

같이 구해진다.

$$F_{2x} = 30\left(-\frac{3}{\sqrt{109}}\right) = -8.62\,\text{kN} = 8.62\,\text{kN}\,(\leftarrow)$$

$$F_{2y} = 30\left(-\frac{10}{\sqrt{109}}\right) = -28.73\,\text{kN} = 28.73\,\text{kN}\,(\downarrow)$$

따라서, 합력의 수평분력 R_x 와 수직분력 R_y 는 다음과 같이 구해지고,

$$R_x = F_{1x} + F_{2x} = 14.14 - 8.62 = 5.52\,\text{kN} = 5.52\,\text{kN}\,(\rightarrow)$$

$$R_y = F_{1y} + F_{2y} = 14.14 - 28.73 = -14.59\,\text{kN} = 14.59\,\text{kN}\,(\downarrow)$$

합력의 크기 R과 합력의 작용방향은 다음과 같이 구해진다.

$$R = \sqrt{R_x^2 + R_y^2} = \sqrt{(5.52)^2 + (-14.59)^2} = 15.60\,\text{kN}$$

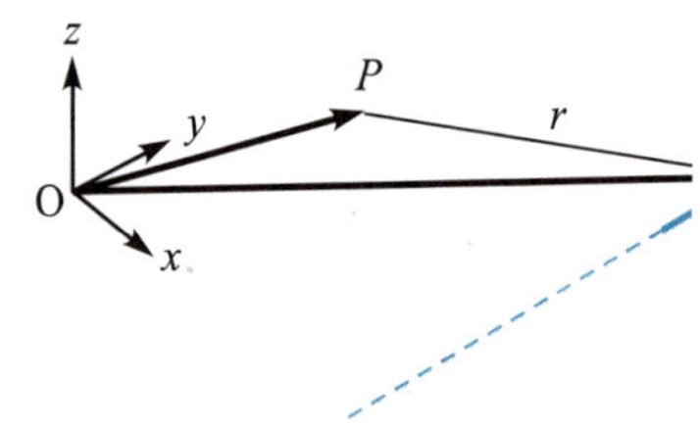

그림 3-55

$$\cos\theta_x = \frac{R_x}{R}$$

$$\therefore\ \theta_x = \cos^{-1}\left(\frac{R_x}{R}\right) = \cos^{-1}\left(\frac{5.52}{15.60}\right) = 69.3°$$

여기서, θ_x는 합력 R과 x축 사이의 각이다.

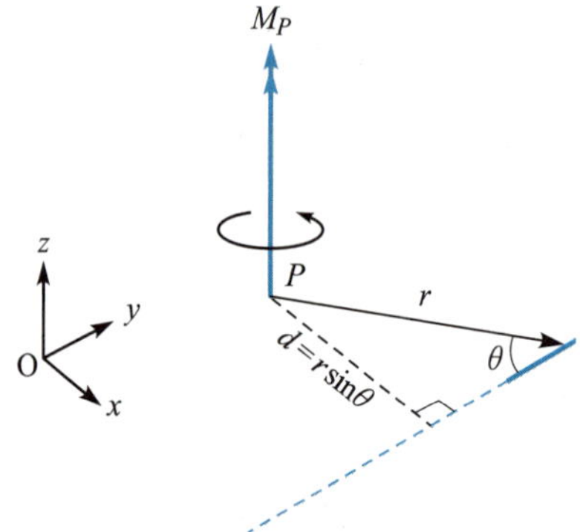

그림 3-56

힘 F_1, F_2가 원점에 대해 일으키는 모멘트의 합 M_O은 힘의 분력들이 원점에 대해 일으키는 모멘트를 모두 구하여 합하면 구해진다. 힘 F_1의 작용점은 $P_1(1,\ 2)=(x_1,\ y_1)$이고, 힘 F_2의 작용점은 $P_2(-2,\ 3)=(x_2,\ y_2)$이므로 M_O는 다음과 같이 구해진다.

$$\begin{aligned}\circlearrowleft\!+ M_O &= \{x_1F_{1y}-y_1F_{1x}\}+\{x_2F_{2y}-y_2F_{2x}\}\\ &=\{(1)(14.14)-(2)(14.14)\}+\{(-2)(-28.73)-(3)(-8.62)\}\\ &=69.18\ (\mathrm{kN\cdot m})(\circlearrowleft)\end{aligned}$$

예제 3-21

다음 그림과 같은 반중력식 옹벽에 토압이 작용한다. 이 힘들의 합력과 합력의 작용선이 저판의 밑면과 만나는 점의 위치를 구하시오.

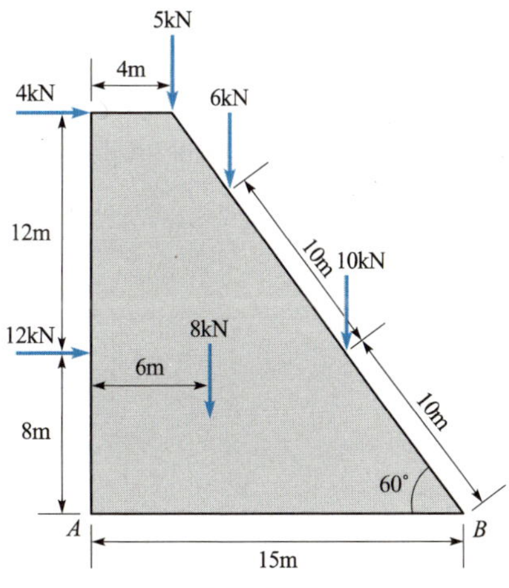

그림 3-57

풀이

옹벽에 작용하는 합력의 크기 R은 다음과 같다.

$$R_x=\Sigma F_y=4+12=16\mathrm{kN}\,(\rightarrow)$$

$$R_y=\Sigma F_x=5+6+10+8=29\mathrm{kN}\,(\downarrow)$$

$$\begin{aligned}R&=\sqrt{R_x^2+R_y^2}\\ &=\sqrt{(16)^2+(29)^2}=33.12\mathrm{kN}\ (\searrow\theta_x)\end{aligned}$$

그리고 그 합력이 작용하는 방향은 다음과 같이 구해진다.

$$\cos\theta_x = \frac{R_x}{R} = \frac{16}{33.12} = 0.483$$

$$\therefore \theta_x = \cos^{-1}0.483 = 61.11^\circ$$

합력의 작용선이 저판의 밑면과 만나는 점을 구하기 위해, 저판의 밑면에 작용하는 합력이 점 A 에 대해 일으키는 모멘트는 옹벽에 작용하는 힘들이 점 A 에 대해 일으키는 모멘트를 모두 합한 것과 같아야 한다는 점을 이용하기로 하자. 이때 저판의 밑면에 작용하는 합력의 분력 R_x 는 점 A 에 대해 모멘트를 일으키지 않는다.

먼저 경사면에 작용하는 하중 6kN 과 10kN 의 A점까지의 수직 거리를 구해야 한다.

A점으로부터 6kN 까지 거리 d_1는 $d_1 = 15 - 20\cos 60 = 5\text{m}$

A점으로부터 10kN 까지 거리 d_2는 $d_2 = 15 - 10\cos 60 = 10\text{m}$

모든 작용하중에 의한 A 점의 모멘트의 합은

$$\begin{aligned}\Sigma M_A &= 12\times 8 + 4\times 20 + 5\times 4 + 6\times 5 + 10\times 10 + 8\times 6 \\ &= 374\text{kN}\cdot\text{m}\end{aligned}$$

그리고 점 A 로부터 합력의 작용선이 밑면과 만나는 점까지의 거리를 d라고 하고, 시계방향을 양으로 취하여 거리를 구한다.

$$\oplus M = R_y d = \Sigma M_O$$

$$29d = 374$$

$$\therefore d = 12.90\text{m}$$

예제 3-22

그림 3-58과 같이 댐에 작용하는 3개의 힘의 O점에 대한 모멘트 값을 구하고 바닥면 OA 선에서 만나는 합력의 위치를 구하시오

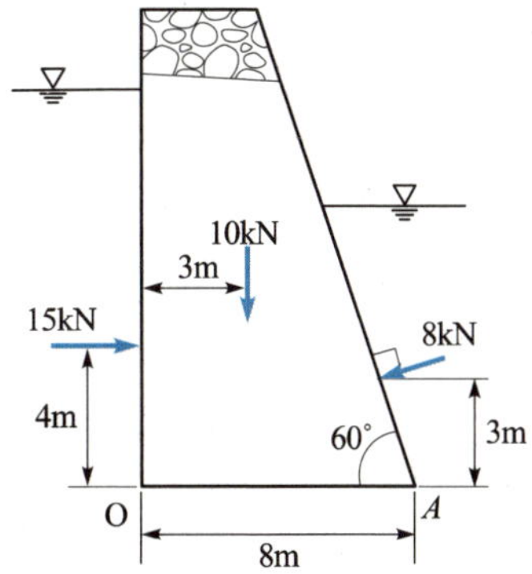

그림 3-58

풀이

경사면에 작용하는 8kN 의 하중은 수평분력과 연직분력으로 분해해야 하므로 수평면과 30° 경사, 연직면과 60° 경사를 이루고 있으므로

$$F_x = -8\text{kN} \times \sin 60 = -6.93\text{kN}$$

$$F_y = -8\text{kN} \times \cos 60 = -4.0\text{kN}$$

또한 O점으로부터 경사면 하중 작용점까지의 거리는

$$d = 8\text{m} - \frac{3}{\tan 60}\text{m} = 8\text{m} - 1.73\text{m} = 6.27\text{m}$$

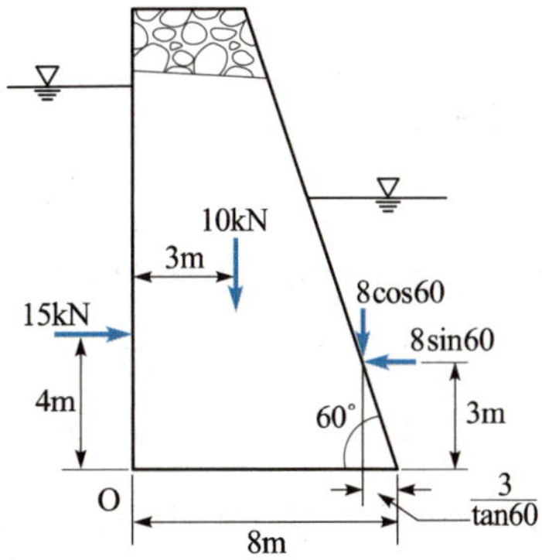

그림 3-59

따라서 분해한 두 개의 힘을 포함하여 각 힘의 모멘트의 대수합을 구하여 합모멘트를 구한다.

$$M = 15\text{kN} \times 4\text{m} + 10\text{kN} \times 3\text{m} + 8\cos 60 \times 6.27\text{m} - 8\sin 60\text{kN} \times 3\text{m}$$

$$= 94.30\text{kN} \cdot \text{m}(\circlearrowright)$$

또는 합력이 바닥면과 만나는 점을 구하기 위해 합력을 수평, 연직방향 분력으로 나누어서 그림 3-60과 같이 바닥면에 위치시킨다.

$$F_x = 15\text{kN} - 8\sin 60\text{kN} = 8.07\text{kN}(\rightarrow)$$

$$F_y = -10\text{kN} - 8\cos 60 = -14\text{kN}(\downarrow)$$

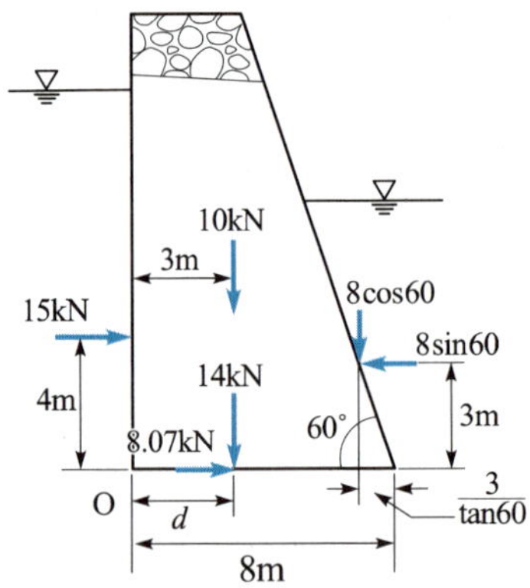

그림 3-60

$M = Fd$에서

$$d = \frac{M}{F_y} = \frac{94.30}{14} = 6.74\text{m}$$

3.6 평면상의 힘의 변환

어떤 물체에 작용하는 힘이 물체의 무게중심에 작용하지 않는 경우라면, 그 힘은 물체를 힘의 방향으로 운동시킬 뿐만 아니라 회전시키기도 한다. 따라서, 물체에 작용하는 힘은 그 작용점을 옮기게 되면 물체에 미치는 효과가 달라진다.

그러나 그림 3-51과 같이 한 힘을 힘 · 짝힘계로 변환하여 그 작용점을 옮기면, 물체에 미치는 영향은 변하지 않도록 하면서 힘의 작용점을 다른 점으로 옮길 수 있게 된다.

즉, 그림 3-61(a)는 물체에 있는 점 P에 힘 F가 작용하고 있는 경우이고, 그림 3-61(c)는 점 P에 작용하는 힘 F를 힘·짝힘계(F와 M_C)로 변환하여 점 Q에 작용시킨 경우인데, 이 두 가지 경우는 물체에 미치는 영향이 동일하다. 즉, 역학적으로 동일한 경우이다.

이제 그림 3-61(a)와 같이 점 P에 한 힘이 작용하는 경우를 그림 3-61(c)와 같이 점 Q에 작용하는 힘·짝힘계로 변환하는 과정에 대해 좀 더 자세하게 알아보기로 하자.

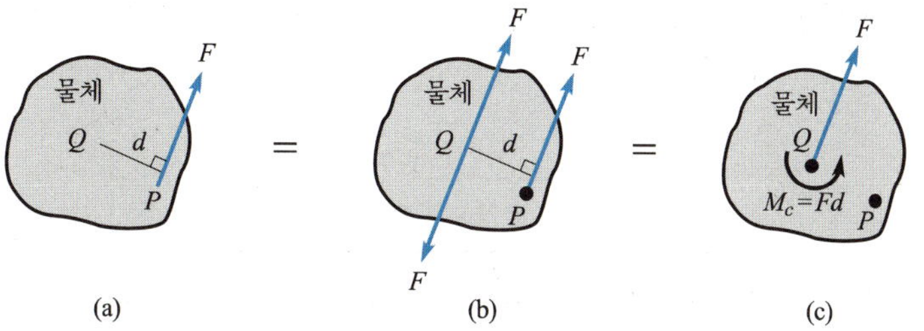

그림 3-61

그림 3-61(b)에서와 같이 점 Q에 힘 F와 $-$F를 추가시키면, F $-$ F $=$ 0이므로 새로 추가한 두 힘이 물체에 미치는 영향은 없다. 그리고 점 P에 작용하는 F와 점 Q에 작용하는 $-$F는 짝힘을 이루므로 이 짝힘에 의한 모멘트를 $M_C(=Fd)$로 나타내면 그림 3-61(c)와 같이 된다. 이때 점 P, Q와 힘 F는 동일한 평면상에 있다.

[물체에 작용하는 힘의 힘·짝힘계로의 변환]

평면상에 있는 어떤 물체의 한 점에 작용하는 힘은 그 물체의 다른 점에 작용하는 등가의 힘·짝힘계로 변환될 수 있다.

예제 3-23

그림과 같이 렌치를 F$=$ 80N 의 힘으로 돌려 볼트를 조인다고 할 때, 볼트에 작용하는 힘과 모멘트를 구하시오. 단 볼트의 중심으로부터 힘의 작용선까지의 거리 $d = 0.2$m 이다.

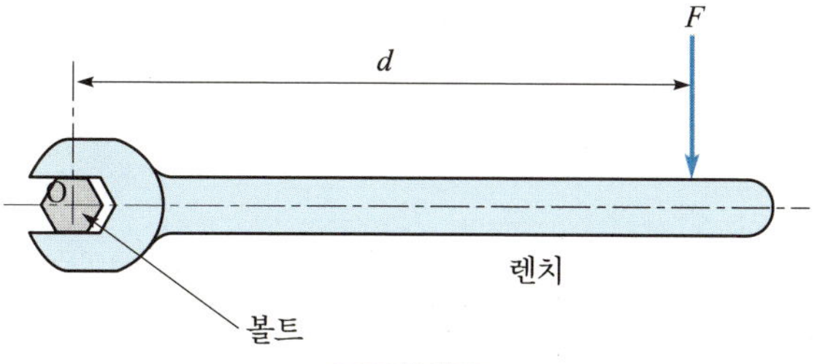

그림 3-62

풀이

그림 3-63과 같이 볼트의 중심에 80N 과 − 80N 을 추가로 가하면, 새로 추가한 두 힘이 볼트에 미치는 영향은 없다. 그리고 − 80N 과 렌치의 손잡이에 작용하는 80N 이 짝힘을 이루므로 이를 모멘트로 변환하면,

$$M = Fd = 80 \times 0.2 = 16\,\mathrm{N \cdot m}$$

이다. 따라서 볼트에는 그림 3-64와 같이 80N (↓)과 16N · m(↻)이 작용한다.

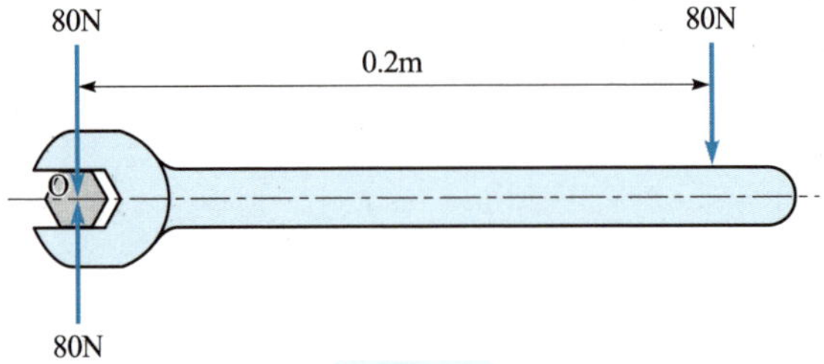

그림 3-63

이 예제는 앞에서 나온 적이 있는데, 볼트에 작용하는 모멘트만을 구하였었다. 그러나 실제로 볼트에는 $M = 16\mathrm{N \cdot m}$(↻)의 모멘트뿐만 아니라 F= 80N (↓)의 힘도 같이 작용한다. 이는 그림 3-62와 같이 렌치의 손잡이에 작용하는 한 힘 F를 그림 3-64와 같이 볼트의 머리에 작용하는 힘 · 짝힘계로 변환한 것이 된다.

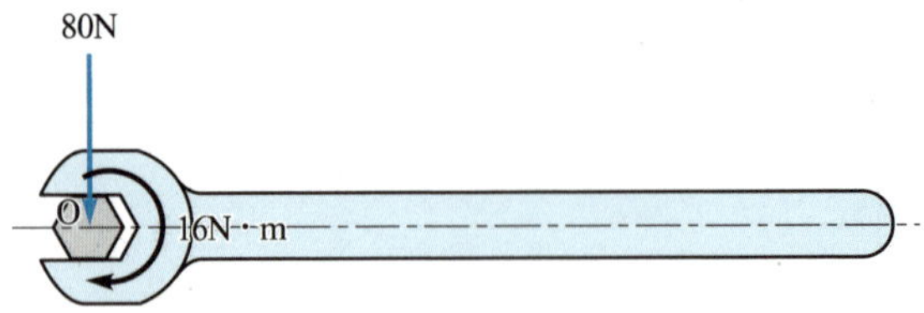

그림 3-64

예제 3-24

다음 그림과 같이 기둥의 중심으로부터 0.3m 떨어진 지점에 수직력 100kN 이 작용하고 있다. 이 수직력을 기둥의 중심에 작용하는 힘 · 짝힘계로 변환하시오.

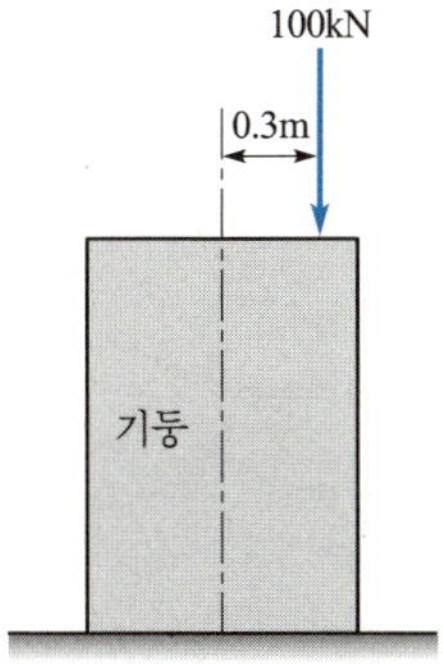

그림 3-65

풀이

수직력 100kN 이 기둥의 중심에 대해 일으키는 모멘트는

$$M = Fd = 100 \times 0.3 = 30\text{kN} \cdot \text{m}(\circlearrowright)$$

이다. 따라서, 그림 3-66에 나타낸 것과 같이 기둥의 중심에는 수직력 100kN 과 모멘트 30kN · m(↻)이 작용한다.

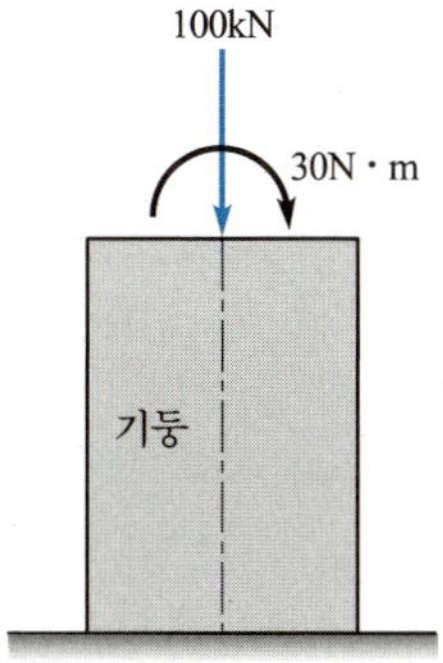

그림 3-66

참고로 말하면, 기둥의 중심으로부터 0.3m 떨어진 지점에 수직력 100kN 이 작용하는 경우와 기둥의 중심에 수직력 100kN 과 모멘트 30kN · m 이 작용하는 경우는 기둥에 미치는 영향이 같다. 즉, 역학적으로 같다.

예제 3-25

다음 그림과 같은 삭도의 오른쪽 기둥에 작용하는 힘이 1640N 이다. 오른쪽 기둥의 하단에 작용하는 힘과 모멘트를 구하시오.

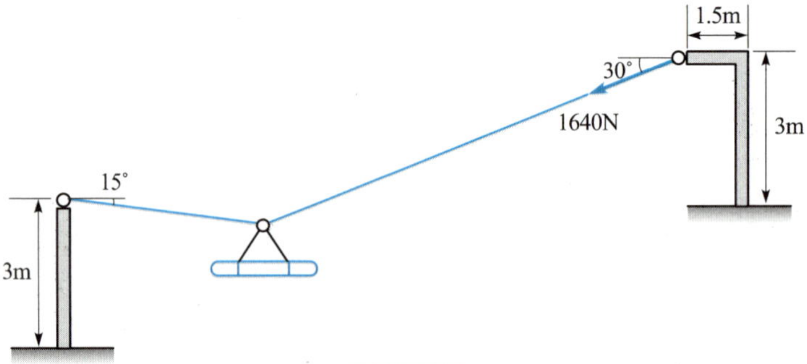

그림 3-67

풀이

기둥의 끝에 작용하는 한 힘을 기둥의 하단에 작용하는 힘·짝힘계로 변환하라는 것과 동일한 문제이다.

먼저 바리뇽의 정리를 이용하여 기둥의 끝에 작용하는 힘이 기둥의 하단에 대해 일으키는 모멘트를 구하기로 하자.

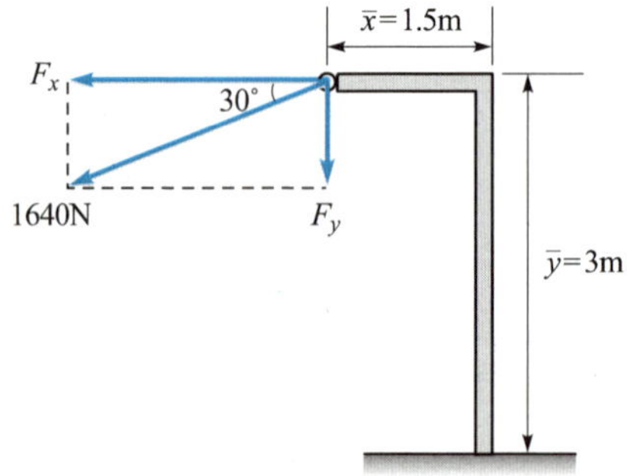

그림 3-68

그림 3-68에 나타낸 것과 같이 기둥에 작용하는 힘 1640N 의 수평분력 F_x 와 수직분력 F_y 가 기둥의 하단에 대해 일으키는 모멘트의 합 M을 구하면,

$$F_x = 1640\cos 30° = 1420\text{N}\ (\leftarrow)$$

$$F_y = 1640\sin 30° = 820\text{N}\ (\downarrow)$$

$$M = F_x\bar{y} + F_y\bar{x}$$

$$= 1420 \times 3 + 820 \times 1.5 = 5490\text{N} \cdot \text{m}(\circlearrowleft)$$

이다. 따라서, 그림 3-69에 나타낸 것과 같이 기둥의 하단에는 힘 1640N와 모멘트 5490N · m(↺)이 작용한다.

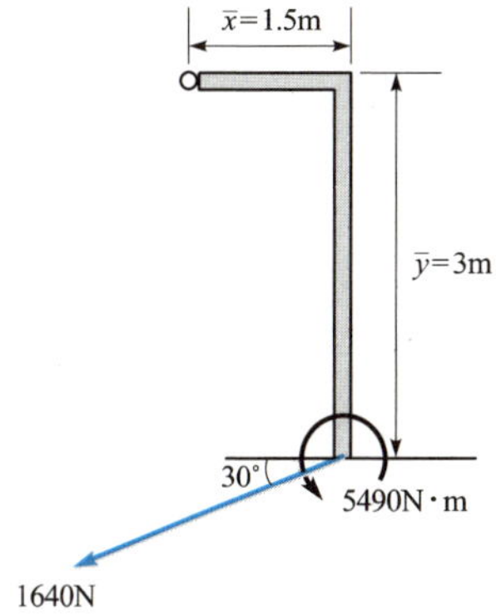

그림 3-69

그런데 일반적으로는 분력으로 잘 나타내므로, 그림 3-70과 같이 분력으로 나타내면, 기둥의 하단에는

$$F_x = 1420\text{N}(\leftarrow)$$
$$F_y = 820\text{N}(\downarrow)$$
$$M = 5490\text{N} \cdot \text{m}(\circlearrowleft)$$

가 작용한다고 할 수 있다.

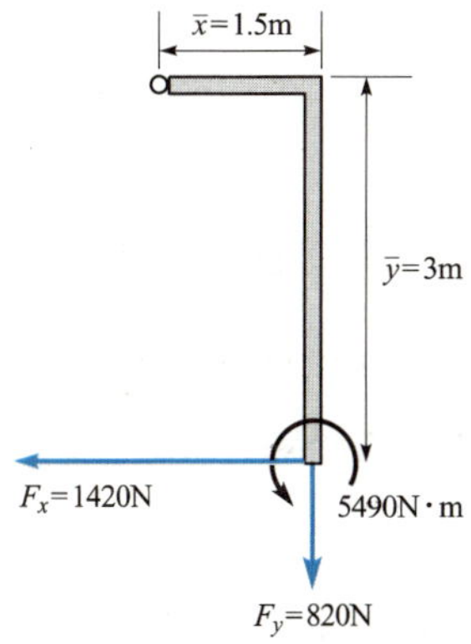

그림 3-70

예제 3-26

그림과 같은 삭도의 오른쪽 기둥에 작용하는 힘이 1640N 이다. 점 P에 작용하는 힘과 모멘트를 구하고, 이 결과를 이용하여 점 Q에 작용하는 힘과 모멘트를 구하시오.

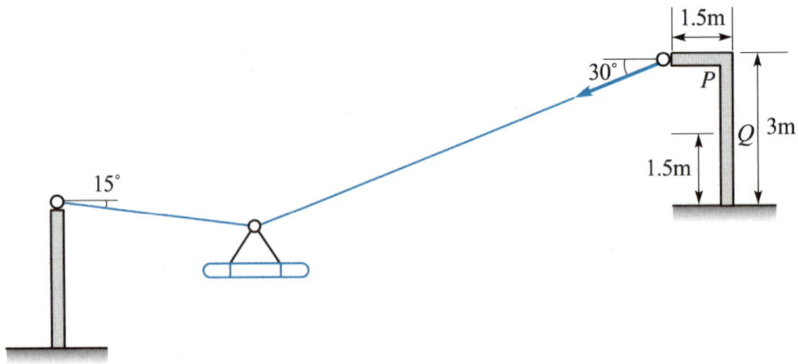

그림 3-71

풀이

먼저 바리뇽의 정리를 이용하여 기둥의 끝에 작용하는 힘이 점 P에 대해 일으키는 모멘트를 구하기로 하자.

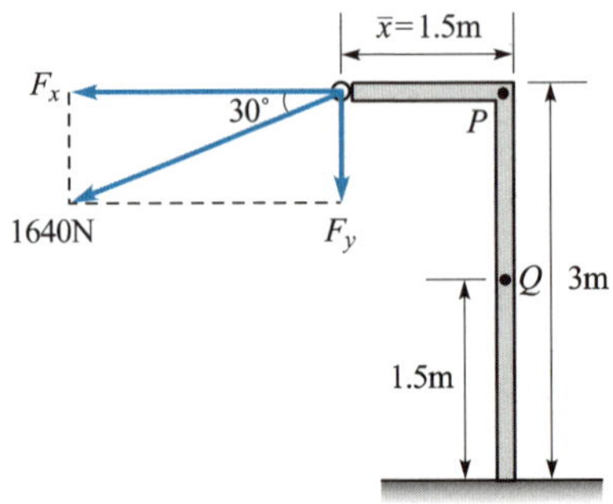

그림 3-72

그림 3-72로부터 힘 1640N 의 분력 F_x, F_y가 점 P에 대해 일으키는 모멘트 M을 구하면,

$$F_x = 1640\cos 30° = 1420\text{N}\,(\leftarrow)$$

$$F_y = 1640\sin 30° = 820\text{N}\,(\downarrow)$$

$$M = F_x\bar{y} + F_y\bar{x}$$

$$= 1420 \times 0 + 820 \times 1.5 = 1230\text{N} \cdot \text{m}\,(\circlearrowleft)$$

이다. 따라서, 그림 3-73에 나타낸 것과 같이 점 P에는

$F_x = 1420\text{N}(\leftarrow)$

$F_y = 820\text{N}(\downarrow)$

$M = 1230\text{N}\cdot\text{m}(\circlearrowleft)$

가 작용한다. 그리고 이 결과를 이용하여 점 Q에 작용하는 힘과 모멘트를 구하기로 하자.

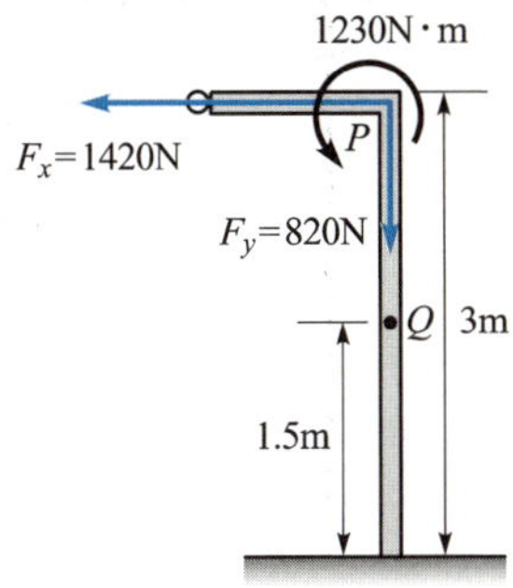

그림 3-73

점 P에 작용하는 $F_y = 820\text{N}(\downarrow)$는 점 Q에 모멘트를 유발시키지 않고, $M = 1230\text{N}\cdot\text{m}(\circlearrowleft)$는 자유벡터로서 점 Q에도 동일하게 작용한다. 따라서 점 P에 작용하는 힘 중에서 점 Q에 대해 모멘트를 일으키는 것은 $F_x = 1420\text{N}(\leftarrow)$뿐이며, $F_x = 1420\text{N}(\leftarrow)$이 점 Q에 대해 일으키는 모멘트는 $1420 \times 1.5 = 2130\text{N}\cdot\text{m}$이다. 그러므로 점 Q에는 그림 3-74에 나타낸 것과 같이

$F_x = 1420\text{N}(\leftarrow)$

$F_y = 820\text{N}(\downarrow)$

$M = 1230 + 2130 = 3360\text{N}\cdot\text{m}(\circlearrowleft)$

가 작용한다.

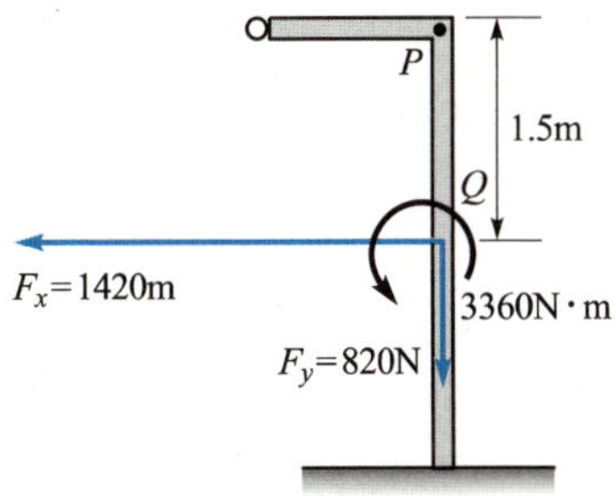

그림 3-74

예제 3-27

그림 3-75와 같은 하중이 작용하는 구조물의 A점에서의 힘과 모멘트를 구하시오.

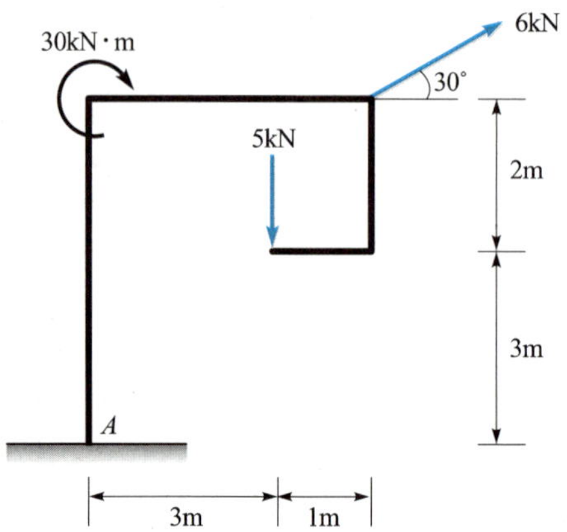

그림 3-75

풀이

그림 3-75로부터 힘 6kN 의 분력 F_x, F_y가 점 A에 대해 일으키는 모멘트 M을 구하면,

$$F_x = 6\cos 30° = 5.20kN (\rightarrow)$$

$$F_y = 6\sin 30° = 3kN (\uparrow)$$

$$M = F_x\bar{y} + F_y\bar{x}$$

$$= 5.2 \times 5 - 3 \times 4 = 13.98\text{kN} \cdot \text{m} (\circlearrowright)$$

이다. 힘 5kN 이 점 A에 대해 일으키는 모멘트 M을 구하면

$$F_y = 5\text{kN} (\downarrow)$$

$$M = F_y\bar{x} = 5 \times 3 = 15\text{kN} \cdot \text{m} (\circlearrowright)$$

이다. 따라서, 점 A에는

$$F_x = 5.20kN (\rightarrow)$$

$$F_y = 5 - 3 = 2\text{kN} (\downarrow)$$

$$M = 30 + 13.98 + 15 = 58.98\text{N} \cdot \text{m} (\circlearrowright)$$

가 작용한다.

3.7 벡터 곱

3.7.1 벡터 곱의 정의

3차원공간에서 물체에 작용하는 모멘트에 대해 계산할 경우, 다음과 같이 정의되는 벡터 곱을 이용하면 편리한 경우가 많으므로 알아보기로 한다.

[벡터 곱]

$\mathrm{A}=A_x\mathrm{i}+A_y\mathrm{j}+A_z\mathrm{k}$, $\mathrm{B}=B_x\mathrm{i}+B_y\mathrm{j}+B_z\mathrm{k}$가 3차원공간의 벡터이면, 다음 벡터 $\mathrm{A}\times\mathrm{B}$를 A와 B의 외적 또는 벡터 곱(cross product)이라 한다.

$$\mathrm{A}\times\mathrm{B}=\begin{vmatrix}A_y & A_z\\ B_y & B_z\end{vmatrix}\mathrm{i}-\begin{vmatrix}A_x & A_z\\ B_x & B_z\end{vmatrix}\mathrm{j}+\begin{vmatrix}A_x & A_y\\ B_x & B_y\end{vmatrix}\mathrm{k}$$

여기서 벡터 $\mathrm{A}\times\mathrm{B}$의 각 성분은 행렬식으로 표기되어 있다.[7)]

위에 정의된 벡터 곱은 기억하기에 조금 복잡해 보이는데, 다음과 같이 3행 3열인 행렬식으로 나타내면 기억하기가 쉽다.

$$\mathrm{A}\times\mathrm{B}=\begin{vmatrix}\mathrm{i} & \mathrm{j} & \mathrm{k}\\ A_x & A_y & A_z\\ B_x & B_y & B_z\end{vmatrix}=\begin{vmatrix}A_y & A_z\\ B_y & B_z\end{vmatrix}\mathrm{i}-\begin{vmatrix}A_x & A_z\\ B_x & B_z\end{vmatrix}\mathrm{j}+\begin{vmatrix}A_x & A_y\\ B_x & B_y\end{vmatrix}\mathrm{k}$$

벡터 $\mathrm{A}\times\mathrm{B}$의 방향은 오른손 법칙(右手法則, righthand rule)으로 쉽게 알아낼 수 있다. 즉, 그림 3-76과 같이 A로부터 B를 향해 오른손을 말아 쥘 때 엄지손가락이 가리키는 방향이 $\mathrm{A}\times\mathrm{B}$의 방향이 되며, $\mathrm{A}\times\mathrm{B}$의 방향은 A와 B에 수직이다. 그리고 오른손 법칙으로 $\mathrm{B}\times\mathrm{A}$의 방향을 구해보면, $\mathrm{A}\times\mathrm{B}$의 방향과 반대가 됨을 알 수 있는데, 이 점으로부터 벡터 곱은 교환법칙이 성립하지 않음을 알 수 있다. 즉,

$$\mathrm{A}\times\mathrm{B}=-\mathrm{B}\times\mathrm{A}$$

가 되며, 이 식이 성립하는 것은 위에 있는 정의를 이용하여 증명할 수 있다.

---

7) 2행 2열인 행렬 $\begin{bmatrix}ab\\ cd\end{bmatrix}$의 Determinant은 다음과 같다.

$$\begin{vmatrix}a & b\\ c & d\end{vmatrix}=ad-bc$$

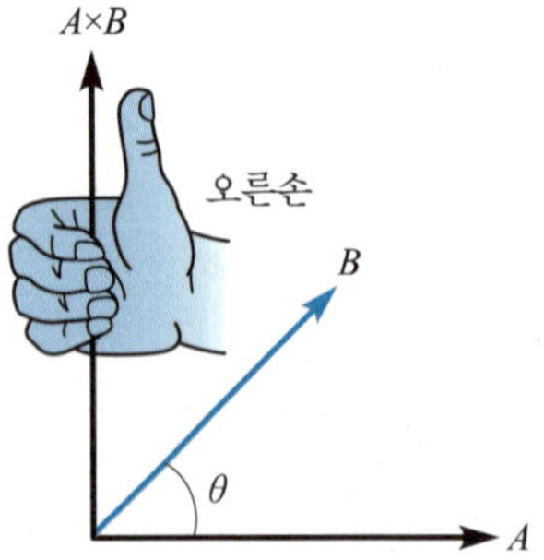

그림 3-76

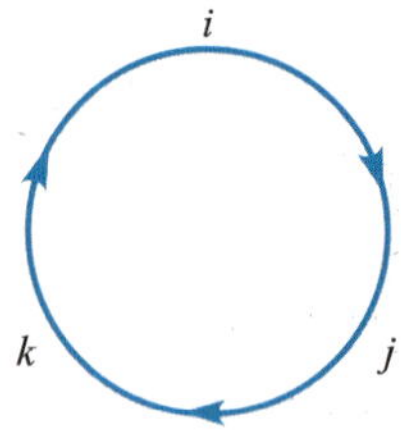

그림 3-77

또 직교하는 세 단위벡터 i, j, k에 대해 아래의 연산들이 성립하는데, 그림 3-77과 같이 시계 방향을 따라가며 연속한 두 벡터의 벡터 곱은 그 다음 벡터라고 생각하면 기억하기가 쉽다. 아니면 오른손 좌표계 위에 세 단위벡터를 그려놓고, 오른손법칙을 적용해보면 성립하는 것을 알 수 있다. 그리고 동일한 벡터를 벡터 곱하면 0이 얻어진다.

$$\mathrm{i}\times\mathrm{j}=\mathrm{k},\qquad \mathrm{j}\times\mathrm{k}=\mathrm{i},\qquad \mathrm{k}\times\mathrm{i}=\mathrm{j}$$

$$\mathrm{j}\times\mathrm{i}=-\mathrm{k},\qquad \mathrm{k}\times\mathrm{j}=-\mathrm{i},\qquad \mathrm{i}\times\mathrm{k}=-\mathrm{j}$$

$$\mathrm{i}\times\mathrm{i}=\mathrm{j}\times\mathrm{j}=\mathrm{k}\times\mathrm{k}=0$$

예제 3-28

다음 두 벡터의 벡터 곱 A × B를 구하시오.

$$\mathrm{A}=\mathrm{i}-2\mathrm{k},\ \mathrm{B}=3\mathrm{i}-\mathrm{j}+\mathrm{k}$$

풀이

$$\mathrm{A}\times\mathrm{B}=\begin{vmatrix}\mathrm{i} & \mathrm{j} & \mathrm{k}\\ 1 & 0 & -2\\ 3 & -1 & 1\end{vmatrix}$$

$$=\begin{vmatrix}0 & -2\\ -1 & 1\end{vmatrix}\mathrm{i}-\begin{vmatrix}1 & -2\\ 3 & 1\end{vmatrix}\mathrm{j}+\begin{vmatrix}1 & 0\\ 3 & -1\end{vmatrix}\mathrm{k}$$

$$=-2\mathrm{i}-7\mathrm{j}-1\mathrm{k}$$

3.7.2 벡터 곱의 성질

다음은 벡터 곱에 대한 연산의 성질이며, 그 증명은

$$\mathrm{A}= A_x\mathrm{i}+ A_y\mathrm{j} + A_z\mathrm{k}\ ,\ \mathrm{B}= B_x\mathrm{i}+ B_y\mathrm{j} + B_z\mathrm{k}\ ,\ \mathrm{C}= C_x\mathrm{i}+ C_y\mathrm{j}+ C_z\mathrm{k}$$

로 두고, 식의 양변에 대입하여 식이 성립한다는 것을 보이면 된다.

[벡터 곱의 성질]

A, B, C가 3차원공간의 벡터이고 k가 스칼라이면, 다음 식이 성립한다.

(1) $\mathrm{A}\times\mathrm{B} = -(\mathrm{B}\times\mathrm{A})$

(2) $\mathrm{A}\times(\mathrm{B}+\mathrm{C}) = (\mathrm{A}\times\mathrm{B})+(\mathrm{A}\times\mathrm{C})$

(3) $(\mathrm{A}+\mathrm{B})\times\mathrm{C} = (\mathrm{A}\times\mathrm{C})+(\mathrm{B}\times\mathrm{C})$

(4) $k(\mathrm{A}\times\mathrm{B}) = (k\mathrm{A})\times\mathrm{B} = \mathrm{A}\times(k\mathrm{B})$

(5) $\mathrm{A}\times 0 = 0\times\mathrm{A} = 0$

(6) $\mathrm{A}\times\mathrm{A} = 0$

벡터 곱의 성질에서 (1)은 교환법칙이 성립하지 않음을 보여주고 있다. 따라서 (2)와 (3)의 경우에는 곱하는 순서를 바꾸어서는 안 된다.

[내적과 벡터 곱]

A, B, C가 3차원공간의 벡터이면, 다음 식이 성립한다.

(1) $\mathrm{A}\cdot(\mathrm{A}\times\mathrm{B}) = 0$

(2) $\mathrm{B}\cdot(\mathrm{A}\times\mathrm{B}) = 0$

(3) $\mathrm{A}\times(\mathrm{B}\times\mathrm{C}) = (\mathrm{A}\cdot\mathrm{C})\mathrm{B}-(\mathrm{A}\cdot\mathrm{B})\mathrm{C}$

(4) $(\mathrm{A}\times\mathrm{B})\times\mathrm{C} = (\mathrm{A}\cdot\mathrm{C})\mathrm{B}-(\mathrm{B}\cdot\mathrm{C})\mathrm{A}$

그리고 A, B, C의 크기를 각각 $A=\|\mathrm{A}\|$, $B=\|\mathrm{B}\|$, $C=\|\mathrm{C}\|$로 나타내고, 벡터 $\mathrm{A}\times\mathrm{B}$의 크기를 $\|\mathrm{A}\times\mathrm{B}\|$로 나타내기로 한다면, 다음 식이 성립한다.

(5) $\|\mathrm{A}\times\mathrm{B}\|^2 = \|\mathrm{A}\|^2\|\mathrm{B}\|^2 - (\mathrm{A}\cdot\mathrm{B})^2$ (라그랑주의 항등식)

$\mathrm{A}\times\mathrm{B}$의 방향은 A와 B에 수직인 방향으로 구해지고, 수직인 두 벡터의 내적은 0이 되므로 위에 있는 (1)과 (2)가 성립함을 알 수 있다.

그리고 (3)과 (4)로부터 알 수 있듯이 일반적으로 $\mathrm{A}\times(\mathrm{B}\times\mathrm{C}) = (\mathrm{A}\times\mathrm{B})\times\mathrm{C}$는 성립하지 않는다.

3.7.3 벡터 곱의 의미

이제 벡터 곱이 가지고 있는 기하학적인 의미에 대해 알아보기로 하자.

3차원공간에 있는 벡터 A, B의 크기를 각각 $A = \|\mathrm{A}\|$, $B = \|\mathrm{B}\|$로 나타내고, A와 B사이의 각을 θ라고 한다면,

$$\mathrm{A} \cdot \mathrm{B} = \|\mathrm{A}\|\,\|\mathrm{B}\|\cos\theta$$

이다. 그리고 이 식을 라그랑주의 항등식에 대입하면 다음과 같이 된다.

$$\begin{aligned}\|\mathrm{A}\times\mathrm{B}\|^2 &= \|\mathrm{A}\|^2\|\mathrm{B}\|^2 - (\mathrm{A}\cdot\mathrm{B})^2\\ &= \|\mathrm{A}\|^2\|\mathrm{B}\|^2 - \|\mathrm{A}\|^2\|\mathrm{B}\|^2\cos^2\theta\\ &= \|\mathrm{A}\|^2\|\mathrm{B}\|^2(1-\cos^2\theta)\\ &= \|\mathrm{A}\|^2\|\mathrm{B}\|^2\sin^2\theta\end{aligned}$$

이 식에서 $\|\mathrm{A}\times\mathrm{B}\|$는 벡터 $\mathrm{A}\times\mathrm{B}$의 크기를 나타낸 것이며, 식의 양변을 제곱근으로 취하면, 다음 결과가 얻어진다.

$$\|\mathrm{A}\times\mathrm{B}\| = \|\mathrm{A}\|\,\|\mathrm{B}\|\sin\theta$$

따라서, $\|\mathrm{A}\times\mathrm{B}\|$는 그림 3-78과 같이 A와 B가 이루는 평행사변형의 넓이와 같다는 것을 알 수 있다.

$$\|\mathrm{A}\times\mathrm{B}\| = \|\mathrm{A}\|\,\|\mathrm{B}\|\sin\theta = (\text{밑변의길이})(\text{높이}) = \text{평행사변형의 넓이}$$

또 그림 3-78로부터 만일 A가 힘이고, $\|\mathrm{B}\|\sin\theta$가 모멘트 팔이라고 한다면, $\|\mathrm{A}\times\mathrm{B}\|$는 힘 A가 벡터 B의 종점에 대해 일으키는 모멘트의 크기와 같다는 것을 알 수 있다.

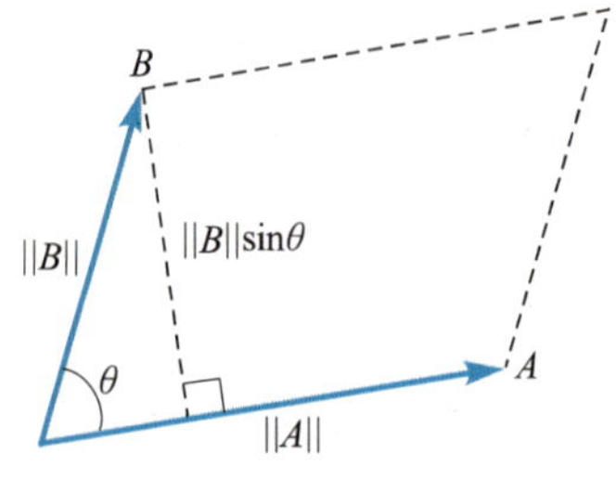

그림 3-78

3.8 모멘트와 벡터 곱

3.8.1 벡터로 나타내진 모멘트

앞에서는 모멘트를 스칼라량으로 구했는데, 일반적으로 복잡한 문제를 다룰 때에는 벡터 연산을 이용하는 것이 더 편리한 경우가 많다. 따라서, 여기서는 모멘트를 벡터로 나타내어 보기로 하고, 그 방향은 오른손법칙에 따라 정하기로 한다.

먼저 모멘트가 작용하는 점 P로부터 힘 F의 작용선상에 있는 한 점 Q의 위치를 나타내는 벡터 r을 구해보자. 그림 3-79와 같이 모멘트가 작용하는 점을 $P(x_P,\ y_P,\ z_P)$로 나타내고, 모멘트를 일으키는 힘의 작용선상에 있는 임의의 한 점을 $Q(x_Q,\ y_Q, z_Q)$라고 하면, r은 벡터 $\overrightarrow{OP}$와 벡터 $\overrightarrow{OQ}$의 차이다.

$$
\begin{aligned}
\mathrm{r} &= \overrightarrow{OQ} - \overrightarrow{OP} \\
&= (x_Q\mathrm{i} + y_Q\mathrm{j} + z_Q\mathrm{k}) - (x_P\mathrm{i} + y_P\mathrm{j} + z_P\mathrm{k}) \\
&= (x_Q - x_P)\mathrm{i} + (y_Q - y_P)\mathrm{j} + (z_Q - z_P)\mathrm{k}
\end{aligned}
$$

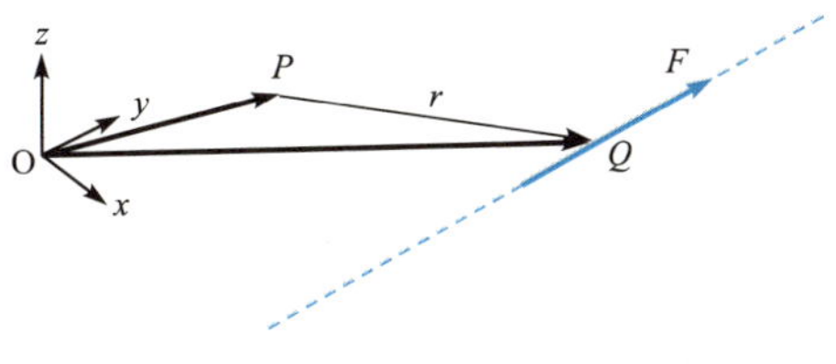

그림 3-79

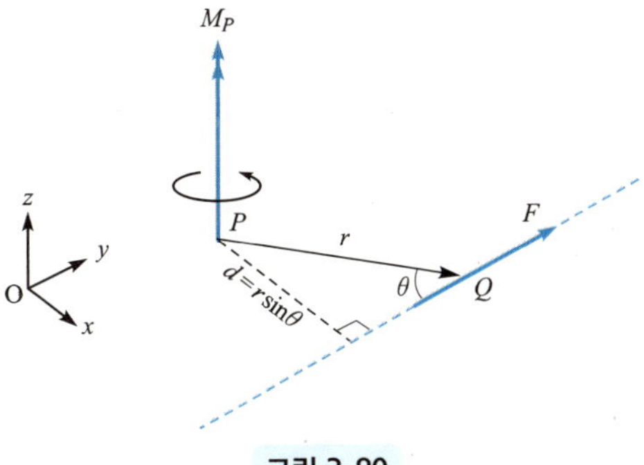

그림 3-80

그리고 벡터 r의 크기를 r로 나타내고, r과 F사이의 각을 θ라고 하면, 점 P로부터 힘 F까지 수직거리 d는 다음과 같다.

$$d = r\sin\theta$$

따라서, 힘의 크기를 F라고 하면, 점 P에 작용하는 모멘트의 크기 M_P는 다음과 같이 구해지는데,

$$M_P = Fd = Fr\sin\theta$$

이 식은 벡터 곱 $\mathbf{r} \times \mathbf{F}$의 크기 $\|\mathbf{r} \times \mathbf{F}\| = Fr\sin\theta$가 곧 M_P임을 나타내고 있다. 이로부터 모멘트를 벡터 $\mathbf{r}$과 힘 $\mathbf{F}$의 벡터 곱으로 나타낼 수 있다는 것을 알 수 있으며, M_P의 방향을 오른손법칙을 따라 정하기로 한다면, 모멘트 $\mathbf{M}_P$는 다음과 같이 된다.

$$\mathbf{M}_P = \mathbf{r} \times \mathbf{F}$$

[벡터로 나타내진 모멘트]

모멘트를 일으키는 힘을 $\mathbf{F}$, 모멘트가 작용하는 점 P로부터 힘 $\mathbf{F}$의 작용선상에 있는 한 점의 위치를 나타내는 벡터를 $\mathbf{r}$이라고 하면, 힘 $\mathbf{F}$에 의해 점 P에 작용하는 모멘트 $\mathbf{M}_\mathrm{P}$는 다음과 같다.

$$\mathbf{M}_\mathrm{P} = \mathbf{r} \times \mathbf{F}$$

예제 3-29

벡터 곱을 이용하여 예제 3-25를 다시 푸시오.

풀이

예제 3-29는 그림 3-81과 같은 기둥의 하단에 작용하는 모멘트를 구하는 문제이다.

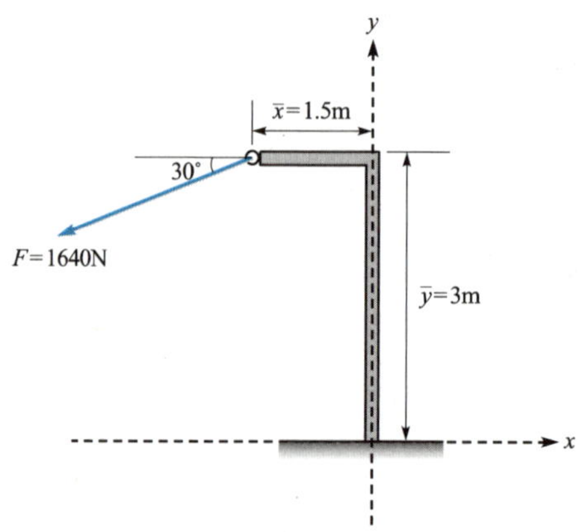

그림 3-81

그림 3-82와 같이 좌표축을 정하면, 작용하는 힘 $\mathrm{F} = 1640\ \mathrm{N}$의 수평분력 F_x와 수직분력 F_y의 크기는 다음과 같다.

$$F_x = 1640\cos 30° = 1420\text{N}(\leftarrow)$$

$$F_y = 1640\sin 30° = 820\text{N}(\downarrow)$$

따라서, 점 $(-1.5,\ 3)$에 작용하는 힘 F는

$$\mathrm{F} = -1420\mathrm{i} - 820\mathrm{j}\ (\mathrm{N})$$

이다. 원점 O로부터 점$(-1.5,\ 3)$를 가리키는 벡터 r은

$$\mathrm{r} = -1.5\mathrm{i} + 3\mathrm{j}$$

이므로 기둥의 하단, 즉 원점 O에 작용하는 모멘트 M_O는 다음과 같이 구해진다.

$$\mathrm{M}_O = \mathrm{r} \times \mathrm{F}$$

$$= \begin{vmatrix} \mathrm{i} & \mathrm{j} & \mathrm{k} \\ -1.5 & 3 & 0 \\ -1420 & -820 & 0 \end{vmatrix}$$

$$= \begin{vmatrix} 3 & 0 \\ -820 & 0 \end{vmatrix}\mathrm{i} - \begin{vmatrix} -1.5 & 0 \\ -1420 & 0 \end{vmatrix}\mathrm{j} + \begin{vmatrix} -1.5 & 3 \\ -1420 & -820 \end{vmatrix}\mathrm{k}$$

$$= (-1.5)(-820) - (3)(-1420)\mathrm{k}$$

$$= 5490\mathrm{k}(\mathrm{N} \cdot \mathrm{m})$$

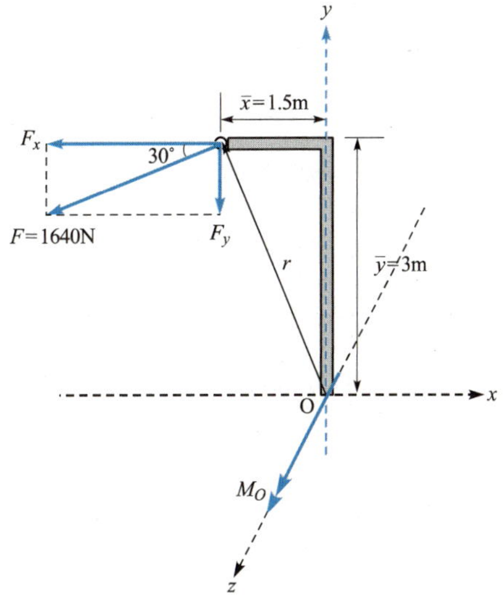

그림 3-82

예제 3-30

그림과 같은 기둥의 점 P에 작용하는 모멘트를 구하시오.

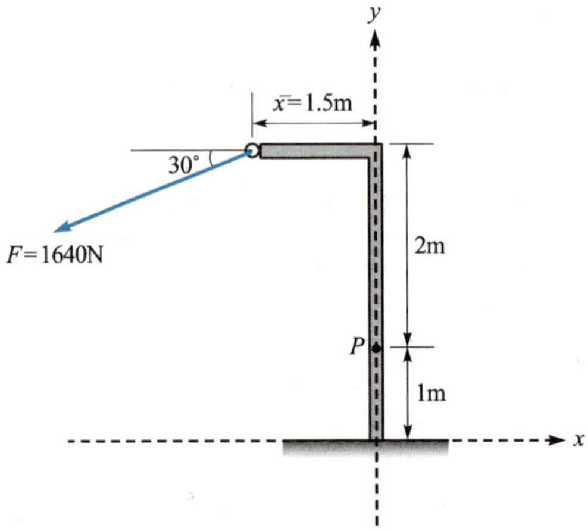

그림 3-83

풀이

그림 3-84와 같이 좌표축을 정하면, 작용하는 힘 $\mathrm{F} = 1640$ N의 수평분력 F_x와 수직분력 F_y의 크기는 다음과 같다.

$$F_x = 1640\cos 30° = 1420\mathrm{N}\,(\leftarrow)$$

$$F_y = 1640\sin 30° = 820\mathrm{N}\,(\downarrow)$$

따라서, 점$(-1.5,\ 3)$에 작용하는 힘 F는

$$\mathrm{F} = -1420\mathrm{i} - 820\mathrm{j}\ (\mathrm{N})$$

이다. 점 P로부터 점$(-1.5,\ 3)$를 가리키는 벡터 r은

$$\mathrm{r} = (-1.5\mathrm{i} + 3\mathrm{j}) - (\mathrm{j}) = -1.5\mathrm{i} + 2\mathrm{j}$$

이므로 점 P가 있는 수평단면에 작용하는 모멘트 M_P는 다음과 같이 구해진다.

$$\mathrm{M}_P = \mathrm{r} \times \mathrm{F}$$

$$= \begin{vmatrix} \mathrm{i} & \mathrm{j} & \mathrm{k} \\ -1.5 & 2 & 0 \\ -1420 & -820 & 0 \end{vmatrix}$$

$$= \begin{vmatrix} 2 & 0 \\ -820 & 0 \end{vmatrix}\mathrm{i} - \begin{vmatrix} -1.5 & 0 \\ -1420 & 0 \end{vmatrix}\mathrm{j} + \begin{vmatrix} -1.5 & 2 \\ -1420 & -820 \end{vmatrix}\mathrm{k}$$

$$= (-1.5)(-820) - (2)(-1420)\text{k}$$

$$= 4070\text{k}\ (\text{N} \cdot \text{m})$$

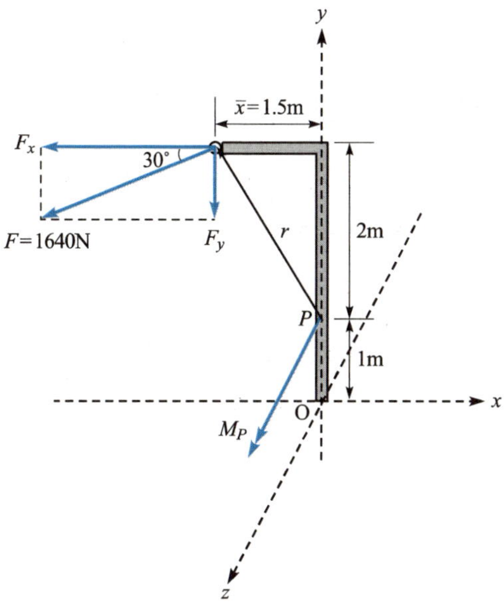

그림 3-84

예제 3-31

점 $Q(5,\ 6,\ 4)$에 작용하는 힘 $\text{F} = 2\text{i} + \text{j} + 3\text{k}\ (\text{N})$이 점 $P(3,\ 1,\ 1)$에 대해 일으키는 모멘트를 구하시오. 단, 거리의 단위는 m이다.

풀이

점 $P(3,\ 1,\ 1)$로부터 점 $Q(5,\ 6,\ 4)$를 가리키는 벡터 r은

$$\text{r} = (5\text{i} + 6\text{j} + 4\text{k}) - (3\text{i} + \text{j} + \text{k}) = 2\text{i} + 5\text{j} + 3\text{k}$$

이므로 점 P에 대해 힘 F가 일으키는 모멘트 M_P는 다음과 같이 구해진다.

$$\text{M}_\text{P} = \text{r} \times \text{F}$$

$$= \begin{vmatrix} \text{i} & \text{j} & \text{k} \\ 2 & 5 & 3 \\ 2 & 1 & 3 \end{vmatrix}$$

$$= \begin{vmatrix} 5 & 3 \\ 1 & 3 \end{vmatrix}\text{i} - \begin{vmatrix} 2 & 3 \\ 2 & 3 \end{vmatrix}\text{j} + \begin{vmatrix} 2 & 5 \\ 2 & 1 \end{vmatrix}\text{k}$$

$$= \{5\times3-3\times1\}\mathrm{i}-\{2\times3-3\times2\}\mathrm{j}+\{2\times1-5\times2\}\mathrm{k}$$

$$= 12\mathrm{i}-8\mathrm{k}\ (\mathrm{N}\cdot\mathrm{m})$$

3.8.2 바리뇽의 정리와 벡터 곱

바리뇽의 정리가 성립하는 것은 다음과 같이 벡터 곱의 성질을 이용하여 쉽게 보일 수 있다.

그림 3-85와 같이 어떤 점 Q에 작용하는 힘이 F_1, $\mathrm{F}_2, \cdots$, F_n이고, 이 힘들의 합력이 F 라고 하자.

$$\mathrm{F} = \mathrm{F}_1 + \mathrm{F}_2 + \cdots + \mathrm{F}_n$$

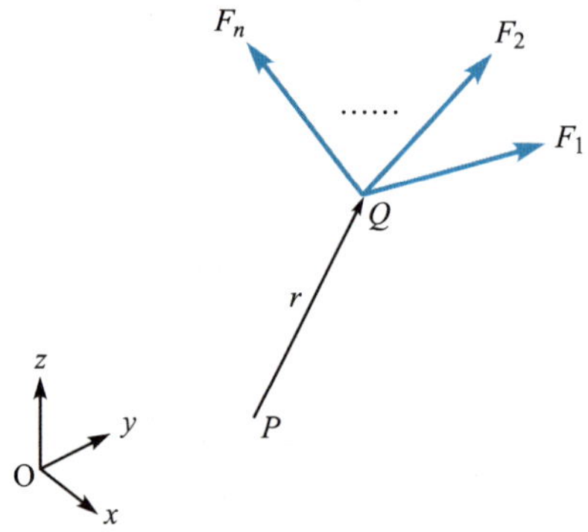

그림 3-85

그리고 점 P에서 점 Q를 가리키는 벡터를 r, 합력 F가 점 P에 대해 일으키는 모멘트를 M_P라고 하면, 벡터 곱에 대한 성질로부터

$$\begin{aligned}
\mathrm{M}_P &= \mathrm{r}\times\mathrm{F} \\
&= \mathrm{r}\times\{\mathrm{F}_1+\mathrm{F}_2+\cdots+\mathrm{F}_n\} \\
&= \mathrm{r}\times\mathrm{F}_1+\mathrm{r}\times\mathrm{F}_2+\cdots+\mathrm{r}\times\mathrm{F}_n \\
&= \mathrm{M}_{P1}+\mathrm{M}_{P2}+\cdots+\mathrm{M}_{Pn}
\end{aligned}$$

이 성립하며, 여기서 M_{P1}, $\mathrm{M}_{P2}, \cdots$, M_{Pn}은 힘 F_1, $\mathrm{F}_2, \cdots, \mathrm{F}_n$이 각각 점 P에 대해 일으키는 모멘트이다. 따라서 바리뇽의 정리가 성립하는 것을 알 수 있다.

바리농의 정리를 이용하면, 임의의 방향을 가진 힘을 계산하기 편리한 몇 개의 분력으로 나눈 다음에 각 분력이 일으키는 모멘트의 합을 구함으로써 본래의 힘이 발생시키는 모멘트를 구할 수 있게 된다.

예제 3-32

점 $Q(5,\ 6,\ 4)$에 작용하는 힘 $\mathrm{F}_1 = 2\mathrm{i}+\mathrm{j}+3\mathrm{k}\ (\mathrm{N})$, $\mathrm{F}_2 = \mathrm{i}-\mathrm{j}\ (\mathrm{N})$, $\mathrm{F}_3 = \mathrm{i}+3\mathrm{j}+4\mathrm{k}\ (\mathrm{N})$이 점 $P(2,\ 1,\ 2)$에 대해 일으키는 모멘트를 구하시오. 단, 거리의 단위는 m이다.

풀이

힘 F_1, F_2, F_3의 합력 F를 구하면,

$$\begin{aligned}\mathrm{F} &= \mathrm{F}_1+\mathrm{F}_2+\mathrm{F}_3 \\ &= (2\mathrm{i}+\mathrm{j}+3\mathrm{k})+(\mathrm{i}-\mathrm{j})+(\mathrm{i}+3\mathrm{j}+4\mathrm{k}) \\ &= 4\mathrm{i}+3\mathrm{j}+7\mathrm{k}\ (\mathrm{N})\end{aligned}$$

이고, 점 $P(2,\ 1,\ 2)$로부터 점 $Q(5,\ 6,\ 4)$를 가리키는 벡터 r은

$$\mathrm{r} = (5\mathrm{i}+6\mathrm{j}+4\mathrm{k})-(2\mathrm{i}+\mathrm{j}+2\mathrm{k}) = 3\mathrm{i}+5\mathrm{j}+2\mathrm{k}$$

이므로 점 P에 대해 힘 F가 일으키는 모멘트 M_P는 다음과 같이 구해진다.

$$\begin{aligned}\mathrm{M}_P &= \mathrm{r}\times\mathrm{F} \\ &= \begin{vmatrix} \mathrm{i} & \mathrm{j} & \mathrm{k} \\ 3 & 5 & 2 \\ 4 & 3 & 7 \end{vmatrix} \\ &= \begin{vmatrix} 5 & 2 \\ 3 & 7 \end{vmatrix}\mathrm{i}-\begin{vmatrix} 3 & 2 \\ 4 & 7 \end{vmatrix}\mathrm{j}+\begin{vmatrix} 3 & 5 \\ 4 & 3 \end{vmatrix}\mathrm{k} \\ &= \{5\times7-2\times3\}\mathrm{i}-\{3\times7-2\times4\}\mathrm{j}+\{3\times3-5\times4\}\mathrm{k} \\ &= 29\mathrm{i}-13\mathrm{j}-11\mathrm{k}\ (\mathrm{N\cdot m})\end{aligned}$$

3.9 한 점에 작용하지 않는 공간력계의 합력

앞 절에서 평면상에 있는 어떤 물체에 여러 힘이 작용할 때, 그 힘들은 한 점에 작용하는 등가의 힘·짝힘계로 변환될 수 있다는 것을 알아보았는데, 그것과 동일한 원리에 의해 3차원 공간에 있는 입체에 작용하는 여러 힘들도 한 점에 작용하는 등가의 힘·짝힘계로 변환될 수 있다.

그리고 평면상에 있는 여러 힘을 하나의 힘·짝힘계로 변환할 때와 마찬가지로 작용하는 힘들의 분력을 이용하면 입체에 작용하는 여러 힘을 하나의 힘·짝힘계로 변환하는 것이 매우 편리해지는데, 이때 차이점이라고는 단지 고려해야할 분력의 성분이 더 늘어난다는 것뿐이다. 그리고 어떤 점 O에 대한 힘·짝힘계로 변환하고자 한다면, 그 점 O를 좌표계의 원점으로 정하면 된다.

입체에 작용하는 힘들의 각 축방향 분력의 합을 ΣF_x, ΣF_y, ΣF_z라고 하면, 입체에 작용하는 힘들의 합력 R의 크기는 다음과 같이 구해지고,

$$R_x = \Sigma F_x$$

$$R_y = \Sigma F_y$$

$$R_z = \Sigma F_z$$

$$R = \sqrt{R_x^2 + R_y^2 + R_z^2}$$

합력 R의 작용방향은 다음과 같이 구해진다.

$$\cos\theta_x = \frac{R_x}{R}, \qquad \therefore \theta_x = \cos^{-1}\left(\frac{R_x}{R}\right)$$

$$\cos\theta_y = \frac{R_y}{R}, \qquad \therefore \theta_y = \cos^{-1}\left(\frac{R_y}{R}\right)$$

$$\cos\theta_z = \frac{R_z}{R}, \qquad \therefore \theta_z = \cos^{-1}\left(\frac{R_z}{R}\right)$$

그리고 모멘트의 합은 평면역계일 경우에는 평면에 수직인 한 방향에 대해서만 고려하면 되었지만, 공간역계일 경우에는 좌표축과 평행한 세 방향에 대해 고려해야 한다. 이때 모멘

트는 오른손법칙에 따라 화살표로 그 방향을 나타낸다.

입체에 작용하는 힘의 분력들이 각 좌표축에 대해 일으키는 모멘트의 합을 각각 ΣM_x, ΣM_y, ΣM_z 라고 하면, 입체에 작용하는 모멘트의 합 M_O의 크기는 다음과 같이 구해지고,

$$M_{Ox} = \Sigma M_x$$

$$M_{Oy} = \Sigma M_y$$

$$M_{Oz} = \Sigma M_z$$

$$M_O = \sqrt{M_{Ox}^2 + M_{Oy}^2 + M_{Oz}^2}$$

모멘트의 합 M_R의 방향은 다음과 같이 구해진다.

$$\cos\theta_x = \frac{M_{Ox}}{M_O}, \qquad \therefore \theta_x = \cos^{-1}\left(\frac{M_{Ox}}{M_O}\right)$$

$$\cos\theta_y = \frac{M_{Oy}}{M_O}, \qquad \therefore \theta_y = \cos^{-1}\left(\frac{M_{Oy}}{M_O}\right)$$

$$\cos\theta_z = \frac{M_{Oz}}{M_O}, \qquad \therefore \theta_z = \cos^{-1}\left(\frac{M_{Oz}}{M_O}\right)$$

예제 3-33

그림과 같이 "ㄱ"자형 구조물이 벽에 수평으로 고정되어 있고, 이 구조물에 수직으로 2 kN과 3 kN이 작용할 때, 고정된 부분에 작용하는 힘과 모멘트를 구하시오.

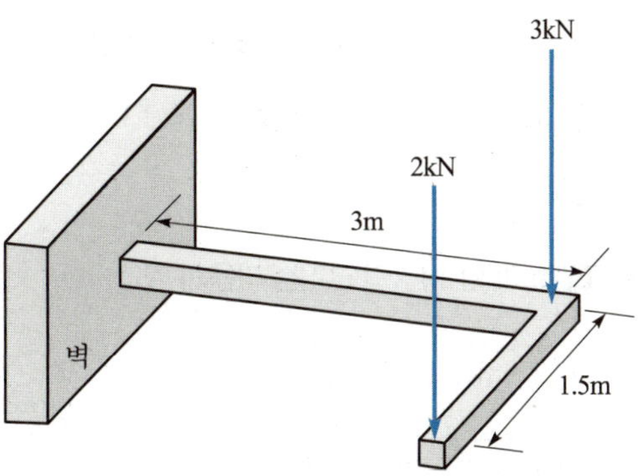

그림 3-86

풀이 1

벽에 고정된 부분에 작용하는 힘과 모멘트를 구해야 하므로 그림 3-87과 같이 좌표축을 정하기로 하자.

그러면 구조물에 작용하는 힘들의 각 축방향 분력의 합은 다음과 같이 구해진다.

$$R_x = \sum F_x = 0$$

$$R_y = \sum F_y = 0$$

$$R_z = \sum F_z = -2-3 = -5\text{ kN} = 5\text{ kN}(\downarrow)$$

따라서, 구조물에 작용하는 힘들의 합력 R의 크기는 다음과 같으며, 수직으로 작용한다.

$$R = \sqrt{R_x^2 + R_y^2 + R_z^2}$$

$$= \sqrt{0^2 + 0^2 + (-5)^2} = 5\text{ kN}$$

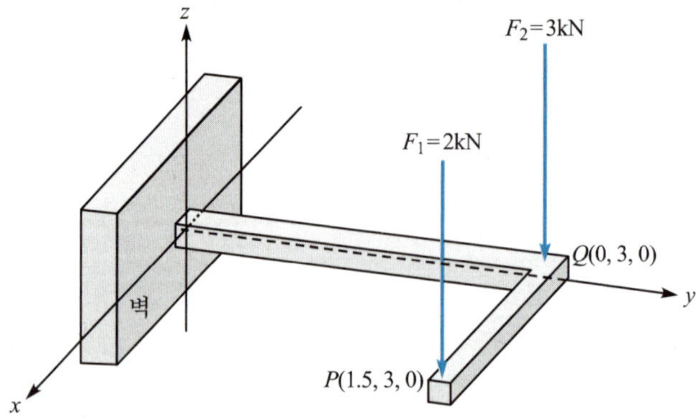

그림 3-87

구조물에 작용하는 힘들이 각 좌표축에 대해 일으키는 모멘트는 다음과 같다.

$$\circlearrowleft\!\!+ M_{Ox} = \sum M_x = -2\times3-3\times3 = -15\text{kN}\cdot\text{m} = 15\text{kN}\cdot\text{m}(\circlearrowright)$$

$$\circlearrowleft\!\!+ M_{Oy} = \sum M_y = 2\times1.5 = 3\text{kN}\cdot\text{m}(\circlearrowleft)$$

$$\circlearrowleft\!\!+ M_{Oz} = \sum M_z = 0$$

따라서, 전체 모멘트의 합 M_O의 크기는 다음과 같고,

$$M_O = \sqrt{M_{Ox}^2 + M_{Oy}^2 + M_{Oz}^2}$$

$$= \sqrt{-15^2 + 3^2 + 0^2} = 15.3\text{kN}\cdot\text{m}$$

M_O의 방향은 다음과 같다.

$$\cos\theta_x = \frac{M_{Ox}}{M_O} = \frac{-15}{15.3} = -0.980$$

$$\cos\theta_y = \frac{M_{Oy}}{M_O} = \frac{3}{15.3} = 0.196$$

$$\cos\theta_z = \frac{M_{Oz}}{M_O} = 0$$

따라서 각도를 구하면 다음과 같다.

$$\theta_x = \cos^{-1}(-0.980) = 169^\circ$$

$$\theta_y = \cos^{-1}(0.196) = 79^\circ$$

$$\theta_z = \cos^{-1}(0) = 90^\circ$$

풀이 2

그림 3-87과 같이 좌표축을 정하면, 점 $P(1.5,\ 3, 0)$에 작용하는 힘은 $\mathrm{F}_1 = -2\mathrm{k}\ (\mathrm{kN})$이고, 점 $Q(0,\ 3,\ 0)$에 작용하는 힘은 $\mathrm{F}_2 = -3\mathrm{k}\ (\mathrm{kN})$이다. 따라서, 구조물에 작용하는 힘들의 합력 R은 다음과 같고,

$$\mathrm{R} = \mathrm{F}_1 + \mathrm{F}_2 = -2\mathrm{k} - 3\mathrm{k} = -5\mathrm{k}\ (\mathrm{kN})$$

합력 R의 크기는 다음과 같다.

$$R = \sqrt{0^2 + 0^2 + (-5)^2} = 5\ (\mathrm{kN})$$

그리고 원점에서 점 $P(1.5,\ 3, 0)$ 와 $Q(0,\ 3,\ 0)$를 가리키는 벡터는 각각 다음과 같다.

$$\mathrm{r}_P = 1.5\mathrm{i} + 3\mathrm{j}$$

$$\mathrm{r}_Q = 3\mathrm{j}$$

따라서, 힘들이 원점에 대해 일으키는 모멘트 M_O는 다음과 같이 구해진다.

$$\mathrm{M}_O = \mathrm{r}_P \times \mathrm{F}_1 + \mathrm{r}_Q \times \mathrm{F}_2$$

$$= \begin{vmatrix} \mathrm{i} & \mathrm{j} & \mathrm{k} \\ 1.5 & 3 & 0 \\ 0 & 0 & -2 \end{vmatrix} + \begin{vmatrix} \mathrm{i} & \mathrm{j} & \mathrm{k} \\ 0 & 3 & 0 \\ 0 & 0 & -3 \end{vmatrix}$$

$$= \begin{vmatrix} 3 & 0 \\ 0 & -2 \end{vmatrix}\mathrm{i} - \begin{vmatrix} 1.5 & 0 \\ 0 & -2 \end{vmatrix}\mathrm{j} + \begin{vmatrix} 1.5 & 3 \\ 0 & 0 \end{vmatrix}\mathrm{k} + \begin{vmatrix} 3 & 0 \\ 0 & -3 \end{vmatrix}\mathrm{i} - \begin{vmatrix} 0 & 0 \\ 0 & -3 \end{vmatrix}\mathrm{j} + \begin{vmatrix} 0 & 3 \\ 0 & 0 \end{vmatrix}\mathrm{k}$$

$$= (-6\mathrm{i} + 3\mathrm{j}) + (-9\mathrm{i})$$

$$= -15\text{i} + 3\text{j} \ (\text{kN} \cdot \text{m})$$

모멘트 M_O의 크기를 구하면,

$$M_O = \sqrt{-15^2 + 3^2 + 0^2} = 15.3\text{kN} \cdot \text{m}$$

이며, [풀이 1]의 결과와 일치한다.

예제 3-34

힘 $F_1 = 300$ N이 점 $P_1(2,\ 4,\ -3)$에서 $Q_1(-2,\ 3,\ -4)$을 향해 작용하고, 힘 $F_2 = 500$ N이 점 $P_2(-3,\ 2,\ 7)$에서 $Q_2(3,\ 3,\ 3)$를 향해 작용하며, 힘 $F_3 = 200$ N이 점 $P_3(2,\ 1,\ 0)$에서 $Q_3(3,\ 0,\ 4)$을 향해 작용할 때, 이 힘들의 원점에 관한 합력과 모멘트의 합을 구하시오. 단, 거리의 단위는 m이다.

풀이 1

점 $P_1(2, 4, -3)$에서 $Q_1(-2, 3, -4)$을 가리키는 벡터의 각 축 방향 성분은 $(-4, -1, -1)$이고, 두 점 사이의 거리는 4.24 m이다. 따라서, 힘 $F_1 = 300$ N의 분력은 다음과 같이 구해진다.

$$F_{1x} = 300\left(-\frac{4}{4.24}\right) = -283.0 \text{ N}$$

$$F_{1y} = 300\left(-\frac{1}{4.24}\right) = -70.8 \text{ N}$$

$$F_{1z} = 300\left(-\frac{1}{4.24}\right) = -70.8 \text{ N}$$

같은 방법으로 힘 F_2와 F_3의 분력을 구하면 다음 표 3-1과 같다.

표 3-1

힘	방향의 성분			거리	분력		
	x	y	z		F_x	F_y	F_z
$F_1 = 300$ N	-4	-1	-1	4.24	-283.0	-70.8	-70.8
$F_2 = 500$ N	6	1	-4	7.28	412.1	68.7	-274.7
$F_3 = 200$ N	1	-1	4	4.24	47.2	-47.2	188.7
합계					$R_x = 176.3$	$R_y = -49.3$	$R_z = -156.8$

합력의 크기 R과 합력의 작용방향은 다음과 같이 구해진다.

$$R = \sqrt{R_x^2 + R_y^2 + R_z^2}$$
$$= \sqrt{(176.3)^2 + (-49.3)^2 + (-156.8)^2}$$
$$= 241.0\ (\mathrm{N})$$

$$\cos\theta_x = \frac{R_x}{R}$$
$$\therefore \theta_x = \cos^{-1}\left(\frac{R_x}{R}\right) = \cos^{-1}\left(\frac{176.3}{241.0}\right) = 43.0°$$

$$\cos\theta_y = \frac{R_y}{R}$$
$$\therefore \theta_y = \cos^{-1}\left(\frac{R_y}{R}\right) = \cos^{-1}\left(-\frac{49.3}{241.0}\right) = 101.8°$$

$$\cos\theta_z = \frac{R_z}{R}$$
$$\therefore \theta_z = \cos^{-1}\left(\frac{R_z}{R}\right) = \cos^{-1}\left(-\frac{156.8}{241.0}\right) = 130.6°$$

힘의 분력 중에서 축에 수직인 것만 축에 대해 모멘트를 일으킨다. 그러므로 힘들이 x, y, z축에 대해 각각 일으키는 모멘트를 구하면 다음과 같다.

$$M_x = yF_z - zF_y$$
$$M_y = zF_x - xF_z$$
$$M_z = xF_y - yF_x$$

그리고 위의 식을 행렬식을 이용하여 나타내면 다음과 같이 된다.

$$M_x = \begin{vmatrix} y & z \\ F_y & F_z \end{vmatrix}, \qquad M_y = \begin{vmatrix} z & x \\ F_z & F_x \end{vmatrix}, \qquad M_z = \begin{vmatrix} x & y \\ F_x & F_y \end{vmatrix}$$

위에서 구한 세 힘의 분력을 이용하여 주어진 힘들이 각 축에 대해 일으키는 모멘트를 계산하면 표 3-2와 같다.

표 3-2

힘	분력			거리			축에 대한 모멘트		
	F_x	F_y	F_z	x	y	z	M_x	M_y	M_z
$F_1 = 300$ N	-283.0	-70.8	-70.8	2	4	-3	-495.6	990.6	990.4
$F_2 = 500$ N	412.1	68.7	-274.7	-3	2	7	-1030.3	2060.6	-1030.3
$F_3 = 200$ N	47.2	-47.2	188.7	2	1	0	188.7	-377.4	-141.6
합 계							-1337.2	2673.8	-181.5

모멘트 합의 크기 M_O와 그 방향은 다음과 같이 구해진다.

$$M_O = \sqrt{M_{Ox}^2 + M_{Oy}^2 + M_{Oz}^2}$$
$$= \sqrt{(-1337.2)^2 + (2673.8)^2 + (-181.5)^2}$$
$$= 2995.0\ (\text{N} \cdot \text{m})$$

$$\cos\theta_x = \frac{M_{Ox}}{M_O}$$

$$\therefore \theta_x = \cos^{-1}\left(\frac{M_{Ox}}{M_O}\right) = \cos^{-1}\left(-\frac{1337.2}{2995.0}\right) = 116.5°$$

$$\cos\theta_y = \frac{M_{Oy}}{M_O}$$

$$\therefore \theta_y = \cos^{-1}\left(\frac{M_{Oy}}{M_O}\right) = \cos^{-1}\left(\frac{2673.8}{2995.0}\right) = 26.8°$$

$$\cos\theta_z = \frac{M_{Oz}}{M_O}$$

$$\therefore \theta_z = \cos^{-1}\left(\frac{M_{Oz}}{M_O}\right) = \cos^{-1}\left(-\frac{181.5}{2995.0}\right) = 93.5°$$

풀이 2

점 $P_1(2,\ 4,\ -3)$에서 $Q_1(-2,\ 3,\ -4)$을 향하는 벡터 U_1은 다음과 같고,

$$\mathrm{U}_1 = (-2\mathrm{i} + 3\mathrm{j} - 4\mathrm{k}) - (2\mathrm{i} + 4\mathrm{j} - 3\mathrm{k}) = -4\mathrm{i} - \mathrm{j} - \mathrm{k}$$

U_1과 방향이 같은 단위벡터 u_1은 다음과 같이 구해진다.

$$\mathrm{u}_1 = \frac{1}{U_1}\mathrm{U}_1$$
$$= \frac{1}{\sqrt{(-4)^2 + (-1)^2 + (-1)^2}}(-4\mathrm{i} - \mathrm{j} - \mathrm{k})$$
$$= -\frac{4}{3\sqrt{2}}\mathrm{i} - \frac{1}{3\sqrt{2}}\mathrm{j} - \frac{1}{3\sqrt{2}}\mathrm{k}$$

같은 방법으로 점 $P_2(-3,\ 2,\ 7)$에서 $Q_2(3,\ 3,\ 3)$를 향하는 단위벡터 u_2와 점 $P_3(2,\ 1,\ 0)$에서 $Q_3(3,\ 0,\ 4)$을 향하는 단위벡터 u_3을 구하면 각각 다음과 같다.

$$\mathrm{U}_2 = (3\mathrm{i} + 3\mathrm{j} + 3\mathrm{k}) - (-3\mathrm{i} + 2\mathrm{j} + 7\mathrm{k}) = 6\mathrm{i} + \mathrm{j} - 4\mathrm{k}$$

$$u_2 = \frac{1}{U_2}U_2 = \frac{1}{\sqrt{(6)^2+(1)^2+(-4)^2}}(6i+j-4k) = \frac{6}{\sqrt{53}}i + \frac{1}{\sqrt{53}}j - \frac{4}{\sqrt{53}}k$$

$$U_3 = (3i+4k)-(2i+j) = i-j+4k$$

$$u_3 = \frac{1}{U_3}U_3 = \frac{1}{\sqrt{(1)^2+(-1)^2+(4)^2}}(i-j+4k) = \frac{1}{3\sqrt{2}}i - \frac{1}{3\sqrt{2}}j + \frac{4}{3\sqrt{2}}k$$

따라서, 힘 F_1, F_2, F_3는 다음과 같고,

$$F_1 = 300u_1 = 300\left(-\frac{4}{3\sqrt{2}}i - \frac{1}{3\sqrt{2}}j - \frac{1}{3\sqrt{2}}k\right) = -282.8i - 70.7j - 70.7k$$

$$F_2 = 500u_2 = 500\left(\frac{6}{\sqrt{53}}i + \frac{1}{\sqrt{53}}j - \frac{4}{\sqrt{53}}k\right) = 412.1i + 68.7j - 274.7k$$

$$F_3 = 200u_3 = 200\left(\frac{1}{3\sqrt{2}}i - \frac{1}{3\sqrt{2}}j + \frac{4}{3\sqrt{2}}k\right) = 47.1i - 47.1j + 188.6k$$

합력 R은 다음과 같이 구해진다.

$$R = F_1 + F_2 + F_3 = (-282.8i - 70.7j - 70.7k) + (47.1i - 47.1j + 188.6k) + (412.1i + 68.7j - 274.7k)$$

$= 176.4\mathrm{i} - 49.1\mathrm{j} - 156.8\mathrm{k}\ (\mathrm{N})$

원점으로부터 힘 F_1의 작용점 $P_1(2,\ 4,\ -3)$을 가리키는 벡터 r_1은

$$\mathrm{r}_1 = 2\mathrm{i} + 4\mathrm{j} - 3\mathrm{k}$$

이므로 힘 F_1이 원점에 대해 일으키는 모멘트 M_1은 다음과 같이 구해진다.

$$\mathrm{M}_1 = \mathrm{r}_1 \times \mathrm{F}_1$$

$$= \begin{vmatrix} \mathrm{i} & \mathrm{j} & \mathrm{k} \\ 2 & 4 & -3 \\ -282.8 & -70.7 & -70.7 \end{vmatrix}$$

$$= \begin{vmatrix} 4 & -3 \\ -70.7 & -70.7 \end{vmatrix}\mathrm{i} - \begin{vmatrix} 2 & -3 \\ -282.8 & -70.7 \end{vmatrix}\mathrm{j} + \begin{vmatrix} 2 & 4 \\ -282.8 & -70.7 \end{vmatrix}\mathrm{k}$$

$$= -494.9\mathrm{i} + 989.8\mathrm{j} + 989.8\mathrm{k}\ (\mathrm{N \cdot m})$$

같은 방법으로 힘 F_2와 F_3이 원점에 대해 일으키는 모멘트 M_2와 M_3를 각각 구하면 다음과 같다.

$$\mathrm{r}_2 = -3\mathrm{i} + 2\mathrm{j} + 7\mathrm{k}$$

$$\mathrm{M}_2 = \mathrm{r}_2 \times \mathrm{F}_2$$

$$= \begin{vmatrix} \mathrm{i} & \mathrm{j} & \mathrm{k} \\ -3 & 2 & 7 \\ 412.1 & 68.7 & -274.7 \end{vmatrix}$$

$$= \begin{vmatrix} 2 & 7 \\ 68.7 & -274.7 \end{vmatrix}\mathrm{i} - \begin{vmatrix} -3 & 7 \\ 412.1 & -274.7 \end{vmatrix}\mathrm{j} + \begin{vmatrix} -3 & 2 \\ 412.1 & 68.7 \end{vmatrix}\mathrm{k}$$

$$= -1030.3\mathrm{i} + 2060.6\mathrm{j} - 1030.3\mathrm{k}\ (\mathrm{N \cdot m})$$

$$\mathrm{r}_3 = 2\mathrm{i} + \mathrm{j}$$

$$\mathrm{M}_3 = \mathrm{r}_3 \times \mathrm{F}_3$$

$$= \begin{vmatrix} \mathrm{i} & \mathrm{j} & \mathrm{k} \\ 2 & 1 & 0 \\ 47.1 & -47.1 & 188.6 \end{vmatrix}$$

$$= \begin{vmatrix} 1 & 0 \\ -47.1 & 188.6 \end{vmatrix}\mathrm{i} - \begin{vmatrix} 2 & 0 \\ 47.1 & 188.6 \end{vmatrix}\mathrm{j} + \begin{vmatrix} 2 & 1 \\ 47.1 & -47.1 \end{vmatrix}\mathrm{k}$$

$$= 188.6\mathrm{i} - 377.2\mathrm{j} - 141.3\mathrm{k}\ (\mathrm{N \cdot m})$$

따라서, 힘 F_1, F_2, F_3이 원점에 대해 일으키는 모멘트의 합 M_O는 다음과 같다.

$$
\begin{aligned}
M_O &= M_1 + M_2 + M_3 \\
&= (-494.9i + 989.8j + 989.8k) \\
&\qquad + (-1030.3i + 2060.6j - 1030.3k) \\
&\qquad + (188.6i - 377.2j - 141.3k) \\
&= -1336.6i + 2673.2j - 181.8k \ (\mathrm{N \cdot m})
\end{aligned}
$$

CHAPTER 3

연습문제

3.1 그림과 같이 벽에 고정된 부재에 중량이 W = 245N (= 25kg중) 인 물체가 매달려 있다. 부재가 고정되어 있는 벽에 가해지는 모멘트를 구하시오.

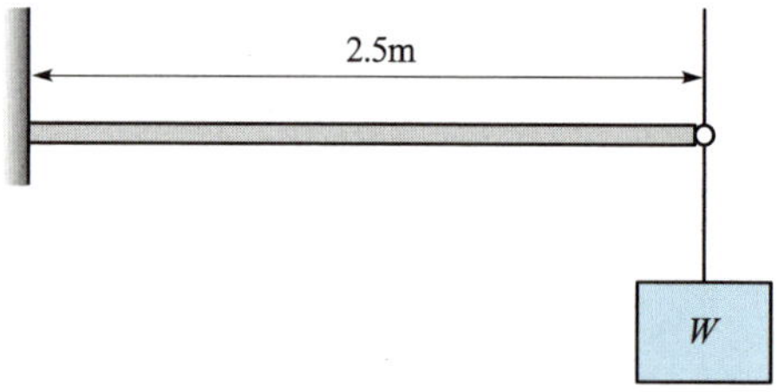

그림 3-88

3.2 그림과 같은 옹벽[8]의 바닥면에 흙과 옹벽의 무게에 의한 힘 328kN 이 작용한다. 이 힘이 점 O에 대해 일으키는 모멘트를 구하시오.

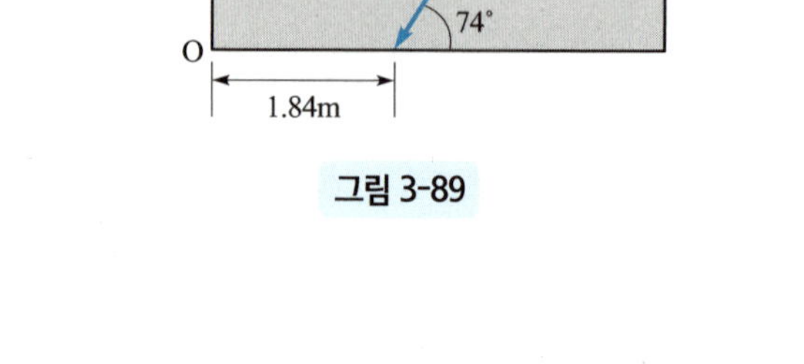

그림 3-89

8) 옹벽(retaining wall)은 토압에 저항하여 토사(土砂)의 붕괴를 방지하기 위해 설치되는 구조물을 말한다.

3.3 그림과 같이 힘 500N이 작용하고 있다. 벽에 고정된 단면에 작용하는 모멘트를 구하시오.

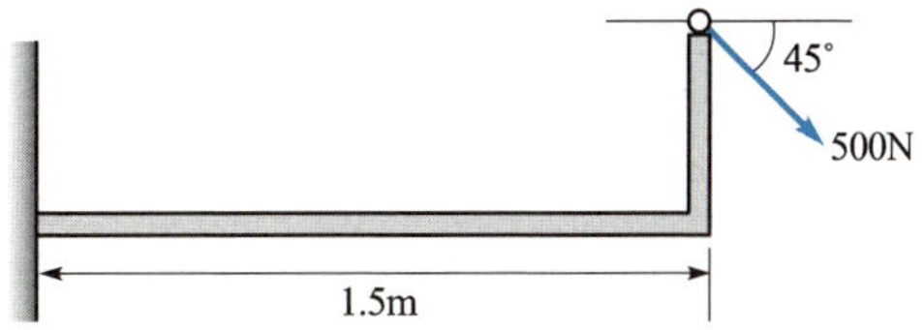

그림 3-90

3.4 그림과 같이 볼트를 조이기 위해 100N을 가할 때, 볼트에 가해지는 모멘트를 구하시오.

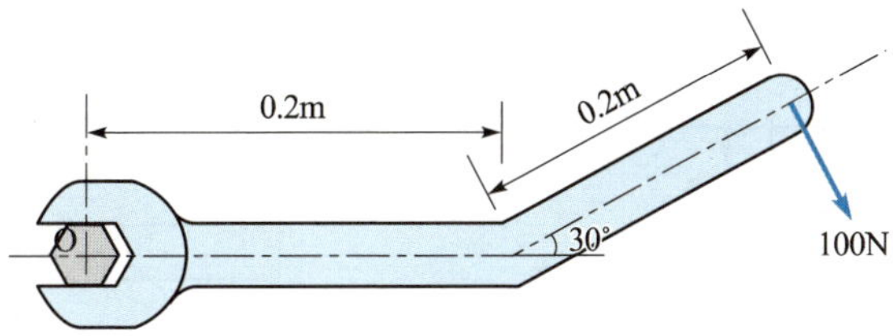

그림 3-91

3.5 그림 3-92와 같이 A에 작용하는 $F = 60\text{kN}$의 힘에 의한 B점에서의 모멘트를 아래 방법으로 구하시오.

(a) 기하학적 조건을 이용하여 구하는 방법

(b) 강체의 원리를 이용하여 구하는 방법

(c) Varignon 정리를 이용하여 구하는 방법

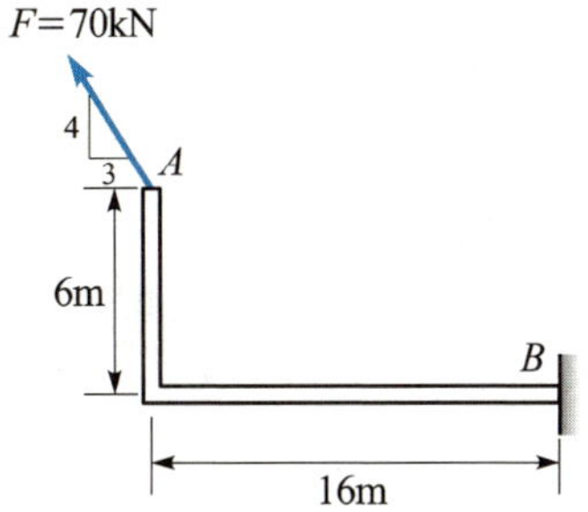

그림 3-92

3.6 점 $Q(7,\ 9,\ 5)$에 작용하는 힘 $\mathrm{F} = 2\mathrm{i} + 2\mathrm{j} + 3\mathrm{k}\ (\mathrm{N})$이 점 $P(2,\ 1,\ 2)$에 대해 일으키는 모멘트를 구하시오. 단, 거리의 단위는 m이다.

3.7 점 $Q(7,\ 9,\ 5)$에 작용하는 힘 $\mathrm{F}_1 = \mathrm{i} - \mathrm{j} + 3\mathrm{k}\ (\mathrm{N})$, $\mathrm{F}_2 = \mathrm{i} + 3\mathrm{j} - \mathrm{k}\ (\mathrm{N})$, $\mathrm{F}_3 = \mathrm{i} + j + k\ (N)$이 점 $P(1,\ 1,\ 1)$에 대해 일으키는 모멘트를 구하시오. 단, 거리의 단위는 m이다.

3.8 두 물체에 그림과 같이 힘이 작용하고 있을 때, 점 A와 B에 작용하는 모멘트를 각각 구하고, 그 결과를 비교하시오. 단, $\mathrm{F} = 10\mathrm{kN}$이다.

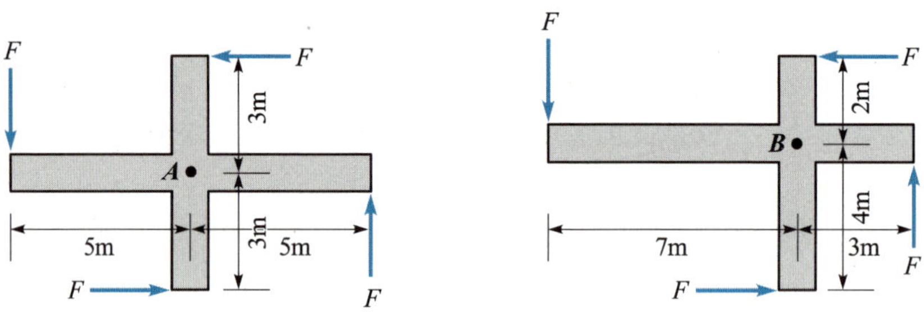

그림 3-93

3.9 그림과 같이 바퀴에 2개의 짝힘이 작용할 때, 점 A에 작용하는 모멘트를 구하시오.

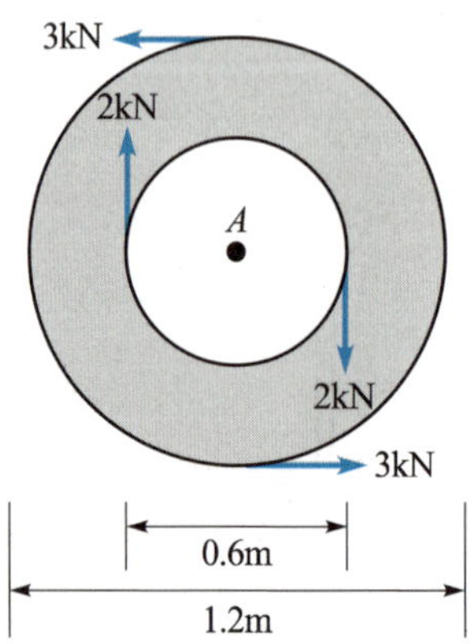

그림 3-94

3.10 그림과 같이 사각형 평판에 세 짝힘이 작용하고 있다. 평판이 받는 모멘트를 구하시오.

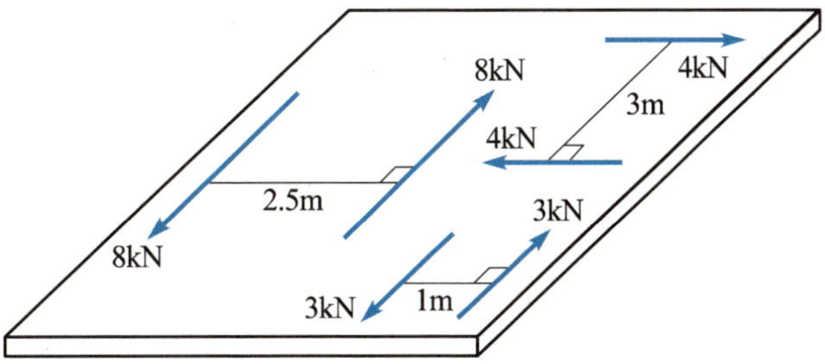

그림 3-95

3.11 그림 3-96과 같이 3개의 짝힘이 직사각형에 작용하고 있다. 3개의 짝힘에 의한 합 모멘트값을 구하고 이 짝힘에 대체할 수 있도록 모서리 B와 D점에 작용하는 등가 짝힘을 구하시오.

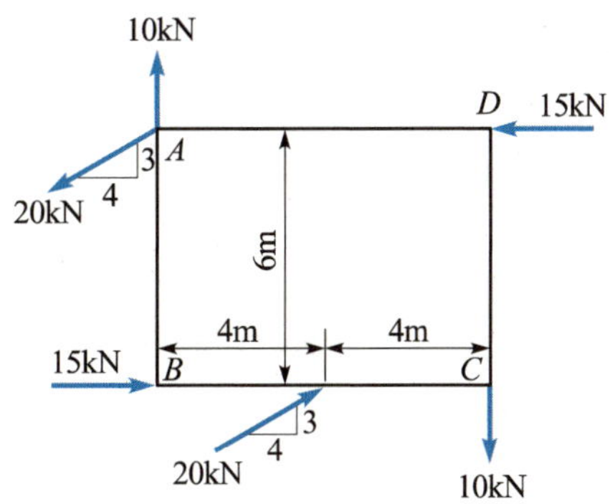

그림 3-96

3.12 그림과 같이 좌표평면에 접하도록 놓여 있는 직육면체의 두 면에 짝힘이 각각 작용하고 있을 때, 직육면체가 받는 전체 모멘트를 구하시오.

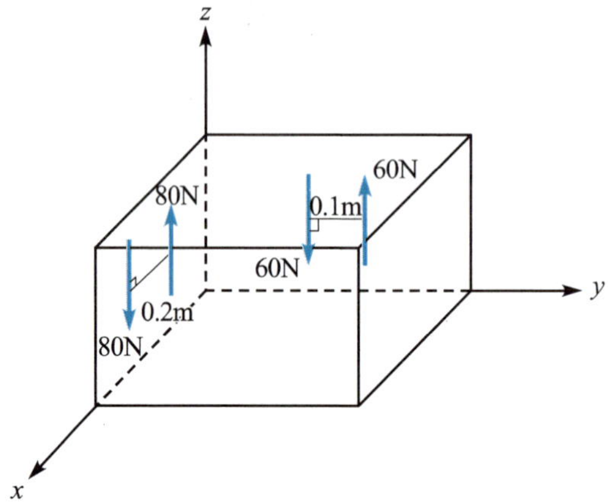

그림 3-97

3.13 그림과 같이 벽에 고정된 구조물에 수직으로 2kN이 작용할 때, 벽 A점에 가해지는 힘과 모멘트를 구하시오.

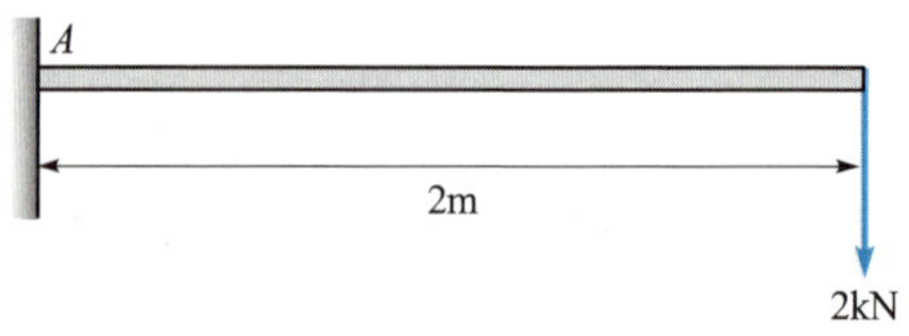

그림 3-98

3.14 벽에 고정된 구조물에 그림과 같이 힘이 작용할 때, 벽 A점에 가해지는 힘과 모멘트를 구하시오.

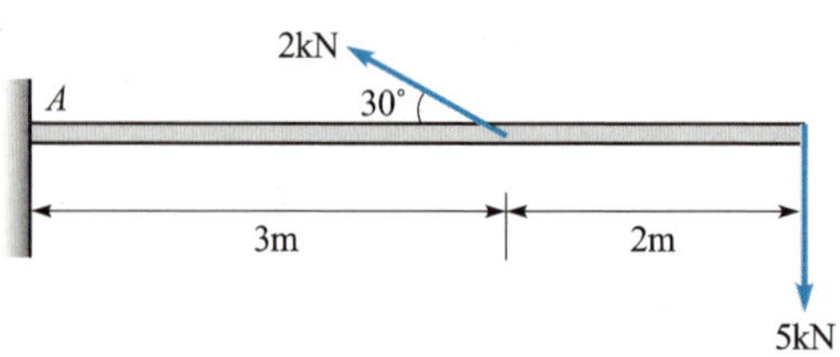

그림 3-99

3.15 그림 3-100과 같이 댐에 작용하는 3개의 힘의 O점에 대한 모멘트 값을 구하고 바닥면 OA 선에서 만나는 합력의 위치를 구하시오.

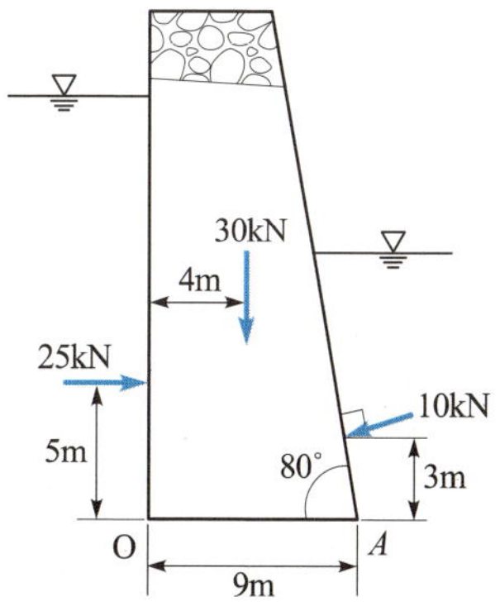

그림 3-100

3.16 그림과 같이 "ㄱ"자형 구조물이 벽에 수평으로 고정되어 있다. 이 구조물의 끝에 수직으로 5kN이 작용할 때, 고정된 부분에 작용하는 힘과 모멘트를 구하시오.

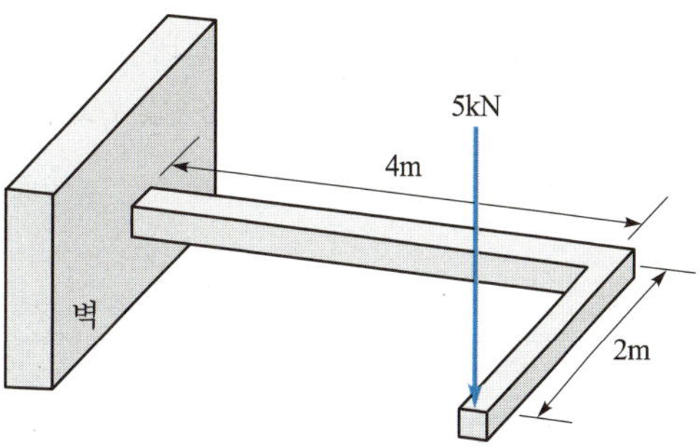

그림 3-101

3.17 그림과 같은 평판기초에 10개의 기둥하중이 작용하고 있다. 이 힘들의 합력과 작용위치를 구하시오.

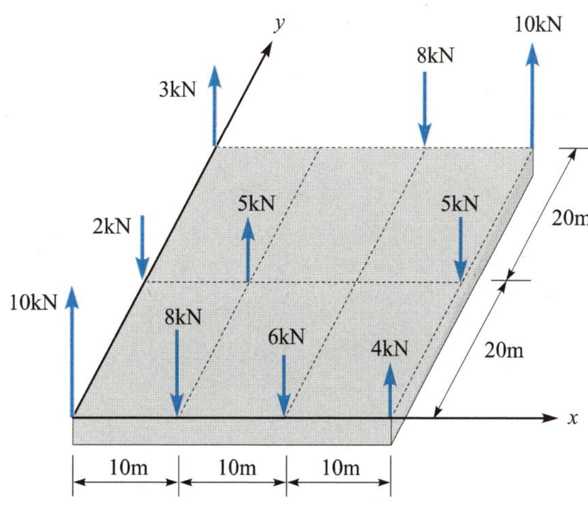

그림 3-102

CHAPTER 4

한 점에 작용하는 힘의 평형

CHAPTER 4

한 점에 작용하는 힘의 평형

4.1 평형상태

4.1.1 평형상태의 정의

어떤 물체에 작용하는 외력의 합이 0이면 물체가 평형상태에 있으며 역계 또한 평형상태에 있다고 말하며, 그 물체는 정지 상태에 있거나 등속도 운동을 하고 있는 상태로 물체의 운동 상태에는 변화가 없게 된다.

정역학에서는 물체가 정지되어 있는 상태일 때 그 물체에 작용하는 힘들의 관계를 다루므로, 이 책에서 평형이라고 하면 물체는 정지되어 있다는 것을 의미한다.

평형상태를 2가지 경우로 나누어 살펴보면, 먼저 한 점에 작용하는 역계일 경우에는 모멘트를 고려하지 않아도 되므로 역계를 이루고 있는 모든 힘들의 합력이 0($\sum F = 0$)이면 평형상태라 말하며, 이때 작용하는 모든 힘들의 벡터 합을 구하여 보면 그림 4-1과 같이 폐합된 다각형을 이루어 시작점과 끝점이 일치하게 된다.

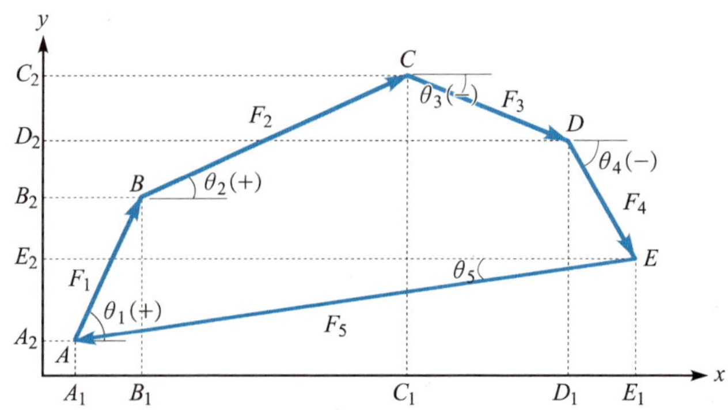

그림 4-1

한 점에 작용하지 않는 역계일 경우에는 모멘트까지 고려해야 하므로 역계를 이루고 있는 모든 힘들의 합력($\Sigma F = 0$)뿐만 아니라 그 힘들에 의한 모멘트의 합도 0이어야($\Sigma M = 0$) 평형상태라 말한다.

이러한 점을 고려하면, 한 점에 작용하는 역계는 한 점에 작용하지 않는 역계의 특별한 경우에 해당된다고 볼 수 있으므로 역계의 평형에 대해 다음과 같이 말할 수 있다.

[역계의 평형]

역계를 이루고 있는 힘들이 평형을 이룬다고 하는 것은 역계를 이룬 모든 힘들의 합력과 그 힘들에 의한 모멘트가 0인 경우를 말한다. 그리고 어떤 물체에 작용하는 힘들이 평형을 이룰 경우에 그 물체는 평형상태(平衡狀態)에 있다고 한다.

4.1.2 자유물체도

어떤 역계가 평형상태일 때 성립하는 조건식을 평형방정식이라고 하는데, 평형상태에 놓여 있는 물체에 작용하는 미지(未知)[1]의 힘은 이러한 평형방정식을 이용하여 구할 수 있다.

실제 물체는 인접한 물체와의 상호작용 상태에 놓여 있는 경우가 대부분이며, 물체에 작용하는 힘들은 기지(旣知)[2]인 것도 있고, 미지(未知)인 것도 있다. 실제 문제에서 물체에 작용하는 미지의 작용력을 구하려고 하면 먼저 자유물체도를 그려서 물체에 작용하고 있는 모든 힘들을 파악한 뒤 평형방정식을 이용하여 미지인 힘을 구하게 된다.

[자유물체도(自由物體圖, free body diagram)]

자유물체도는 고려하고자 하는 물체의 전부 또는 일부분을 주변 물체로부터 분리시킨 후에 분리된 부분에 작용하는 모든 힘을 나타낸 그림을 말한다.

자유물체도에는 작용하는 모든 힘을 표시해야 하며, 표시할 힘이 기지(旣知)값일 경우에는 그 크기와 방향을 표시하면 되고, 미지(未知)값일 경우에는 그 크기는 문자로 나타내고 방향은 임의로 가정하여 화살표로 표시하면 된다. 이때 가정한 미지 값의 방향은 평형방정식을 풀어서 구한 결과 그 값이 양(+)이면 가정한 방향이 맞다는 것이고, 음(−)이면 가정한 반대 방향이 맞다는 것을 의미한다.

---

1) 아직 알지 못함.
2) 이미 알고 있음.

자유물체도를 그리는 방법을 요약하면 다음과 같다.

[자유물체도를 그리는 방법]

(1) 고려하고자 하는 물체를 주변 물체로부터 분리시켜서 그 형태를 그린다.
(2) 고립된 부분에 작용하는 모든 힘과 반력(反力) 및 물체의 치수를 표시한다.
  ① 기지(旣知)의 값들은 그 크기와 방향을 있는 그대로 표시한다.
  ② 미지(未知)의 값들은 그 크기는 문자로 표기하고, 방향은 임의로 가정한다.
  ③ 미지 값의 방향은 평형방정식을 풀어서 구한 결과 값이 양(+)이면 가정한 방향이 맞고, 음(−)이면 가정한 방향의 반대방향이 맞다는 의미이다.

4.2 평면역계의 경우

4.2.1 한 점에 작용하는 평면역계의 평형방정식

평면역계의 한 점에 작용하는 각 힘의 x축 방향 분력의 합을 ΣF_x, y축 방향 분력의 합을 ΣF_y라고 하면, 역계를 이루고 있는 모든 힘의 합력 R은 다음과 같으며

$$R_x = \Sigma F_x$$

$$R_y = \Sigma F_y$$

$$R = \sqrt{R_x^2 + R_y^2}$$

역계가 평형을 이루고 정지해 있기 위해서는 합력 R이 0이어야 한다.

$$R = \sqrt{R_x^2 + R_y^2} = \sqrt{(\Sigma F_x)^2 + (\Sigma F_y)^2} = 0$$

또한 위의 식이 성립하려면, $\Sigma F_x = 0$, $\Sigma F_y = 0$이 동시에 성립해야만 하므로 이 두 식은 역계가 평형을 이루기 위한 필요충분조건이 된다.

[한 점에 작용하는 평면역계의 평형방정식]

2차원 평면에서 한 점에 작용하는 역계가 평형상태에 있기 위해서는

$$\Sigma F_x = 0, \qquad \Sigma F_y = 0$$

이 동시에 성립해야 하며, 여기서 ΣF_x, ΣF_y는 역계를 이루고 있는 각 힘의 각 축 방향 분력의 합이다.

예제 4-1

산에서 벌목한 통나무를 운반하기 위하여 그림과 같은 삭도(索道, cableway)를 설치하였다. 매달린 통나무의 중량이 122.3kg중(≒ 1200N)일 때, 줄에 작용하는 힘을 구하시오. 단, 중력가속도 $g = 9.81\text{m/sec}^2$이고, 통나무는 정지되어 있는 상태이다.

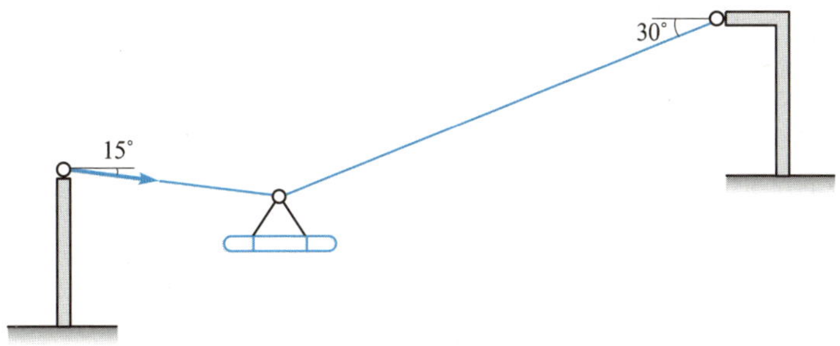

그림 4-2

풀이

통나무가 매달려 있는 점에 대한 자유물체도는 그림 4-3과 같은데, 평면역계이고 모든 힘이 한 점에 작용하는 경우이며, 정지되어 있는 상태이다.

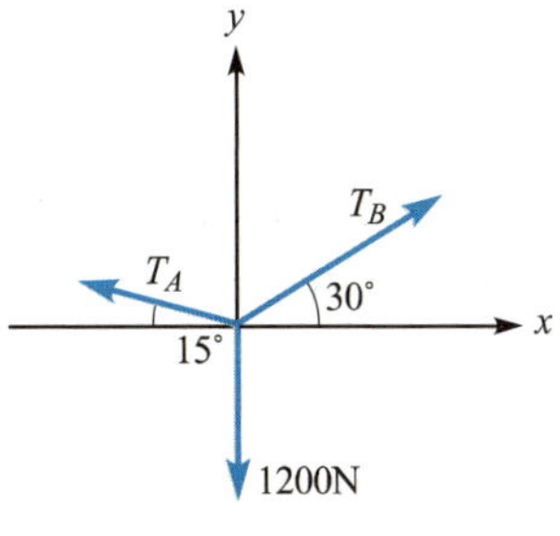

그림 4-3

평형 상태를 이루고 있으므로, 역계를 이루고 있는 힘의 수평분력의 합과 수직분력의 합은 0이 되어야 한다. 즉,

$$\Sigma F_x = -T_A \cos 15° + T_B \cos 30° = 0$$

$$\Sigma F_y = T_A \sin 15° + T_B \sin 30° - 1200 = 0$$

이 성립해야 하며, 이를 이용하여 연립방정식을 풀면, 줄에 작용하는 인장력은 다음과 같다.

$T_A = 1470\text{N}$ (인장)

$T_B = 1639\text{N}$ (인장)

예제 4-2

다음 그림과 같이 한 점에 하중이 작용하는 역계가 평형 상태에 있을 때, 하중 P_4와 각도 θ를 구하시오.

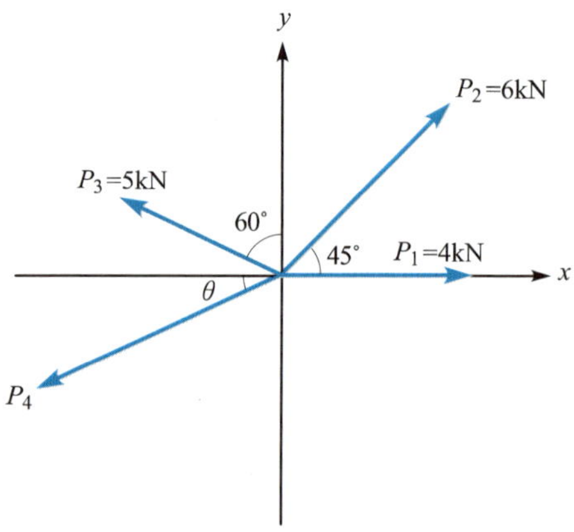

그림 4-4

풀이 1

모든 힘이 한 점에 작용하는 평면역계로 정지되어 있는 상태이므로, 역계를 이루고 있는 힘의 수평분력의 합과 수직분력의 합은 0이 되어야 한다.

$$\Sigma F_x = 4 + 6\cos 45° - 5\sin 60° - P_4 \cos\theta = 0$$

$$\Sigma F_y = 6\sin 45° + 5\cos 60° - P_4 \sin\theta = 0$$

이 연립방정식을 풀면, 줄에 작용하는 인장력이 다음과 같이 구해진다.

$$P_4 \cos\theta = 4 + 6\cos 45° - 5\sin 60°$$

$$P_4 = \frac{4 + 6\cos 45° - 5\sin 60°}{\cos\theta}$$

P_4하중을 ΣF_y 식에 대입하면

$$6\sin 45° + 5\cos 60° - \frac{4 + 6\cos 45° - 5\sin 60°}{\cos\theta} sin\theta = 0$$

$\because \tan\theta = \dfrac{\sin\theta}{\cos\theta}$이고 각 값을 계산하여 대입하면

$$6.7426 - 3.9125\tan\theta = 0$$

$$\tan\theta = \frac{6.7426}{3.9125} = 1.7233$$

$$\theta = \tan^{-1}(1.7233) = 59.87°$$

위에서 구한 $\theta = 59.87°$ 을 P_4 식에 대입하면

$$P_4 = \frac{4 + 6\cos 45° - 5\sin 60°}{\cos\theta}$$

$$= \frac{4 + 6\cos 45° - 5\sin 60°}{\cos(59.87°)}$$

$$= 7.796 \text{ kN}(\swarrow)$$

풀이 2

모든 힘이 한 점에 작용하는 2차원 평면역계가 평형상태에 있기 위해서는 $\Sigma F_x = 0$, $\Sigma F_y = 0$ 라는 2개의 평형방정식을 만족해야 하므로, 미지수 2개까지 풀 수 있다. 하중 P_4와 각도 θ를 직접 구하는 대신 먼저 하중 P_4의 x축 방향 분력을 P_{4x}, y축 방향 분력을 P_{4y}라고 하고 풀면

$$\Sigma F_x = 4 + 6\cos 45° - 5\sin 60° - P_{4x} = 0$$
$$\Sigma F_y = 6\sin 45° + 5\cos 60° - P_{4y} = 0$$

$\Sigma F_x = 0$으로부터 $P_{4x} = 4 + 6\cos 45° - 5\sin 60° = 3.9125\text{kN}(\leftarrow)$

$\Sigma F_y = 0$으로부터 $P_{4y} = 6\sin 45° + 5\cos 60° = 6.7426\text{kN}(\downarrow)$

$$\therefore P_4 = \sqrt{P_{4x}^2 + P_{4y}^2} = \sqrt{(3.9125)^2 + (6.7426)^2} = 7.796 \text{ kN}(\swarrow)$$

$$\tan\theta = \frac{P_{4y}}{P_{4x}} = \frac{P_4\sin\theta}{P_4\cos\theta} = \frac{6.7426}{3.9125} = 1.7233$$

$$\theta = \tan^{-1}(1.7233) = 59.87°$$

예제 4-3

그림과 같이 두 줄에 중량이 $W=100\text{N}$ 인 물체가 매달려 있을 때, 줄에 작용하는 인장력 T_A, T_B를 구하시오.

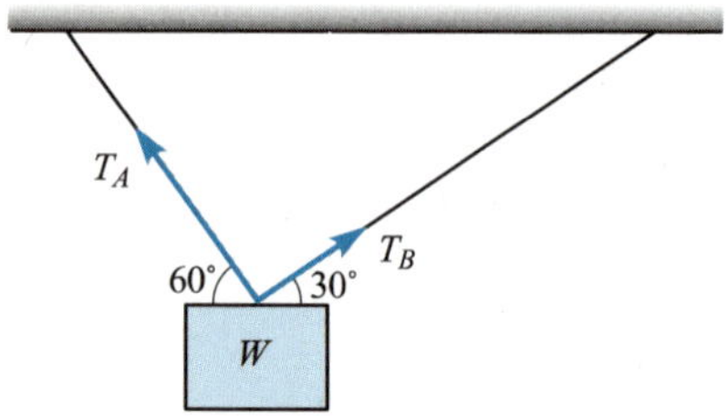

그림 4-5

풀이

그림 4-5의 자유물체도를 그리면 그림 4-6과 같으며, 이 역계는 모든 힘이 한 점에 작용하는 평면역계로 정지상태에 있으므로, 역계를 이루고 있는 모든 힘의 수평분력의 합과 수직분력의 합은 0이 되어야 한다.

$$\sum F_x = -T_A\cos 60° + T_B\cos 30° = 0$$

$$\sum F_y = T_A\sin 60° + T_B\sin 30° - 100 = 0$$

이 연립방정식을 풀면 인장력은 다음과 같다.

$$T_A = 86.6\text{N}\ (\nwarrow 60°)$$

$$T_B = 50\text{N}\ (\nearrow 30°)$$

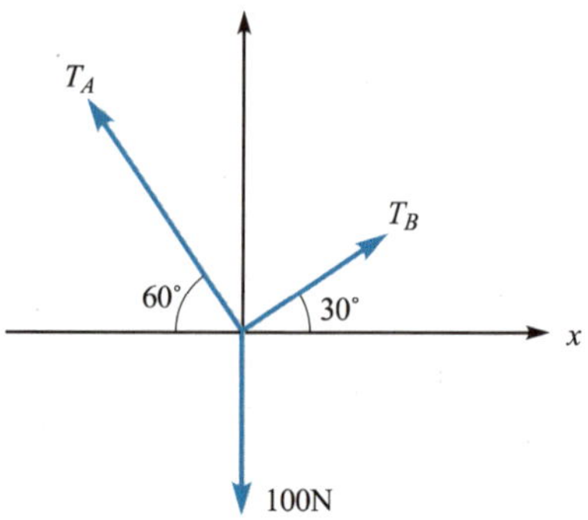

그림 4-6

4.2.2 라미의 정리 (Lami's theorem)

동일 평면에 작용하는 세 힘이 평형 상태에 있다면, 그 힘들은 한 점에 작용하는 역계로 폐합 삼각형을 이루어 sine 법칙이 성립하게 된다. 또한, 평형 상태에 있는 세 힘들은 같은 평면 내에 존재하며, 한 점에 작용하여야 한다.

그림 4-7과 같이 평면역계의 한 점에 작용하는 3개의 힘이 평형을 이루고 있을 때, 각각의 힘은 마주 보는 각(다른 두 힘의 사이각)의 sine 값에 비례하며 이를 라미의 정리라고 한다.

그림 4-7에 나타낸 각 힘의 관계식을 정리하면 다음과 같다.

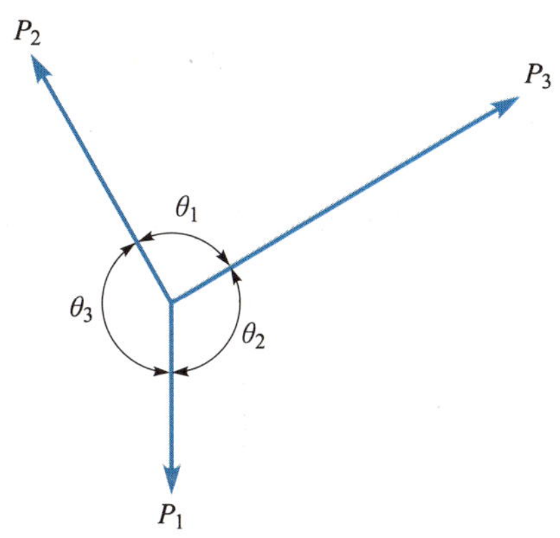

그림 4-7

$$\frac{P_1}{\sin\theta_1} = \frac{P_2}{\sin\theta_2} = \frac{P_3}{\sin\theta_3}$$

평면역계의 한 점에 작용하는 3개의 힘이 평형을 이루고 있을 때, 이 관계식을 이용하면 각 힘을 손쉽게 구할 수 있다.

예제 4-4

그림과 같이 천장에 매달린 두 줄에 하중이 100kN 작용할 때, 줄에 작용하는 인장력 P_1, P_2를 구하시오.

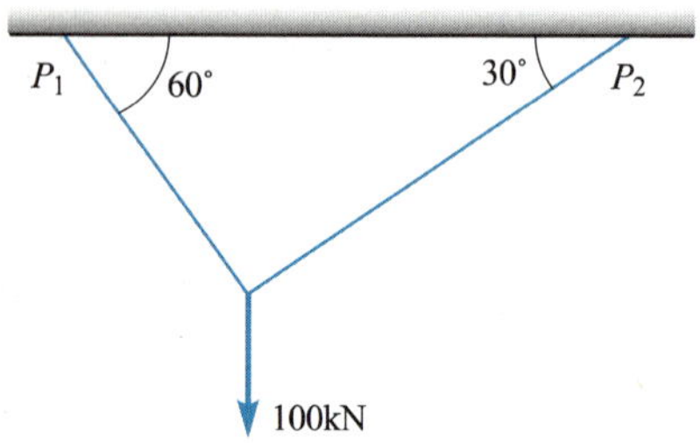

그림 4-8

풀이

그림 4-8의 각도를 구하여 자유물체도를 나타내면 그림 4-9와 같으며, 여기에 라미의 정리를 적용하면 다음과 같다.

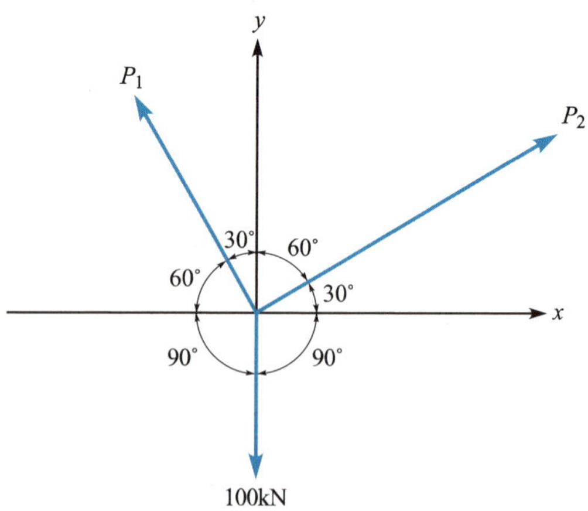

그림 4-9

$$\frac{100}{\sin 90°} = \frac{P_1}{\sin 120°} = \frac{P_2}{\sin 150°}$$

앞의 두 항에 대하여 P_1을 구하면 아래와 같다.

$$\frac{100}{\sin 90°} = \frac{P_1}{\sin 120°}$$

$$P_1 = \frac{100}{\sin 90°} \times \sin 120° = 86.60 \text{ kN } (\nwarrow)$$

다시 라미의 식에서 P_2를 구하면 다음과 같다.

$$\frac{100}{\sin 90^\circ} = \frac{P_2}{\sin 150^\circ}$$

$$P_2 = \frac{100}{\sin 90^\circ} \times \sin 150^\circ = 50 \text{ kN } (\nearrow)$$

예제 4-5

그림 4-10과 같이 벽면에 매달린 두 개의 막대에 하중이 100kN 작용할 때, 막대에 작용하는 힘 P_1, P_2를 구하시오.

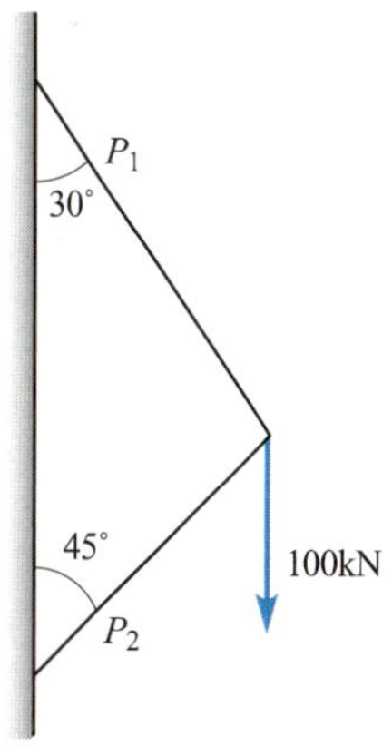

그림 4-10

풀이

막대에 작용하는 하중을 분석해보면 P_2에는 압축력이 작용하므로 반대방향으로 하중을 작용시켜 인장력으로 나타내어 그림 4-11의 자유물체도를 그린다.

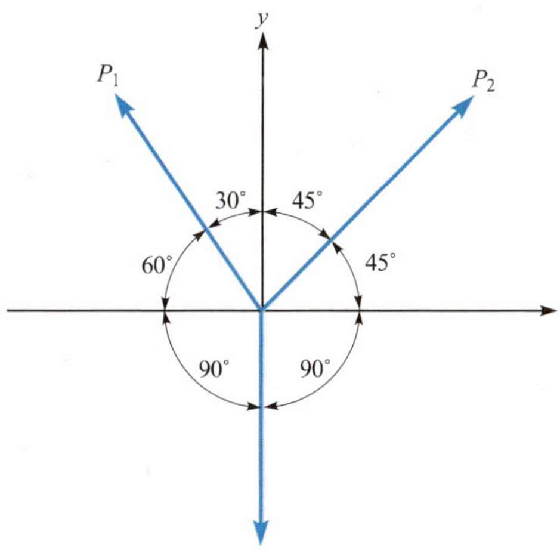

그림 4-11

라미의 정리를 적용하여 정리하면 다음과 같다.

$$\frac{100}{\sin 75^\circ} = \frac{P_1}{\sin 135^\circ} = \frac{P_2}{\sin 150^\circ}$$

앞의 두 항에 대하여 P_1을 구하면 다음과 같다.

$$\frac{100}{\sin75^\circ} = \frac{P_1}{\sin135^\circ}$$

$$P_1 = \frac{100}{\sin75^\circ} \times \sin135^\circ = 73.21\ \text{kN}\ (\nwarrow)$$

다시 라미의 식에서 P_2를 구하면 다음과 같다.

$$\frac{100}{\sin75^\circ} = \frac{P_2}{\sin150^\circ}$$

$$P_2 = \frac{100}{\sin75^\circ} \times \sin150^\circ = 51.76\ \text{kN}\ (\nearrow)$$

여기서 P_1은 인장력이고, P_2는 압축력이므로 (−)이다.

$$P_1 = 73.21\ \text{kN},\ P_2 = -51.76\ \text{kN}$$

예제 4-6

그림 4-12와 같이 두 개의 막대를 이용하여 하중 50kN을 지탱하려고 할 때, 막대에 작용하는 힘 P_1, P_2를 구하시오.

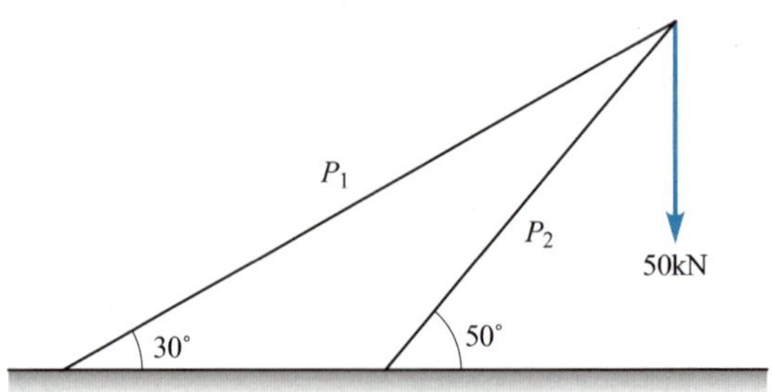

그림 4-12

풀이

막대에 작용하는 하중을 분석해보면 P_2에는 압축력이 작용하므로 반대방향으로 하중을 작용시켜 인장력으로 나타내어 그림 4-13의 자유물체도를 그린다.

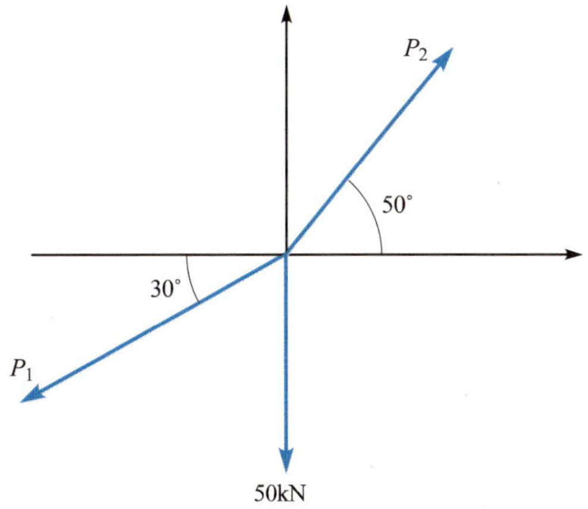

그림 4-13

라미의 정리를 적용하여 정리하면 다음과 같다.

$$\frac{50}{\sin 160^\circ} = \frac{P_1}{\sin 140^\circ} = \frac{P_2}{\sin 60^\circ}$$

앞의 두 항에 대하여 P_1을 구하면 다음과 같다.

$$\frac{50}{\sin 160^\circ} = \frac{P_1}{\sin 140^\circ}$$

$$P_1 = \frac{50}{\sin 160^\circ} \times \sin 140^\circ = 93.97 \text{ kN} (\swarrow)$$

다시 라미의 식에서 P_2를 구하면 아래와 같다.

$$\frac{50}{\sin 160^\circ} = \frac{P_2}{\sin 60^\circ}$$

$$P_2 = \frac{50}{\sin 160^\circ} \times \sin 60^\circ = 126.60 \text{ kN} (\nearrow)$$

여기서 P_1은 인장력이고, P_2는 압축력이므로 (–)이다.

$$P_1 = 93.97 \text{ kN}, \ P_2 = -126.60 \text{ kN}$$

예제 4-7

그림 4-14와 같이 10kN 의 상향력을 받는 풍선에 바람이 불어 지표면과 이루는 줄의 각도가 60° 가 되었을 때, 풍선에 작용하는 풍력 W와 줄의 장력 T_1을 구하시오.

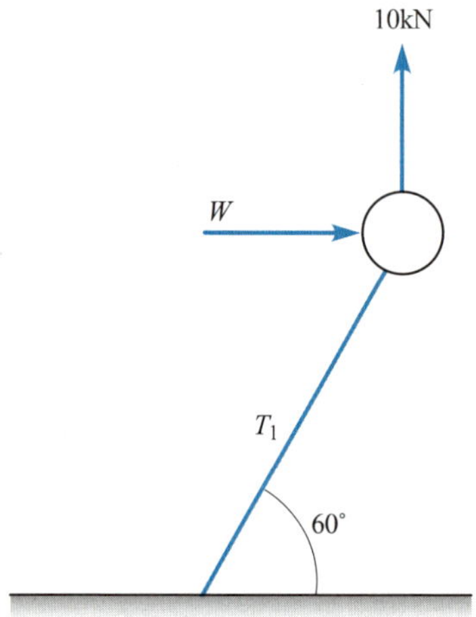

그림 4-14

풀이

풍선에 작용하는 하중 W를 이동시켜 그림 4-15의 자유물체도를 그린다.

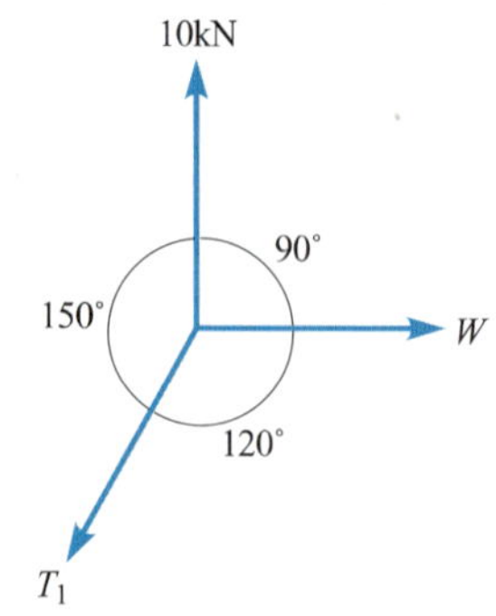

그림 4-15

라미의 정리를 적용하여 정리하면 다음과 같다.

$$\frac{10}{\sin 120^\circ} = \frac{T_1}{\sin 90^\circ} = \frac{W}{\sin 150^\circ}$$

앞의 두 항에 대하여 T_1을 구하면 다음과 같다.

$$\frac{10}{\sin 120^\circ} = \frac{T_1}{\sin 90^\circ}$$

$$T_1 = \frac{10}{\sin 120^\circ} \times \sin 90^\circ = 11.55\ \text{kN}\,(\swarrow)$$

다시 라미의 식에서 W를 구하면 아래와 같다.

$$\frac{10}{\sin 120^\circ} = \frac{W}{\sin 150^\circ}$$

$$W = \frac{10}{\sin 120^\circ} \times \sin 150^\circ = 5.77\ \text{kN}\,(\rightarrow)$$

여기서 T_1과 W는 모두 인장력이므로 (+)이다.

$$T_1 = 11.55\ \text{kN},\ \ W = 5.77\ \text{kN}$$

예제 4-8

그림 4-16과 같이 틈새에 끼어있는 구에 작용하는 하중을, 그리고 크기를 구하시오.

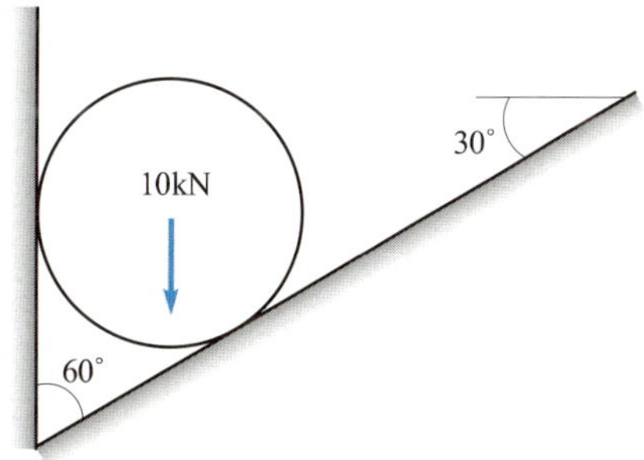

그림 4-16

풀이

벽과 구의 접촉면에서 구의 중심을 향한 반력이 작용하므로 그림 4-17과 같이 자유물체도를 나타낼 수 있다.
이들 힘들은 구의 중심에서 한 점에 모이므로 구의 중심에 표시하면 그림 4-18과 같다.

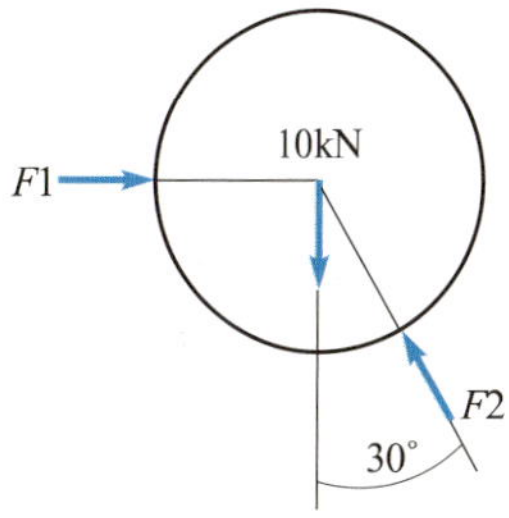

그림 4-17

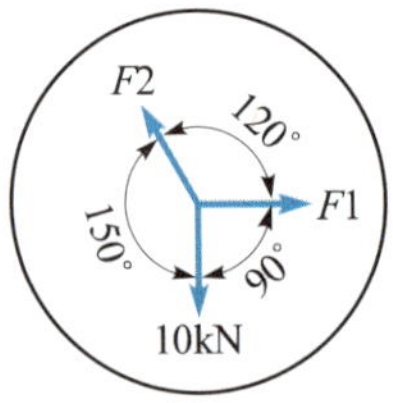

그림 4-18

$$\frac{10kN}{\sin 120} = \frac{F_1}{\sin 150} = \frac{F_2}{\sin 90}$$

$$F_1 = \frac{10kN}{\sin 120} \times \sin 150 = 5.77kN$$

$$F_2 = \frac{10kN}{\sin 120} \times \sin 90 = 11.55kN$$

예제 4-9

지름이 6m, 하중이 12kN 인 3개의 구가 그림 4-19와 같이 놓여 있을 때 구에 작용하는 하중을, 그리고 크기를 구하시오.

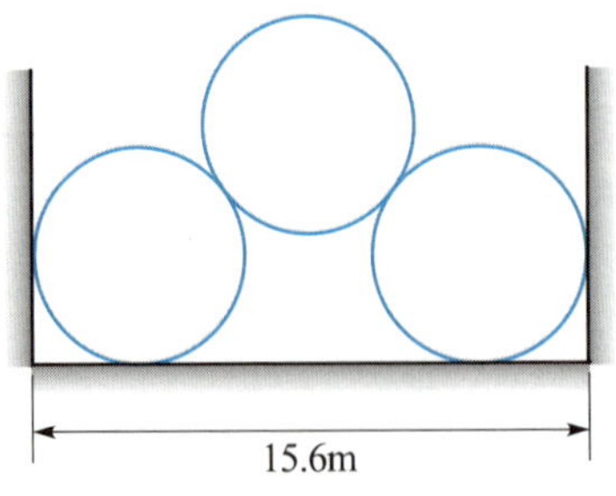

그림 4-19

풀이

벽과 구의 접촉면에서 구의 중심을 향한 반력이 작용하므로 그림 4-20과 같이 자유물체도를 나타낼 수 있다.

그림 4-20에서 구의 반경이 3m이므로 접촉되어 있는 구의 중심간 거리는 6m이고, 아래 구의 중심간 거리는 15.6m − 6m = 9.6m이다.

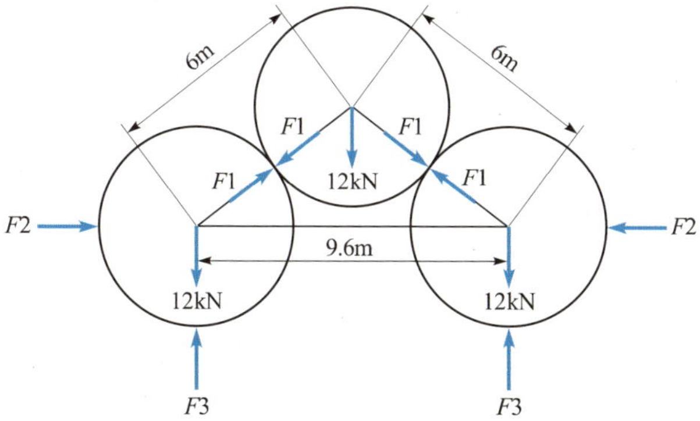

그림 4-20

따라서 중간 구의 자유물체도를 그리면 그림 4-21과 같다.

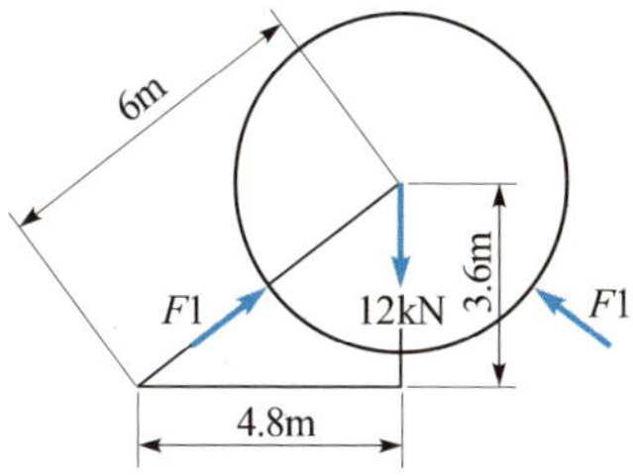

그림 4-21

한 점에 모이는 힘이므로 원의 중심으로 이동시키면 그림 4-22와 같이 된다.

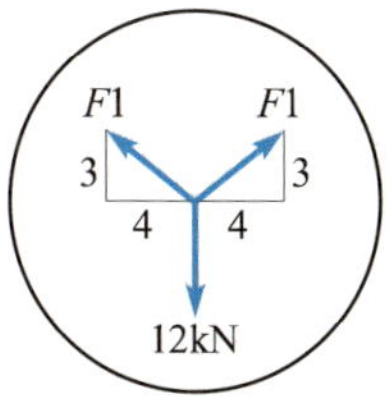

그림 4-22

$$\Sigma F_Y = 0 \ : \ \ 2 \times F_1 \times \frac{3}{5} - 12\text{kN} = 0$$

$$\therefore F_1 = 12 \times \frac{5}{3} \times \frac{1}{2} = 10\text{kN}$$

좌측 구에 대하여 자유물체도를 그리면 그림 4-23과 같다.

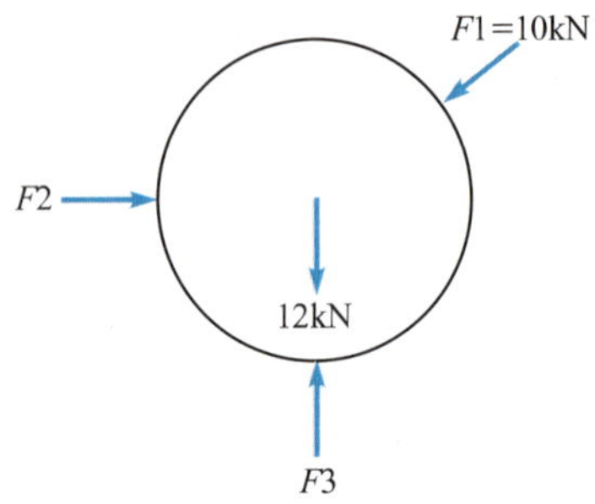

그림 4-23

한 점에 모이는 힘이므로 원의 중심으로 이동시키면 그림 4-24와 같이 된다.

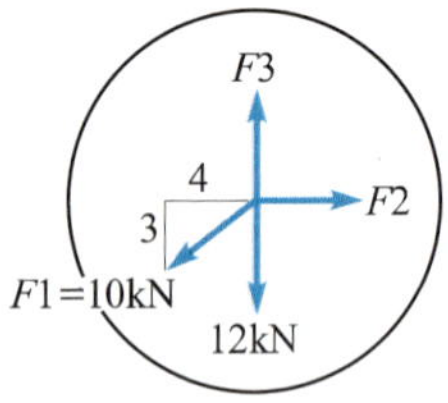

그림 4-24

$$\Sigma F_X = 0 \ : \ \ F_2 - F_1 (= 10\text{kN}) \times \frac{4}{5} = 0$$

$$\therefore F_2 = 10 \times \frac{4}{5} = 8\text{kN}$$

$$\Sigma F_Y = 0 \ : \ \ F_3 - F_1 (= 10\text{kN}) \times \frac{3}{5} - 12\text{kN} = 0$$

$$\therefore F_3 = 10 \times \frac{3}{5} + 12 = 18\text{kN}$$

4.3 공간역계의 경우

한 점에 작용하는 공간역계의 평형방정식은 z축방향의 성분만 하나 더 추가하여 다룬다는 것 외에는 그 원리가 2차원일 경우와 근본적으로 같다.

역계를 이루고 있는 모든 힘의 각 축 방향 분력의 합을 각각 ΣF_x, ΣF_y, ΣF_z라고 하면, 그 힘들의 합력 R의 크기는 다음과 같고,

$$R_x = \Sigma F_x, \qquad R_y = \Sigma F_y, \qquad R_z = \Sigma F_z$$

$$R = \sqrt{R_x^2 + R_y^2 + R_z^2}$$

역계가 평형상태이기 위해서는 합력 R이 0이어야 한다.

$$R = \sqrt{R_x^2 + R_y^2 + R_z^2} = \sqrt{(\Sigma F_x)^2 + (\Sigma F_y)^2 + (\Sigma F_z)^2} = 0$$

또한 위의 식이 성립하려면, $\Sigma F_x = 0$, $\Sigma F_y = 0$, $\Sigma F_z = 0$이 동시에 성립해야만 하므로 이 세 식은 역계가 평형을 이루기 위한 필요충분조건이 된다.

[한 점에 작용하는 공간역계의 평형방정식]

3차원 공간에서 한 점에 작용하는 역계가 평형상태에 있기 위해서는

$$\Sigma F_x = 0, \qquad \Sigma F_y = 0, \qquad \Sigma F_z = 0$$

이 동시에 성립해야 하며, 여기서 ΣF_x, ΣF_y, ΣF_z는 역계를 이루고 있는 모든 힘의 각 축 방향 분력의 합이다.

4.4 마 찰

4.4.1 마찰과 마찰력

그림 4-25와 같이 거친 표면 위에 중량이 W인 물체가 놓여 있고, 그 물체에 수평력 P가 작용하는 경우를 고려해 보자.

만일 작용하는 힘 P를 0에서부터 서서히 증가시켜 간다고 하면, P가 어떤 크기에 도달되었을 때, 정지되어 있던 물체는 움직이기 시작하고, 또 움직이는 동안에도 물체는 계속 저항을 받게 된다. 이러한 현상이 일어나는 것은 물체가 놓여 있는 표면과 물체 사이에 작용하는 저항력 때문이며, 이 저항력을 마찰력(摩擦力)이라고 한다.

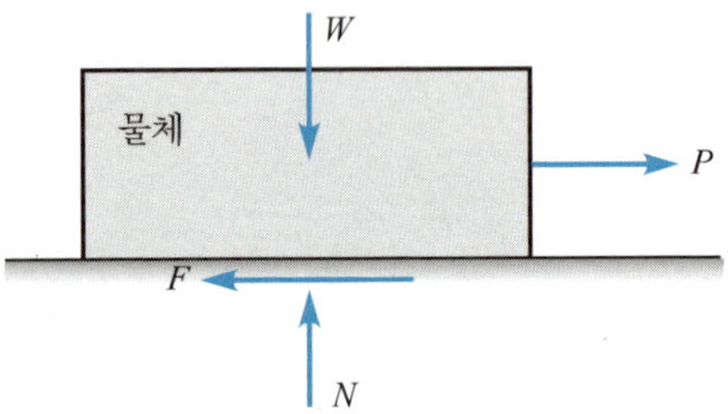

그림 4-25

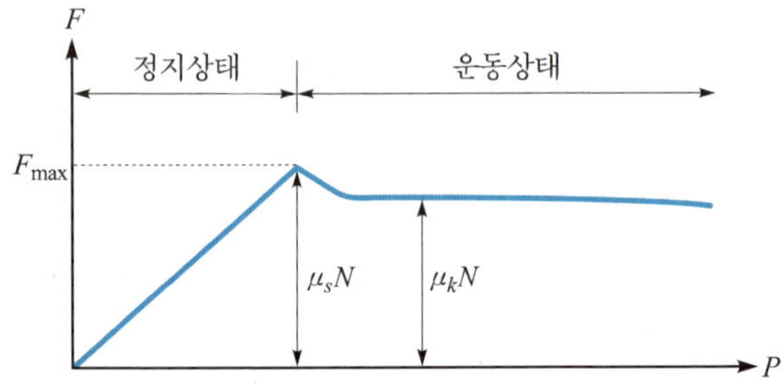

그림 4-26

그림 4-26은 힘 P가 증가함에 따라 나타나는 마찰력 F의 크기를 나타낸 그래프이다. 그림 4-26에 나타낸 것과 같이 P가 0이면 마찰력 F는 없고, 물체가 정지된 상태에서 P가 증가하면 마찰력 F 역시 증가하는데, 그 크기는 작용한 하중 P와 같다. 그 후 물체가 움직이려는 순간에 최대마찰력 F_{max}이 작용하게 되고, 일단 움직이기 시작하면 마찰력은 도리어 감소한 뒤에 일정한 값을 나타내는 경향을 보인다.

그리고 위와 같은 성질 때문에 마찰력은 물체가 정지되어 있을 때 작용하는 정마찰력(靜摩擦力, static friction force)과 물체가 운동하고 있을 때 작용하는 동마찰력(動摩擦力, kinetic friction force)으로 구분하여 다룬다.

[마찰과 마찰력]

마찰(摩擦)은 접촉하고 있는 두 물체가 상대 운동을 하려고 하거나 또는 상대 운동을 하고 있을 때, 그 접촉면에서 운동을 방해하려고 하는 방향으로 힘이 작용하는 현상을 말하며, 이때 운동을 저지하는 방향으로 작용하는 저항력을 마찰력(摩擦力)이라고 한다.

최대 마찰력의 크기는 접촉면의 종류와 상태에 따라 다르나 접촉면의 면적과는 관계가 없으며, 또 두 물체의 접촉면에 작용하는 수직력에 비례하는 경향을 나타낸다.[3] 따라서 그림 4-25와 같은 경우 접촉면에 작용하는 수직력은 $N(=W)$이므로 그 최대 마찰력 F_{max}은 다음

3) 마찰력의 크기는 접촉면이 거칠어질수록 커지고, 또 접촉면에 작용하는 수직력이 커질수록 커진다.

식으로 구할 수 있으며,

$$F_{\max} = \mu_s N$$

이때, μ_s는 실험에 의해 정해지는 상수로서 정마찰계수(靜摩擦係數, coefficient of static friction)라고 하며, 이에 대한 몇 가지 값은 표 4-1에 있다.

표 4-1 정마찰계수 μ_s

접촉면의 종류	정마찰계수	접촉면의 종류	정마찰계수
목재와 목재	0.25 ~ 0.50	금속과 돌	0.30 ~ 0.70
목재와 가죽	0.25 ~ 0.50	금속과 얼음	0.04
금속과 목재	0.20 ~ 0.60	고무와 콘크리트	0.75 ~ 0.90
금속과 금속	0.15 ~ 0.30	흙과 흙	0.25 ~ 1.00
금속과 가죽	0.30 ~ 0.60	유리와 유리	0.40

동일한 원리로 동마찰력 F_k도 다음 식으로 구할 수 있으며, 이때 동마찰계수(動摩擦係數, coefficient of kinetic friction) μ_k 역시 실험에 의해 정해지는 상수이다.

$$F_k = \mu_k N$$

정지한 물체에 힘이 작용하여 미끄러짐을 일으키기 위해서는 두 물체의 접촉면에서 발생하는 최대 마찰력($F_{\max}$)보다 큰 힘이 작용하여야 하며, 이보다 작을 경우 미끄러짐은 발생하지 않으며, 이때 수동력인 마찰력(F)은 작용한 힘과 균형을 이룰 만큼만 발생하게 된다.

예제 4-10

그림과 같이 중량이 100kg중(= 981N)인 물체가 놓여 있다. 이 물체를 움직이게 하려면, 어느 정도 크기의 수평력이 필요한가? 단, 정마찰계수 $\mu_s = 0.2$이다.

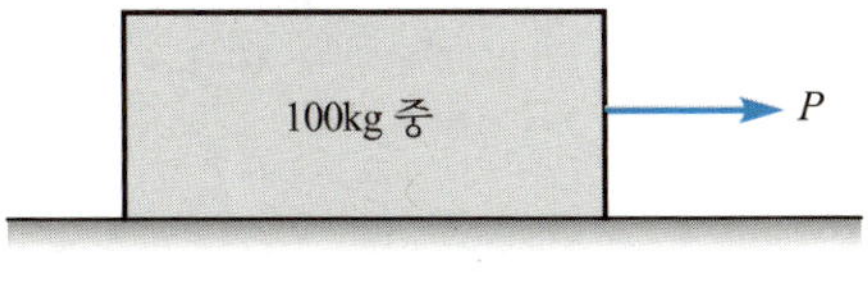

그림 4-27

풀이

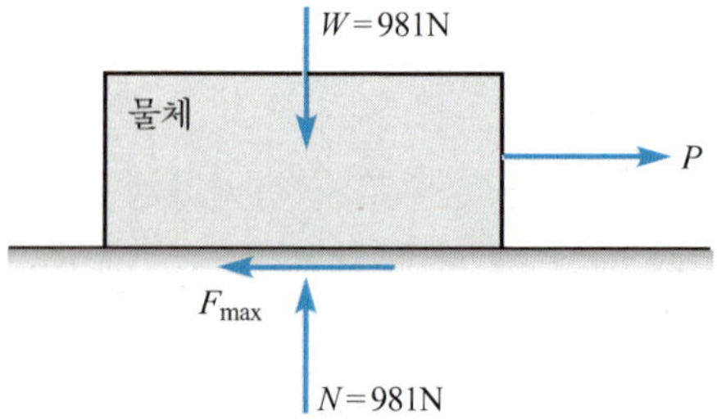

그림 4-28

그림 4-28에 나타낸 최대정지마찰력 F_{max}은 다음과 같다.

$$F_{max} = \mu_s N$$
$$= 0.2 \times 981 = 196.2\text{N} (\leftarrow)$$

따라서 물체를 움직이려면, $P = 196.2\text{N} (= 20\text{kg}중)(\rightarrow)$ 이상 필요하다.

4.4.2 마찰각

그림 4-25와 같은 경우에 대해 접촉면에 작용하는 수직력 N과 마찰력 F의 합력 R을 구해 볼 수 있는데, 이를 그림 4-29에 나타내었다. 그리고 그림 4-29에 나타낸 것과 같이 수직력 N과 합력 R 사이의 각을 ϕ라고 하면, ϕ는 최대마찰력 F_{max}가 작용할 때 최대 크기 ϕ_s를 가지며, 이때의 각 ϕ_s를 정마찰각(靜摩擦角, angle of static friction)이라고 한다. 따라서, 그림 4-29를 참고하면, 다음 식이 성립한다는 것을 알 수 있으며,

$$\tan\phi_s = \frac{F_{max}}{N}$$

또 식 $F_{max} = \mu_s N$으로부터

$$\mu_s = \frac{F_{max}}{N}$$

이 성립하므로

$$\tan\phi_s = \mu_s$$

가 된다. 즉, $\tan\phi_s$의 값이 곧 정마찰계수이다. 따라서 정마찰각을 알면, 정마찰계수는 쉽게 구할 수 있다.

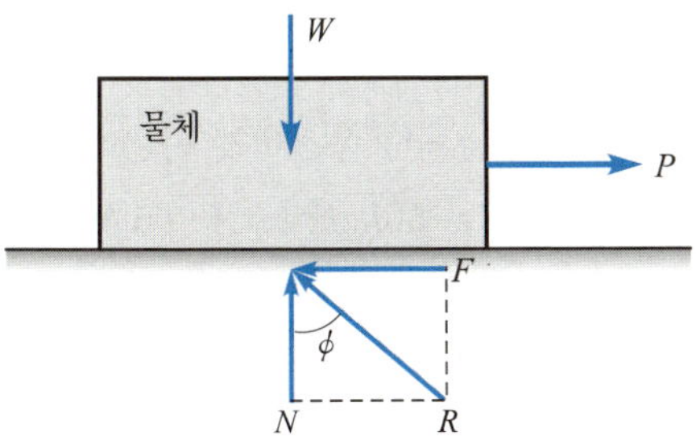

그림 4-29 마찰각

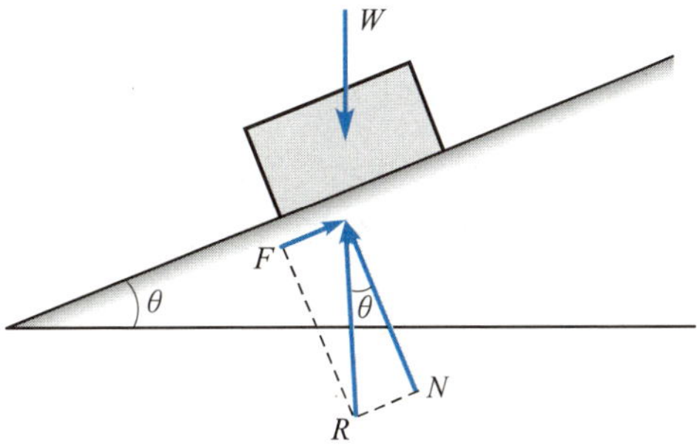

그림 4-30

그리고 실험으로 정마찰각을 구하는 방법은 그림 4-30에 나타내었다. 즉, 물체를 평판 위에 놓고 평판의 기울기 θ를 점점 크게 하면, 어느 순간 물체가 미끄러지려고 하는데, 그 순간의 경사각 θ가 정마찰각 ϕ_s이다.

한편, 동일한 원리에 의해 다음 식을 얻을 수 있으며, 여기서 ϕ_k는 동마찰각이고, μ_k는 동마찰계수이다.

$$\tan\phi_k = \mu_k$$

4.4.3 마찰력에 대한 요약

마찰에 대해 지금까지 살펴본 것을 요약하면 다음과 같다.

[마찰력에 대한 요약]

(1) 마찰력은 물체가 운동하려고 하는 방향 또는 운동하는 방향과 반대방향으로 작용하며, 접촉면과 평행한 방향으로 작용한다.
(2) 마찰력의 크기는 수직력 N에 비례한다.
(3) 최대정마찰력은 $F_{\max} = \mu_s N$이며, μ_s는 실험에 의해 정해지는 상수로서 정마찰계수라고 한다.
(4) 동마찰력은 $F_k = \mu_k N$이며, μ_k는 실험에 의해 정해지는 상수로서 동마찰계수라고 한다.
(5) 접촉면에 작용하는 수직력과 최대정마찰력의 합력이 수직력과 이루는 각 ϕ_s를 정마찰각이라고 하며, $\mu_s = \tan\phi_s$이다.
(6) 접촉면에 작용하는 수직력과 동마찰력의 합력이 수직력과 이루는 각 ϕ_k를 동마찰각이라고 하며, $\mu_k = \tan\phi_k$이다.

예제 4-11

물체와 평판 사이의 정마찰계수를 구하기 위해 그림 4-31과 같이 평판의 기울기를 증가시키는 실험을 하였는데, $\theta = 12°$일 때 물체가 미끄러지기 시작하였다. 다음을 각각 구하시오.

(1) 물체와 평판 사이의 정마찰계수를 구하시오.

(2) 평판이 수평으로 놓여 있을 때, 즉 $\theta = 0°$일 때, 물체를 움직이게 하는데 필요한 수평력의 크기를 구하시오. 단, 물체의 중량은 $W = 50$kg중 $(= 490.5\,N)$이다.

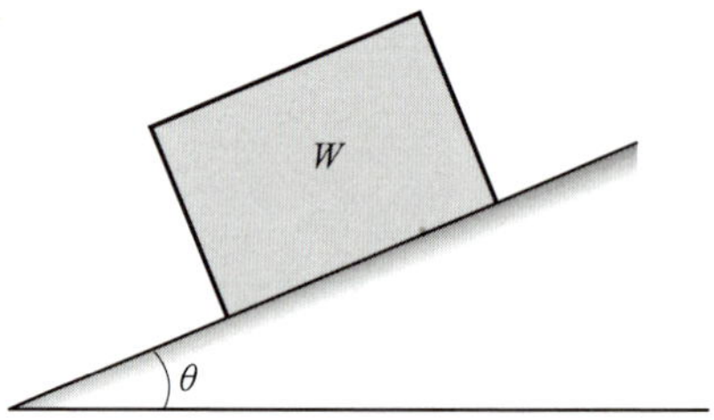

그림 4-31

풀이

(1) $\theta = 12°$가 정마찰각 ϕ_s이다. 따라서 정마찰계수는

$$\mu_s = \tan\phi_s$$

$$= \tan 12° = 0.2126$$

이다.

(2) 최대정지마찰력 $F_{\max}$은 다음과 같고,

$$F_{\max} = \mu_s N$$

$$= 0.2126 \times 490.5 = 104.3\text{N}$$

평판이 수평으로 놓여 있을 때, 평판 위의 물체를 움직이게 하는데 필요한 수평력의 크기는 104.3N이다.

예제 4-12

그림 4-32와 같이 중량이 $W = 60$kg중 $(= 588.6N)$인 물체가 $\theta = 15°$인 경사면에 놓여 있다. 물체와 경사면 사이의 정마찰계수가 $\mu_s = 0.2$이고, 힘 P가 경사면과 평행하게 작용할 때, 다음을 각각 구하시오.

(1) 물체가 미끄러지지 않도록 하는 힘 P의 최소값을 구하시오.

(2) 물체를 밀어 올리는데 필요한 힘 P의 크기를 구하시오.

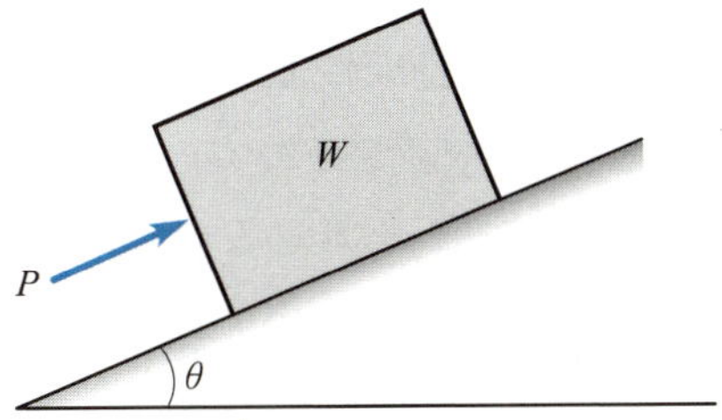

그림 4-32

풀이

(1) 물체가 경사면을 따라 아래로 미끄러지려고 할 때, 최대 정마찰력 $F_{max}(=\mu_s N)$의 작용방향은 경사면과 평행하게 경사면의 위쪽으로 향한다.

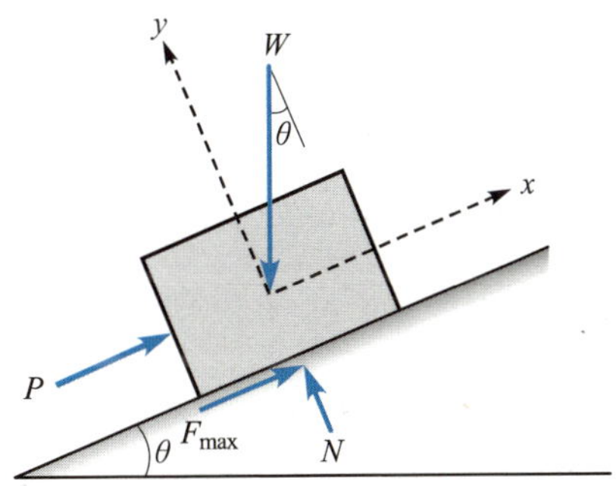

그림 4-33

따라서, 자유물체도를 그림 4-33과 같이 그릴 수 있고, 이 자유물체도에 대한 평형방정식은 다음과 같다.

$$\sum F_x = P + F_{max} - W\sin\theta = 0$$
$$\sum F_y = N - W\cos\theta = 0$$

즉, 평형방정식은

$$P + 0.2N - 588.6 \times \sin 15° = 0$$
$$N - 588.6 \times \cos 15° = 0$$

이며, 이 방정식을 풀면,

$N = 568.5\text{N}$

$P = 38.6\text{N}$

이 얻어진다. 그러므로 물체가 미끄러지지 않는 P의 최소 크기는 38.6N 이다.

(2) 경사면을 따라 물체를 밀어 올리려고 할 때, 최대 정마찰력 $F_{\max}(=\mu_s N)$의 작용방향은 경사면과 평행하게 경사면의 아래쪽으로 향한다.

따라서, 자유물체도는 그림 4-34와 같고, 이 자유물체도에 대한 평형방정식은 다음과 같다.

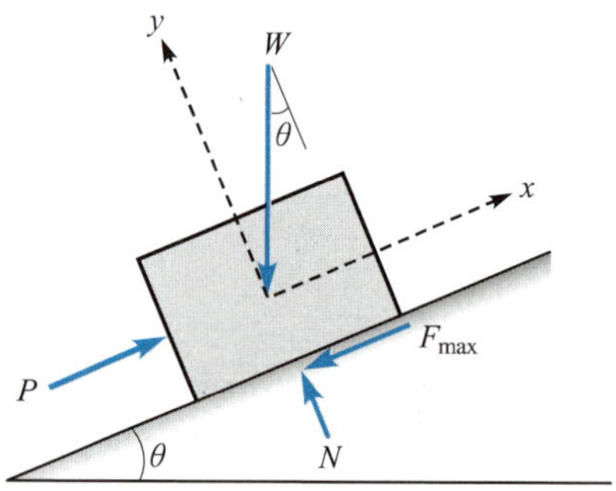

그림 4-34

$\sum F_x = P - F_{\max} - W\sin\theta = 0$

$\sum F_y = N - W\cos\theta = 0$

즉,

$P - 0.2N - 588.6 \times \sin 15° = 0$

$N - 588.6 \times \cos 15° = 0$

이며, 이 평형방정식을 풀면,

$N = 568.5\text{N}$

$P = 266.0\text{N}$

이 얻어진다. 그러므로 $P = 266.0\text{N}$ 이상의 힘을 가하면, 물체가 밀려 올라간다.

CHAPTER 4

연습문제

4.1 그림과 같이 한 점에 작용하는 힘들이 평형상태에 있을 때, 힘 P의 크기와 방향을 구하시오.

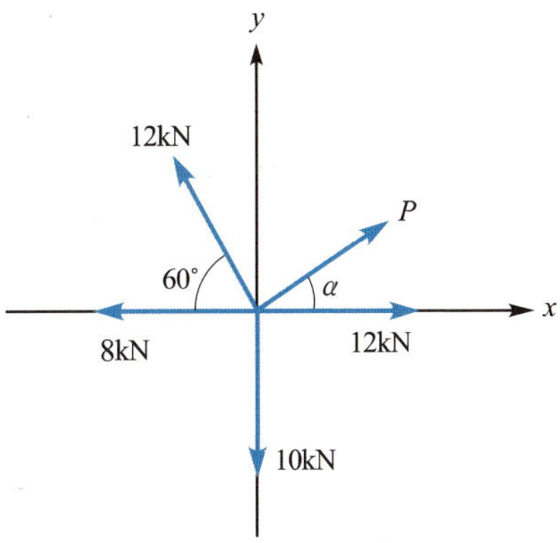

그림 4-35

4.2 그림과 같이 두 줄에 중량이 $W = 20\text{kN}$ 인 물체가 매달려 있을 때, 줄에 작용하는 인장력을 구하시오.

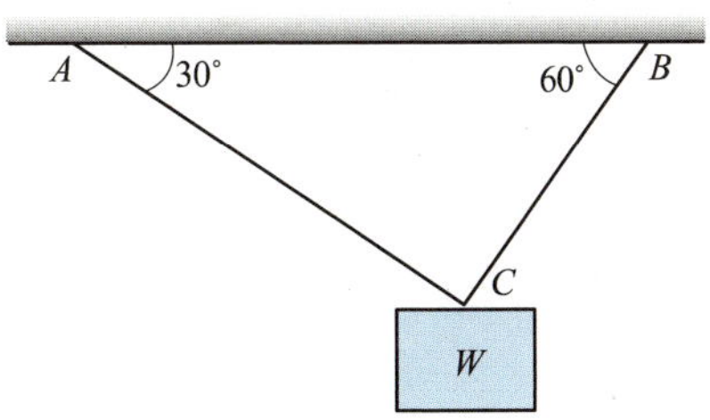

그림 4-36

4.3 그림과 같은 구조물에 중량이 $W = 3\text{kN}$ 인 물체가 매달려 있을 때, 케이블 BC와 바 AC에 작용하는 힘을 구하시오.

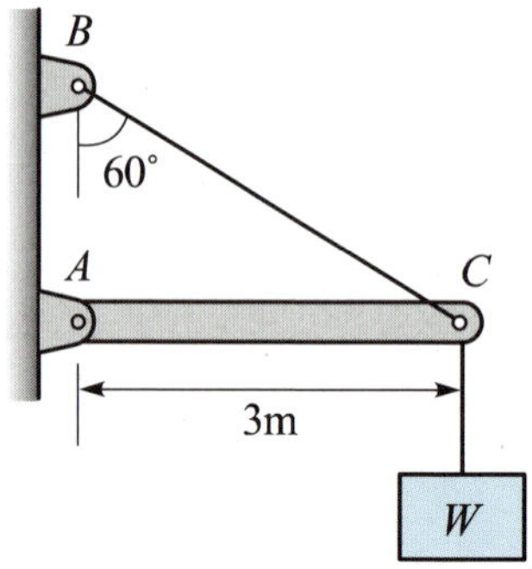

그림 4-37

4.4 그림에서 만약 C점의 링이 평형상태에 있다면, 부재 AC와 BC에서의 힘을 구하시오.

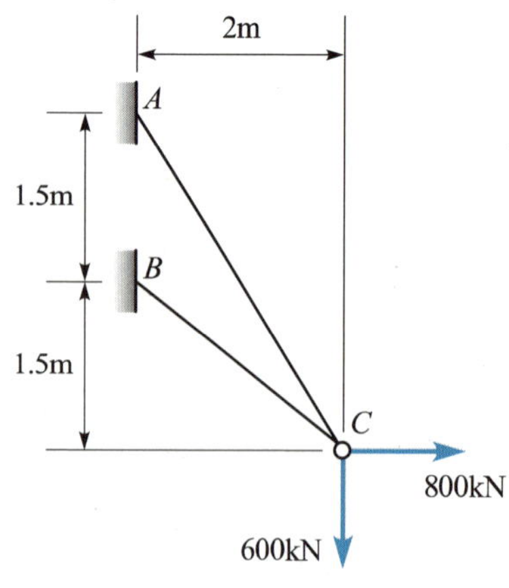

그림 4-38

4.5 중량이 $W = 3\text{kN}$ 인 물체가 그림과 같이 두 매끄러운 벽에 의해 지지되고 있다. A와 B점에서 벽에 의해 물체에 가해지는 힘들을 구하시오.

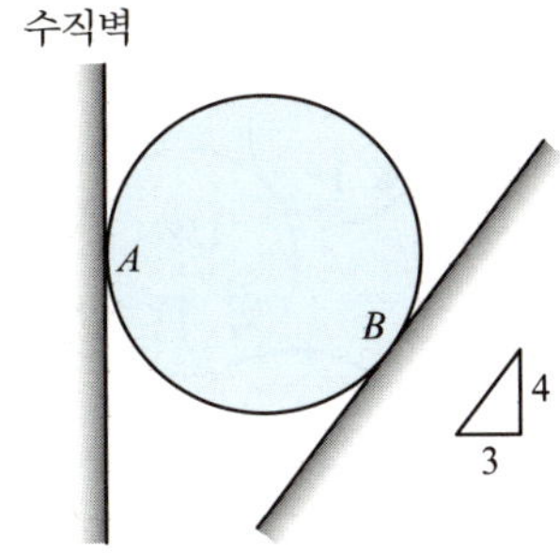

그림 4-39

4.6 그림 4-40과 같이 틈새에 끼어있는 구에 작용하는 하중을, 그리고 크기를 구하시오.

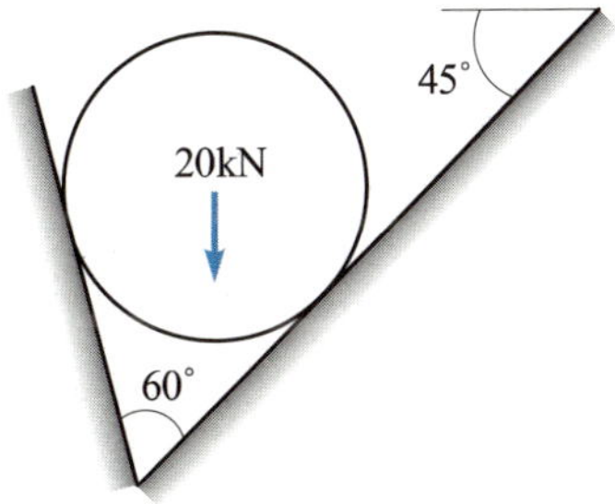

그림 4-40

4.7 그림과 같이 중량이 25kg중$(= 245\text{N})$인 물체가 놓여 있다. 이 물체를 움직이게 하려면, 어느 정도 크기의 수평력이 필요한가? 단, 정마찰계수$\mu_s = 0.25$이다.

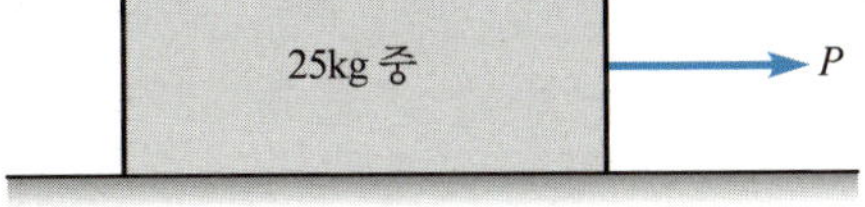

그림 4-41

4.8 지름이 20cm, 25cm, 30cm이며 자중이 10kN, 15kN, 20kN 인 3개의 구가 그림 4-42와 같이 놓여 있을 때 각각의 구에 작용하는 하중을, 그리고 크기를 구하시오.

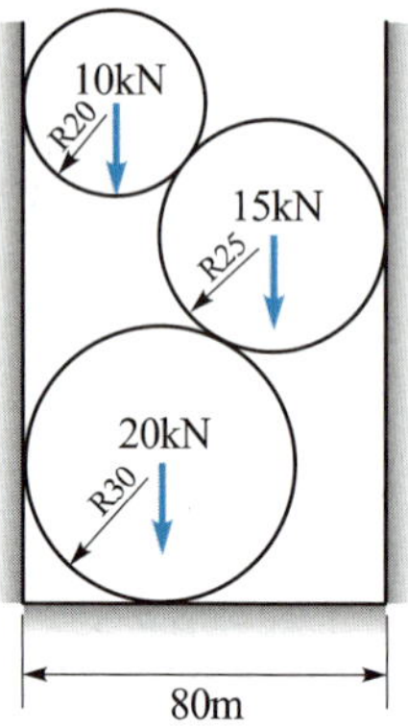

그림 4-42

4.9 물체와 평판 사이의 정마찰계수를 구하기 위해 그림과 같이 평판의 기울기를 증가시키는 실험을 하였는데, $\theta = 15°$ 일 때 물체가 미끄러지기 시작하였다. 물체와 평판 사이의 정마찰계수를 구하시오.

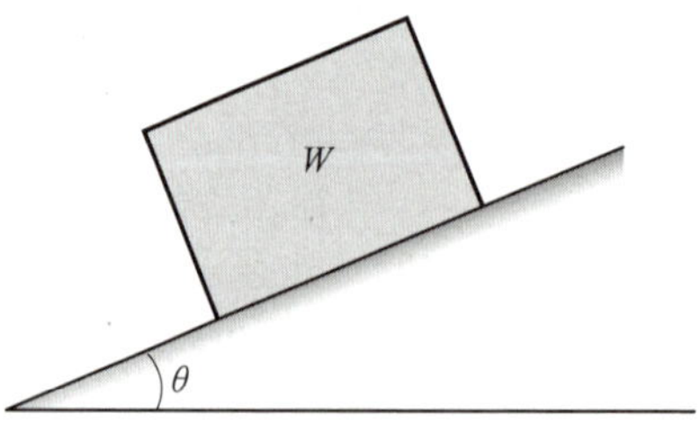

그림 4-43

4.10 그림과 같이 중량이 $W = 20$kg중 $(= 196\text{N})$ 인 물체가 $\theta = 15°$ 인 경사면에 놓여 있다. 물체와 경사면 사이의 정마찰계수가 $\mu_s = 0.2$ 일 때, 물체가 미끄러지지 않도록 하는 수평력 P의 최소값을 구하시오.

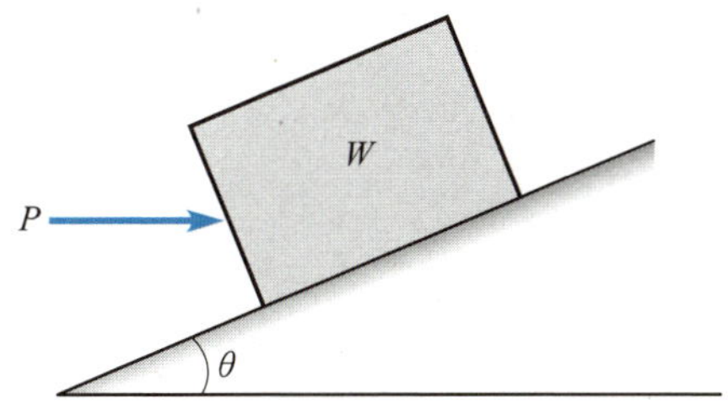

그림 4-44

4.11 그림과 같은 쐐기(wedge)에 수평력 $P = 100\text{N}$ 이 작용할 때, 수직방향으로 밀어 올릴 수 있는 중량 W를 구하시오. 단, 모든 접촉면에서 정마찰계수는 $\mu_s = 0.15$ 이다.

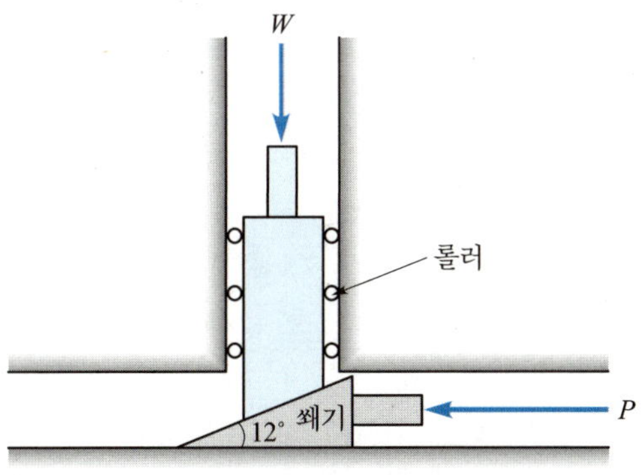

그림 4-45

CHAPTER 5

한 점에 작용하지 않는 힘의 평형

CHAPTER 5

한 점에 작용하지 않는 힘의 평형

5.1 평형상태

한 점에 작용하지 않는 역계의 경우 정지 상태에 있는 어떤 물체에 작용하는 외력의 합뿐만 아니라 모멘트의 합까지 0이면, 그 물체는 이동도 회전도 하지 않고 정지 상태를 유지하며, 이런 상태를 평형상태라고 한다.

또한, 한 점에 작용하지 않는 역계가 평형 상태에 있다면, 물체에 작용하는 외력의 합이 $0(\sum F=0)$이라는 조건식뿐만 아니라 모멘트의 합이 $0(\sum M=0)$이라는 조건식이 성립하며, 자유물체도를 그려서 물체에 작용하고 있는 모든 힘들을 파악한 뒤 이 평형방정식을 이용하면 물체에 작용하는 미지(未知)의 힘도 구할 수 있다.

[역계의 평형]

역계를 이루고 있는 힘들이 평형을 이룬다고 하는 것은 역계를 이룬 모든 힘들의 합력과 그 힘들에 의한 모멘트가 0인 경우를 말한다. 그리고 어떤 물체에 작용하는 힘들이 평형을 이룰 경우에 그 물체는 평형상태(平衡狀態)에 있다고 한다.

5.2 평면역계의 경우

한 점에 작용하지 않는 평면역계에서는 힘을 받는 물체에 회전이 발생될 수 있기 때문에 그 물체가 정지 상태에 있기 위해서는 수평과 수직방향의 움직임뿐만 아니라 회전도 발생되지 않아야 한다. 따라서, 한 점에 작용하지 않는 평면역계는 역계를 이루고 있는 힘들의 수평분력의 합이 0이고, 또 수직분력의 합도 0일 뿐만 아니라 모멘트의 총합도 0이어야만 평형상태가 된다.

또한 앞 단원에서 한 점에 작용하지 않는 역계의 힘들을 한 점에 작용하는 하나의 힘 · 짝힘계로 변환할 수 있다는 것에 대해 알아보았었는데, 그러한 내용으로부터도 한 점에 작용하지 않는 평면역계는 다음과 같은 조건식들이 동시에 만족될 때 평형상태를 이룬다는 것을 알 수 있다.

[한 점에 작용하지 않는 평면역계의 평형방정식]

2차원 평면에서 한 점에 작용하지 않는 역계가 평형상태에 있기 위해서는

$$\Sigma F_x = 0$$

$$\Sigma F_y = 0$$

$$\Sigma M_O = 0$$

이 동시에 성립해야 하며, 여기서 ΣF_x, ΣF_y는 역계를 이루고 있는 모든 힘의 각 축 방향 분력의 합이고, ΣM_O는 역계의 모든 힘이 임의의 점 O에 대해 일으키는 모멘트의 합이다.

위의 평형방정식은 평면역계에서 물체에 작용하는 미지의 힘을 구하는데 이용되며, 독립적인 방정식이 3개이므로 미지의 힘도 3개까지 구할 수 있다.

또한, 아래와 같은 독립적인 3개의 방정식도 평형방정식으로 사용될 수 있는데, 이때 ΣM_A, ΣM_B는 물체에 작용하는 모든 힘이 각각 임의의 점 A와 B에 대해 일으키는 모멘트의 합이며, 점 A와 B를 지나가는 직선은 y축과 평행하지 않아야 한다.

$$\Sigma F_x = 0, \quad \Sigma M_A = 0, \quad \Sigma M_B = 0$$

또한 다음과 같은 3개의 독립적인 조건식도 평형방정식으로 사용될 수 있는데, 이때 점 A, B, C는 한 직선 위에 있지 않아야 한다.

$$\Sigma M_A = 0, \quad \Sigma M_B = 0 \ , \quad \Sigma M_C = 0$$

예제 5-1

주어진 역계가 평형상태를 이룰 때, F_1, F_2, F_3을 구하시오.

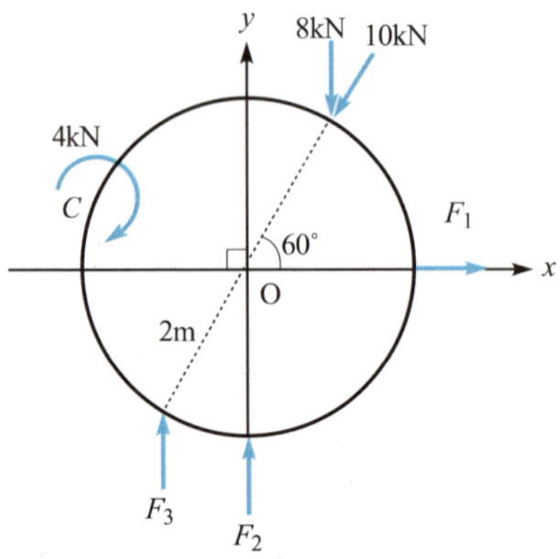

그림 5-1

풀이

위의 자유물체도를 살펴보면, $\sum F_x = 0$에 해당하는 미지수는 1개이므로,

$$\sum F_x = -10\cos 60 + F_1 = 0 \qquad F_1 = +5\text{kN} \qquad \therefore F_1 = 5\text{kN}\,(\rightarrow)$$

또한, $\sum M_O = 0$에 해당하는 미지수도 1개이므로,

$$\sum M_o = (F_3)\times 2\cos 60 + (8)\times 2\cos 60 + 4 = 0 \qquad F_3 = -12\text{kN}$$

$$\therefore F_3 = 12\text{kN}\,(\downarrow)$$

나머지 1개의 평형방정식 $\sum F_y = 0$을 사용하면,

$$\sum F_y = F_2 + F_3 - 10\sin 60 = 0 \qquad F_2 + (-12) = +16.66\,\text{kN}$$

$$F_2 = +28.66\,\text{kN} \qquad \therefore F_2 = 28.66\,\text{kN}\,(\uparrow)$$

예제 5-2

다음의 단순보가 평형상태에 있을 때, 단순보의 지점에 작용하는 반력 H_A, V_A, V_B 를 구하시오.

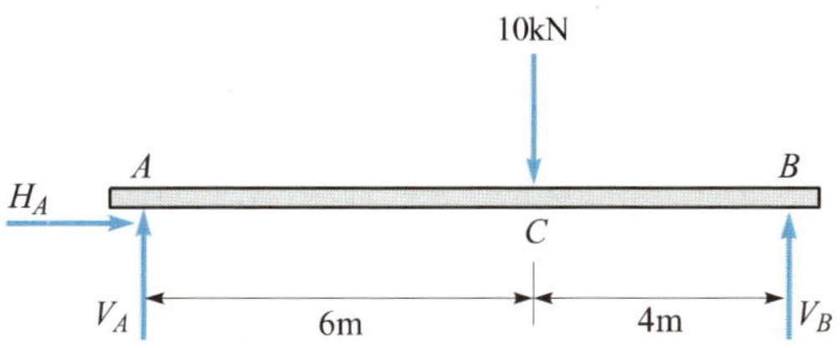

그림 5-2

풀이 1

평형상태에 있는 평면역계로, 역계를 이루고 있는 모든 힘의 수평분력의 합이 0이고, 또 수직분력의 합이 0이 되어야 할 뿐만 아니라 임의의 한 점에 대한 모멘트의 합도 0이 되어야 한다. 이때 모멘트의 합은 지점에 대해서 구하는 것이 편리하므로 여기서는 A점에 대해서 구하기로 한다. 그리고 모멘트는 반시계방향을 양으로 정한다.

위의 자유물체도를 살펴보면, $\Sigma F_x = 0$에 해당하는 미지수는 1개이므로,

$$\Sigma F_x = H_A = 0 \qquad H_A = 0$$

$\Sigma F_y = 0$에 해당하는 미지수는 2개이므로, $\Sigma M_A = 0$부터 구하면

$$\Sigma M_A = -10 \times 6 + V_B \times 10 = 0 \qquad V_B = 6\text{kN}(\uparrow)$$

마지막으로 $\Sigma F_y = 0$을 이용하면

$$\Sigma F_y = V_A + V_B - 10 = 0 \qquad V_A = 4\text{kN}(\uparrow)$$

풀이 2

다음과 같은 세 식도 평형방정식으로 사용될 수 있으므로 이 식들을 이용하여 지점에 작용하는 반력을 구해보기로 하자.

$$\Sigma F_x = 0 \qquad \Sigma M_A = 0 \qquad \Sigma M_B = 0$$

그림 5-2에 있는 자유물체도를 참고하면,

$$\Sigma F_x = H_A = 0 \qquad H_A = 0$$

$$\Sigma M_A = -10 \times 6 + V_B \times 10 = 0 \qquad V_B = 6\text{kN}(\uparrow)$$

$$\Sigma M_B = 10 \times 4 - V_A \times 10 = 0 \qquad V_A = 4\text{kN}(\uparrow)$$

가 얻어진다.

예제 5-3

그림과 같은 타워 구조물이 평형상태에 있을 때, 타워를 지탱해주는 반력 H_A, V_A, V_B 를 구하시오.

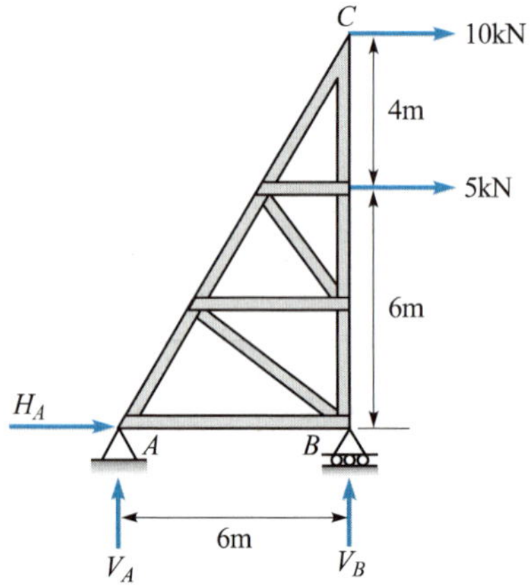

그림 5-3

풀이

위의 자유물체도를 살펴보면, $\Sigma F_x = 0$에 해당하는 미지수는 1개이므로,

$$\Sigma F_x = 0 : H_A + 5 + 10 = 0 \qquad H_A = -15$$

$$\therefore\ H_A = 15\text{kN}\ (\leftarrow)$$

$\Sigma F_y = 0$에 해당하는 미지수는 2개이므로, $\Sigma M_A = 0$부터 구하면

$$(\Sigma M)_A = 0 : -V_B \times 6 + 5 \times 6 + 10 \times 10 = 0 \qquad V_B = +21.7$$

$$\therefore\ V_B = 21.7\,\text{kN}\ \uparrow$$

마지막으로 $\Sigma F_y = 0$을 이용하면

$$\Sigma F_y = 0 : V_A + V_B = 0 \qquad V_A = -21.7$$

$$\therefore\ V_B = 21.7\,\text{kN}\ \downarrow$$

예제 5-4

다음 그림과 같은 보의 지점에 작용하는 반력 H_A, V_A, V_B를 구하시오.

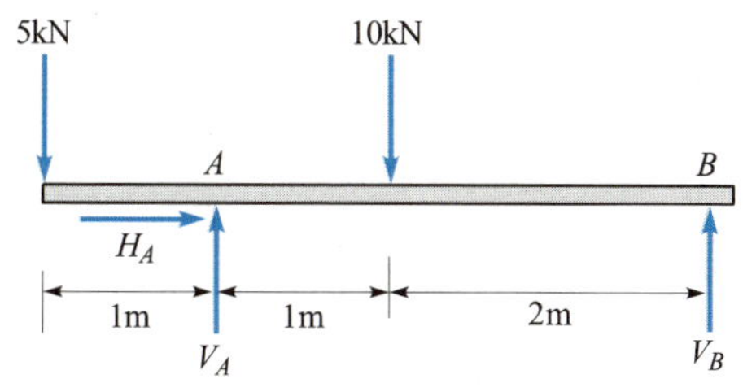

그림 5-4

풀이

위의 자유물체도를 살펴보면, $\sum F_x = 0$에 해당하는 미지수는 1개이므로,

$$\sum F_x = H_A = 0 \qquad H_A = 0$$

$\sum F_y = 0$에 해당하는 미지수는 2개이므로, $\sum M_A = 0$부터 구하면

$$\sum M_A = 5 \times 1 - 10 \times 1 + V_B \times 3 = 0 \qquad V_B = 1.7\text{kN}(\uparrow)$$

마지막으로 $\sum F_y = 0$을 이용하면

$$\sum F_y = V_A + V_B - 5 - 10 = 0 \qquad V_A = 13.3\text{kN}(\uparrow)$$

예제 5-5

그림 5-5와 같은 물이 담긴 수조를 옮길 때 물이 넘치지 않기 위하여 수조를 수평으로 유지해야 하는데 수조를 수평으로 만들기 위한 힘 P를 구하고 이때 수조에 작용하는 수평방향 합력의 크기를 구하시오

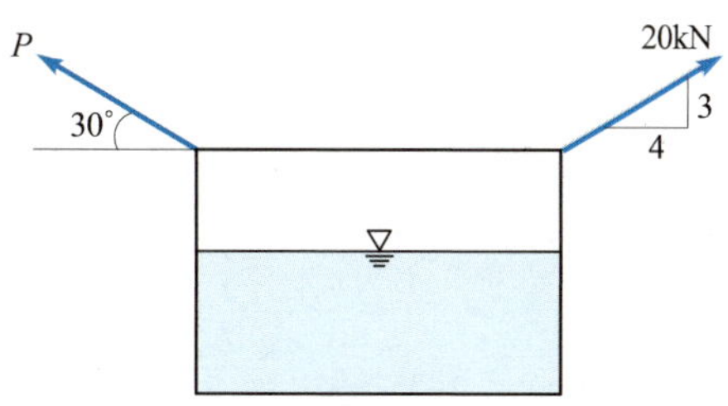

그림 5-5

풀이

두 개의 힘을 수평분력과 연직분력으로 분해해서 수평력의 합과 연직력의 합을 구하여야 한다.

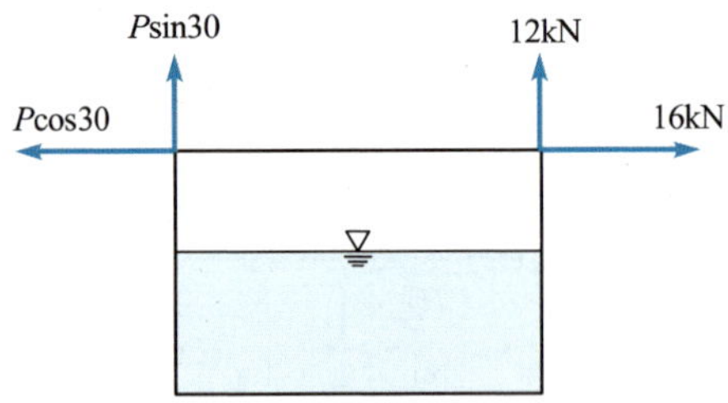

그림 5-6

$$F_x = 20\text{kN} \times \frac{4}{5} = 16\text{kN}\,(\rightarrow)$$

$$F_y = 20\text{kN} \times \frac{3}{5} = 12\text{kN}\,(\uparrow)$$

$$P_x = -P\cos 30\,(\leftarrow)$$

$$P_y = P\sin 30\,(\uparrow)$$

수조의 물이 수평을 유지하기 위하여는 연직방향의 힘이 같아야 하므로

$$12\text{kN} = \text{P}\sin 30$$

$$\therefore P = \frac{12}{\sin 30} = 24\text{kN}$$

따라서 수평방향으로 작용하는 힘의 크기와 방향을 구하면

$$\sum F_x = 16\text{kN} - \text{P}\cos 30 = 16 - 24\cos 30 = -4.78\text{kN}\,(\leftarrow)$$

예제 5-6

그림과 같은 삭도의 오른쪽 기둥에 1640N 이 작용할 때, 오른쪽 기둥의 하단에 작용하는 지반의 반력을 구하시오. 단, 기둥의 하단은 고정지점으로 수평반력 H, 수직반력 V, 그리고 모멘트 반력 M이 작용한다.

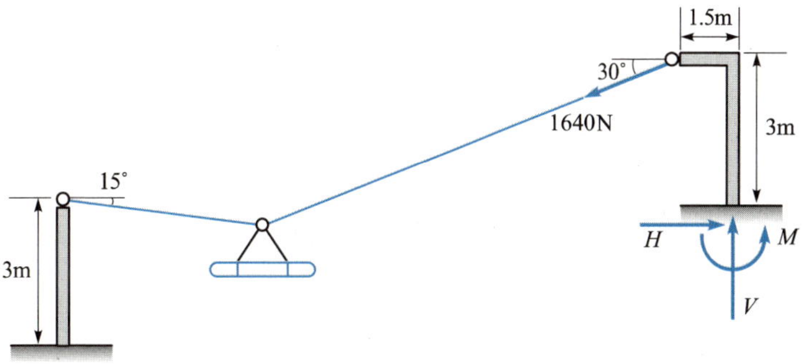

그림 5-7

풀이

고정지점인 기둥의 하단에 수평반력 H, 수직반력 V, 그리고 모멘트반력 M이 작용하므로 자유물체도를 나타내면 그림 5-8과 같다.

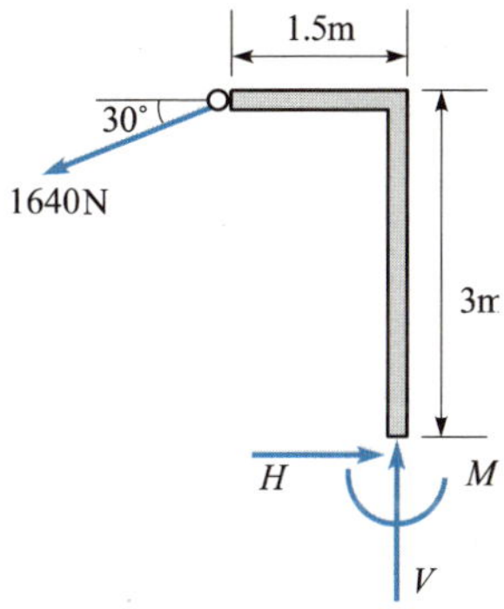

그림 5-8

평형방정식은 다음과 같으며, 이때 모멘트의 합은 기둥의 하단에 대해서 구하였다.

$$\sum F_x = H - 1640\cos 30° = 0$$

$$\sum F_y = V - 1640\sin 30° = 0$$

$$\sum M_A = M + (1640\cos 30°) \times 3 + (1640\sin 30°) \times 1.5 = 0$$

마지막으로 평형방정식을 풀면, 기둥의 하단에 작용하는 지반의 반력이 다음과 같이 구해진다.

$$H = 1420\text{N}\,(\rightarrow)$$

$$V = 820\text{N}\,(\uparrow)$$

$$M = 5490\text{N} \cdot \text{m}\,(\circlearrowleft)$$

5.3 공간역계의 경우

3차원 공간에 있는 역계도 2차원일 경우와 마찬가지로 역계를 이루고 있는 모든 힘들을 등가인 하나의 힘 · 짝힘계로 변환하여 다룰 수 있다. 따라서, 변환된 힘 · 짝힘계의 힘과 모멘트의 각 축 방향 분력을 고려하면, 한 점에 작용하지 않는 공간역계의 평형방정식은 다음과 같다는 것을 알 수 있다.

[한 점에 작용하지 않는 공간역계의 평형방정식]

3차원 공간에서 한 점에 작용하지 않는 역계가 평형상태에 있기 위해서는

$$\Sigma F_x = 0, \quad \Sigma F_y = 0, \quad \Sigma F_z = 0$$
$$\Sigma M_x = 0, \quad \Sigma M_y = 0, \quad \Sigma M_z = 0$$

이 동시에 성립해야 하며, 여기서 ΣF_x, ΣF_y, ΣF_z는 역계를 이루고 있는 모든 힘의 각 축 방향 분력의 합이고, ΣM_x, ΣM_y, ΣM_z는 역계를 이루고 있는 모든 힘들이 각 축에 대해 일으키는 모멘트의 합이다.

예제 5-7

그림과 같이 두 케이블에 의해 지지된 봉이 벽에 고정되어 있는데, 벽에 고정된 부분은 볼과 소켓으로 이루어져 회전은 자유롭고 횡방향의 움직임은 구속되어 있다. 그리고 봉의 끝에 있는 작은 도르래에는 100kg중인 물체가 매달려 있으며, 그 케이블은 바닥에 고정되어 있다. 벽에 작용하는 반력과 케이블의 인장력을 구하시오.

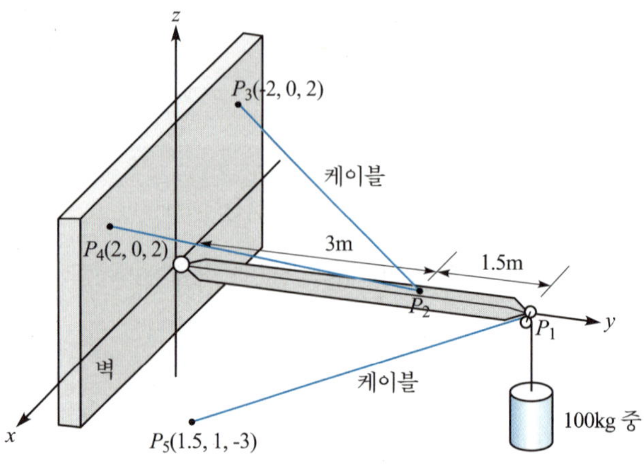

그림 5-9

풀이

자유물체도는 그림 5–10과 같으며, 벽에 작용하는 반력의 각 축 방향 분력을 R_x, R_y, R_z로 나타내었다. 평형방정식을 구하기 전에 작용하는 힘들의 분력을 먼저 구하면 표 5–1과 같다.

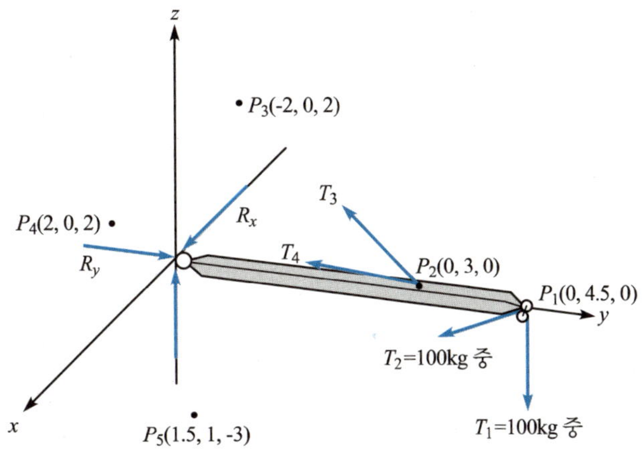

그림 5-10 자유물체도

표 5-1

힘	방향의 성분			거리	분력		
	x	y	z		T_x	T_y	T_z
$T_1 = 100\text{kg중}$	0	0	-1	1	0	0	-100
$T_2 = 100\text{kg중}$	1.5	-3.5	-3	4.85	30.93	-72.16	-61.86
T_3	-2	-3	2	4.12	-0.485 T_3	-0.728 T_3	0.485 T_3
T_4	2	-3	2	4.12	0.485 T_4	-0.728 T_4	0.485 T_4

표 5–1에서 구한 분력들을 이용하여 평형방정식을 구하면 다음과 같으며, 모멘트의 평형은 점 $P_2(0,\ 3,\ 0)$에 대해서 취하였다.

$$\sum F_x = R_x + 30.93 - 0.485\,T_3 + 0.485\,T_4 = 0$$

$$\sum F_y = R_y - 72.16 - 0.728\,T_3 - 0.728\,T_4 = 0$$

$$\sum F_z = R_z - 100 - 61.86 + 0.485\,T_3 + 0.485\,T_4 = 0$$

$$\sum M_x = -3R_z - (1.5)(100) + (1.5)(-61.86) = 0$$

$$\sum M_y = 0$$

$$\sum M_z = 3R_x - (1.5)(30.93) = 0$$

위의 연립방정식을 풀면, 반력과 인장력이 다음과 같이 구해진다.

$$R_x = 15.47 \text{ kg중} (\swarrow)$$

$$R_y = 436.59 \text{ kg중} (\rightarrow)$$

$$R_z = -80.93 \text{ kg중} (\downarrow)$$

$$T_3 = 298.13 \text{ kg중} (\text{인장})$$

$$T_4 = 202.46 \text{ kg중} (\text{인장})$$

CHAPTER 5

연습문제

5.1 그림과 같은 보가 평형상태에 있을 때 H, V, R의 크기는?

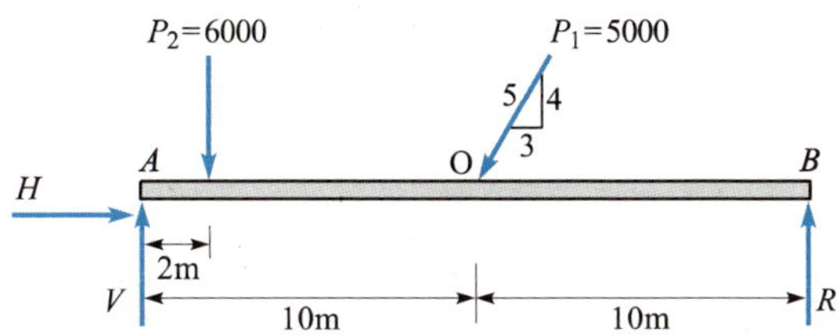

그림 5-11

5.2 그림과 같은 단순보의 지점에 작용하는 반력 H_A, V_A, V_B를 구하시오.

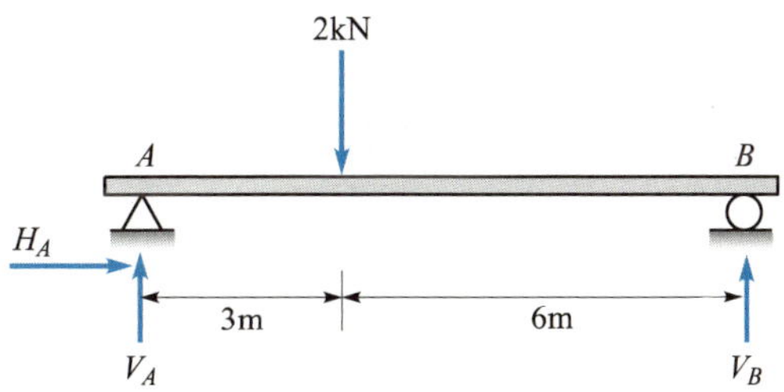

그림 5-12

5.3 그림과 같은 단순보의 지점에 작용하는 반력 H_A, V_A, V_B를 구하시오.

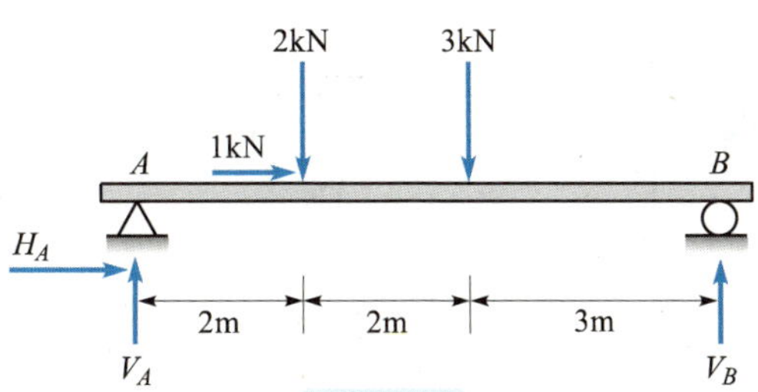

그림 5-13

5.4 그림과 같은 단순보의 지점에 작용하는 반력 H_A, V_A, V_B를 구하시오.

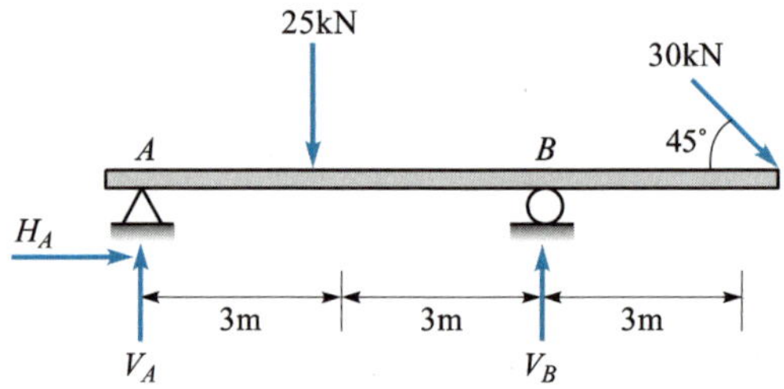

그림 5-14

5.5 그림의 고정지점(A)에 작용하는 반력 H_A, V_A, M_A를 구하시오.

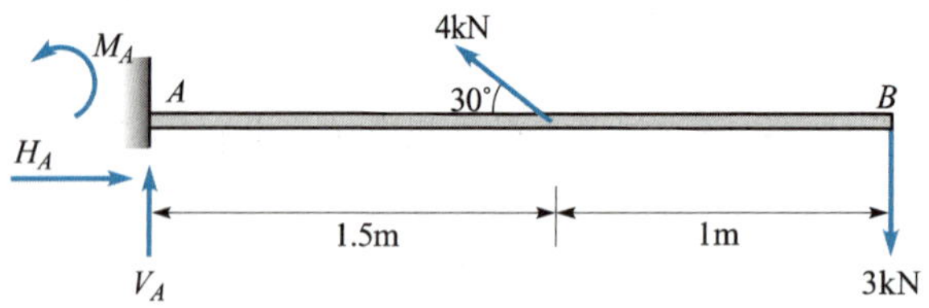

그림 5-15

5.6 그림과 같은 부재의 끝에 수직력 3kN과 모멘트 5kN · m가 작용하고 있다. 부재의 고정지점(A)에 작용하는 반력 H_A, V_A, M_A를 구하시오.

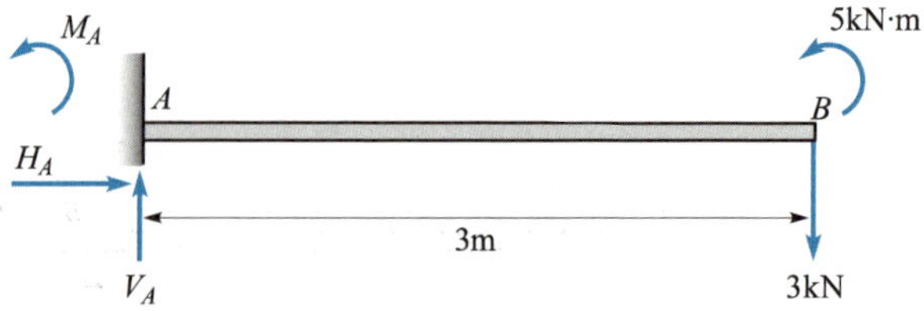

그림 5-16

5·7 중량이 $W = 3\text{kN}$ 인 물체가 그림과 같이 구조물에 매달려 있을 때, 힌지 A 에 작용하는 반력을 구하시오.

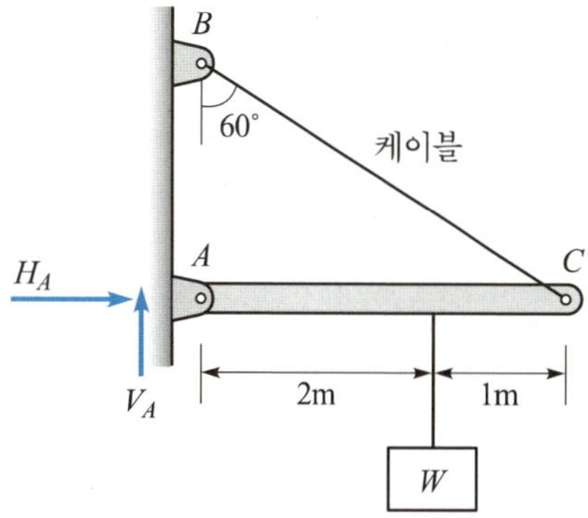

그림 5-17

5·8 그림과 같이 "ㄱ"자형 구조물이 벽에 수평으로 고정되어 있고, 수직방향으로 5kN, 벽에 연직인 방향으로 4kN이 작용할 때, 고정지점에 작용하는 반력을 구하시오.

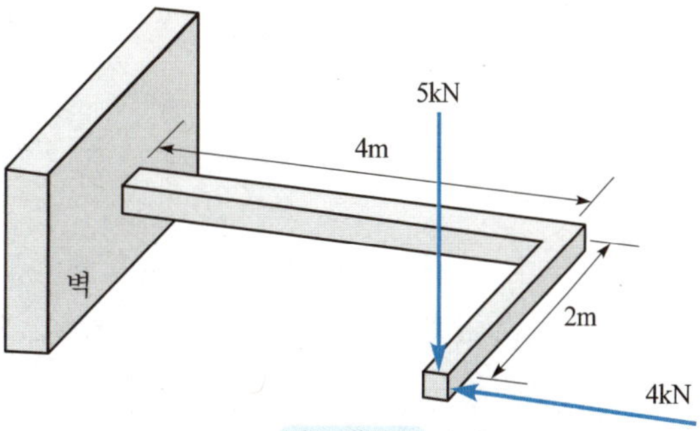

그림 5-18

5·9 그림과 같은 물체가 케이블에 매달려 있을 때, 힌지에 작용하는 반력과 케이블의 장력 P_1 을 구하시오.

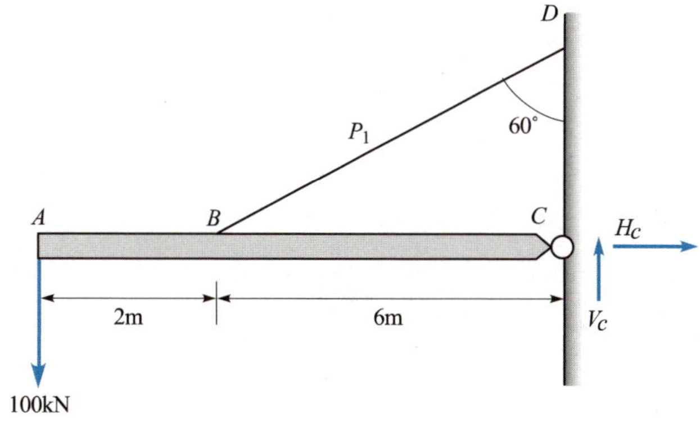

그림 5-19

CHAPTER 6

분포력

CHAPTER 6

분포력

6.1 분포력의 종류

이 책에서 지금까지 사용된 힘에 대한 예들은 대부분 어떤 한 점에 작용하는 집중력(集中力, concentrated force)이었다. 그러나 우리의 주변에 있는 실제 물체에 작용하는 힘은 그 물체의 표면이나 체적에 넓게 분포되어 작용하는 분포력(分布力, distributed force)이 대부분이며, 이러한 분포력에 대한 예로는 중력(重力), 수압(水壓), 풍압(風壓) 등을 들 수 있고, 간단하게는 우리가 서 있을 경우 체중(體重)이 발바닥에 분포되어 바닥으로 전달되는 것 등을 들 수 있다.

그런데 작용하는 분포력을 있는 그대로 수식(數式)으로 나타내고 역학적인 문제를 다루는 것은 용이하지 않기 때문에 계산을 쉽게 하기 위해서는 분포력을 역학적으로 동일한 하나의 집중력(작용하는 방향은 분포력과 동일)으로 바꿔서 다루는 것이 필요하다.

이러한 문제를 해결하기 위하여 본 장에서는 분포력과 등가(等價)인 집중력의 크기와 그 작용위치를 구하는 방법을 다루고자 하며, 먼저 분포력의 종류를 살펴보면 그림 6.1과 같이 선분포력, 면분포력 및 체적분포력이 있다.

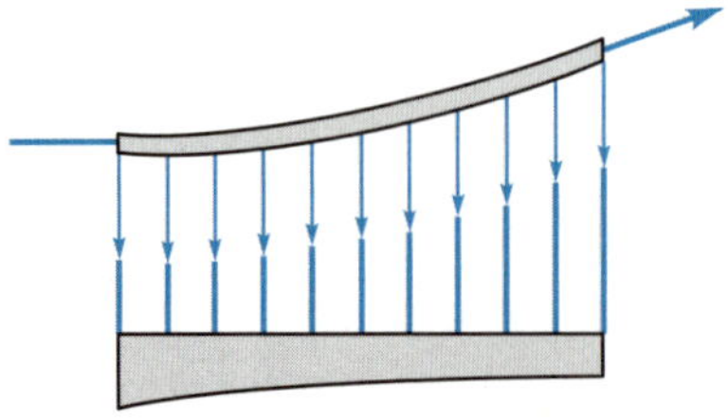

(a) 선분포력

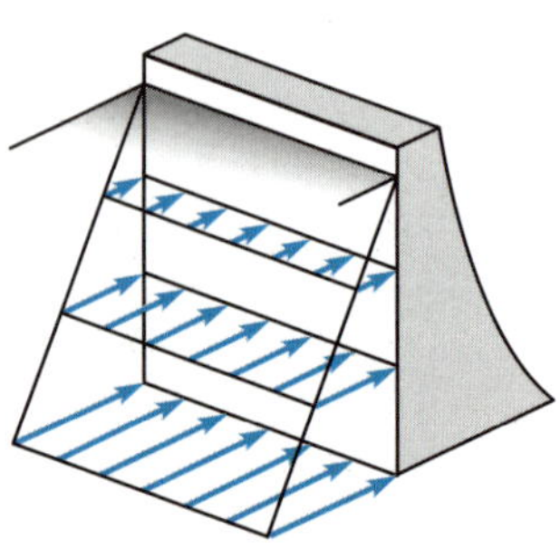

(b) 면분포력

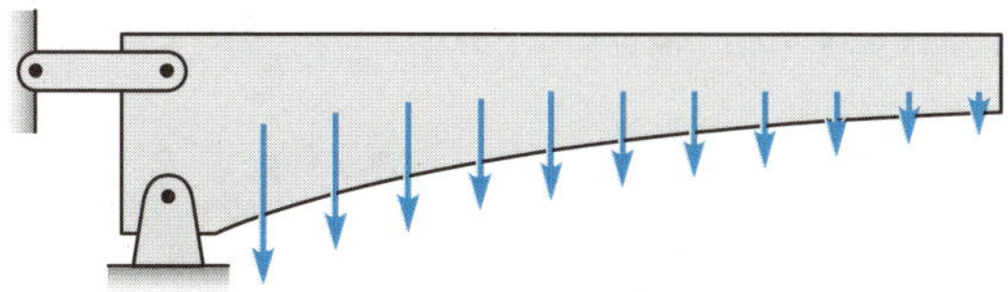

(c) 체적분포력

그림 6-1

1) 선분포력(line distributed force) 그림 6.1(a)

케이블의 자중은, 연직방향으로 케이블을 따라 선분포되어 작용한다.

단위는 N/m, tonf/m, lbf/ft와 같이 단위길이당 힘으로 표현된다.

2) 면분포력(area distributed force) 그림 6.1(b)

댐의 안쪽 면에 작용하는 정수압과 같이, 물체의 표면에 분포되어 작용하는 힘을 면분포력이라고 한다.

면적분포의 예로는 유압 또는 수압에 의한 압력(pressure)과 바람에 의해 구조물의 외부 면에 작용하는 풍압 등을 들 수 있다.

면분포력의 단위는 N/m^2, kgf/cm^2, lbf/in^2과 같이 단위면적당 힘으로 표현된다. SI 단위계(MKS 절대 단위계)에서는 면분포력의 단위로 Pa 또는 MPa 등이 사용되며, 이를 식으로 나타내면 다음과 같다.

$$1\ \mathrm{Pa} = 1\mathrm{N/m^2}$$

$$1\ \mathrm{MPa} = 1 \times 10^6\ \mathrm{N/m^2} = 1\mathrm{N/mm^2}$$

공학적 미·영 단위계(미·영 중력 단위계)에서는 면분포력의 단위로 psi 또는 ksi 등이 사용되며, 이를 식으로 나타내면 다음과 같다.

$$1\ \mathrm{psi} = 1\mathrm{lbf/inch^2}$$

$$1\ \mathrm{ksi} = 1 \times 10^3 \mathrm{lbf/inch^2}$$

3) 체적분포력(volume distributed force) 그림 6.1(c)

체적분포는 물체에 전체적으로 분포되어 작용하는 힘으로, 가장 일반적인 체적분포력으로는 중력에 의한 자중을 들 수 있다.

체적분포력의 단위는 N/m^3, kgf/cm^3, lbf/in^3과 같이 단위체적당 힘이 사용된다.

6.2 분포력의 변환

이 절에서는 분포력을 역학적으로 등가인 하나의 집중력으로 바꾸어 작용시킬 경우, 변환된 집중력의 크기와 작용하는 위치를 구해보기로 한다.

분포력을 역학적으로 동일한 하나의 집중력으로 바꾸어 작용시킬 때, 그 집중력의 크기와 작용위치를 구하는 것은 물체의 중심(重心) 또는 면적의 도심을 구하는 것과 같은 원리를 적용하여 구할 수 있다. 예를 들어 보의 상부에 분포력 $w(x)$가 그림 6-2와 같이 작용할 경우에 분포력 $w(x)$와 등가인 집중력 W의 크기와 그 작용위치를 구해보기로 하자.

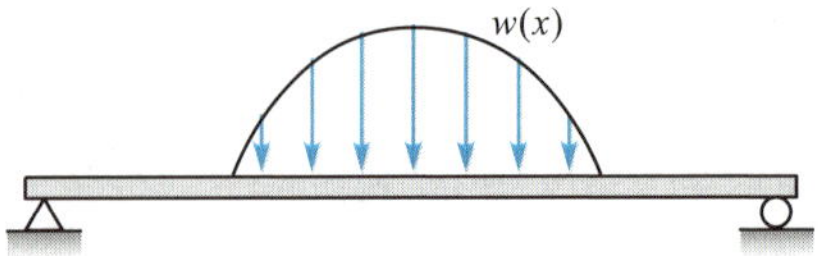

그림 6-2

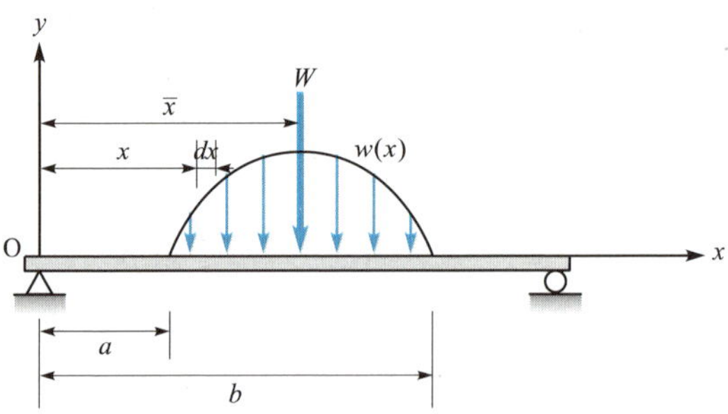

그림 6-3

그림 6-3과 같이 힌지 지점인 O 점을 좌표축의 원점으로 취하고, 분포력이 작용하는 구간을 $a \leqq x \leqq b$라고 하면, 분포력에 의해 미소구간 dx에 작용하는 하중은 $w(x)dx$이므로 구간 $a \leqq x \leqq b$에 작용하는 총 하중은 다음과 같으며, 이는 분포력을 나타내는 곡선 $w(x)$와 x축에 의해 둘러싸인 면적과 같다.

$$W = \int_a^b w(x)\,dx$$

한편, 미소구간에 작용하는 하중 $w(x)dx$가 점 O에 대해서 일으키는 모멘트는 $xw(x)dx$이며, 전체 분포하중이 점 O에 대해 일으키는 모멘트는 $\int_a^b xw(x)\,dx$이다. 여기서, x는 점 O로부터 미소구간까지의 거리를 나타낸다.

그리고 점 O로부터 집중력 W까지의 거리를 $\bar{x}$라고 하면, 점 O에 대해 집중력 W가 일으키는 모멘트와 분포력 $w(x)$가 일으키는 모멘트가 같아야 하므로

$$W\bar{x} = \int_a^b xw(x)\,dx$$

가 성립한다. 따라서 집중력 W의 작용위치 $\bar{x}$는 다음과 같이 구해지고, $\bar{x}$는 곡선 $w(x)$와 x축에 의해 둘러싸인 면적의 도심과 일치한다.

$$\bar{x} = \frac{\displaystyle\int_a^b xw(x)\,dx}{W} = \frac{\displaystyle\int_a^b xw(x)\,dx}{\displaystyle\int_a^b w(x)\,dx}$$

분포력을 집중력으로 바꿀 때, 편리하게 이용할 수 있도록 표 6-1에는 많이 사용되는 도형의 도심을 정리해 두었다.

표 6-1 여러 가지 도형의 도심

도형		면적 또는 길이	도심
직사각형	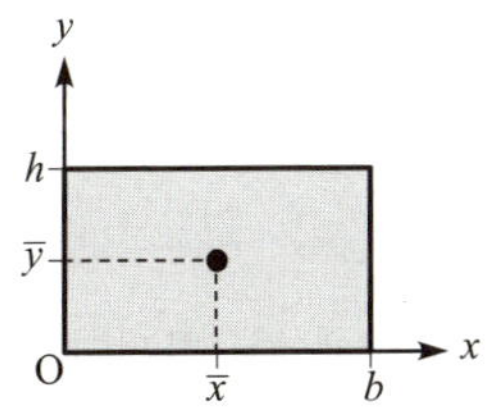	$A = bh$	$\bar{x} = \frac{b}{2}$ $\bar{y} = \frac{h}{2}$
삼각형	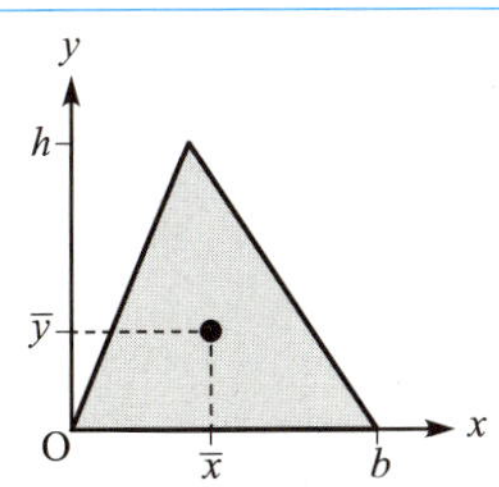	$A = \frac{1}{2}bh$	$\bar{y} = \frac{h}{3}$
포물선 아래의 면적	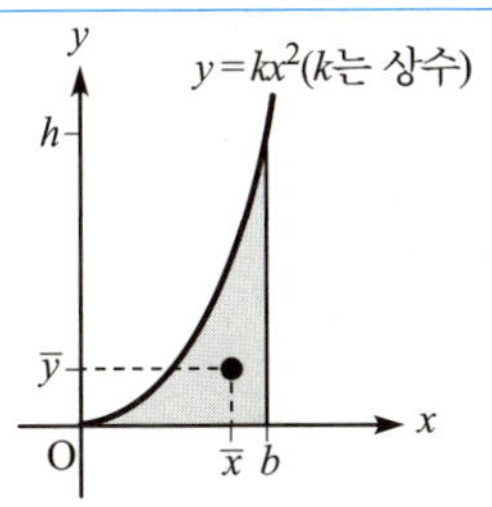	$A = \frac{bh}{3}$	$\bar{x} = \frac{3}{4}b$ $\bar{y} = \frac{3}{10}h$

<table>
<tr><td>포물선
위의 면적</td><td>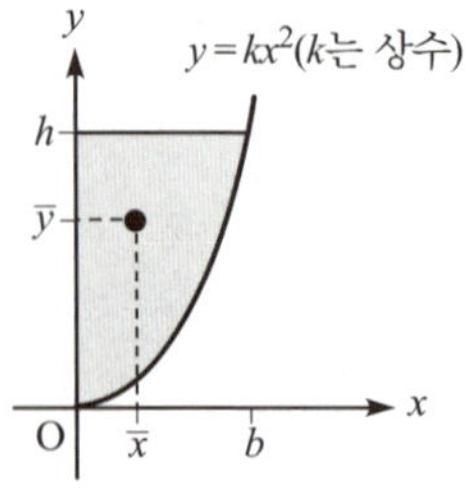</td><td>$A = \frac{2}{3}bh$</td><td>$\bar{x} = \frac{3}{8}b$
$\bar{y} = \frac{3}{5}h$</td></tr>
<tr><td>부채꼴</td><td>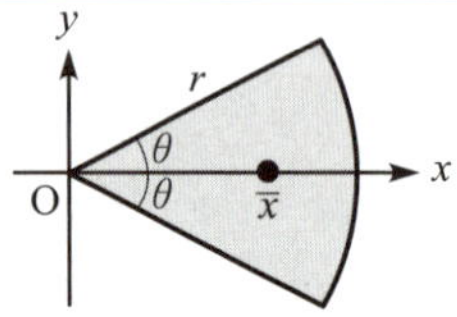</td><td>$A = r^2\theta$</td><td>$\bar{x} = \frac{2}{3}\frac{r\sin\theta}{\theta}$</td></tr>
<tr><td>사분원</td><td>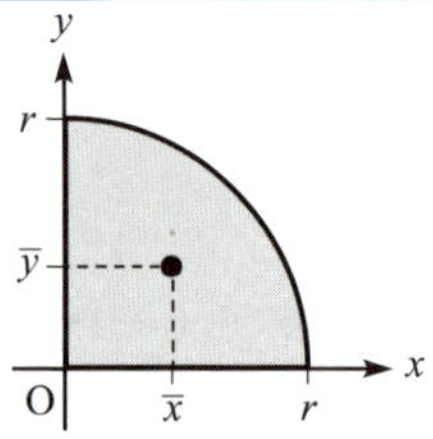</td><td>$A = \frac{\pi r^2}{4}$</td><td>$\bar{x} = \frac{4r}{3\pi}$
$\bar{y} = \frac{4r}{3\pi}$</td></tr>
<tr><td>호</td><td>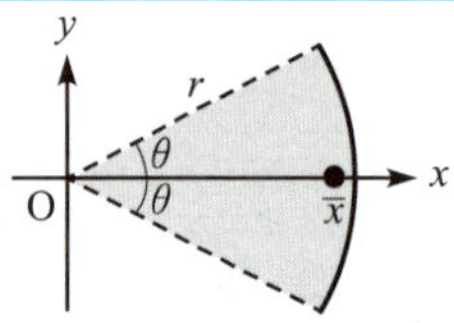</td><td>$L = 2r\theta$</td><td>$\bar{x} = \frac{r\sin\theta}{\theta}$</td></tr>
</table>

예제 6-1

그림과 같이 변하는 분포하중이 보에 작용하고 있을 때, 합력과 작용 위치를 구하시오.

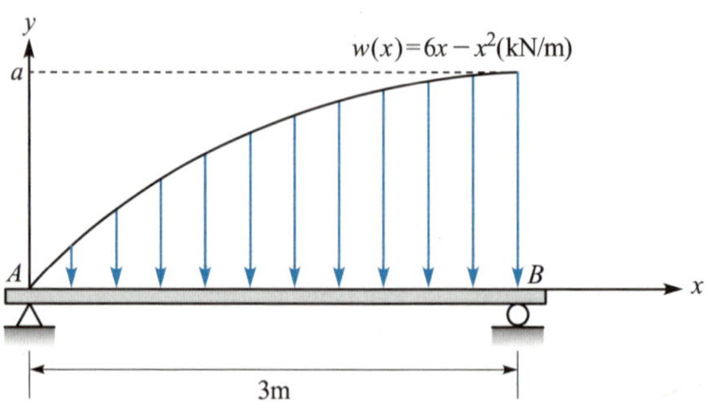

그림 6-4

풀이 1

보에 작용하는 분포하중의 전체 크기 W는

$$W = \int_0^3 w(x)\,dx = \int_0^3 6x - x^2\,dx = \left[\frac{6}{2}x^2 - \frac{1}{3}x^3\right]_0^3 = 18\text{ kN}(\downarrow)$$

이다. 분포하중을 등가인 집중하중 W로 바꾸어 작용시킬 때, 그 위치 $\bar{x}$는 다음과 같이 구해지고, $\bar{x}$는 곡선 $w(x)$와 x축에 의해 둘러싸인 면적의 도심과 일치한다.

$$\bar{x} = \frac{\int_0^3 xw(x)\,dx}{W} = \frac{\int_0^3 x(6x - x^2)\,dx}{18}$$

$$= \frac{1}{18}\int_0^3 6x^2 - x^3\,dx = \frac{1}{18}\int_0^3 6x^2 - x^3\,dx$$

$$= \frac{1}{18}\left[\frac{6}{3}x^3 - \frac{1}{4}x^4\right]_0^3 = 1.875\text{ m}$$

풀이 2

표 6-1의 포물선 위의 면적 공식을 이용하면

$$W = \frac{2}{3}bh = \frac{2}{3}\times a\times 3 = 18 \qquad \therefore W = 18\text{kN}(\downarrow)$$

$$\bar{x} = \frac{5}{8}b = \frac{5}{8}\times 3 = 1.875\text{m}$$

이와 같이 표 6-1의 공식을 사용하면 간편하게 합력과 작용위치를 구할 수 있다.

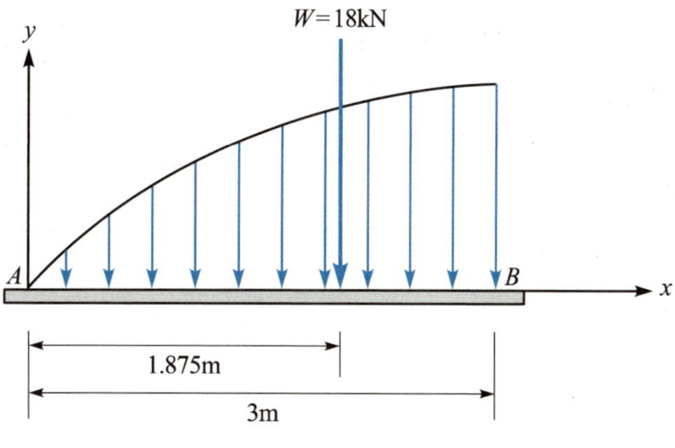

그림 6-5 분포력과 집중력

예제 6-2

그림 6-6과 같이 삼각형 형태의 분포하중이 작용하고 있는 보가 평형 상태일 때, 지점에 작용하는 반력 H_A, V_A, V_B를 구하시오.

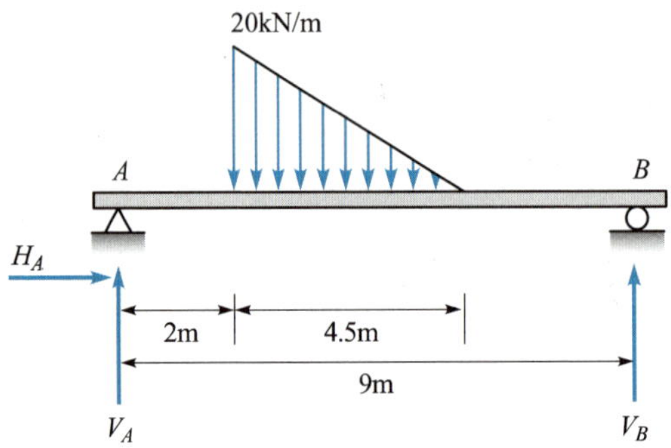

그림 6-6

풀이

표 6-1의 공식을 사용하면 보에 작용하는 삼각형 분포하중의 전체 크기는

$$F = \frac{1}{2} \times 20 \times 4.5 = 45\text{kN}$$

이고, 등가인 집중하중으로 바꾸어 작용시킬 때, 그 위치는 그림 6-7과 같이 삼각형의 도심과 같다. 자유물체도에 평형방정식을 적용하여 반력을 구한다.

$$\sum F_x = H_A = 0$$

$$\sum F_y = V_A + V_B - 45 = 0$$

$$\sum M_A = -45 \times (2 + 1.5) + V_B \times 9 = 0$$

$$H_A = 0$$

$$V_A = 27.5\text{kN} \ (\uparrow)$$

$$V_B = 17.5\text{kN} \ (\uparrow)$$

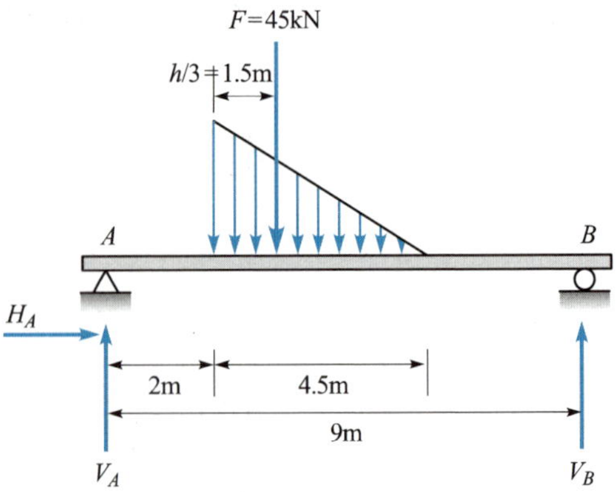

그림 6-7 자유물체도

예제 6-3

그림 6-8과 같은 분포하중의 합력의 크기와 합력의 위치를 구하시오.

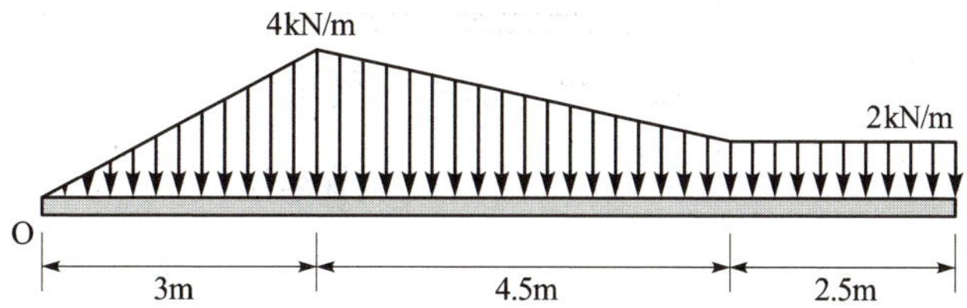

그림 6-8

풀이

그림 6-9와 같이 분포하중의 크기와 합력의 작용점을 알 수 있는 삼각형 및 사각형으로 분해하여 합력과 작용점을 구해야 한다.

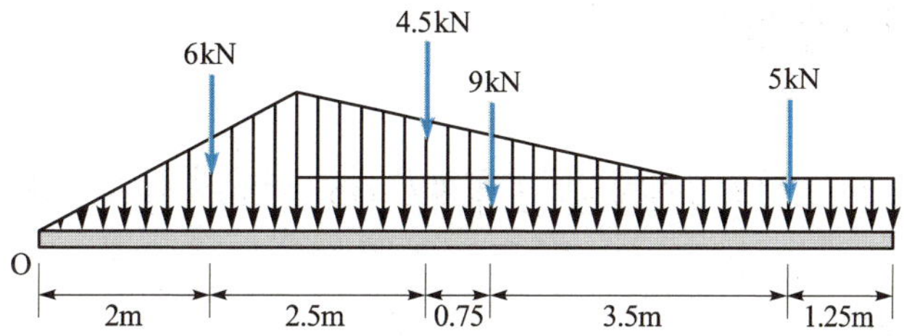

그림 6-9

$$F_1 = \frac{1}{2} \times 4\mathrm{kN/m} \times 3\mathrm{m} = 6\mathrm{kN}$$

$$F_2 = \frac{1}{2} \times 2\mathrm{kN/m} \times 4.5\mathrm{m} = 4.5\mathrm{kN}$$

$$F_3 = 2\mathrm{kN/m} \times 4.5\mathrm{m} = 9\mathrm{kN}$$

$$F_4 = 2\mathrm{kN/m} \times 2.5\mathrm{m} = 5\mathrm{kN}$$

합력의 크기는

$$F_{total} = F_1 + F_2 + F_3 + F_4 = 6\mathrm{kN} + 4.5\mathrm{kN} + 9\mathrm{kN} + 5\mathrm{kN} = 24.5\mathrm{kN}$$

합력의 위치를 구하기 위하여 각 힘의 O점에 대한 모멘트를 구하면

$$\begin{aligned} M_O &= 6\mathrm{kN} \times 2\mathrm{m} + 4.5\mathrm{kN} \times 4.5\mathrm{m} + 9\mathrm{kN} \times 5.25\mathrm{m} + 5\mathrm{kN} \times 8.75\mathrm{m} \\ &= 123.25\mathrm{kN} \cdot \mathrm{m}(\circlearrowright) \end{aligned}$$

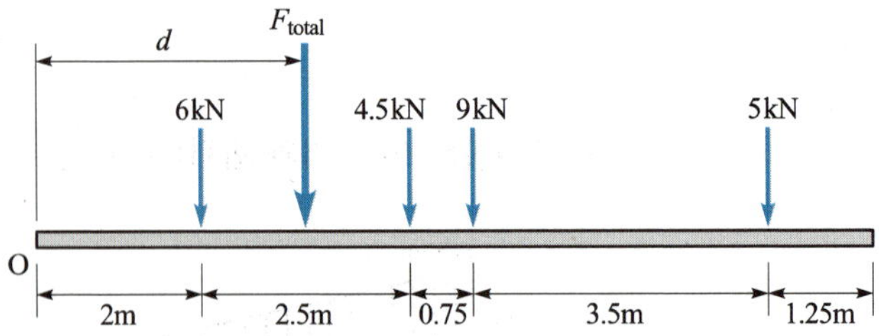

그림 6-10

$$M_O = F_{total} \times d$$

$$\therefore d = \frac{M_O}{F_{total}} = \frac{123.25}{24.5} = 5.03\text{m}$$

6.3 유체정역학

정지하고 있는(또는 평형상태에 있는) 유체에 관한 역학의 한 부분을 유체정역학이라고 한다.

6.3.1 정수압

임의점에 작용하는 압력 p를 계산하기 위하여 물의 비중을 γ(= 밀도 $\rho \times$ 중력가속도 g)라 정의하고, 그림 6-11과 같이 단면적 A, 깊이 y인 물기둥을 생각하기로 하자. 먼저, 물기둥에 의해 발생하는 무게 W를 계산하면 다음과 같다.

$$W = \gamma A y = \rho g A y$$

물기둥의 아랫면에서 받쳐주는 힘을 F, 압력을 p라고 하면,

$$F = pA$$

물기둥은 정지된 상태로 평형 상태이므로, 물기둥의 무게 W과 아랫면에서 받쳐주는 힘 F는 서로 같아야 한다는 조건을 사용하면,

$$W = \gamma A y = F = pA$$

따라서, 물 표면으로부터의 깊이 y에 있는 임의점에 작용하는 정수압 p는 다음과 같게 된다.

$$\therefore \; p = \gamma y$$

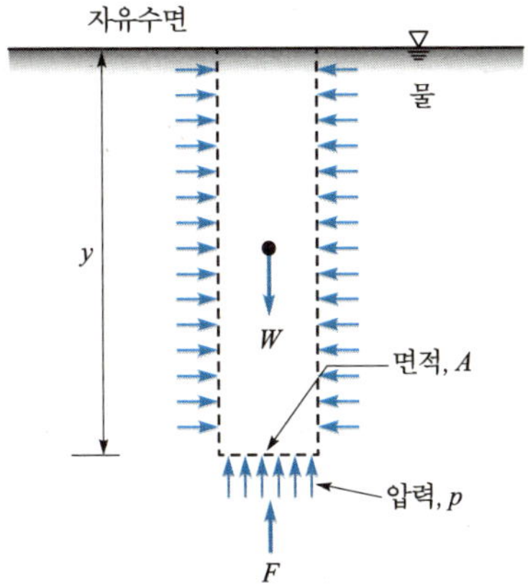

그림 6-11

6.3.2 평면에 작용하는 수압

그림 6-12와 같이 깊이 h 인 물을 지탱하는 댐에 작용하는 힘을 계산하고자 한다.

정지된 유체내의 한 점에는 모든 방향으로부터 동일한 크기의 압력 p가 작용한다는 Pascal의 법칙과, 깊이 y 인 곳에서 발생하는 정수압 $p = \gamma y$ 이라는 식을 이용하면, 수압으로 댐의 단위폭 당 발생하게 되는 수평력 F와 작용 위치는 다음과 같이 계산된다.

$$F = p_{avg} \times A = \left(\frac{1}{2}\gamma h\right) \times (1 \cdot h) = \frac{1}{2}\gamma h^2$$

$$y_C = \frac{h}{3}$$

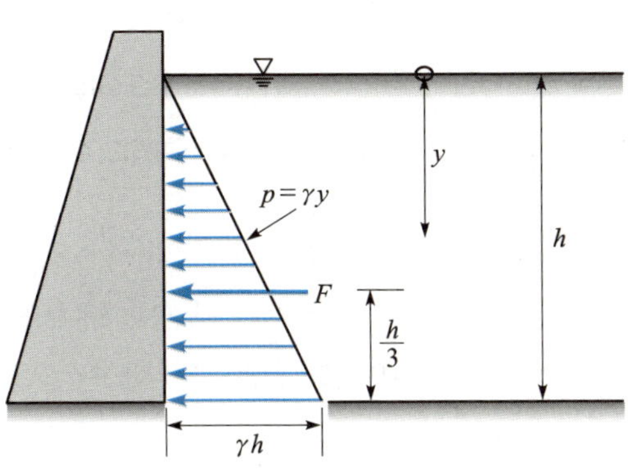

그림 6-12

예제 6-4

앞면 폭 2.0m, 옆면 폭 0.8m, 깊이 0.9m인 큰 수조탱크에서 각 면에 작용하는 정수력을 구하시오. 단, 물의 비중 $\gamma = 9.81\ \mathrm{kN/m^3}$ 을 사용한다.

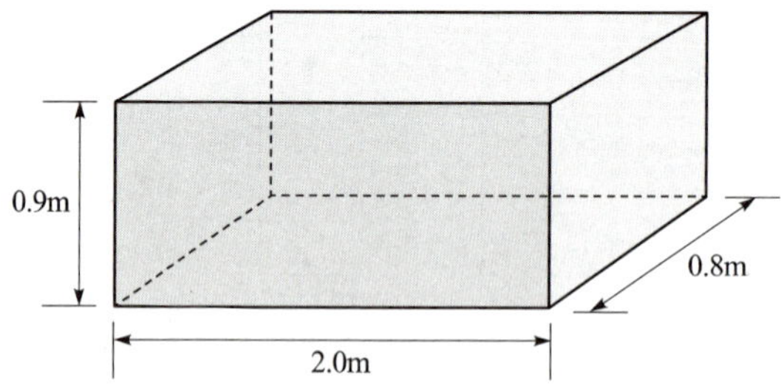

그림 6-13

풀이

1) 탱크의 바닥면 ($A_1 = 0.8\mathrm{m} \times 2.0\mathrm{m}$)에 작용하는 정수력

탱크 바닥에서의 평균 수압은 : $p_1 = \gamma \times h = 9.81 \times 0.9 = 8.829\,\mathrm{KN/m^2}$

바닥면에서의 정수력은 : $F_1 = p_1 \times A_1 = 8.829 \times 2.0 \times 0.8 = 14.126\,\mathrm{KN}$

사각형 바닥면의 도심에 수직하향으로 작용한다.

2) 폭 0.8m인 탱크의 측면 ($A_2 = 0.8\mathrm{m} \times 0.9\mathrm{m}$)에 작용하는 정수력

수압은 수면 0에서 바닥면 $8.829\,\mathrm{KN/m^2}$까지 선형적으로 변화하므로

탱크 측면에서의 평균 수압은 : $p_2 = \dfrac{1}{2}\gamma \times h = \dfrac{1}{2}8.829 = 4.415\,\mathrm{KN/m^2}$

탱크 측면에서의 정수력은 : $F_2 = p_2 \times A_2 = 4.415 \times 0.9 \times 0.8 = 3.178\,\mathrm{KN}$

수면에서 아래로 $2\mathrm{h}/3 = 0.6\,\mathrm{m}$ 인 탱크 옆면의 도심에 수직으로 작용한다.

3) 폭 2.0m인 탱크의 앞면 ($A_3 = 2.0\mathrm{m} \times 0.9\mathrm{m}$)에 작용하는 정수력

수압은 수면 0에서 바닥면 $8.829\,\mathrm{KN/m^2}$까지 선형적으로 변화하므로

탱크 앞면에서의 평균 수압은 : $p_3 = \dfrac{1}{2}\gamma \times h = \dfrac{1}{2}8.829 = 4.415\,\mathrm{KN/m^2}$

탱크 앞면에서의 정수력은 : $F_3 = p_3 \times A_3 = 4.415 \times 2.0 \times 0.9 = 7.946\,\mathrm{KN}$

수면에서 아래로 $2\mathrm{h}/3 = 0.6\,\mathrm{m}$ 인 탱크 앞면의 도심에 수직으로 작용한다.

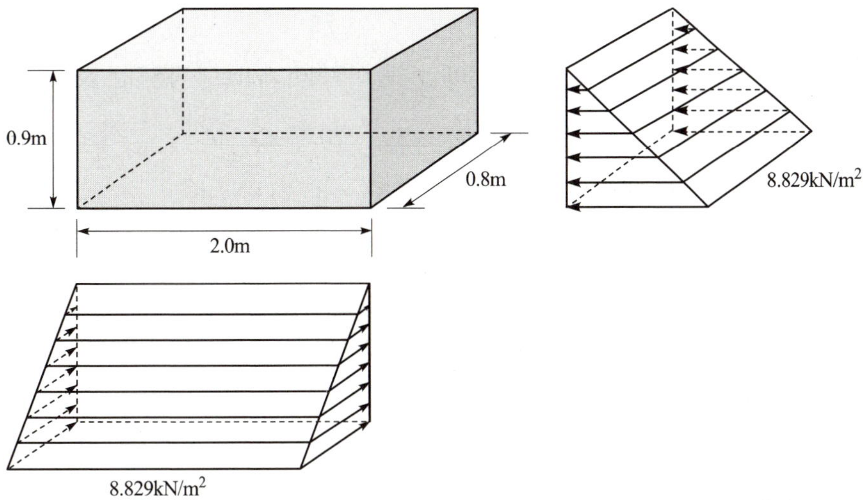

그림 6-14

예제 6-5

그림 6-15와 같이 A점에 힌지로 설치된 게이트 AB에 의해 우수 배출이 이루어지고 있다. 이 게이트는 높이 1.5m, 폭 1.2m인 직사각형으로 하천의 수위가 게이트보다 높을 때는 역류를 방지하기 위하여 닫혀 지도록 되어있다. 그림과 같이 하천의 수위가 게이트 A점보다 2m 위일 때 게이트에 작용하는 정수력의 합력의 위치와 크기를 구하라. 단, 물의 비중은 $10.06\,\mathrm{kN/m^3}$를 사용한다.

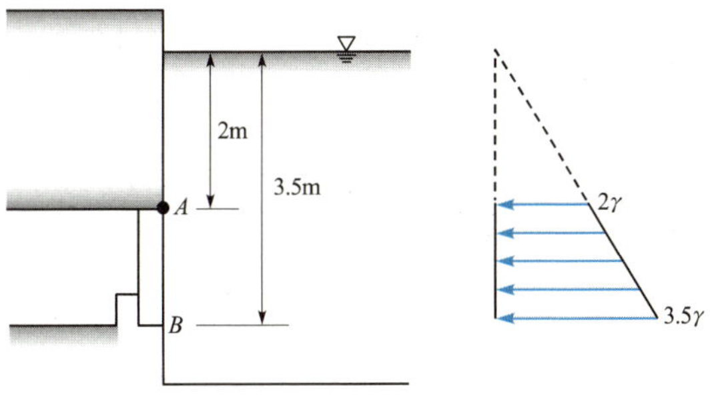

그림 6-15

풀이

그림 6-15에 나타낸 A점과 B점의 압력을 이용하여 게이트에 작용하는 정수력의 합력을 계산하면

게이트 상부 A점에서의 수압 : $p_A = 2\gamma = 20.12\,\text{kN/m}^2$

게이트 하부 B점에서의 수압 : $p_B = 3.5\gamma = 35.21\,\text{kN/m}^2$

게이트에 작용하는 합력 : $F = p_{avg} \times A$

$$= 0.5 \times (20.12 + 35.21) \times 1.5 \times 1.2 = 49.80\,\text{kN}$$

게이트에 작용하는 합력의 작용 위치를 구하기 위하여 그림 6-16과 같이 사다리꼴 압력을 삼각형과 사각형 압력으로 나누어 생각하면

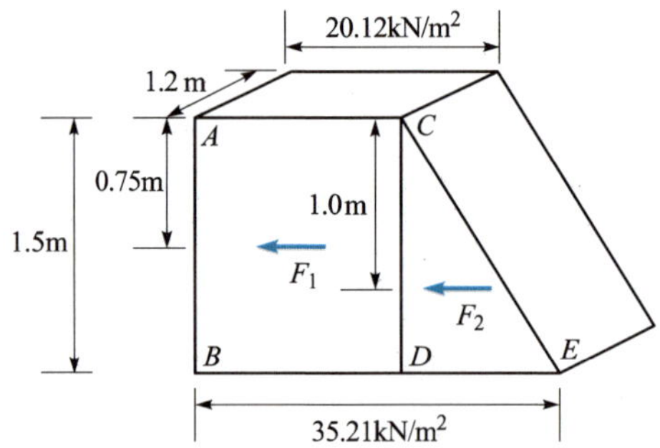

그림 6-16

삼각형 블록의 압력 : $35.21 - 20.12 = 15.09\,\text{kN/m}^2$

사각형 압력 블록의 합력 : $F_1 = 20.12 \times 1.5 \times 1.2 = 36.22\,\text{kN}$

삼각형 압력 블록의 합력 : $F_2 = 0.5 \times 15.09 \times 1.5 \times 1.2 = 13.58\,\text{kN}$

합력과 작용점 : $Fy_R = F_1 y_1 + F_2 y_2$

$$49.80 \times y_R = (36.22 \times 0.75) + (13.58 \times 1.0)$$

$$\therefore\ y_R = 0.818\,\text{m}$$

따라서, 합력은 $F = 49.80\,\text{kN}$ 이고, A점 아래 0.818m인 지점에 작용한다.

CHAPTER 6

연습문제

6.1 캔틸레버보에 그림과 같은 삼각형 분포하중과 집중하중이 작용할 때, 작용 하중의 합력과 작용 위치를 구하시오.

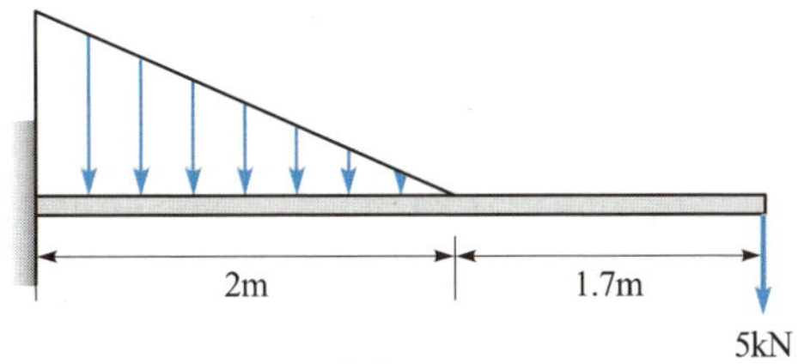

그림 6-17

6.2 그림과 같이 집중하중과 등분포 하중을 받고 있는 내민보에서 작용하는 하중의 합력과 작용 위치를 구하시오.

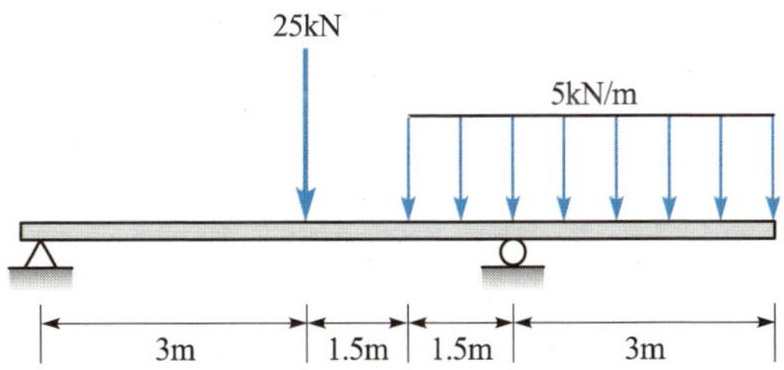

그림 6-18

6.3 그림과 같은 내민보에서 작용하는 하중의 합력과 작용 위치를 구하시오.

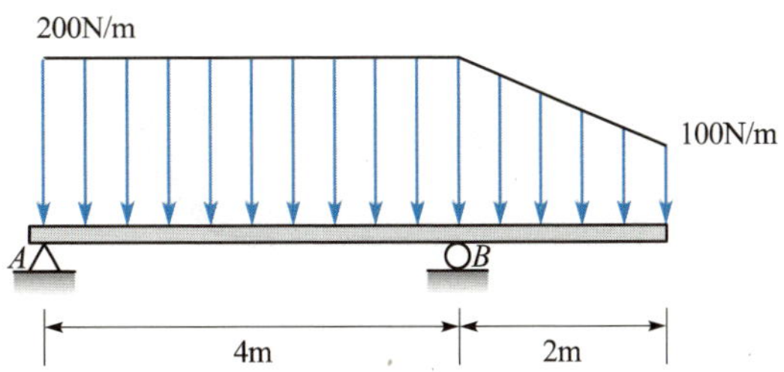

그림 6-19

6.4 그림 6-20과 같은 분포하중의 합력의 크기와 합력의 위치를 구하시오.

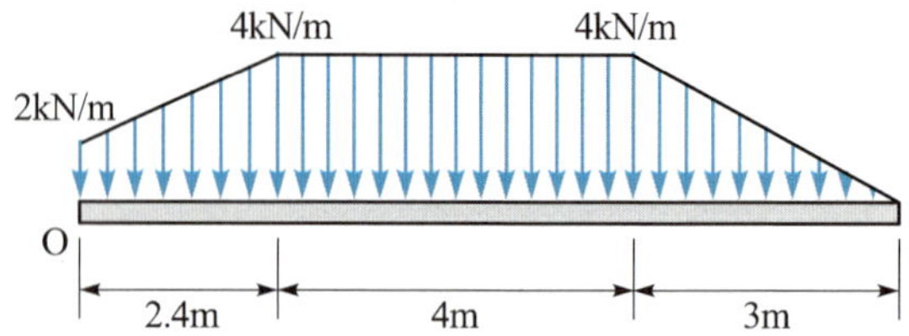

그림 6-20

6.5 폭이 5m인 갑문이 운하의 측면에 수직으로 세워져 있다. 갑문의 한쪽은 수심이 3.8m이고 다른 한쪽은 수심이 2.1m이다. 갑문에 작용하는 정수력의 합력의 크기를 구하고 운하 바닥으로부터의 작용 높이를 구하시오.

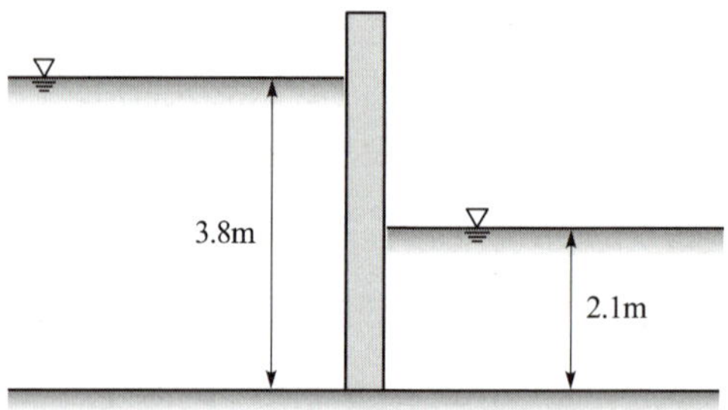

그림 6-21

6.6 다음 그림의 수문의 길이가 15 m인 1/4 원형으로, H에서 경첩으로 지지된다. 이 수문을 평형상태로 유지하는 데 필요한 힘 P를 구하여라. (물의 단위중량은 $\gamma_w = 9.81\ \text{kN/m}^3$)

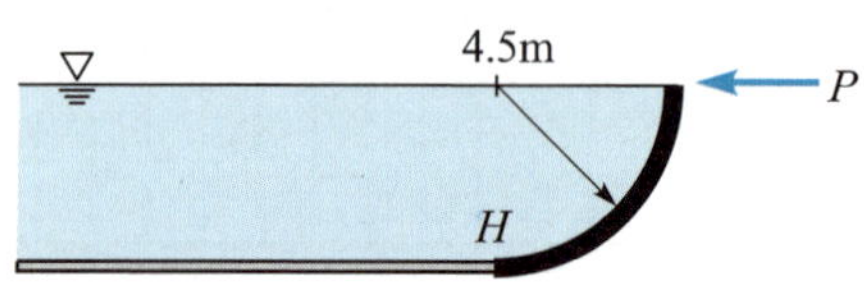

그림 6-22

6.7 그림과 같은 분포하중을 등가의 집중하중으로 바꿀 때 그 크기와 위치를 구하여라.

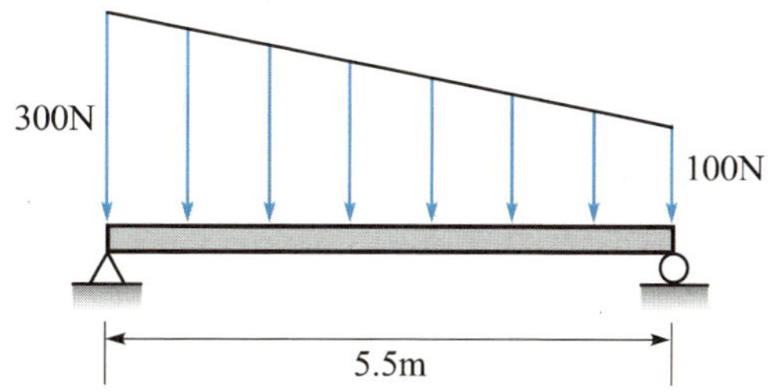

그림 6-23

6.8 그림과 같은 직경 45 cm의 배수관로에 흐르지 않는 물이 반만큼 차 있다. 관로 벽의 곡선 부분 BC의 길이 1 m 당 작용하는 물의 합력의 크기와 작용선의 위치를 구하여라. (물의 단위중량은 $\gamma_w = 9.81\,\mathrm{kN/m^3}$)

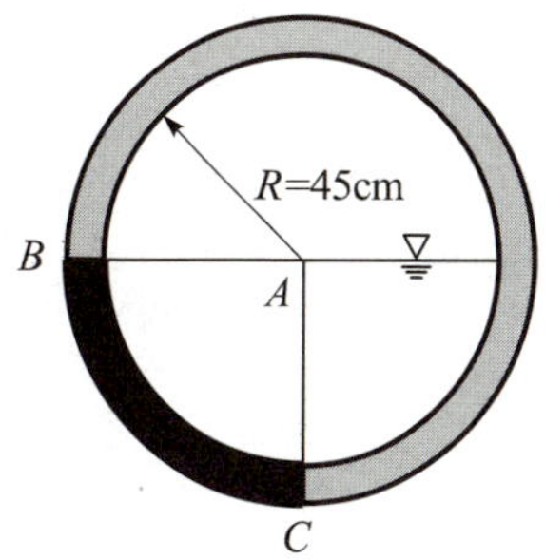

그림 6-24

6.9 다음 그림은 댐의 단면을 나타내고 있다. 댐의 모서리 A를 중심으로 전도 유무에 대하여 알아보아라. (콘크리트의 밀도 $\rho = 2400\,\mathrm{kg/m^3}$, 물의 밀도 $\rho = 1000\,\mathrm{kg/m^3}$)

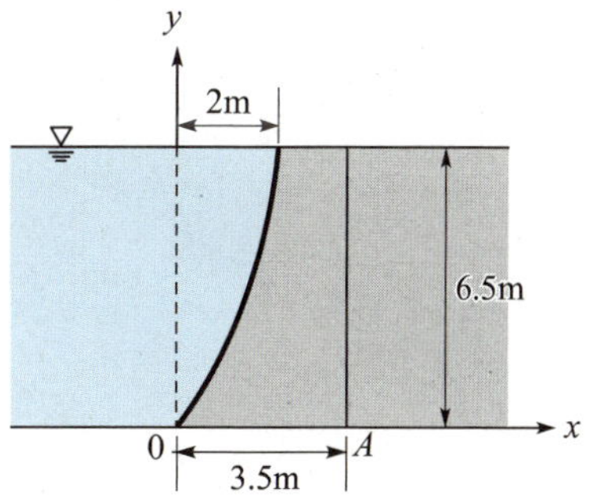

그림 6-25

6.10 그림과 같은 분포 선 하중을 전달하는 보가 있다. 이 보에 작용하는 합력과 그 작용선을 구하여라.

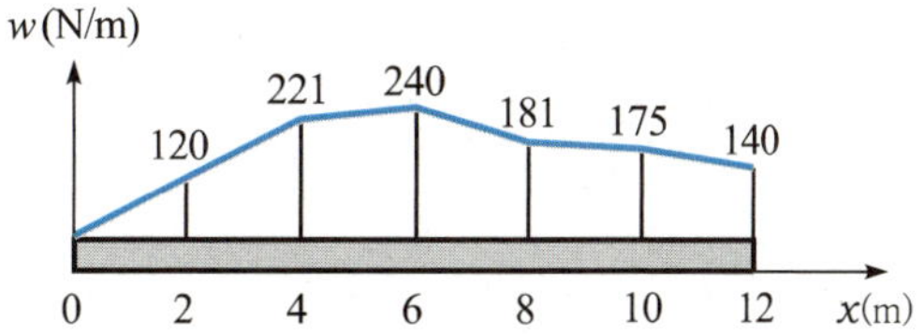

그림 6-26

CHAPTER 7

보 해석

CHAPTER 7

보 해석

역학을 배우는 이유는 실제 구조물에 작용하고 있는 힘의 관계를 파악하여 사용하기에 더욱 적합한 구조물을 만들기 위해서이므로, 이 단원에서는 실제 많이 사용되는 구조물인 보에 대해서 알아보기로 한다.

7.1 구조물의 해석

구조물의 해석이란 평형상태에 있는 구조물에 외력이 작용하는 경우 구조물에 발생하는 내력, 변형, 변위 및 지지점의 반력을 파악하는 것을 의미한다.

정역학을 다루는 이 책에서는 외력으로 인해 구조물에 발생하는 내력과 지지점에서 받는 반력에 대해서만 살펴보고자 한다.

7.1.1 지점 반력

1) 평면역계에서 지점의 반력

지점(支點, supporting point)[1]은 구조물[2]이 지반(地盤) 또는 다른 구조물에 연결된 부분을 말하며, 그 구조물은 지반 또는 다른 구조물로부터 지점에 가해지는 반력에 의해 안정을 이루게 된다. 이때 지점에 작용하는 반력을 지점반력(支點反力, support reaction)이라고 한다.

1) 간단히 말하면, 지점은 어떤 물체가 주변의 물체에 의해 지지되어 있는 점을 말한다.
2) 구조물(構造物)은 일정한 설계에 따라 여러 가지 재료들을 사용하여 만든 물건을 말하며, 건물, 다리, 축대, 터널, 댐, 송전 철탑 등이 있다. 그리고 큰 변형이 발생되지 않는 한도 내에서는 구조물을 강체로 간주할 수 있으며, 이 책에서는 강체인 경우에 대해서만 다루고 있다.

그리고 구조물이 가지고 있는 지점의 대표적인 종류로는 롤러, 힌지, 고정 등을 들 수 있는데, 이들 지점과 반력성분에 대해서는 표 7-1에 정리해 두었다.

표 7-1 평면력계에서 지점의 반력

지점의 종류	반력성분	해설
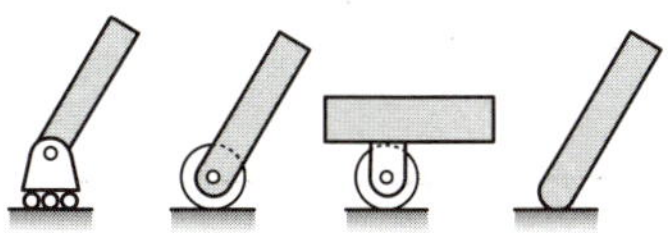 롤러, 마찰이 없는 표면	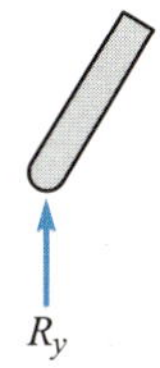	지지 평면에 수직인 하나의 반력 R_y
 힌지 또는 마찰이 없는 핀	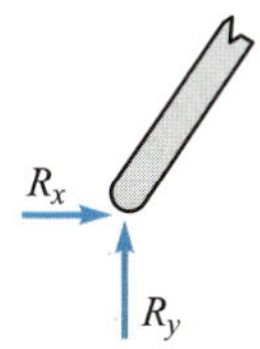	수평과 수직성분으로 나누어진 반력 R_x, R_y
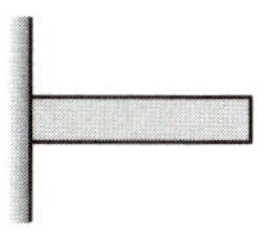 고정된 지점	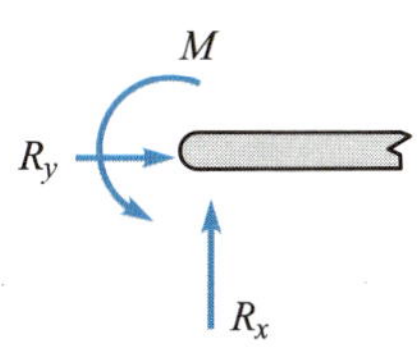	수평과 수직성분으로 나누어진 반력 R_x, R_y와 반력 모멘트 M
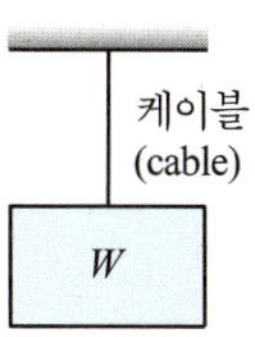	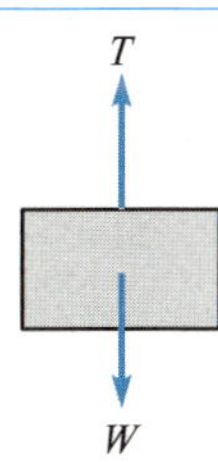	케이블 또는 밧줄 등은 길이 방향의 인장력 T만을 받는다.

표 7-1에 나타낸 각 지점에 대한 자세한 설명은 다음과 같다.

(1) 롤러(roller)는 마찰이 없는 표면 위에 놓인 물체의 경우와 마찬가지로 지지된 평면과 평행한 방향으로는 반력이 없고, 지지된 평면에 수직인 방향으로만 반력이 작용한다(이동단).

(2) 힌지(hinge)[3]는 부재가 마찰이 없는 핀으로 연결되어서 부재의 회전은 가능하지만 수평이나 수직방향의 움직임은 고정되어 있는 경우이다. 따라서 수직과 수평방

3) 힌지는 우리나라 말로 돌쩌귀 또는 경첩이다. 경첩은 여닫이문을 달 때 한쪽은 문틀에, 다른 한쪽은 문짝에 고정하는 철물을 말하며, 문짝을 열고 닫을 때 문이 회전할 수 있도록 만들어진 것이다.

향으로 작용하는 반력이 존재하며, 회전에 대한 반력은 없다(회전단).

(3) 고정(固定) 지점은 수평과 수직방향의 움직임이 고정되어 있을 뿐만 아니라 회전도 고정되어 있는 경우이다. 따라서 고정 지점에 작용하는 반력은 수평과 수직반력 뿐만 아니라 회전에 저항하는 모멘트도 반력으로 작용하게 된다(고정단).

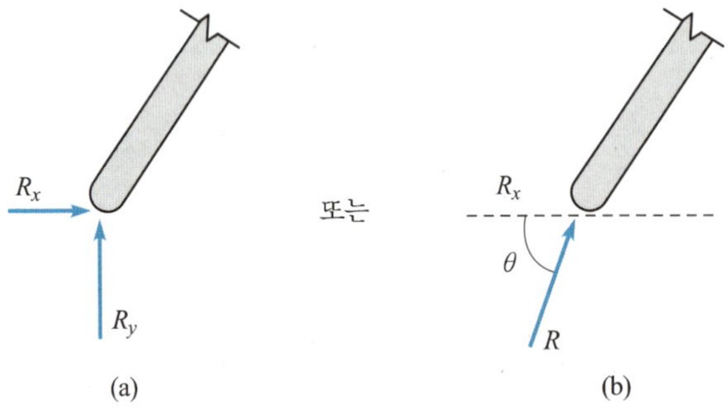

그림 7-1

한편, 힌지나 고정 지점인 경우, 수평과 수직인 방향으로 작용하는 두 개의 반력 성분을 가진다고 하였으나, 그림 7-1(b)와 같이 실제로는 수평선과 특정한 각을 이루는 하나의 반력이 지점에 작용하는 경우라고 보아도 상관없으며, 다만 계산의 편의를 위해 하나의 반력을 수직과 수평 성분으로 나누어 다루고 있다고 생각해도 된다. 즉, 수직과 수평 반력의 합력은 수평선과 특정한 각을 이루는 하나의 반력과 같다. 그리고 이 책에서 지금까지 예제로 많이 사용된 케이블의 경우는 케이블의 길이 방향으로 작용하는 인장력만을 받는다.

또한 이 절에서 언급하지 않은 종류의 지점일 경우, 그 지점에 작용하는 반력의 유형은 여기서 언급한 내용만으로도 충분히 유추해낼 수 있는데, 지점에서 강체가 자유롭게 움직일 수 있는 방향에 대해서는 반력이 없고, 고정되어 움직일 수 없는 방향에 대해서는 반력이 작용한다고 보면 된다.

2) 공간역계에서 지점의 반력

3차원 공간에 있는 구조물의 지점의 종류와 그 지점에 작용하는 반력의 유형도 평면일 경우와 크게 다를 바 없으며, 다만 평면일 경우에 비해 고려해야 할 반력의 성분이 더 늘어난다는 것뿐이다.

예를 들어 그림 7-2(a)와 같이 고정된 지점일 경우에는 좌표축과 평행한 세 방향으로의 움직임이 모두 구속되어 있으므로 그림 7-2(b)와 같이 고려해야 할 반력이 R_x, R_y, R_z로 3개이고, 또 회전에 대해서도 모든 방향으로 구속되어 있으므로 고려해야 할 반력 모멘트가 M_x, M_y, M_z로 3개이다.

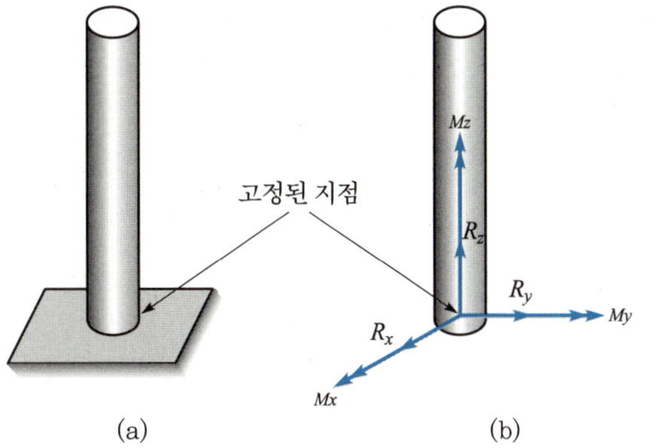

그림 7-2

그리고 고정지점이 아닌 다른 종류의 지점일 경우에는 지점에서 물체가 자유롭게 움직일 수 있는 방향에 대해서는 반력이 없고, 구속되어 움직일 수 없는 방향에 대해서는 반력이 작용한다고 보아 그 반력을 찾으면 된다.

예제 7-1

매달린 통나무의 중량이 122.3kg중 (≒ 1200N)일 때, 다음 그림과 같은 삭도(索道)에 대한 자유물체도를 그리시오.

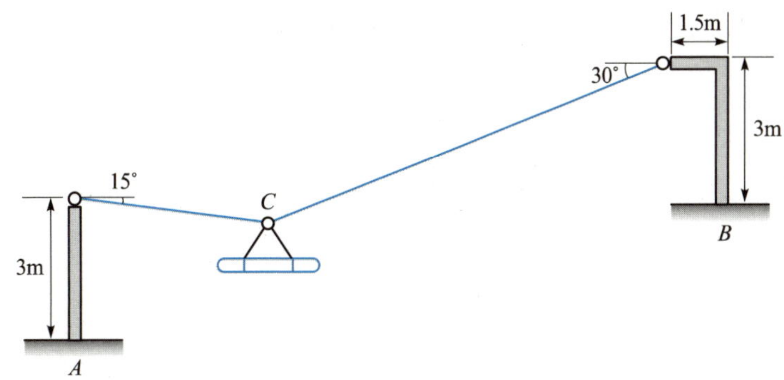

그림 7-3

풀이

줄에는 인장력만이 작용하므로 점 C에는 수직하중 1200N과 왼쪽 기둥으로 이어진 줄에 작용하는 인장력 T_A와 오른쪽 기둥으로 이어진 줄에 작용하는 인장력 T_B가 작용한다. 그리고 기둥에는 각각 동일한 인장력 T_A, T_B가 반대방향으로 작용하게 된다.

또 기둥의 하단은 고정 지점이므로 수평반력 H와 수직반력 V, 반력 모멘트 M이 각각 A 점과 B 점에 작용한다.

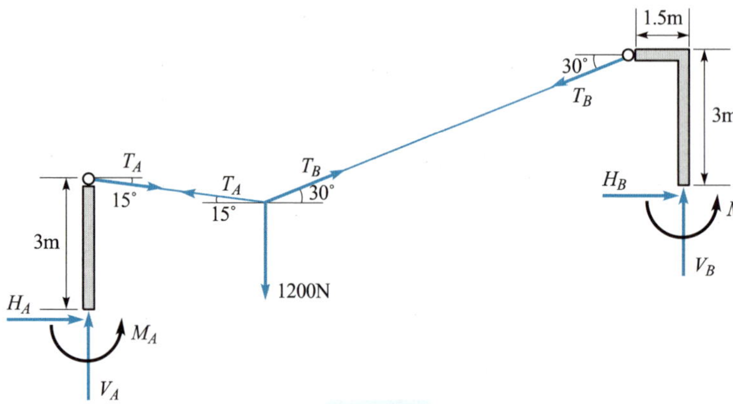

그림 7-4

7.1.2 단면력(부재력)

단면력(부재력)이란 외력에 저항하기 위하여 구조물에서 발생하는 내력으로 축력, 전단력, 모멘트의 3가지가 있으며, 다르게 표현하면 가해진 외력이 지점에 전달될 때까지 구조물의 각 단면에서 받게 되는 힘을 의미한다.

단면력은 단면 좌측과 우측에서 쌍으로 발생하여 화살표가 아닌 부호로 단면력의 방향을 나타내며, 각각의 단면력에 대한 부호를 살펴보면 아래와 같다.

1) 축력(Axial Force) N : 보의 길이방향과 평행하게 작용하는 내적 힘

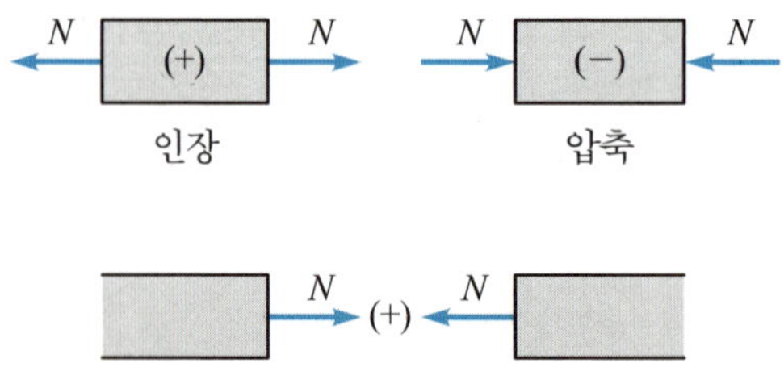

그림 7-5 축력의 부호

2) 전단력(Shear Force) S : 보의 길이방향에 수직하게 작용하는 내적 힘

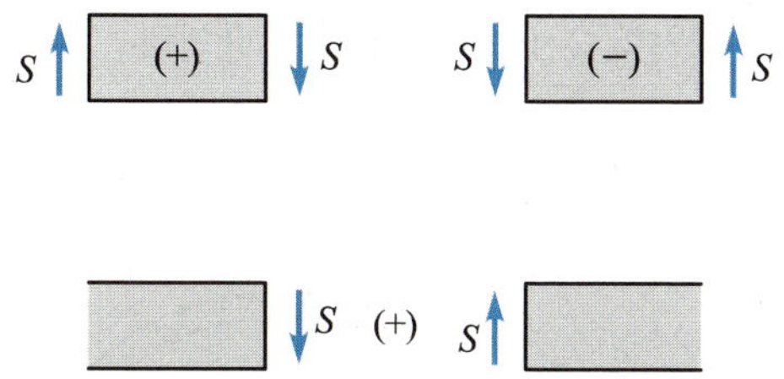

그림 7-6 전단력의 부호

3) 휨모멘트(Bending Moment) M : 단면 도심에 대한 내적 모멘트

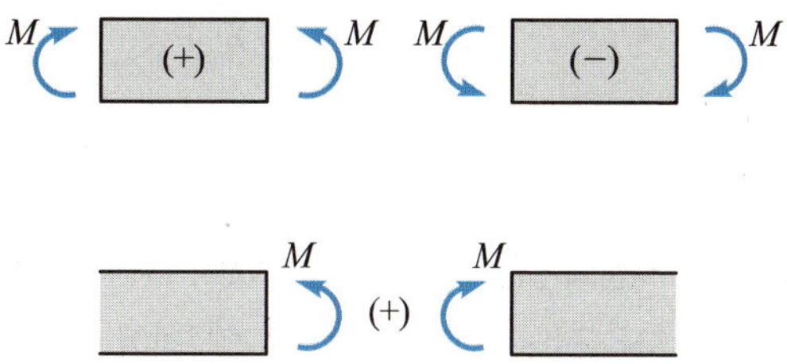

그림 7-7 휨모멘트의 부호

4) 양의 부호를 갖는 단면력(부재력)의 종합

앞서 살펴본 단면력이 양(+)의 부호를 갖는 경우를 종합하여 나타내면 아래 그림과 같다.

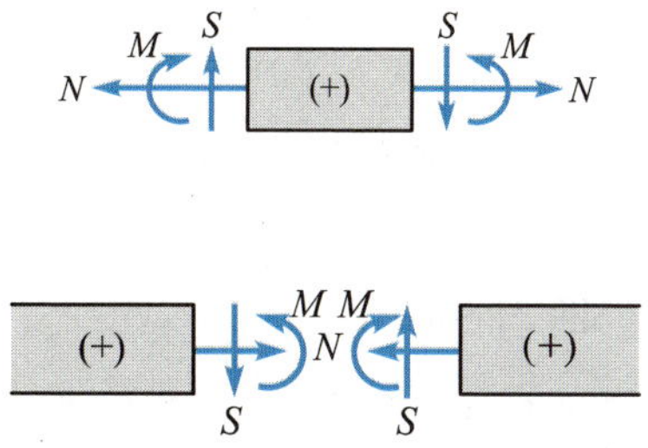

그림 7-8 양(+)의 부호를 갖는 단면력

예제 7-2

다음 그림과 같은 아치의 C점에서 발생하는 단면력은?

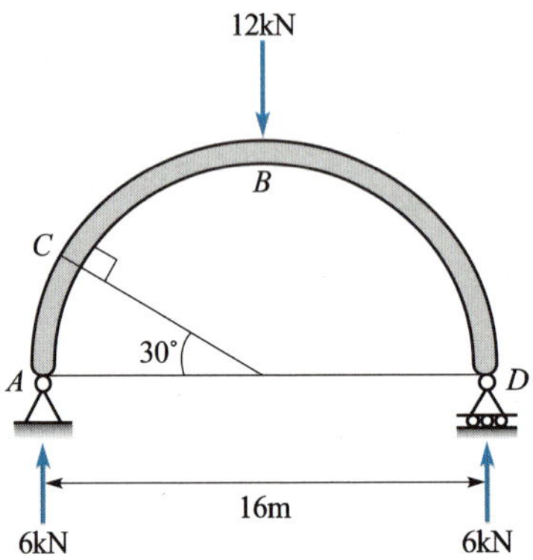

그림 7-9

풀이

C점에 작용하는 집중 하중과 집중 모멘트가 없으므로, 그림 7-10과 같이 C점의 단면력을 (+)로 가정하여 나타낸 좌측 자유물체도에 평형방정식을 적용하여 C점의 단면력을 구하기로 한다.

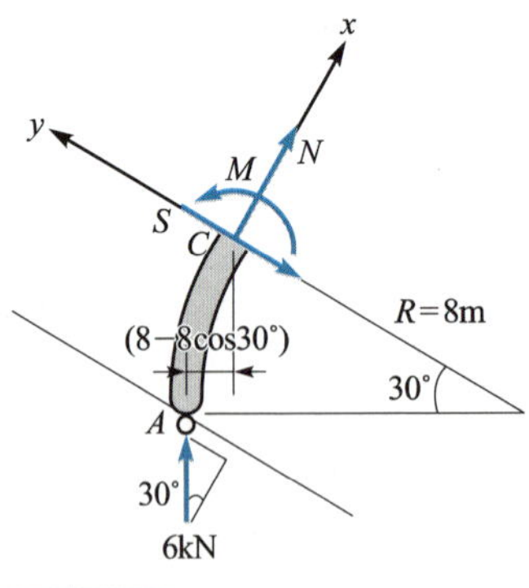

그림 7-10 자유물체도

자유물체도에 평형방정식을 적용하면

① $\sum F_x = 0 : +N + 6\cos 30 = 0$ $\quad N = -5.20$ $\quad \therefore N = -5.20\,kN$

② $\sum F_y = 0 : -6\sin 30 + S = 0$ $\quad S = +3$ $\quad \therefore S = +3kN$

③ $\sum M = 0 : +6 \times (8 - 8\cos 30) - M = 0$ $\quad M = +6.43$

$\therefore M = +6.43\,kN \cdot m$

7.2 보의 일반

이미 이 책의 예제에서 몇 번 사용된 적이 있는 보는 길이에 비하여 단면 치수가 작은 부재로 축방향에 수직인 방향으로 작용하는 외력에 대하여 전단력과 모멘트로 저항하는 부재를 말하며, 그림 7-11과 그림 7-12는 보가 교량에 사용된 예이다.

[보(beam)]

길이에 비하여 단면치수가 작은 부재에 수직인 방향으로 작용하는 하중을 전단력과 모멘트로 지지하는 부재를 보라고 한다.

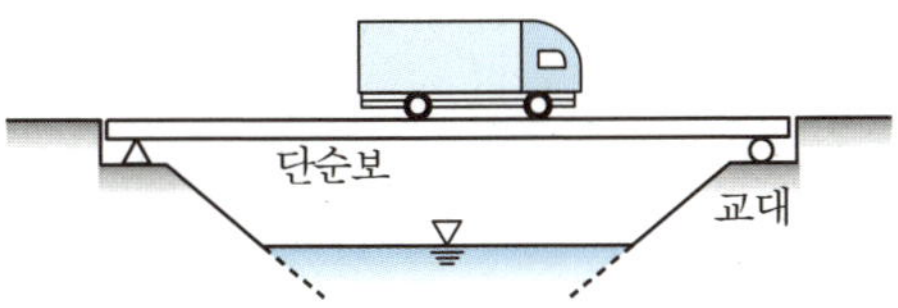

그림 7-11

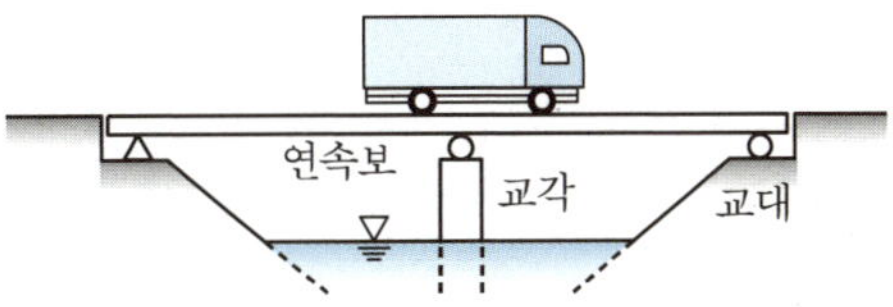

그림 7-12

보는 지지된 조건에 따라 단순보(simple beam), 캔틸레버보(cantilever beam), 양단고정보(fixed beam), 연속보(continuous beam) 등으로 나눌 수 있다.

단순보는 그림 7-13과 같이 보의 양단이 힌지(hinge)와 롤러(roller)로 지지된 보를 말하며, 그림 7-11은 단순보로 만들어진 교량에 해당된다. 그리고 캔틸레버보는 그림 7-15와 같이 보의 한쪽 끝은 고정되어 있고, 다른 쪽 끝은 자유단인 보를 말한다.

한편 단순보와 캔틸레버보의 자유물체도를 각각 그림 7-14와 그림 7-16에 나타내었는데, 두 경우 모두 보에 작용하는 미지의 반력이 3개뿐이므로 평형방정식을 적용하여 미지의 반력을 모두 구할 수 있다.

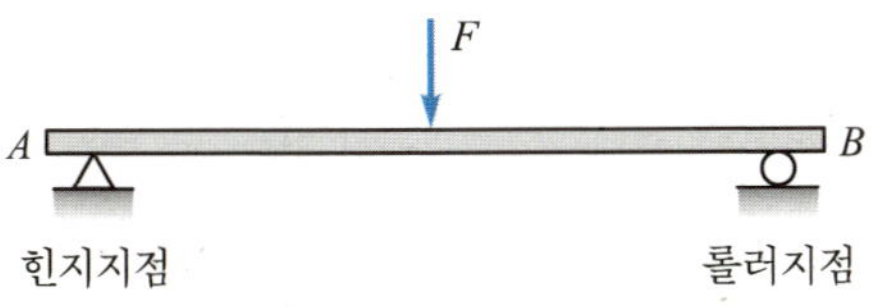

그림 7-13 단순보

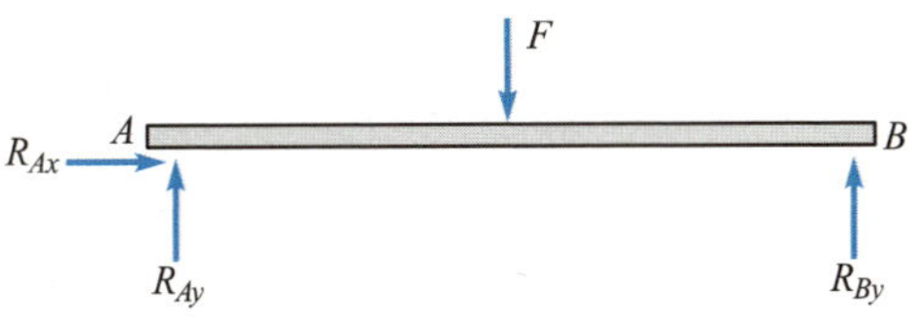

그림 7-14 단순보의 자유물체도

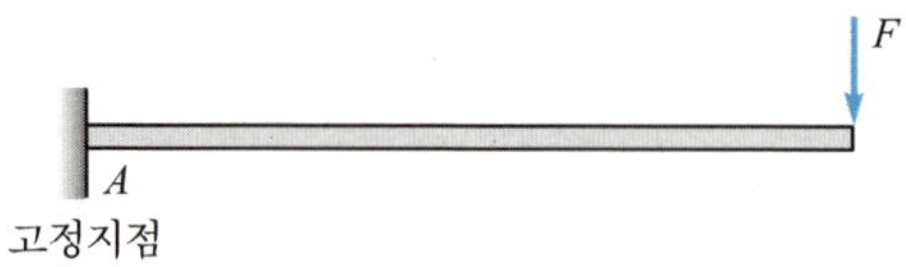

그림 7-15 캔틸레버보

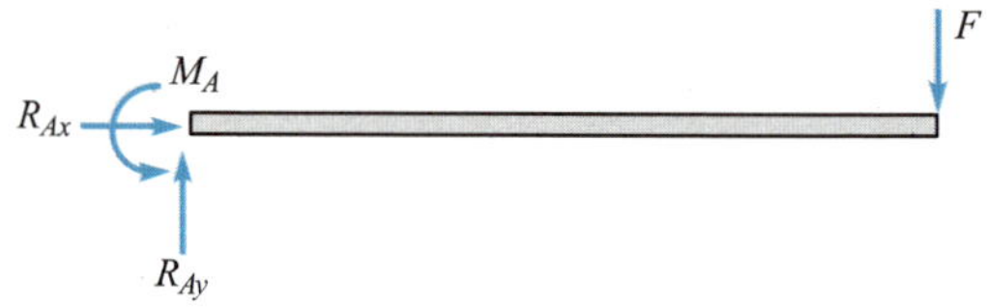

그림 7-16 캔틸레버보의 자유물체도

양단고정보는 그림 7-17과 같이 보의 양쪽 끝이 고정되어 있는 보를 말하며, 연속보는 그림 7-19와 같이 하나의 보가 여러 개의 지점에서 지지되어 있는 보를 말한다. 양단고정보와 연속보의 경우는 유효한 평형방정식의 수보다 미지인 지점 반력의 수가 더 많아 평형방정식만으로는 미지의 반력을 결정할 수 없는 경우이며, 이런 경우에 부정정구조물이라고 한다.

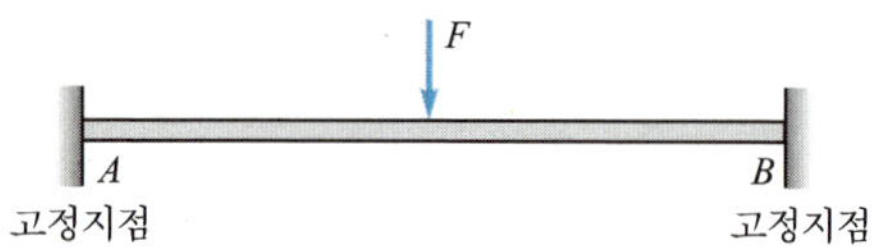

그림 7-17 양단고정보

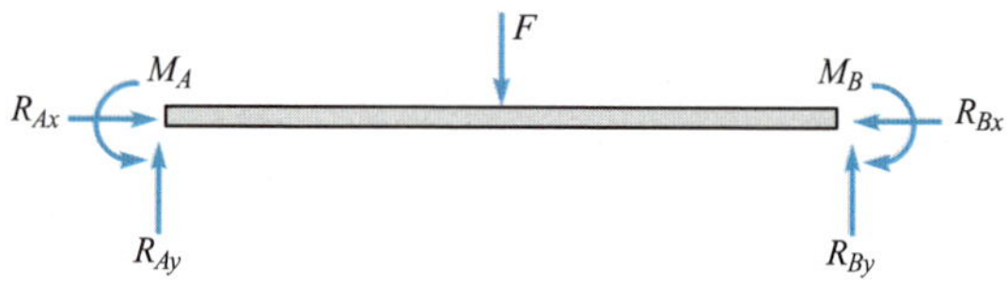

그림 7-18 양단고정보의 자유물체도

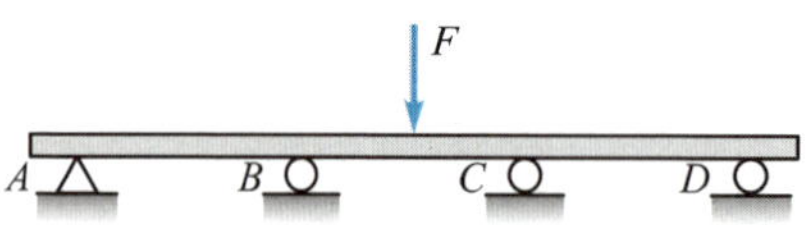

그림 7-19 연속보

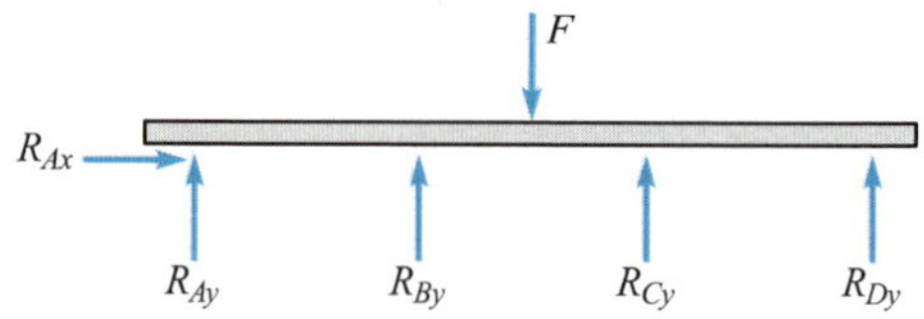

그림 7-20 연속보의 자유물체도

이 외에도 그림 7-21과 같이 단순보의 한쪽 끝 또는 양쪽 끝이 지지점을 지나 더 연장되어 있는 보를 내민보(over hinging beam)라고 하며, 그림 7-22와 같이 두 가지 이상의 보가 합성되어 만들어진 보를 합성보라고 한다.

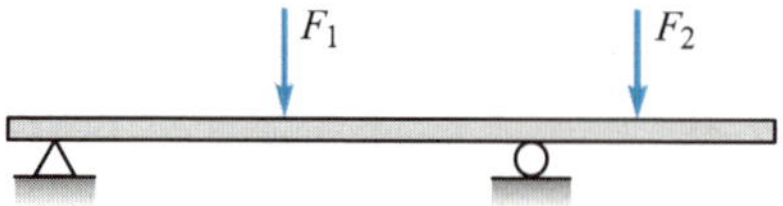

그림 7-21 내민보

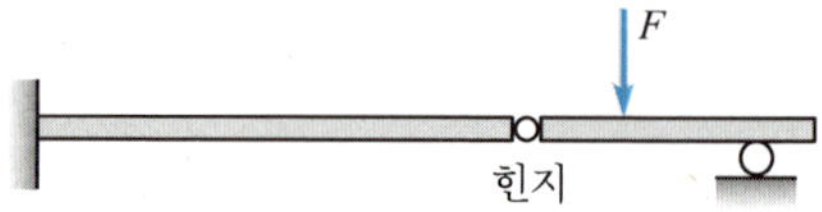

그림 7-22 합성보

7.3 보의 반력

본 절에서는 그림 7-13 단순보, 그림 7-15 캔틸레버보, 그림 7-21 내민보와 같이 미지 반력이 3개인 보 또는 그림 7-22 합성보와 같이 추가 조건식으로 정정인 경우에 대하여, 평형방정식을 적용하여 미지 반력을 구하는 방법에 대하여 알아보고자 한다.

예제 7-3

다음 그림과 같은 단순보의 반력을 구하시오. (단, 보의 자중(自重)은 무시한다)

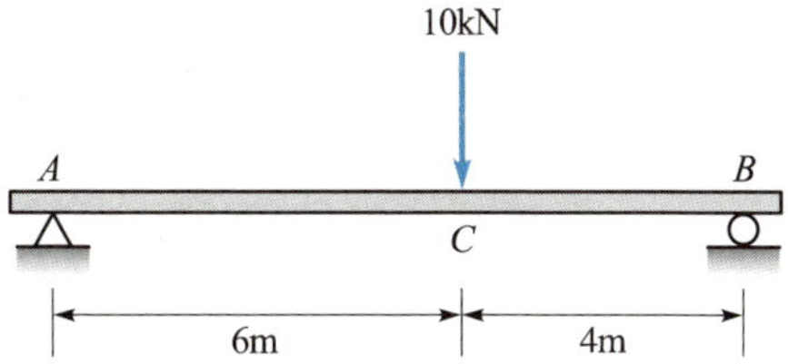

그림 7-23 단순보

풀이

먼저, 수평 반력을 $H(\rightarrow +)$, 수직 반력을 $V(\uparrow +)$로 표현하고 각 지점의 반력을 가정하여 자유물체도에 나타낸다. 왼쪽 지점은 힌지 지점(회전단)이므로 수직 반력 V_A와 수평 반력 H_A가 작용하며, 오른쪽 지점은 롤러 지점(이동단)으로 수평방향은 구속되지 않아 수평 반력은 없으며, 수직반력 V_B만 작용한다. 자유물체도를 그리면 그림 7-24와 같다.

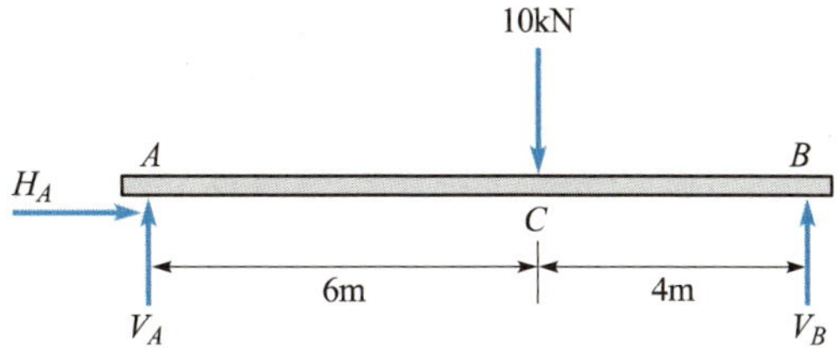

그림 7-24 자유물체도

다음으로 그림의 자유물체도에 평형방정식을 적용하여 반력을 계산한다.

이때 수평 방향으로는 미지수가 H_A 하나만 있는 반면, 수직 방향으로는 미지수가 V_A와 V_B로 2개가 있으므로 모멘트 평형을 먼저 고려하기로 한다.

① $\sum F_x = 0$: $H_A = 0$ $\therefore H_A = 0\ \text{kN}$

② $\sum M_A = 0$: $+6 \times 10 - V_B \times 10 = 0$ $V_B = +6$ $\therefore V_B = 6\ \text{kN} \uparrow$

③ $\sum F_y = 0$: $V_A - 10 + V_B = 0$ $V_A = +4$ $\therefore V_A = 4\ \text{kN} \uparrow$

여기서 평형방정식을 통하여 계산된 미지수의 부호가 (+)인 경우 가정한 방향이 맞다는 것을 의미하며, 부호가 (–)인 경우에는 가정한 방향의 반대 방향으로 반력이 발생한다는 것을 의미하게 된다.

예제 7-4

그림과 같은 합성보의 지점에 작용하는 반력을 구하시오.

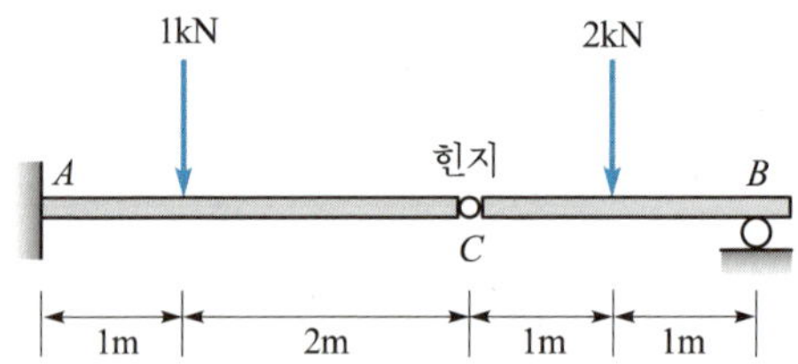

그림 7-25

풀이

힌지는 수평력과 수직력은 전달하고, 모멘트는 전달하지 못한다. 그러므로 합성보의 내부에 있는 힌지를 기준으로 합성보의 좌우를 분리하여 자유물체도를 그리면 그림 7–26과 같다.

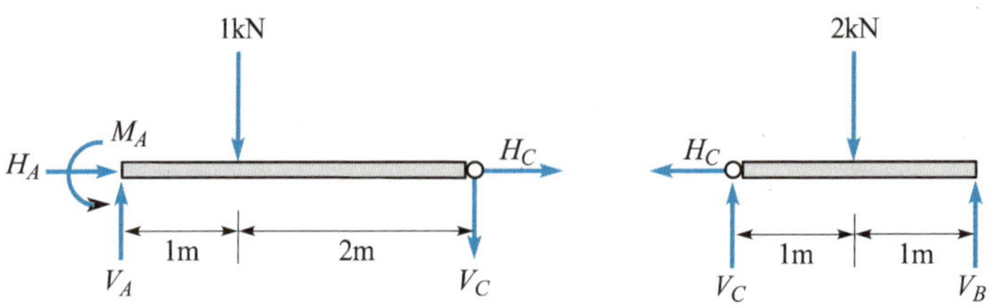

(a) (b)

그림 7-26

먼저 그림 7–26(b)에 평형방정식을 적용하여 반력을 구한다.

① $\sum F_x = 0$: $H_C = 0$

② $\sum M_C = 0$: $-2 \times 1 + V_B \times 2 = 0$ $V_C = +1$

③ $\Sigma F_y = 0 \ : V_C - 2 + V_B = 0 \qquad V_B = +1$

그러므로

$H_C = 0$

$V_B = 1\text{kN}(\uparrow)$

$V_C = 1\text{kN}(\uparrow)$

이다. 이제 그림 7-26(a)에 평형방정식을 적용하여 반력을 구한다. 이때 작용반작용의 법칙에 의해 그림 7-26(a)에 있는 V_C에는 $1\text{kN}(\downarrow)$가 작용한다. 그리고 모멘트의 합은 고정단 A에 대해서 취하였다.

① $\Sigma F_x = 0 \ : \ H_A + H_C = 0$

$H_A + 0 = 0 \qquad H_A = 0$

② $\Sigma F_y = 0 \ : \ V_A - 1 - V_C = 0$

$V_A - 1 - 1 = 0 \qquad V_A = +2$

③ $\Sigma M_A = 0 \ : \ M_A - 1 \times 1 - V_c \times 3 = 0$

$M_A - 1 \times 1 - 1 \times 3 = 0 \qquad M_A = +4$

그러므로

$H_A = 0$

$V_A = 2\text{kN}(\uparrow)$

$M_A = 4\text{kN} \cdot \text{m}(\circlearrowleft)$

이다.

7.4 보의 단면력(부재력)

어떤 부재에서 발생하는 단면력을 계산하기 위해서는 먼저, 구하고자 하는 단면에서 발생하는 축력, 전단력, 모멘트가 모두 양(+)의 부호를 갖는다고 가정한 자유물체도를 그린 뒤, 좌측 자유물체도와 우측 자유물체도에 대하여 각각 평형방정식을 취하면 단면의 좌측과 우측에서 발생하는 단면력을 구할 수 있다.

이때, 평형방정식을 적용한 결과 미지수가 (+)값을 갖는 경우에는 해당 단면력이 양(+)의 부호를 갖는다는 의미이며, (−)일 경우에는 가정한 방향의 반대방향을 나타내므로 음(−)의 단면력이 발생한다고 생각하면 된다.

또한, 구하고자 하는 점에 집중하중 또는 집중모멘트가 작용하는 경우에는 좌측 단면과 우측 단면의 단면력에 차이를 나타내므로 좌측 자유물체도와 우측 자유물체도 각각에 대하여 단면력을 계산하여야 하는 반면, 그 외의 경우에는 좌측 단면과 우측 단면의 단면력이 같은 값을 나타내므로 한쪽 단면의 자유물체도만 이용하여도 원하는 단면력을 구할 수 있다.

예제 7-5

다음 그림과 같은 보의 C점에서 발생하는 단면력은?

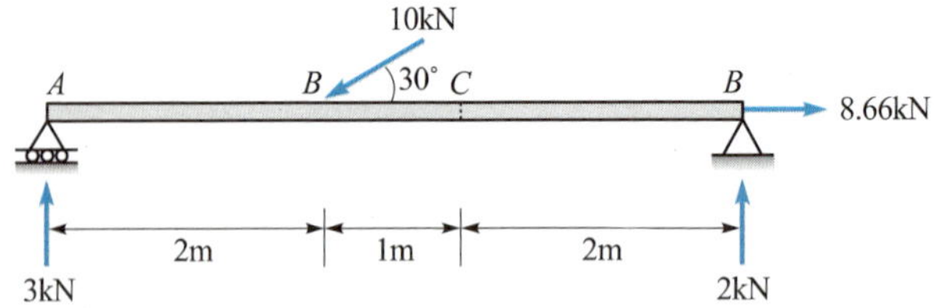

그림 7-27

풀이

C점의 단면력을 구하기 위해서는 그림 7-28과 같이 C점의 단면력을 (+)로 가정하여 나타내고, 평형방정식을 적용한다.

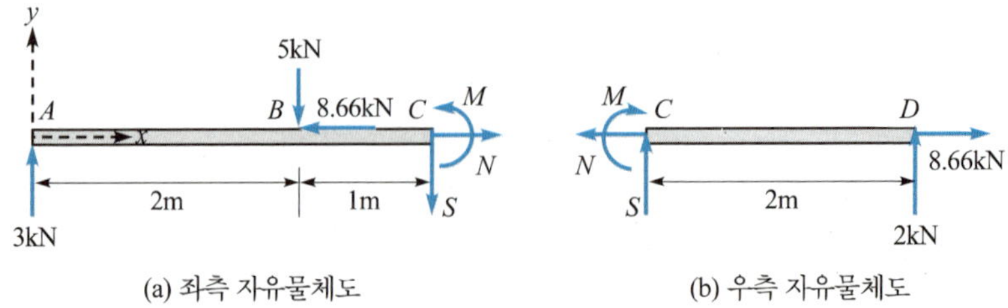

그림 7-28 자유물체도

(1) 좌측 자유 물체도의 평형방정식

① $\Sigma F_x = 0 : N - 8.66 = 0$ $N = +8.66$ $\therefore N = +8.66\,\text{kN}$

② $\Sigma F_y = 0 : +3 - 5 - S = 0$ $S = -2$ $\therefore S = -2\,\text{kN}$

③ $\sum M=0: +3\times3-5\times1-M=0$ $M=+4$ $\therefore M=+4\text{kN}\cdot\text{m}$

(2) 우측 자유 물체도의 평형방정식

① $\sum F_x=0: -N+8.66=0$ $N=+8.66$ $\therefore N=+8.66\text{kN}$

② $\sum F_y=0: +S+2=0$ $S=-2$ $\therefore S=-2\text{kN}$

③ $\sum M=0: +M-2\times2=0$ $M=+4$ $\therefore M=+4\text{kN}\cdot\text{m}$

위 결과를 살펴보면 좌측 자유물체도와 우측 자유물체도의 결과가 동일함을 알 수 있으며 이는 C점에 작용하는 집중 하중과 집중 모멘트가 없어 나타난 현상으로 이와 같은 경우에는 좌측 단면과 우측 단면 중 한쪽 단면의 자유물체도만 이용하여도 원하는 단면력을 구할 수 있다는 것을 의미한다.

예제 7-6

다음 그림과 같은 단순보에 분포하중이 작용할 때 C점과 D점의 단면력은?

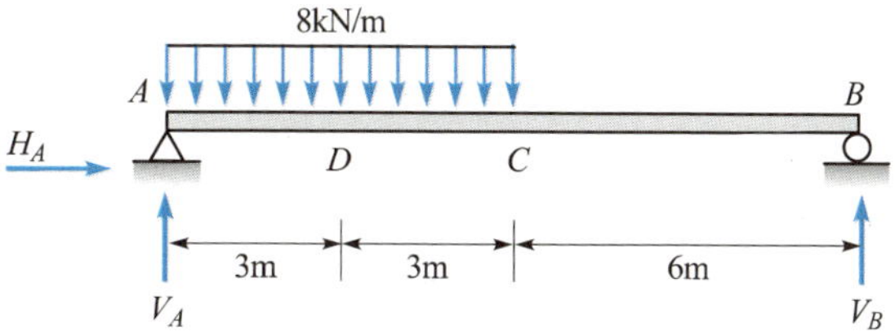

그림 7-29 분포하중을 받는 단순보

풀이

보에 분포하중이 작용하는 경우에 발생하는 단면력을 구하기 위해서는 6장에서 살펴본 분포력의 합력과 작용점을 이용하여야 한다.

C점과 D점의 단면력을 구하기 위하여 먼저, 반력을 계산하여야 한다.

〈1〉 반력 계산

반력을 계산하기 위해서는 먼저, 각 지점의 반력을 표시하고, 분포하중을 집중력으로 치환한 뒤 평형방정식을 사용하여 미지 반력을 계산하여야 한다.

분포하중을 집중하중으로 치환하면

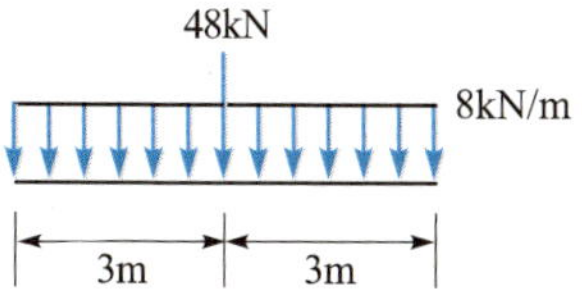

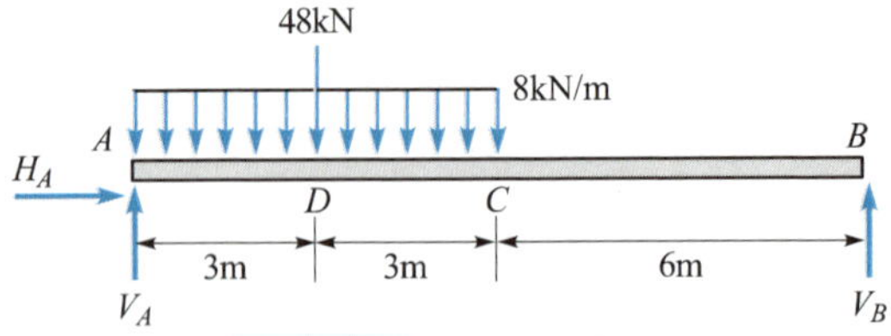

그림 7-30 자유물체도

그림 7-30의 자유물체도에 평형방정식을 적용하면

① $\Sigma F_x = 0 : H_A = 0$

② $(\Sigma M)_A = 0 : +48\times 3 - V_B \times 12 = 0 \quad V_B = +12 \quad \therefore V_B = 12\,\text{kN} \uparrow$

③ $\Sigma F_y = 0 : V_A - 48 + 12 = 0 \quad V_A = +36 \quad \therefore V_A = 36\,\text{kN} \uparrow$

〈2〉 C점의 단면력 계산

C점의 단면력을 계산하기 위해서는 먼저, C점을 중심으로 물체를 분리하고 각각의 자유물체도에 단면력을 표시하고, 분포하중을 집중력으로 치환한 뒤 평형방정식을 적용하면 된다.

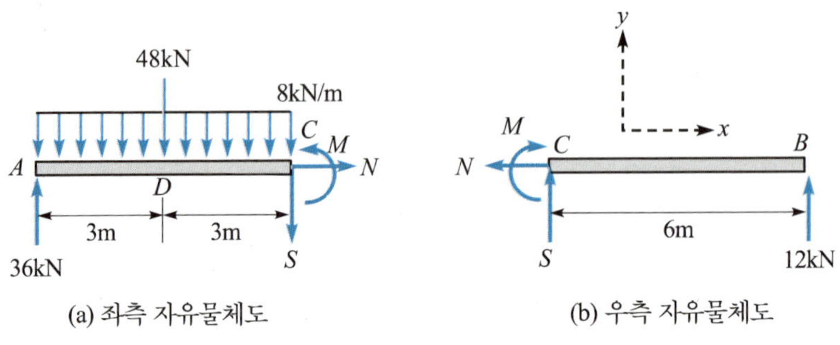

그림 7-31 C점 자유물체도

(1) 좌측 자유 물체도의 평형방정식

① $\Sigma F_x = 0 : +N = 0 \quad N = 0 \quad \therefore N = 0\,\text{kN}$

② $\Sigma F_y = 0 : +36 - 48 - S = 0 \quad S = -12 \quad \therefore S = -12\,\text{kN}$

③ $\Sigma M = 0 : +36\times 6 - 48\times 3 - M = 0 \quad M = +72$

$\therefore M = +72\,\text{kN}\cdot\text{m}$

(2) 우측 자유 물체도의 평형방정식

① $\Sigma F_x = 0 : -N = 0 \quad N = 0 \quad \therefore N = 0\,\text{kN}$

② $\Sigma F_y = 0 : +12 + S = 0 \quad S = -12 \quad \therefore S = -12\,\text{kN}$

③ $\sum M = 0 : -12 \times 6 + M = 0 \qquad M = +72 \qquad \therefore M = +72\,\text{kN} \cdot \text{m}$

〈3〉 D점의 단면력 계산

C점과 마찬가지로 D점의 단면력을 계산하기 위해서는 먼저, D점을 중심으로 물체를 분리하고 각각의 자유물체도에 단면력을 표시하고, 분포하중을 집중력으로 치환한 뒤 평형방정식을 적용하면 된다.

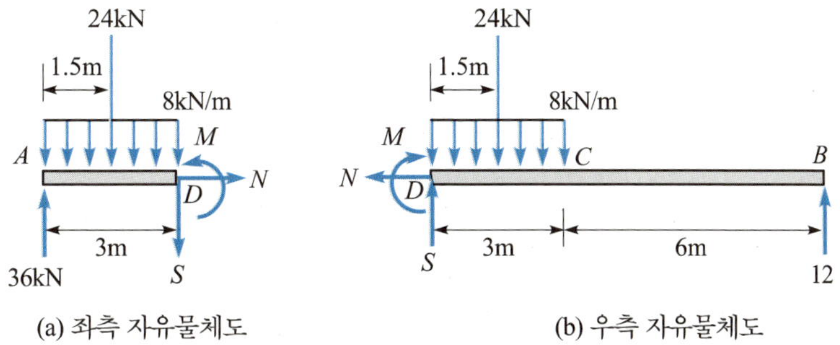

그림 7-32 D점 자유물체도

(1) 좌측 자유 물체도의 평형방정식

① $\sum F_x = 0 : +N = 0 \qquad N = 0 \qquad \therefore N = 0\,\text{kN}$

② $\sum F_y = 0 : +36 - 24 - S = 0 \qquad S = +12 \qquad \therefore S = +12\,\text{kN}$

③ $\sum M = 0 : +36 \times 3 - 24 \times 1.5 - M = 0 \qquad M = +72$

$\therefore M = +72\,\text{kN} \cdot \text{m}$

(2) 우측 자유 물체도의 평형방정식

① $\sum F_x = 0 : -N = 0 \qquad N = 0 \qquad \therefore N = 0\,\text{kN}$

② $\sum F_y = 0 : +12 - 24 + S = 0 \qquad S = +12 \qquad \therefore S = +12\,\text{kN}$

③ $\sum M = 0 : -12 \times 9 + 24 \times 1.5 + M = 0 \qquad M = +72$

$\therefore M = +72\,\text{kN} \cdot \text{m}$

예제 7-7

다음 그림과 같이 단순보에 삼각형 분포하중이 작용할 때 C점의 단면력을 구하시오.

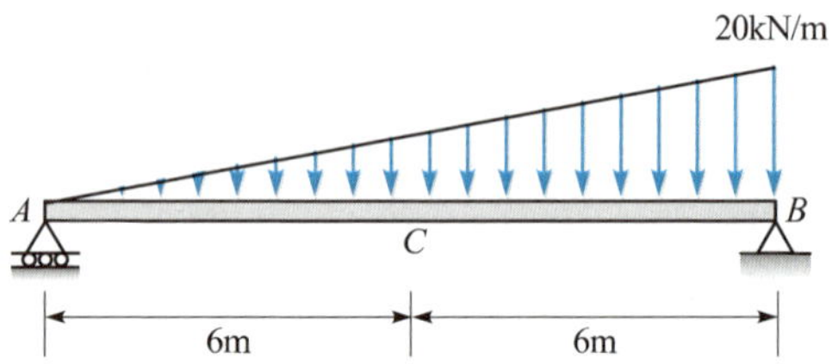

그림 7-33 분포하중을 받는 단순보

풀이

C점의 단면력을 구하기 위하여 먼저, 반력을 계산하여야 한다.

〈1〉 반력 계산

반력을 계산하기 위해서는 먼저, 각 지점의 반력을 표시하고, 분포하중을 집중력으로 치환한 뒤 평형방정식을 사용하여 미지 반력을 계산하여야 한다.

그 과정을 그림으로 나타내면 그림 7-34와 같다.

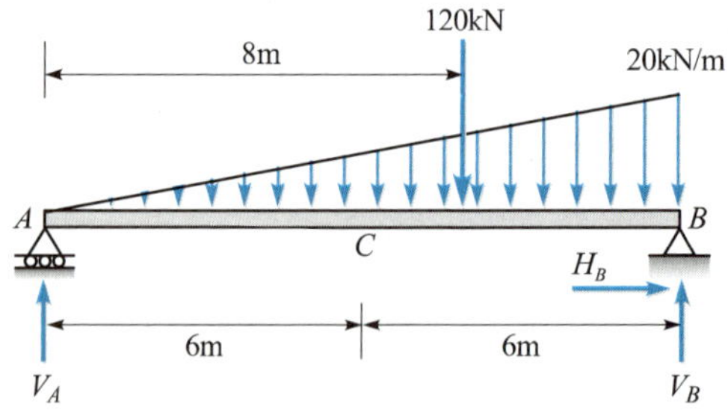

그림 7-34 자유물체도

그림 7-34의 자유물체도에 평형방정식을 적용하면

① $\Sigma F_x = 0 : H_B = 0$

② $(\Sigma M)_A = 0 : +120 \times 8 - V_B \times 12 = 0 \qquad V_B = +80 \qquad \therefore\ V_B = 80\,\text{kN} \uparrow$

③ $\Sigma F_y = 0 : V_A - 120 + 80 = 0 \qquad V_A = +40 \qquad \therefore\ V_A = 40\,\text{kN} \uparrow$

〈2〉 C점의 단면력 계산

C점의 단면력을 계산하기 위해서는 먼저, C점을 중심으로 물체를 분리하고 각각의 자유물체도에 단면력을 표시하고, 분포하중을 집중력으로 치환한 뒤 평형방정식을 적용하면 된다.

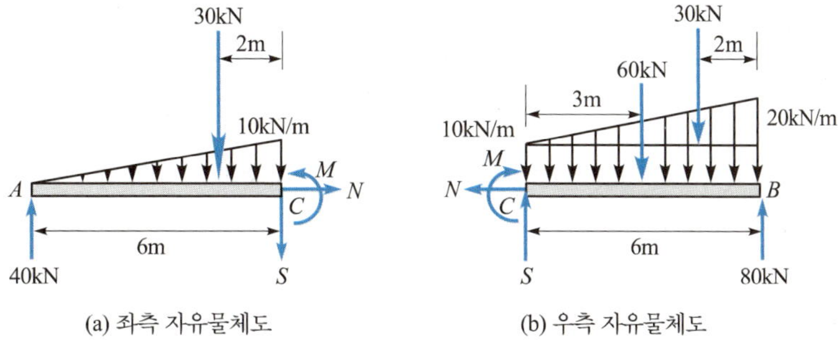

그림 7-35 C점 자유물체도

(1) 좌측 자유 물체도의 평형방정식

① $\sum F_x = 0 : +N = 0 \qquad N = 0 \qquad \therefore N = 0\,\text{kN}$

② $\sum F_y = 0 : +40 - 30 - S = 0 \qquad S = +10 \qquad \therefore S = +10\,\text{kN}$

③ $\sum M = 0 : +40 \times 6 - 30 \times 2 - M = 0 \qquad M = +180$

$\therefore M = +180\,\text{kN} \cdot \text{m}$

(2) 우측 자유 물체도의 평형방정식

① $\sum F_x = 0 : -N = 0 \qquad N = 0 \qquad \therefore N = 0\,\text{kN}$

② $\sum F_y = 0 : +80 - 30 - 60 + S = 0 \qquad S = +10 \qquad \therefore S = +10\,\text{kN}$

③ $\sum M = 0 : -80 \times 6 + 30 \times 4 + 60 \times 3 + M = 0 \qquad M = +180$

$\therefore M = +180\,\text{kN} \cdot \text{m}$

CHAPTER 7

연습문제

7.1 앞바퀴에 13.5kN, 뒷바퀴에 54kN의 수직하중이 작용할 때, 교량의 지점에 작용하는 반력을 구하시오.

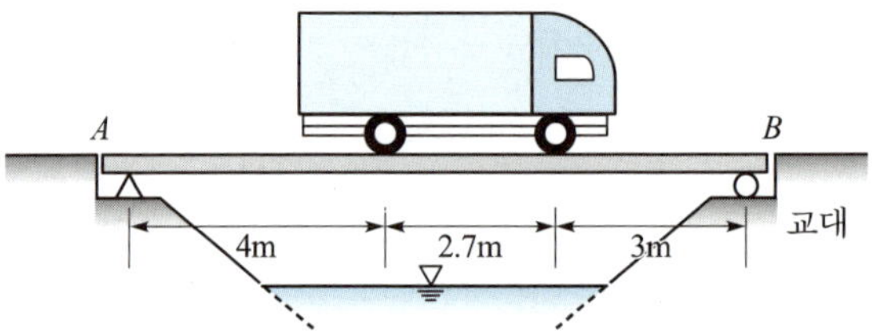

그림 7-36

7.2 그림과 같은 합성보의 지점에 작용하는 반력을 구하시오.

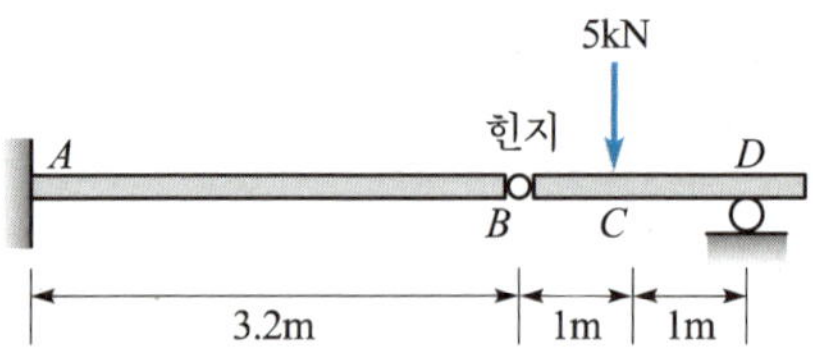

그림 7-37

7.3 그림과 같은 합성보의 지점에 작용하는 반력을 구하시오.

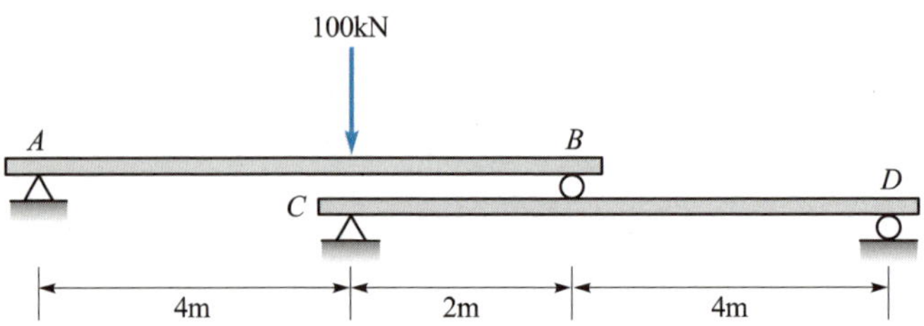

그림 7-38

7.4 캔틸레버보가 그림과 같은 하중을 받고 있을 때, 지점에 작용하는 반력을 구하시오.

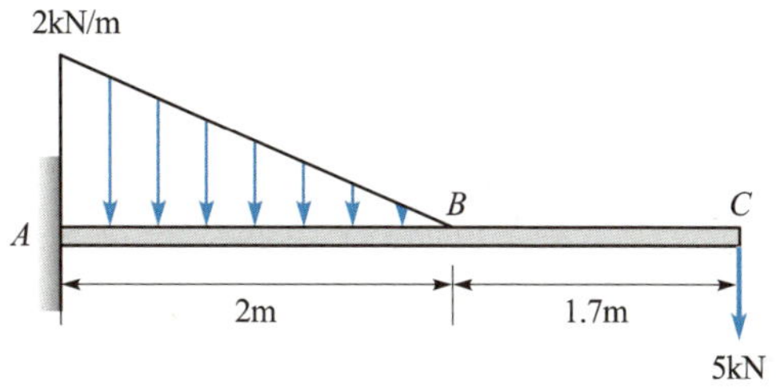

그림 7-39

7.5 그림과 같은 내민보의 지점에 작용하는 반력을 구하시오.

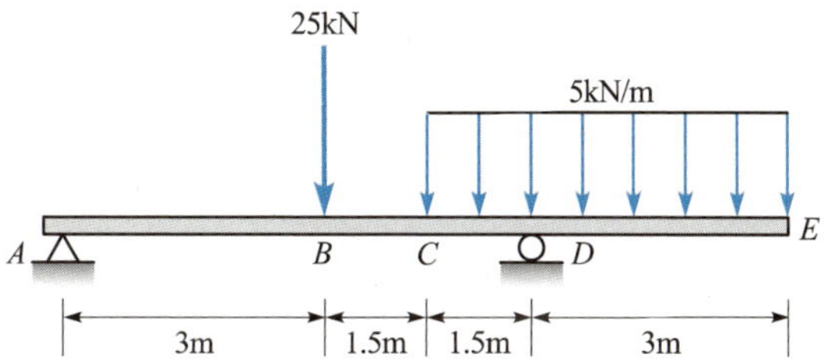

그림 7-40

7.6 그림과 같은 내민보의 지점에 작용하는 반력을 구하시오.

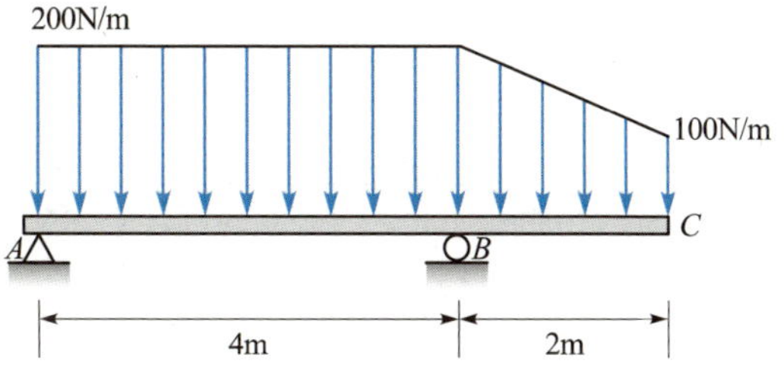

그림 7-41

7.7 그림과 같은 단순보의 지점에 작용하는 반력을 구하시오.

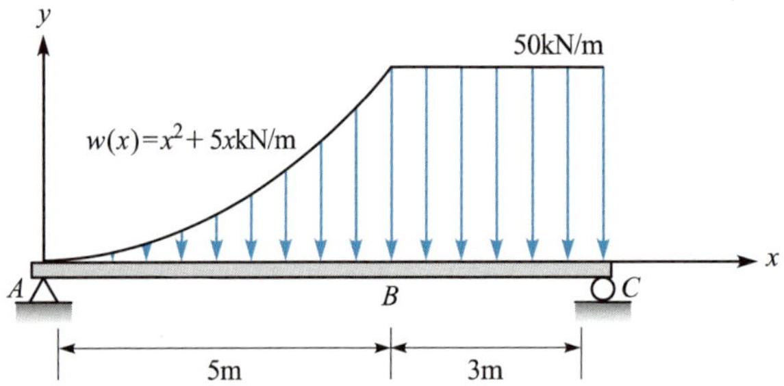

그림 7-42

7.8 그림과 같은 보의 지점에 작용하는 반력을 구하시오.

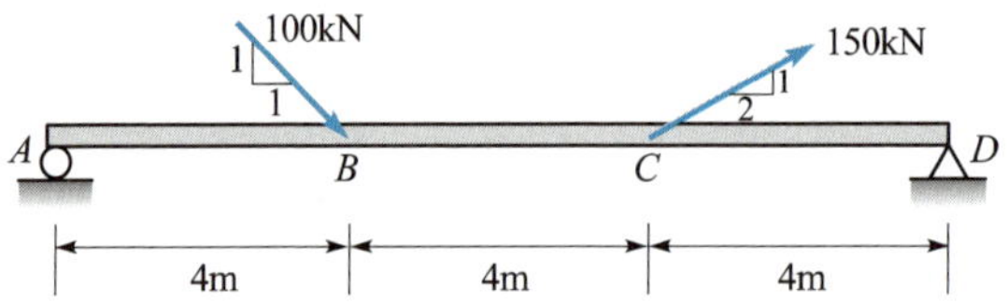

그림 7-43

7.9 그림과 같은 보의 지점에 작용하는 반력을 구하시오.

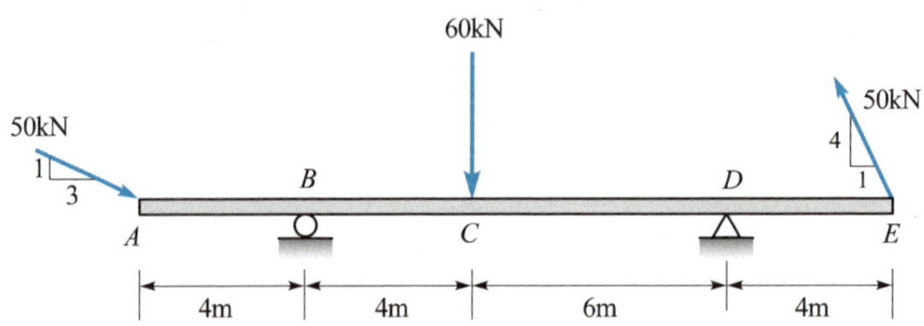

그림 7-44

7.10 그림과 같은 단순보의 지점에 작용하는 반력을 구하시오.

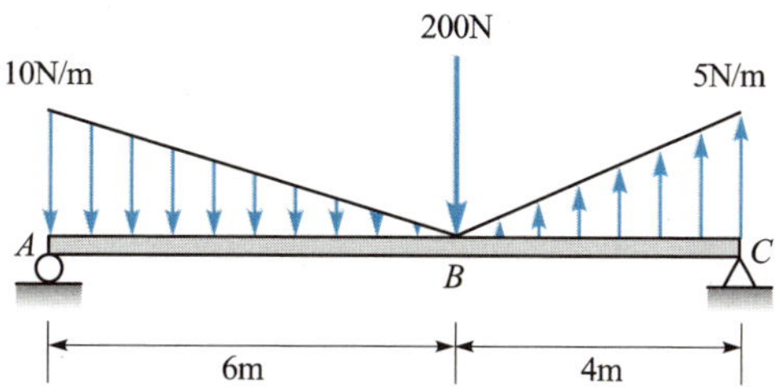

그림 7-45

7.11 그림과 같은 보의 지점에 작용하는 반력을 구하시오.

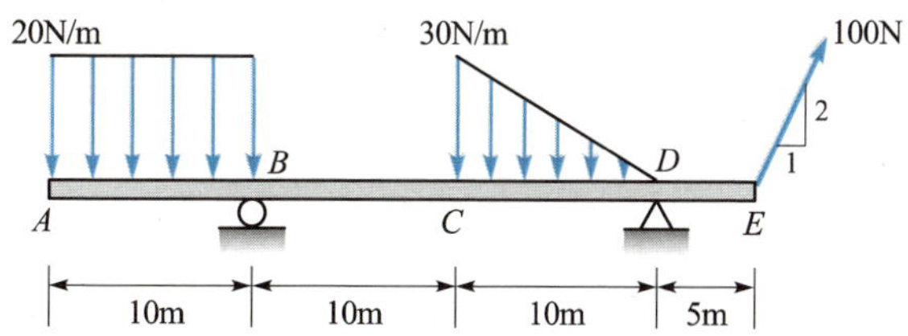

그림 7-46

7.12 그림과 같은 단순보(simple beam)가 변화하는 분포하중(distributed load)과 집중하중(concentrated load)을 받고 있다. 이 하중으로 인한 합력의 크기와 위치를 구하시오. 또한 각 지점에 작용하는 반력을 구하시오.

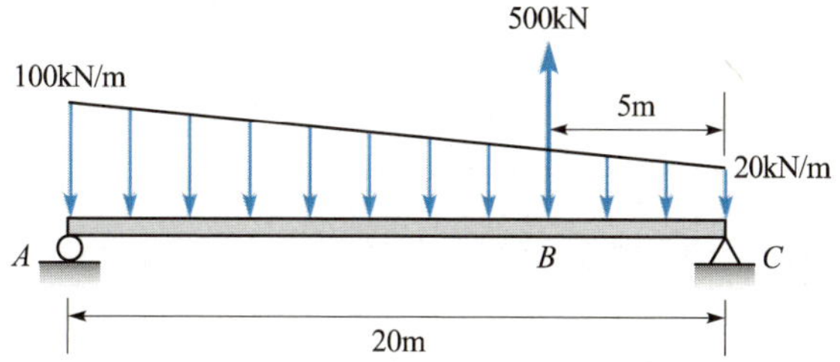

그림 7-47

CHAPTER 8

트러스 해석

CHAPTER 8

트러스 해석

역학을 배우는 이유는 실제 구조물에 작용하고 있는 힘의 관계를 파악해보기 위해서일 뿐만 아니라 사용하기에 더욱 적합한 구조물을 만들기 위해서이다. 따라서 이 단원에서는 응용에서 필요한 마찰 현상에 대한 것뿐만 아니라 실제 많이 사용되는 구조물인 트러스, 보 등에 대해서도 알아보기로 한다.

8.1 트러스 일반

트러스는 전체 구조물에 비해 크기가 작은 직선 부재[1]를 여러 개의 삼각형이 결합된 형태로 조립하여 주로 부재의 축 방향력에 의해 하중을 지점으로 전달하는 구조 형식을 말한다. 이러한 트러스는 건물의 지붕, 교량, 송전용 철탑, 크레인 등을 만드는데 종종 이용되며, 그림 8-1은 트러스로 만들어진 교량을 간단한 그림으로 나타낸 것이다.

[트러스(truss)]

직선 형태인 부재들을 가지고, 여러 개의 삼각형이 결합되어 있는 형태로 조립하여 건물의 지붕이나 교량, 송전용 철탑 등에 쓰는 구조물을 트러스라고 한다.

트러스의 기본적인 형상을 삼각형으로 하는 이유는 그림 8-2(a)와 같이 3개의 부재를 연결하여 삼각형 구조물을 만들었을 때에는 힘이 작용하여도 변형이 크게 발생되지 않는 반면에 그림 8-2(b)와 같이 4개의 부재를 연결하여 사각형 구조물을 만들었을 경우에는 작은 외력에 의해서도 쉽게 큰 변형이 발생되기 때문이다.

1) 부재(部材)는 구조물의 뼈대를 이루는 기본 요소를 말한다.

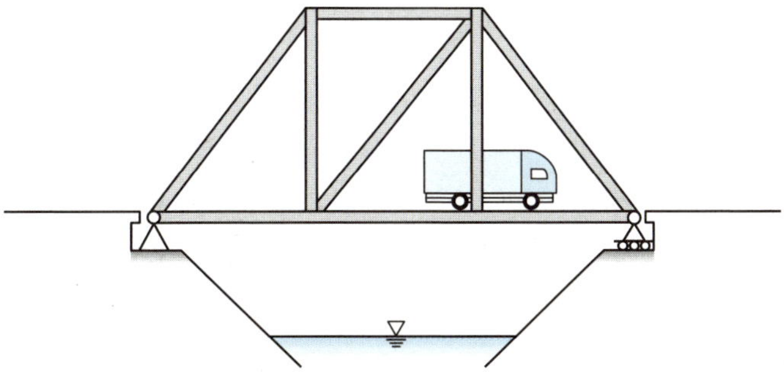

그림 8-1 트러스교

특히 트러스를 만들 때 부재의 연결을 핀으로 한 경우에는 그림 8-2(b)와 같은 사각형 구조물은 아예 불안정(不安定)한 구조물이 된다. 또한 실제 트러스 부재의 연결은 볼트나 리벳, 용접 등으로 이루어지는 경우가 대부분인데, 이런 경우에도 트러스를 해석할 때에는 트러스를 구성하고 있는 부재의 양단이 마찰이 없는 핀으로 연결되어 있다고 가정하고 해석하기 때문에 그림 8-2(b)와 같은 구조물은 역시 불안정한 구조물로 다루어진다.

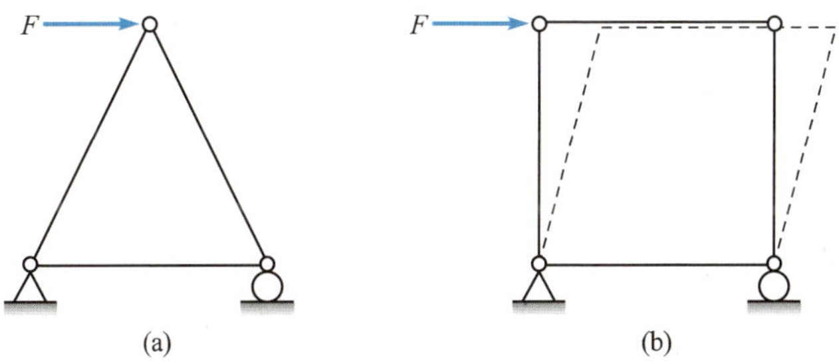

그림 8-2

8.2 트러스 유형

트러스를 구성하고 있는 모든 부재가 한 평면에 놓여 있는 트러스를 평면트러스라고 하며, 그렇지 않을 경우 입체트러스라고 한다. 이 책에서는 평면트러스에 대해서만 알아보기로 하지만, 입체트러스도 고려해야할 부재와 힘의 성분이 늘어난다는 것 외에는 평면트러스와 그 원리는 동일하다.

평면트러스로는 그림 8-3~10에 나타낸 것과 같은 하우(Howe)트러스[2], 프랫(Pratt)트러스[3], 와랜(Warren)트러스[4], 핑크(Fink)트러스[5] 등을 들 수 있다.

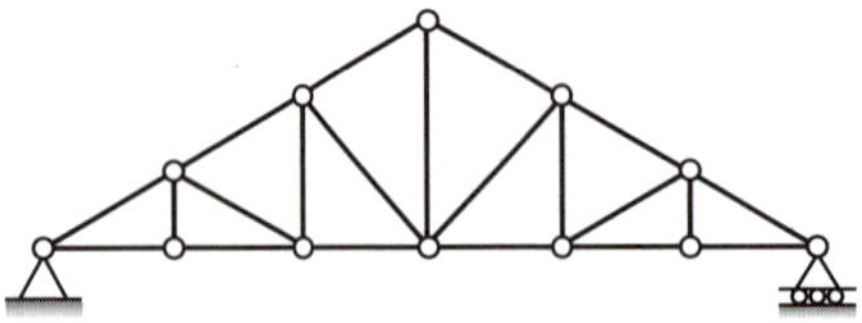

그림 8-3 하우(Howe)트러스

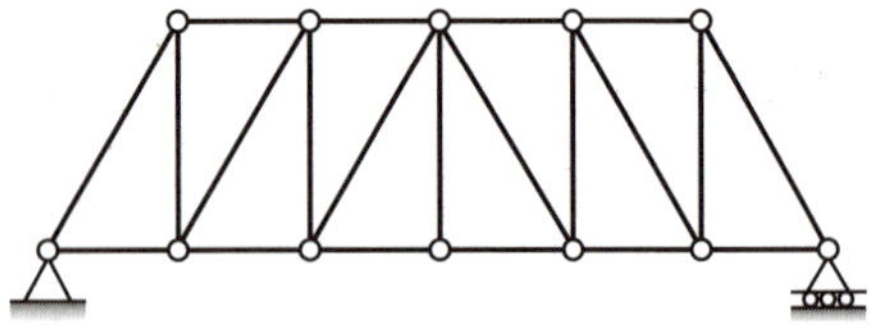

그림 8-4 하우(Howe)트러스

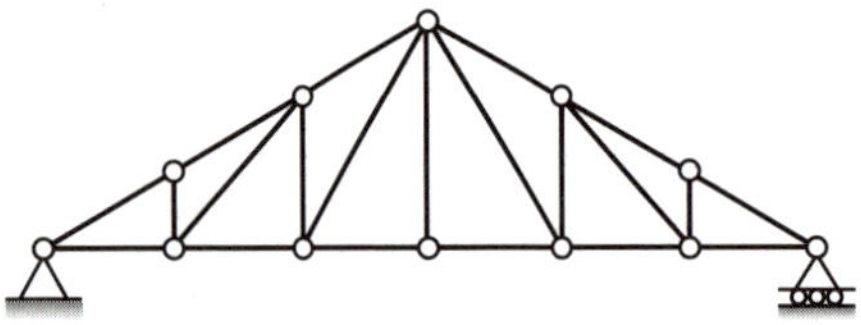

그림 8-5 프랫(Pratt)트러스

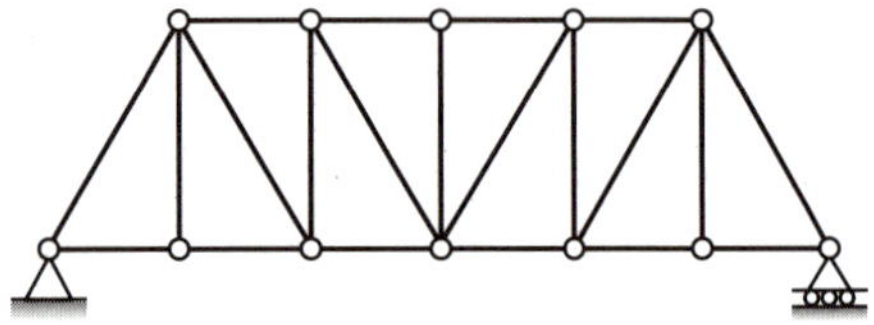

그림 8-6 프랫(Pratt)트러스

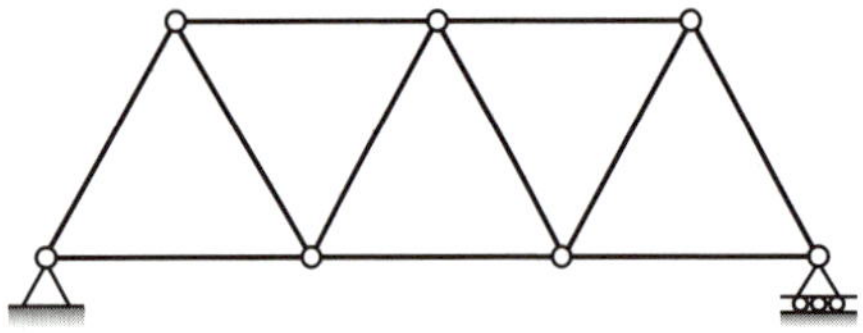

그림 8-7 와랜(Warren)트러스

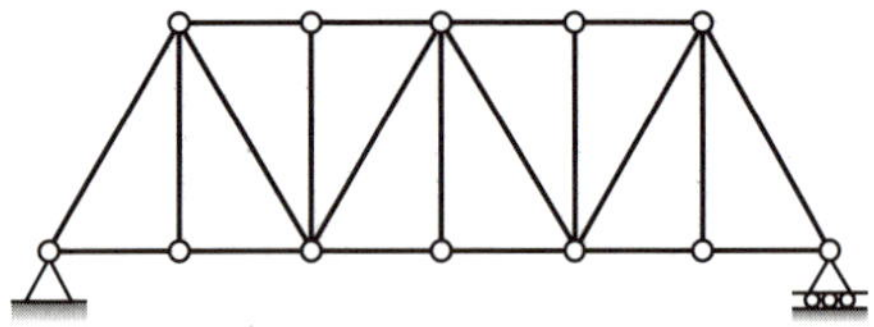

그림 8-8 수정 와랜(Warren)트러스

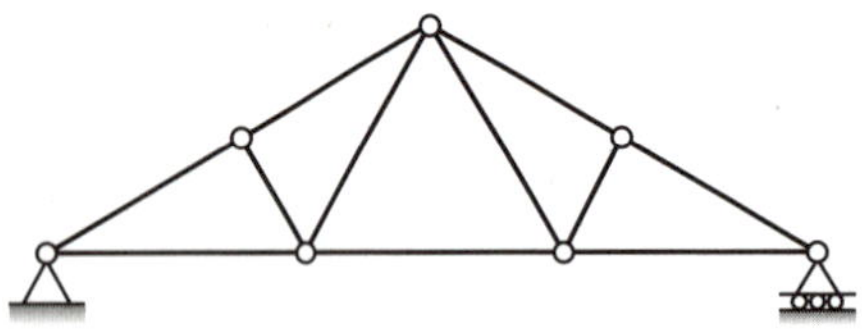

그림 8-9 핑크(Fink)트러스

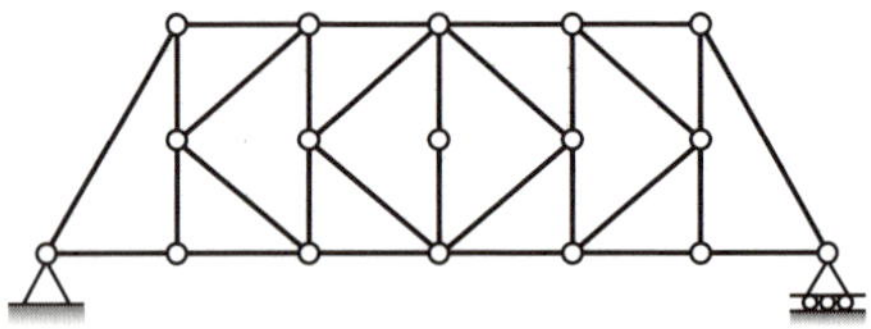

그림 8-10 K 트러스

또한 평면트러스의 유형은 다음과 같이 단순트러스, 합성트러스, 복합트러스 등으로 나눌 수도 있다. 그리고 나오는 용어 중에서 절점(節點, joint)은 트러스의 부재가 핀으로 연결된 점을 말한다.

2) 1840년 William Howe에 의해 특허가 출원되었다.
3) 1844년 Thomas Pratt이 하우트러스를 개선하여 만들었다.
4) 1848년 James Warren과 W.T. Manzoni에 의해 만들어졌다.
5) 1851년 Alber Fink에 의해 만들어졌다.

(1) 단순트러스(單純--, simple truss)

3개의 부재로 이루어진 삼각형 트러스에서 시작하여 여기에 2개의 부재를 연결하여 새로운 절점을 형성하고, 또 다시 2개의 부재를 연결하여 새로운 절점을 형성하는 방법을 반복하여 만들어지는 트러스 중에서 내적으로 정정인 트러스를 단순트러스라고 한다.[6] 그림 8-3~10에 나타낸 것은 모두 단순트러스에 해당된다.

(2) 합성트러스(合成--, compound truss)

2개 이상의 단순트러스를 조립하여 만들어진 트러스를 합성트러스라고 하며, 그림 8-11은 핑크트러스 2개를 결합하여 만든 합성트러스의 예이다.

(3) 복합트러스(複合--, compound truss)

단순트러스나 합성트러스가 아니면서 정정인 트러스를 복합트러스라고 한다. 예를 들어 그림 8-12와 같이 복합트러스는 임의의 다각형 요소의 결합으로 이루어질 수 있으며, 종종 다른 부재를 가로지르는 부재를 가지기도 한다.

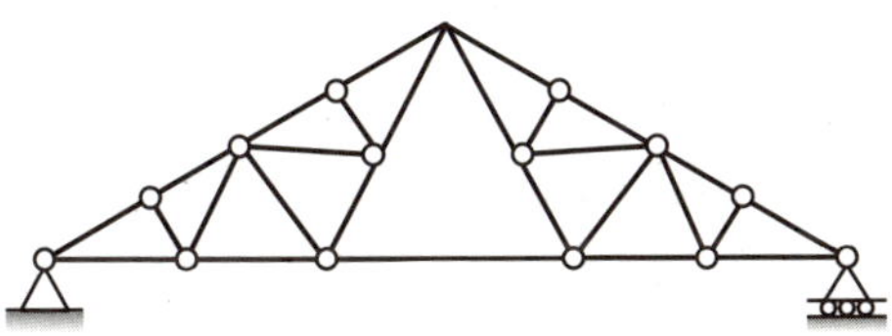

그림 8-11 합성 핑크(Fink)트러스

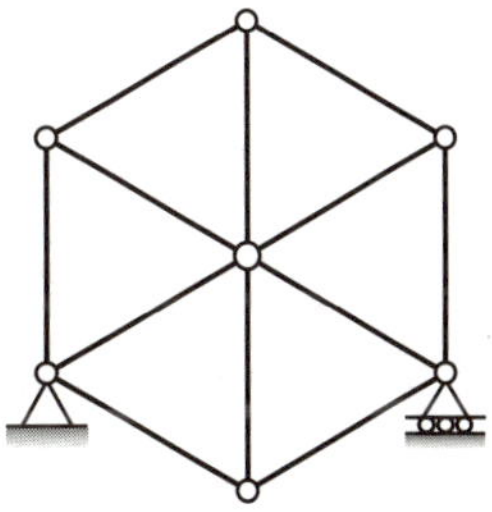

그림 8-12 복합트러스

8.3 트러스의 해법

8.3.1 트러스를 해석할 때의 가정

어떤 트러스의 부재력을 구할 때에는 그 트러스가 다음과 같은 가정을 만족한다고 보고 부재력을 계산한다. 즉, 해석하고자 하는 트러스는 다음 가정을 만족하는 이상적(理想的)인 트러스라고 보고 그 부재력을 구한다.

---

6) 정정 트러스는 지점의 반력과 부재력(부재에 작용하는 힘)들을 정역학적인 평형방정식만을 이용하여 결정할 수 있는 트러스를 말한다.

[트러스를 해석할 때의 가정]

(1) 각 부재는 직선 형태이고, 양단은 마찰이 없는 핀으로 연결되어 있다.
(2) 하중과 반력은 각 절점에만 작용하며, 작용력은 트러스와 동일한 평면상에 있다.
(3) 하중으로 인한 트러스의 변형은 미소하므로 무시한다.

위의 가정에 따라 트러스를 구성하고 있는 각 부재는 직선일 뿐만 아니라 마찰이 없는 핀으로 연결되어 있고, 또 하중은 트러스와 같은 평면상에서 각 절점에만 작용한다고 보면, 트러스의 각 부재는 부재의 길이 방향으로 작용하는 인장 또는 압축력만을 받게 되고, 작용하는 모멘트는 없다. 그래서 트러스의 부재는 압축부재와 인장부재로 구분될 수 있으며, 트러스의 부재력을 구했을 때, 그 부재가 압축을 받고 있을 경우에는 그 부재를 압축부재(壓縮部材, compression member), 인장력을 받고 있을 경우에는 인장부재(引張部材, tensile member)라고 한다.

한편, 구조물 전체가 정지되어 있다면, 그 구조물은 정역학적으로 평형상태에 있을 뿐만 아니라 구조물의 각 부분도 정역학적인 평형상태에 있다. 따라서, 이와 같은 경우에는 구조물의 한 부분을 따로 떼어 고려하여도 정역학적인 평형방정식이 적용될 수 있으며, 고립된 부분에 작용하는 미지의 힘 역시 평형방정식을 이용하여 구할 수 있다.

이러한 사실과 위의 가정을 토대로 트러스에 작용하는 반력과 부재력을 구할 수 있다. 그리고 다음에 나오는 절점법과 단면법이 그러한 해석 방법에 해당된다.

8.3.2 절점법

절점법은 그림 8-13과 같이 트러스의 각 절점을 따로 떼어 고립시킨 후, 정역학적인 평형방정식을 고립된 각 절점에 적용하여 부재력을 구하는 방법이라고 말할 수 있다.

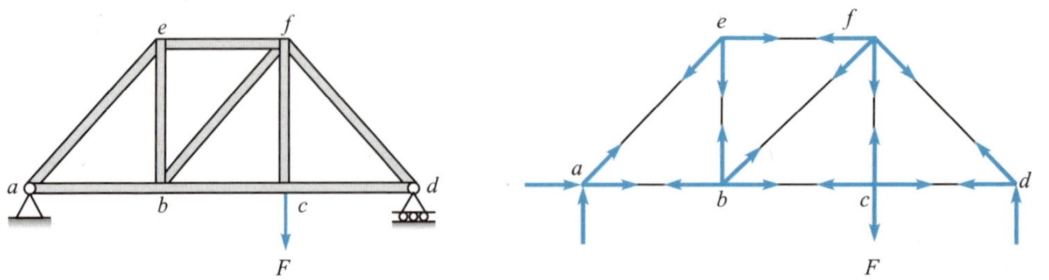

(a) 트러스　　(b) 자유물체도

그림 8-13

절점법으로 트러스의 부재력을 구하고자 한다면, 먼저 트러스 전체를 하나의 강체로 보고, 평형방정식 $\Sigma F_x = 0$, $\Sigma F_y = 0$, $\Sigma M = 0$을 적용하여 지점에 작용하는 반력성분을 모두 구한다.

그런 다음에 각각의 절점을 고립시킨 자유물체도를 그리고, 각 절점에 평형방정식을 적용하여 부재력을 구한다. 이때 평면트러스일 경우 적용할 수 있는 평형방정식은 $\Sigma F_x = 0$와 $\Sigma F_y = 0$뿐이므로 절점에 작용하는 미지의 부재력이 2개뿐인 절점에서부터 해석해 나가는 것이 좋다.[7] 그리고 부재력을 구할 때, 미지인 부재력의 방향은 일단 임의로 가정해 놓고 평형방정식을 적용하여 그 값을 구하며, 구해진 값이 양(+)이면 가정한 방향이 실제 부재력의 작용방향과 일치된 경우이고, 음(−)이면 가정한 방향이 실제 부재력의 작용방향과는 반대로 가정된 경우가 된다. 또 구해진 부재력은 그 크기와 방향을 자유물체도에 제대로 고쳐서 표시해 두면, 인접한 절점에 작용하는 미지의 부재력을 구할 때 알아보기가 쉽다.

그림 8-14는 작용・반작용의 법칙에 따라 부재에 작용하는 힘과 부재의 양쪽 절점에 작용하는 힘의 관계를 나타낸 것으로서 ae부재가 압축력 C를 받고 있는 경우와 ab부재가 인장력 T를 받고 있는 경우를 나타낸 것이다.

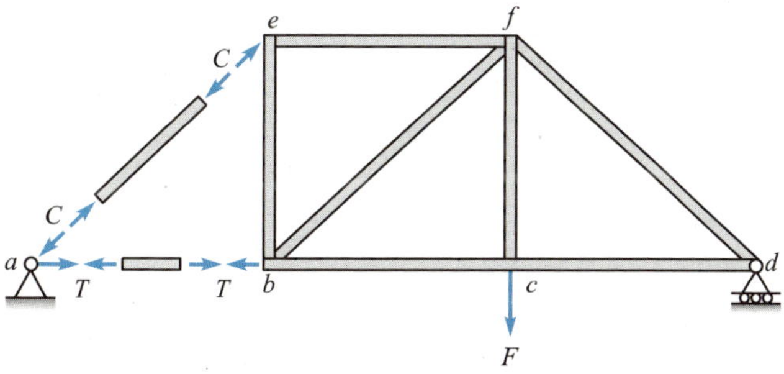

그림 8-14

한편, 그림 8-13과 같은 트러스의 경우는 지점의 반력을 구한 뒤, 지점에 있는 절점에서 시작하여 순차적으로 각 절점에 작용하는 부재력을 구하면 되는데, 이 경우처럼 절점법은 미지의 부재력이 2개뿐인 절점에서 시작하여 인접한 절점으로 해석해 나가는 방법이기 때문에 트러스를 구성하고 있는 모든 부재력을 구해야만 할 때 많이 이용된다.

7) 평면트러스의 한 절점(節點)에 작용하는 부재력들을 한 점에 작용하는 평면력계라고 생각하면 이해하기가 쉽다.

[절점법(節點法, Method of joints)]

절점법은 트러스의 각 절점을 고립시킨 후, 고립된 절점에 정역학적인 평형방정식을 적용하여 부재력을 구하는 방법이며, 그 순서는 다음과 같다.

(1) 트러스 전체를 하나의 물체로 보고, 평형방정식을 이용하여 지점에 작용하는 반력성분을 모두 구한다.

(2) 각 절점을 고립시킨 자유물체도를 그린다.

(3) 각 절점에 평형방정식을 적용하여 부재력을 구한다.

예제 8-1

그림과 같은 트러스교가 그 위를 지나가는 차량에 의해 절점 c에 집중하중 2.5kN 을 받는다고 할 때, 트러스의 ef, bf, bc 부재가 받는 부재력을 구하시오.

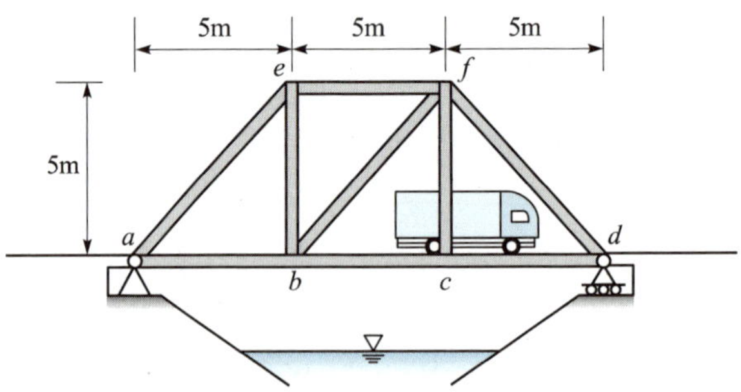

그림 8-15

풀이

(1) 먼저 트러스 전체를 하나의 물체로 보고, 평형방정식을 이용하여 지점에 작용하는 반력을 모두 구한다. 자유물체도는 그림 8-16과 같고,

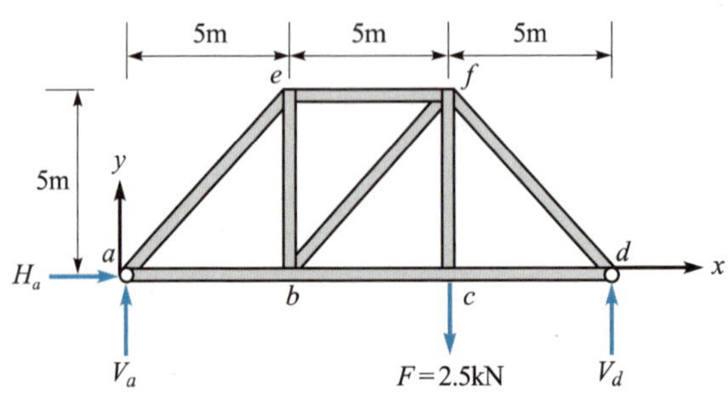

그림 8-16

평형방정식은 다음과 같다.

$$\sum F_x = 0 \; : \; H_a = 0 \qquad H_a = 0$$

$$\sum M_a = 0 \; : \; -2.5 \times 10 + V_d \times 15 = 0 \qquad V_d = +1.67$$

$$\sum F_y = 0 \; : \; V_a + V_d - 2.5 = 0 \qquad V_a = +0.83$$

따라서, 이 평형방정식을 풀면, 지점에 작용하는 반력은 다음과 같이 구해진다.

$$H_a = 0$$

$$V_a = 0.83\text{kN}\,(\uparrow)$$

$$V_d = 1.67\text{kN}\,(\uparrow)$$

(2) 각 절점을 고립시킨 자유물체도를 그린다.

먼저 각 부재력을 문자로 나타내기 편하도록 그림 8-17(a)와 같이 각 부재에 번호를 붙이기로 하자. 그리고 그림 8-17(b)와 같이 각 절점에 대한 자유물체도를 그린다. 이때 미지인 부재력의 방향은 일단 임의로 가정해 놓는다.

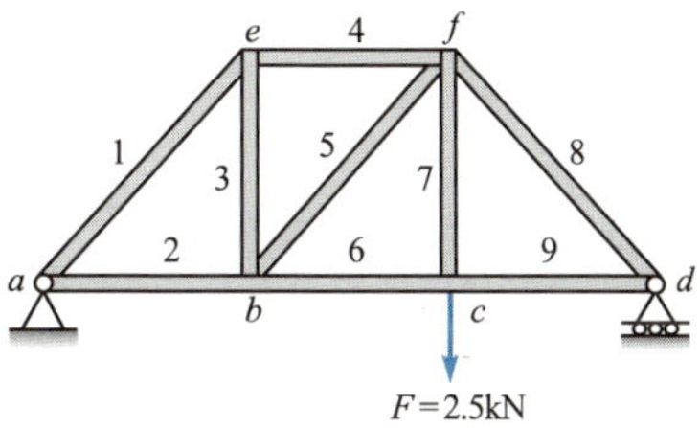

(a)

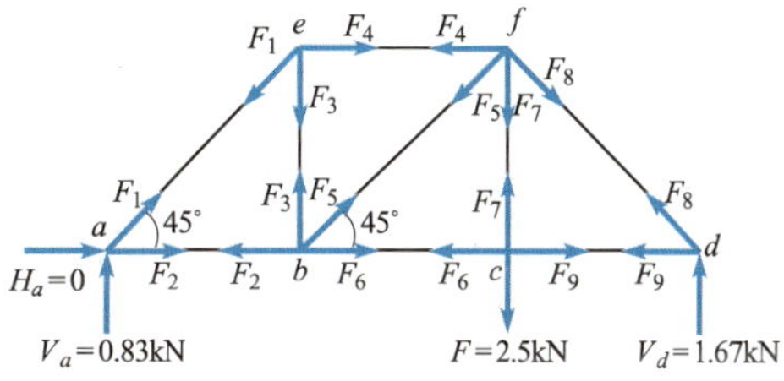

(b)

그림 8-17

(3) 절점에 평형방정식을 적용하여 부재력을 구한다.

그림 8-17(b)에서 미지의 부재력이 2개뿐인 절점은 a와 d뿐이다. 따라서, 절점 a에서 시작하여 인접한 절점으로 해석해 나가기로 한다.

먼저 절점 a에 평형방정식을 적용하여 미지의 부재력 F_1과 F_2를 구한다.

$$\sum F_y = 0 \; : \; 0.83 + F_1 \sin 45° = 0 \qquad F_1 = -1.17 \qquad \therefore F_1 = -1.17\text{kN}$$

$$\sum F_x = 0 \; : \; F_1 \cos 45° + F_2 = 0 \qquad F_2 = +0.83 \qquad \therefore F_2 = +0.83\text{kN}$$

F_1의 값이 음으로 구해졌으므로 F_1의 작용방향은 그림 8-17(b)에서 가정한 방향과 반대이며, 1번 부재에는 압축력이 작용한다. 그러나 F_2의 경우는 그 값이 양으로 구해졌기 때문에 F_2의 작용방향은 그림 8-17(b)에서 가정한 방향과 같으며, 2번 부재에는 인장력이 작용한다. 이러한 결과를 고려하여 자유물체도를 그리면 그림 8-19와 같이 된다.

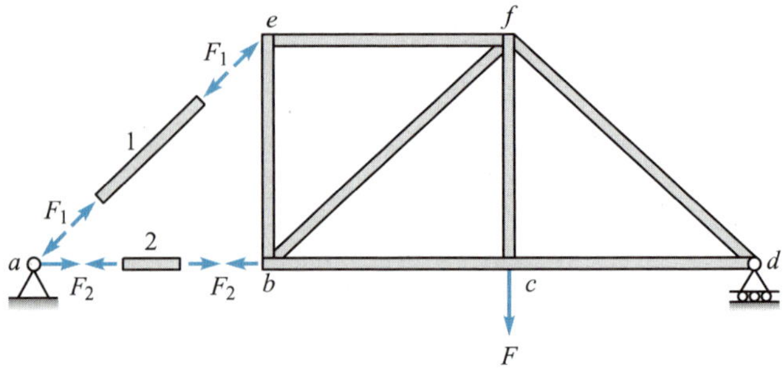

그림 8-18

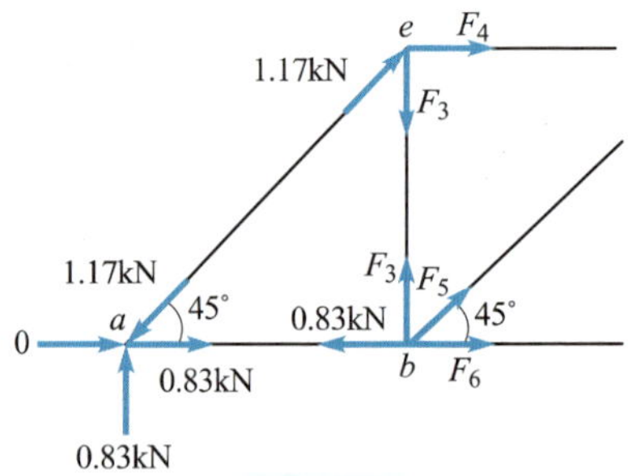

그림 8-19

이제 그림 8–19 절점 e에 평형방정식을 적용하여 F_3과 F_4를 구한다.

$$\sum F_x = 0 : 1.17\cos 45° + F_4 = 0 \qquad F_4 = -0.83 \qquad \therefore F_4 = -0.83\text{kN}$$

$$\sum F_y = 0 : 1.17\sin 45° - F_3 = 0 \qquad F_2 = +0.83 \qquad \therefore F_3 = +0.83\text{kN}$$

다시 자유물체도를 고쳐서 그리면, 그림 8–20과 같다.

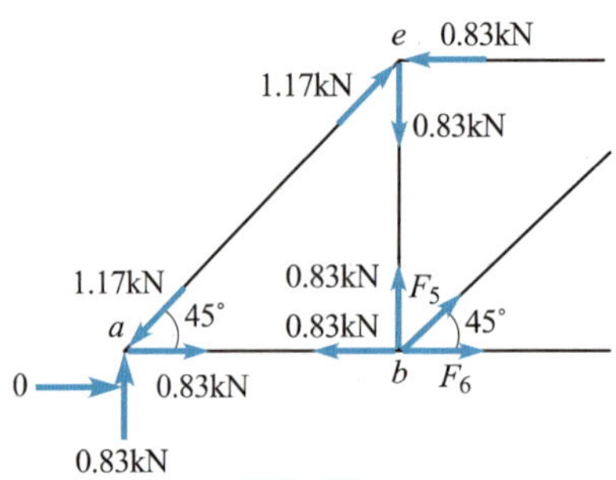

그림 8-20

마지막으로 그림 8–20 절점 b에 평형방정식을 적용하여 F_5와 F_6을 구한다.

$$\sum F_y = 0.83 + F_5 \sin 45° = 0 \qquad F_5 = -1.17 \qquad \therefore F_5 = -1.17\text{kN}$$

$$\Sigma F_x = 0 : -0.83 + F_5 \cos 45° + F_6 = 0 \qquad F_6 = +1.66 \qquad \therefore F_6 = +1.66\text{kN}$$

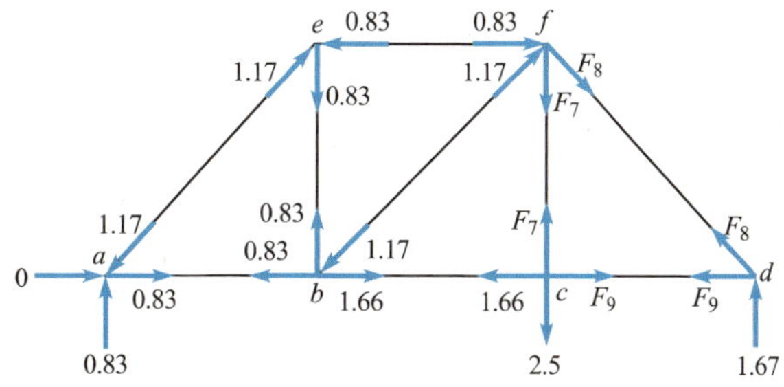

그림 8-21

그러므로

ef 부재에는 $F_4 = 0.83\text{kN}$(압축)

bf 부재에는 $F_5 = 1.17\text{kN}$(압축)

bc 부재에는 $F_6 = 1.66\text{kN}$(인장)

이 작용한다.

8.3.3 단면법

단면법은 그림 8-22와 같이 부재력을 구하고자 하는 부재가 포함되도록 트러스를 가상으로 절단해 놓고, 절단된 한쪽 편에 정역학적인 평형방정식을 적용하여 부재력을 구하는 방법이라고 말할 수 있다.

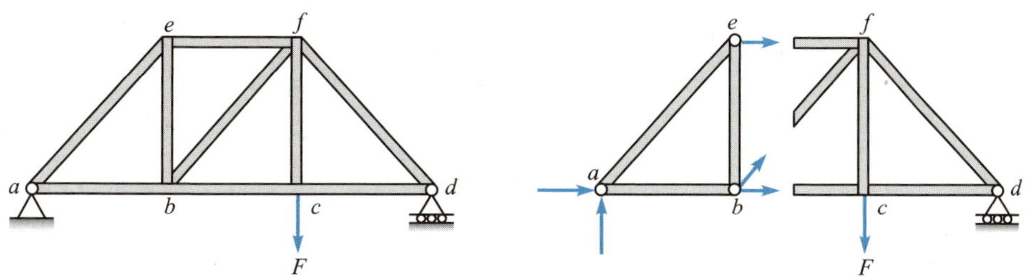

(a) 트러스 (b) 자유물체도

그림 8-22

단면법으로 트러스의 부재력을 구하고자 한다면, 먼저 트러스 전체를 하나의 물체로 보고, 평형방정식 $\Sigma F_x = 0$, $\Sigma F_y = 0$, $\Sigma M = 0$을 적용하여 지점에 작용하는 반력성분을 모두 구한다.

그런 다음에 부재력을 구하고자 하는 특정한 부재가 포함되도록 적절하게 트러스를 가상으로 절단하고, 절단된 한쪽 편에 대해 자유물체도를 그린 후에 그 자유물체도에 평형방정식을 적용하여 미지의 부재력을 구한다. 이때 절단된 한쪽 편의 트러스는 지점의 반력과 절단된 부재들에 의한 힘으로 지지되어 있는 하나의 물체로 간주할 수 있으므로 평면트러스일 경우 적용할 수 있는 평형방정식은 $\Sigma F_x = 0$, $\Sigma F_y = 0$, $\Sigma M = 0$이다.[8] 따라서 미지의 부재력이 3개 이하가 되도록 트러스를 절단하는 것이 좋다.

또 절점법과 마찬가지로 미지인 부재력의 방향은 일단 임의로 가정해 놓고 평형방정식을 적용하여 그 값을 구하며, 구해진 값이 양(+)이면 가정한 방향이 실제 부재력의 작용방향과 일치된 경우이고, 음(−)이면 가정한 방향이 실제 부재력의 작용방향과는 반대로 가정된 경우가 된다.

그리고 단면법은 그 특성이 트러스의 내부에 있는 한 부재의 부재력을 구할 때 편리하기 때문에 어떤 특정 부재의 부재력만을 구하고자 할 때 많이 이용된다.

[단면법(斷面法, Method of sections)]

단면법은 부재력을 구하고자 하는 부재가 포함되도록 트러스를 절단해 놓고, 절단된 한쪽 편에 평형방정식을 적용하여 부재력을 구하는 방법이며, 그 계산 순서는 다음과 같다.

(1) 평형방정식을 이용하여 트러스의 반력성분을 모두 구한다.
(2) 부재력을 구하고자 하는 부재가 포함되도록 트러스를 절단하여 절단된 한 쪽편에 대해 자유물체도를 작성한다.
(3) 자유물체도에 평형방정식을 적용하여 부재력을 구한다.

8) 평형방정식은 $\Sigma M_P = 0$, $\Sigma M_Q = 0$, $\Sigma F_x = 0$을 쓸 수도 있으며, 독립적인 세 식이면 된다. 이때 점 P, Q는 서로 다른 절점을 취하는 것이 편리하다.

예제 8-2

그림과 같은 트러스교가 그 위를 지나가는 차량에 의해 절점 c에 집중하중 2.5kN을 받는다고 할 때, 트러스의 ef, bf, bc 부재가 받는 부재력을 단면법으로 구하시오.

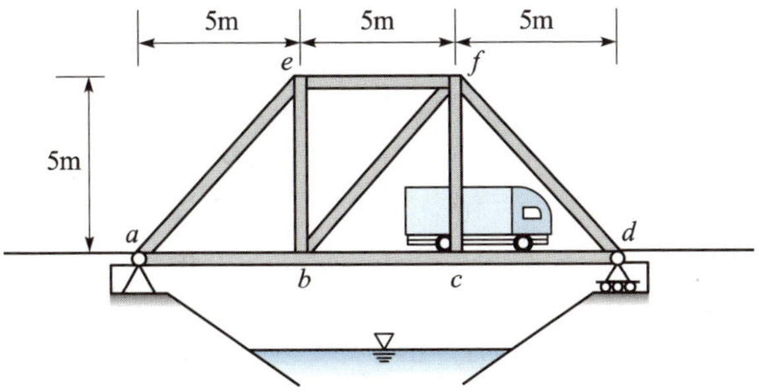

그림 8-23

풀이

(1) 먼저 트러스 전체를 하나의 물체로 보고, 평형방정식을 이용하여 지점에 작용하는 반력을 모두 구한다.

그런데 단면법으로 풀라는 것 외에는 예제 8-1과 동일한 문제이므로 예제 8-1에서 구한 결과를 이용하기로 하자.

자유물체도는 그림 8-24와 같고,

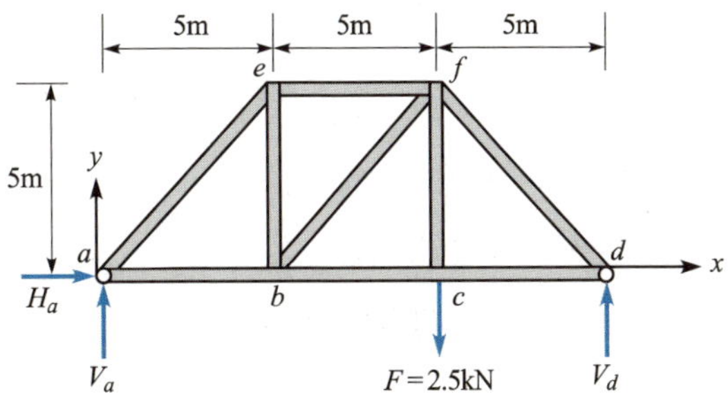

그림 8-24

지점에 작용하는 반력은 다음과 같다.

$$H_a = 0$$

$$V_a = 0.83\text{kN}$$

$$V_d = 1.67\text{kN}$$

(2) 부재력을 구하고자 하는 부재가 포함되도록 트러스를 절단하여 절단된 한쪽 편에 대해 자유물체도를 작성한다.

여기서는 그림 8-25와 같이 트러스의 중앙 부분을 수직으로 절단하여 왼쪽 부분에 대해서만 자유물체도를 그렸다.

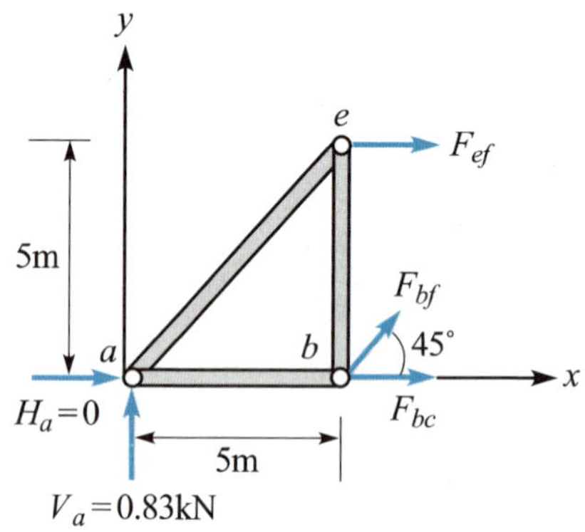

그림 8-25

(3) 자유물체도에 평형방정식을 적용하여 부재력을 구한다.

이때 모멘트의 합은 절점 b에 대해서 취하였으며, 반시계방향을 양으로 하였다.

평형방정식을 풀면,

$$\sum F_y = 0 \ : \ 0.83 + F_{bf}\sin 45° = 0 \qquad F_{bf} = -1.17$$

$$\sum M_b = 0 \ : \ -0.83 \times 5 - F_{ef} \times 5 = 0 \qquad F_{ef} = -0.83$$

$$\sum F_x = 0 \ : \ -F_{ef} - F_{bf}\cos 45° - F_{bc} = 0 \qquad F_{bc} = +1.66$$

이다. 그러므로

ef 부재에는 $F_{ef} = 0.83\text{kN}$(압축)

bf 부재에는 $F_{bf} = 1.17\text{kN}$(압축)

bc 부재에는 $F_{bc} = 1.66\text{kN}$(인장)

이 작용한다.

예제 8-3

다음 그림과 같은 트러스의 af 부재에 작용하는 부재력을 구하시오.

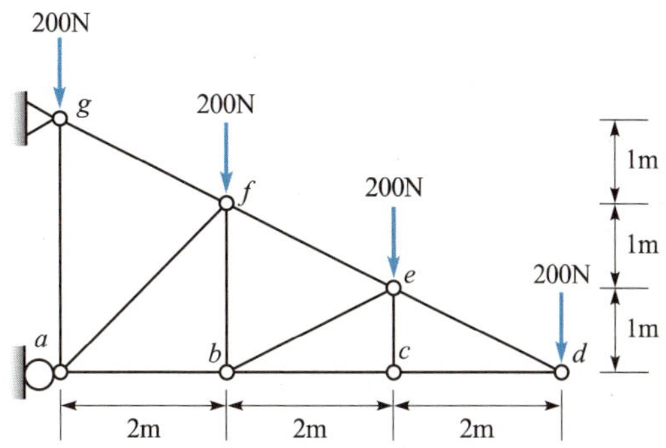

그림 8-26

풀이

(1) 부재력을 구하고자 하는 부재가 포함되도록 트러스를 절단하여 절단된 한쪽 편에 대해 자유물체도를 작성한다.
여기서는 그림 8-27과 같이 af 부재가 포함되도록 수직으로 절단하여 오른쪽 부분에 대해서만 자유물체도를 그렸다.

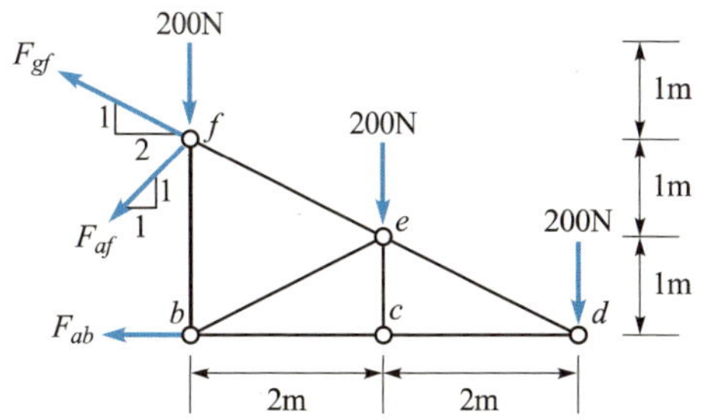

그림 8-27

(2) 자유물체도에 평형방정식을 적용하여 부재력을 구한다.
이때 모멘트의 합은 절점 f 에 대해서 취하였으며, 반시계방향을 양으로 하였다.

$$\sum M_f = 0 \ : \ -200 \times 2 - 200 \times 4 - F_{ab} \times 2 = 0$$

$$\sum F_y = 0 \ : \ -3 \times 200 - \frac{1}{\sqrt{2}} F_{af} + \frac{1}{\sqrt{5}} F_{gf} = 0$$

$$\sum F_x = 0 \;:\; -F_{ab} - \frac{1}{\sqrt{2}}F_{af} - \frac{2}{\sqrt{5}}F_{gf} = 0$$

평형방정식을 풀면,

$$F_{ab} = -600\,\mathrm{N}$$

$$F_{af} = -200\sqrt{2}\,\mathrm{N}$$

$$F_{gf} = +400\sqrt{5}\,\mathrm{N}$$

이다. 그러므로

ab 부재에는 $F_{ab} = 600\,\mathrm{N}$(압축)

af 부재에는 $F_{af} = 200\sqrt{2}\,\mathrm{N}$(압축)

gf 부재에는 $F_{gf} = 400\sqrt{5}\,\mathrm{N}$(인장)

이 작용한다.

CHAPTER 8

연습문제

8.1 그림과 같은 트러스의 부재에 작용하는 부재력을 구하시오.

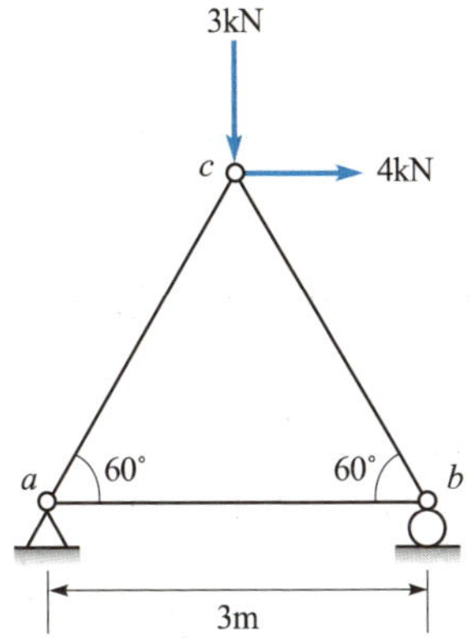

그림 8-28

8.2 그림과 같은 핑크트러스의 ef, bf, bc 부재가 받는 부재력을 절점법과 단면법으로 각각 구하시오.

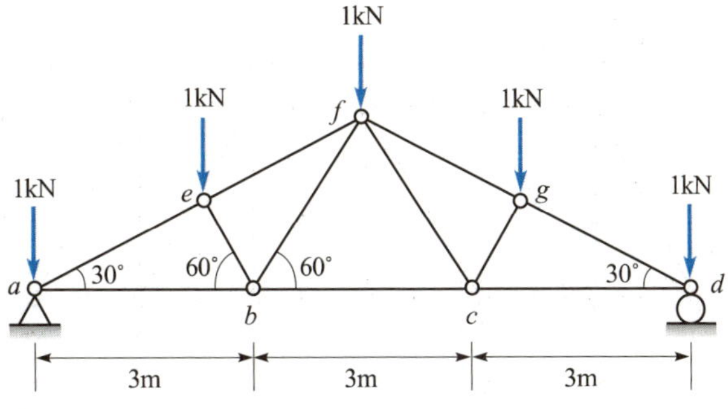

그림 8-29

8.3 그림과 같은 트러스의 be 부재에 작용하는 부재력을 구하시오.

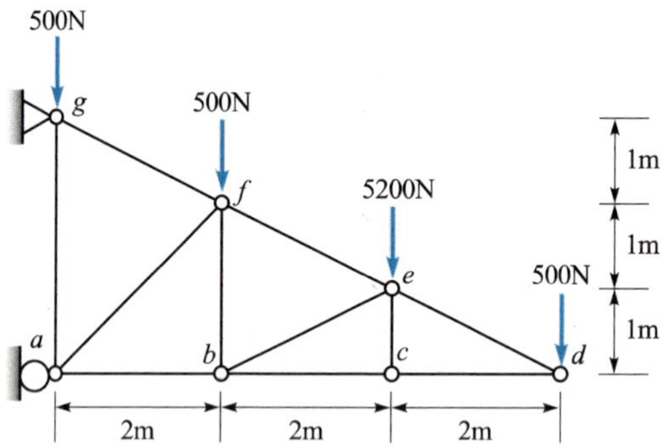

그림 8-30

8.4 그림과 같은 트러스의 ab, ah, hi 부재에 작용하는 부재력을 구하시오.

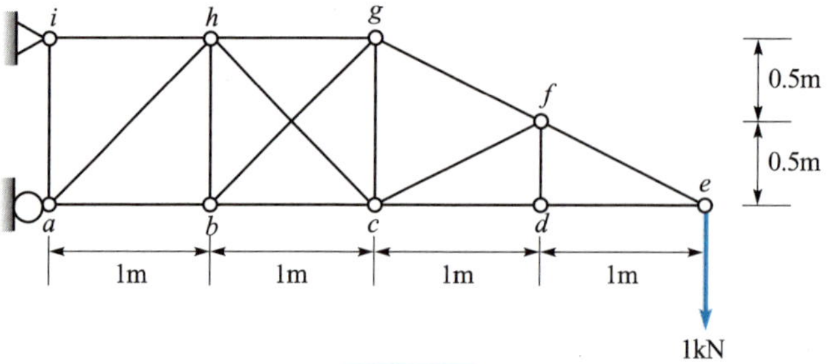

그림 8-31

8.5 그림과 같은 하우트러스의 cd, cj, jk 부재에 작용하는 부재력을 구하시오.

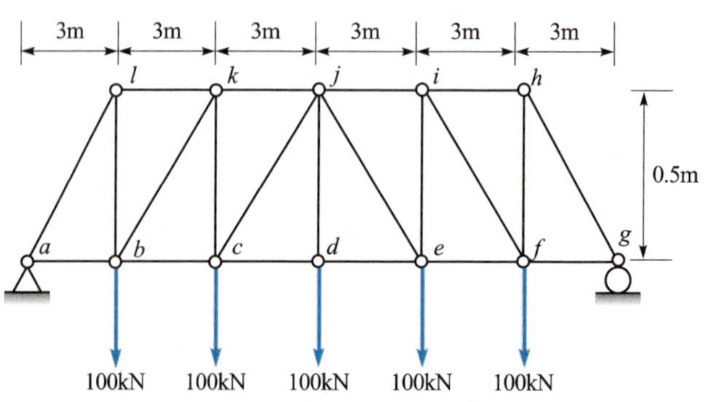

그림 8-32

8.6 그림과 같이 트러스로 제작된 옥외 광고판이 있다. 바람에 의해 절점 c, e에 수평하중 1kN(→)이 각각 작용하고, 광고판의 자중에 의해 절점 c, e에 수직하중 2kN(↓)이 각각 작용한다고 할 때, fg, gh부재에 작용하는 부재력을 구하시오.

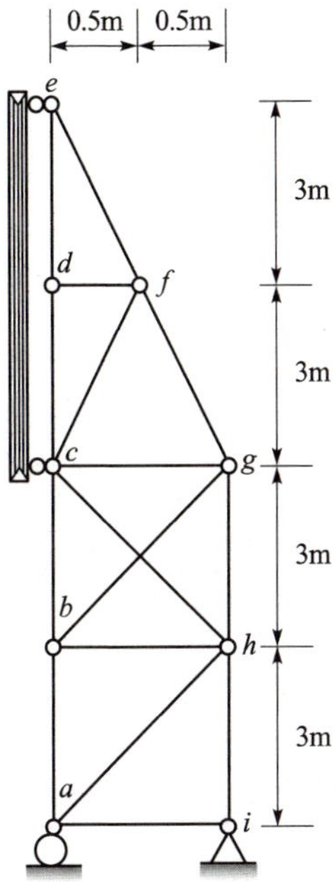

그림 8-33

8.7 그림과 같은 트러스의 모든 부재력을 구하시오.

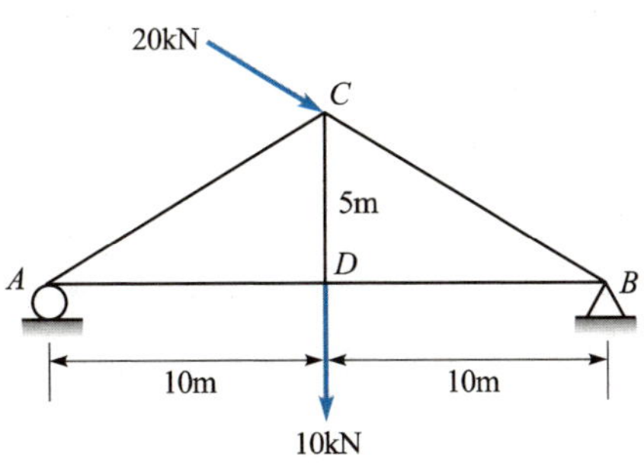

그림 8-34

CHAPTER 9

중심과 도심

CHAPTER 9

중심과 도심

본 장에서는 역학 문제에서 많이 다루게 되는 구조물의 면적, 도심, 중심 등에 대하여 다루고자 한다.

9.1 중심

9.1.1 중심(重心)

지구와 물체 사이에는 인력이 작용하기 때문에 그 인력에 의해 물체는 지구의 중심을 향하여 끌어 당겨지는데, 이때 작용하는 힘을 중력(重力, gravity)이라고 하며, 그 힘의 크기를 중량(重量, weight)이라고 한다.

이러한 중력은 물체의 체적 전체에 작용하는 분포력이기 때문에 그 합력을 구하여 다루는 것이 편리하며, 이때 중력의 합력이 작용한다고 보는 점이 중심(重心)이다. 여기서, 나오는 중심(重心)은 우리가 흔히 사용하는 무게중심(--中心)과 같은 뜻을 가진 단어이다.

따라서, 그 크기는 저울로 측정하여 알아낼 수 있는 중량이고, 작용방향은 물체로부터 지구의 중심을 향하는 방향이며, 작용점은 물체의 중심(重心)인 힘이 중력이라고 할 수 있다.

[중심(重心, center of gravity)]

물체의 각 부분에 작용하는 중력(重力)의 합력이 작용하는 점을 중심(重心) 또는 무게중심(--中心)이라고 한다. 그리고 중심(重心)은 질량의 중심인 질심(質心)과 일치한다.

9.1.2 봉의 중심(重心)

이제 어떤 물체의 중심(重心)을 찾는 방법에 대해서 생각해 보자.

물체의 중심은 실험을 하여 찾을 수도 있고, 또 해석적인 방법으로 찾을 수도 있으나, 여기서는 해석적인 방법에 대해서만 자세하게 알아보기로 한다.[1)]

이때 한 가지 가정할 내용은 물체의 각 부분에 작용하는 중력은 모두 평행하게 작용한다는 것이다. 왜냐하면, 중력은 지구의 중심을 향하는 힘인데, 지구의 중심은 우리가 다루는 물체의 크기에 비해 충분히 멀리 있으므로 물체의 각 부분에 작용하는 중력이 평행하다고 보아도 큰 문제는 없기 때문이다.

중심(重心)의 위치를 구하는 원리는 "어떤 한 점에 대해 물체의 각 부분에 작용하는 중력이 일으키는 모멘트의 합은 중력의 합력이 일으키는 모멘트와 같다."는 점을 이용하는데, 이것은 바리뇽의 정리를 적용한 것이라고 할 수 있다.

예를 들어 그림 9-1(a)와 같이 길이가 L, 단위중량(단위길이의 무게)이 γ이고, 전체 중량이 $W(=\gamma L)$인 봉이 벽면에 고정되어 있는 경우를 고려해 보자.

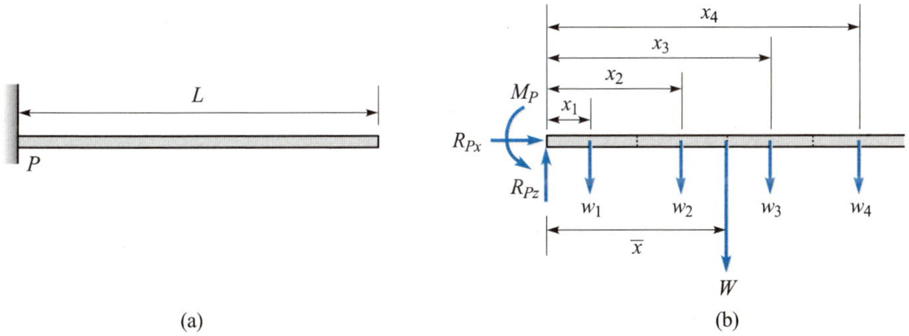

그림 9-1

봉의 중량 W가 작용하는 위치, 즉 중심(重心)이 고정지점으로부터 $\bar{x}$만큼 떨어진 점이라고 가정하면, 중량 W는 고정된 벽면에 모멘트 $W\bar{x}$를 발생시키는데, 이 모멘트의 크기는 그림 9-1(b)와 같이 봉을 4개의 부분으로 나누었다고 가정했을 때, 각 부분의 중량이 고정된 지점에 일으키는 모멘트의 합과 같아야 한다.

$$W\bar{x} = w_1x_1 + w_2x_2 + w_3x_3 + w_4x_4$$

1) 실험으로 물체의 중심(重心)을 찾는 방법은 다음과 같다. 물체를 줄에 매달아 놓고 줄에 작용하는 인장력의 작용선을 하나 구한 후, 물체의 또 다른 점에 줄을 매어 달아 인장력의 작용선을 구한다. 이렇게 구해진 두 작용선이 만나는 점이 그 물체의 중심(重心)이 된다.

따라서, 중심(重心)은 다음과 같이 구해진다.

$$\bar{x} = \frac{w_1 x_1 + w_2 x_2 + w_3 x_3 + w_4 x_4}{W} = \frac{\sum_{i=1}^{4} w_i x_i}{W} = \frac{\sum_{i=1}^{4} w_i x_i}{\sum_{i=1}^{4} w_i}$$

여기서,

$$W = w_1 + w_2 + w_3 + w_4 = \sum_{i=1}^{4} w_i$$

이고, 등간격으로 봉을 나누었다면, $w_i = \gamma L/4$이다.

그리고 이제 동일한 방법으로 봉을 무한히 잘게 쪼개어서 봉의 중심(重心)을 구해보기로 하자. 그러면

$$W\bar{x} = w_1 x_1 + w_2 x_2 + w_3 x_3 + \cdots$$

가 성립해야 하므로 봉의 중심(重心)은 다음과 같이 구해진다.

$$\bar{x} = \frac{w_1 x_1 + w_2 x_2 + w_3 x_3 + \cdots}{W} = \frac{\sum_{i=1}^{\infty} w_i x_i}{\sum_{i=1}^{\infty} w_i} \tag{9.1}$$

여기서,

$$W = w_1 + w_2 + w_3 + \cdots = \sum_{i=1}^{\infty} w_i$$

이고, 등간격으로 봉의 길이를 나누었다면,

$$w_i = \lim_{n \to \infty} \frac{\gamma L}{n}$$

이다. 그런데 이때 무한히 잘게 쪼개진 봉의 미소요소의 길이를 $dL(= \lim_{n \to \infty} L/n)$이라고 하면, 미소요소의 중량 $w_i = \gamma dL$로 나타낼 수 있고, 미소요소의 중량이 고정지점에 일으키는

모멘트는 $w_i x_i = x\gamma dL$로 나타낼 수 있다. 여기서, x는 고정지점으로부터 미소요소까지의 거리이다.

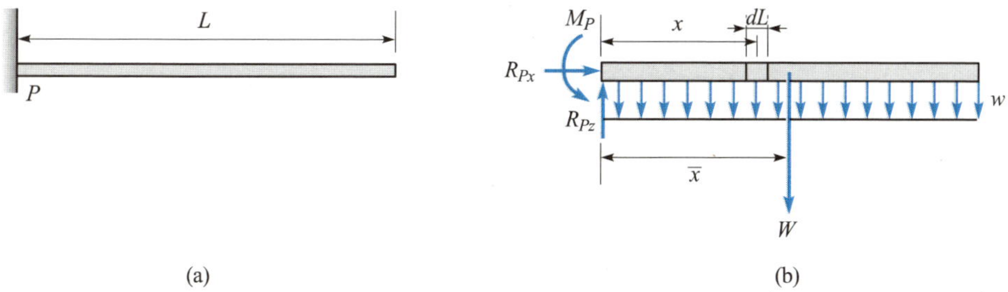

그림 9-2

따라서, 식(9.1)에 있는 분자와 분모는 봉의 전체 길이 L에 있는 각각의 미소요소 dL에 의한 값을 모두 합한다는 의미인 다음과 같은 적분식으로 나타낼 수 있고,

$$\sum_{i=1}^{\infty} w_i x_i = \int_L x\gamma dL \ , \qquad \sum_{i=1}^{\infty} w_i = \int_L \gamma dL$$

중심(重心)의 좌표는 다음과 같이 구해진다.

$$\bar{x} = \frac{\sum_{i=1}^{\infty} w_i x_i}{\sum_{i=1}^{\infty} w_i} = \frac{\int_L x\gamma dL}{\int_L \gamma dL}$$

또한, 이 식은 고정지점을 원점으로 취하는 변수 x에 대한 식으로 다음과 같이 나타낼 수도 있다.

$$\bar{x} = \frac{\int_L x\gamma dL}{\int_L \gamma dL} = \frac{\int_0^L x\gamma dx}{\int_0^L \gamma dx}$$

9.1.3 2차원 평판의 중심(重心)

평판의 중심을 구하는 방법은 중심의 위치를 나타내는 좌표의 성분을 2개 구해야 한다는 점 외에는 봉의 중심을 구하는 방법과 동일하다.

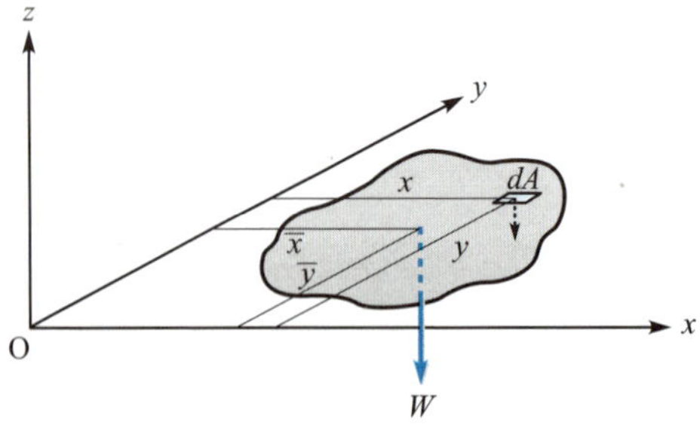

그림 9-3

예를 들어 그림 9-3과 같은 평판의 단위중량(단위면적의 무게)을 γ라고 하면, 평판의 미소요소 $dA(=dxdy)$의 중량은 γdA이고, 미소요소 dA의 좌표가 $(x,\ y)$라고 하면, 미소요소의 중량이 좌표축에 대해 일으키는 모멘트는 각각 $x\gamma dA$, $y\gamma dA$이다. 따라서, 판의 전체 면적 A에 속해 있는 모든 미소요소의 중량의 합, 즉 전체 중량

$$W=\int_A \gamma dA$$

가 한 좌표축에 대해 일으키는 모멘트는 미소요소의 중량이 그 좌표축에 대해 일으키는 모멘트의 총합과 같아야 한다는 것으로부터 다음 두 식이 각각 얻어진다. 여기서, $(\bar{x},\ \bar{y})$는 판의 중심(重心)의 좌표이다.

$$W\bar{x}=\int_A x\gamma dA \qquad \therefore\ \bar{x}=\frac{\int_A x\gamma dA}{W}=\frac{\int_A x\gamma dA}{\int_A \gamma dA}$$

$$W\bar{y}=\int_A y\gamma dA \qquad \therefore\ \bar{y}=\frac{\int_A y\gamma dA}{W}=\frac{\int_A y\gamma dA}{\int_A \gamma dA}$$

[평판의 중심(重心)]

"어떤 한 점에 대해 물체의 각 부분에 작용하는 중력이 일으키는 모멘트의 합은 중력의 합력이 일으키는 모멘트와 같다."는 것을 이용하여 중심을 구한다.

단위중량이 γ이고, 면적이 A인 평판의 중심의 좌표 $(\bar{x},\ \bar{y})$는 다음과 같다.

$$\bar{x} = \frac{\int_A x\gamma dA}{\int_A \gamma dA}, \qquad \bar{y} = \frac{\int_A y\gamma dA}{\int_A \gamma dA}$$

여기서, $W = \int_A \gamma\, dA$는 전체중량이고, x, y는 미소면적 dA의 중심좌표이다.

9.2 도형의 도심

9.2.1 도심

도심(圖心)은 평면 도형 뿐만 아니라 선분이나 입체와 같은 도형의 기하학적인 중심을 뜻하는 말로서, 어떤 물체가 전체적으로 균질(均質)[2]이면, 그 물체를 둘러싸고 있는 도형의 도심은 그 물체의 중심(重心)과 일치한다. 따라서, 도심은 등분포하는 분포력과 등가인 집중력의 작용위치 등을 구하는데 자주 이용된다.

[도심(圖心, centroid)]

도심은 선분, 평면, 입체 등과 같은 도형의 중심을 말하며, 균질인 물체의 중심(重心)은 그 물체를 둘러싸고 있는 도형의 도심과 일치한다.

따라서, 어떤 도형의 도심을 구하려고 한다면, 그 도형과 동일한 형상을 가지고 있고 균질인 물체의 중심(重心)을 구하면 된다.

9.2.2 평면 도형의 도심

어떤 평면 도형의 도심은 균질이고 동일한 형상을 가진 얇은 평판의 중심(重心)을 구함으로써 그 평면 도형의 도심을 구할 수 있다.

예를 들어 전체 면적이 A이고, 단위중량이 γ(단위면적의 무게)인 얇은 평판이 xy평면상에 있다고 해보자. 이때 판이 균질이라고 하면, 판의 단위중량 γ는 하나의 고정된 상수[3]이

2) 하나의 물체에서 어떤 부분을 취하여도 성분이나 특성이 일정한 것을 균질(均質) 또는 등질(等質)이라고 한다.

다. 따라서 판의 중심(重心)을 구하는 다음 식에서 γ는 적분기호 밖으로 꺼낼 수가 있으며, 약분하면 판을 둘러싸고 있는 도형의 도심 $(\bar{x},\ \bar{y})$를 다음 식으로 구할 수 있다.

$$\bar{x}=\frac{\int_A x\gamma dA}{\int_A \gamma dA}=\frac{\gamma\int_A xdA}{\gamma\int_A dA}=\frac{\int_A xdA}{\int_A dA}$$

$$\bar{y}=\frac{\int_A y\gamma dA}{\int_A \gamma dA}=\frac{\gamma\int_A ydA}{\gamma\int_A dA}=\frac{\int_A ydA}{\int_A dA}$$

여기서, x, y는 dA의 중심좌표이고, $A=\int_A dA$이며, $\int_A xdA$는 y축에 관한 면적 A의 단면1차모멘트, $\int_A ydA$는 x축에 관한 면적 A의 단면1차모멘트라고 한다.[4)]

[평면 도형의 도심(圖心)]

전체 면적이 A인 어떤 평면 도형의 도심 $(\bar{x},\ \bar{y})$은 다음과 같다.

$$\bar{x}=\frac{\int_A xdA}{\int_A dA},\qquad \bar{y}=\frac{\int_A ydA}{\int_A dA}$$

여기서, x, y는 dA의 중심좌표이고, $A=\int_A dA$이다.

3) 상수(常數)는 변하지 않는 일정한 값을 가진 수(數)나 양(量)을 말한다.
4) 평면도형을 미소요소로 나누고, 각 미소요소의 면적에 임의의 축으로부터 미소요소까지의 거리를 곱하여 그 도형 전체에 걸쳐 적분한 값을 단면1차모멘트(斷面一次 --)라고 한다.

예제 9-1

그림과 같이 밑변의 길이가 b, 높이가 h인 직사각형의 도심을 구하시오.

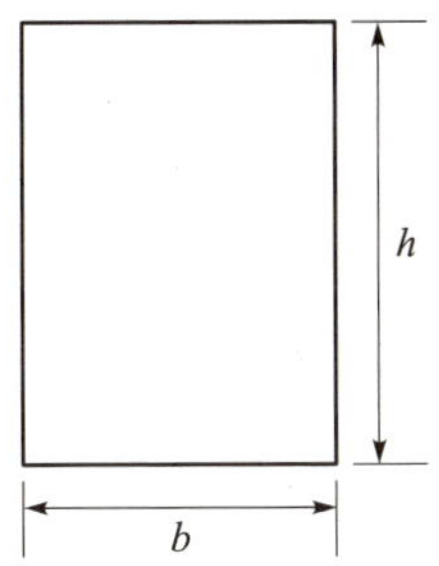

그림 9-4

풀이

도심의 y좌표 $\bar{y}$를 구하기 위해, 그림 9-5와 같이 미소면적 dA를 취하고, x축에 대한 전체 면적 A의 단면1차모멘트는 x축에 대한 미소면적 dA의 단면1차모멘트의 총합과 같다는 것을 이용한다.

$$A\bar{y} = \int_A y\,dA$$

$$(bh)\bar{y} = \int_0^h y(b\,dy)$$

$$= \left[\frac{1}{2}by^2\right]_0^h = \frac{1}{2}bh^2$$

$$\therefore \bar{y} = \frac{h}{2}$$

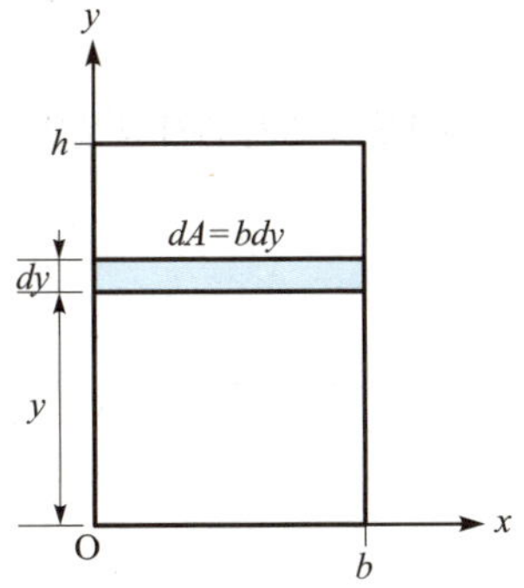

그림 9-5

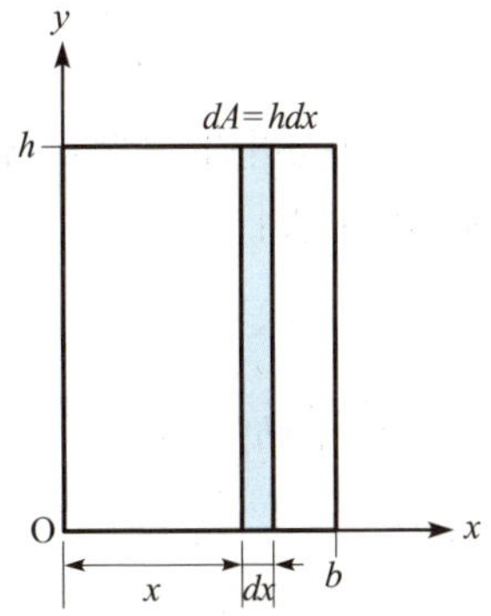

그림 9-6

또한 동일한 원리를 적용하여 도심의 x좌표 $\bar{x}$를 구한다. 그림 9-6과 같이 미소면적 dA를 취하고, y축에 대한 단면1차모멘트를 이용한다.

$$A\bar{x} = \int_A x dA$$

$$(bh)\bar{x} = \int_0^b x(hdx)$$

$$= \left[\frac{1}{2}hx^2\right]_0^b = \frac{1}{2}hb^2$$

$$\therefore \bar{x} = \frac{b}{2}$$

예제 9-2

그림과 같이 밑변의 길이가 b, 높이가 h인 삼각형의 도심의 y좌표 $\bar{y}$를 구하시오.

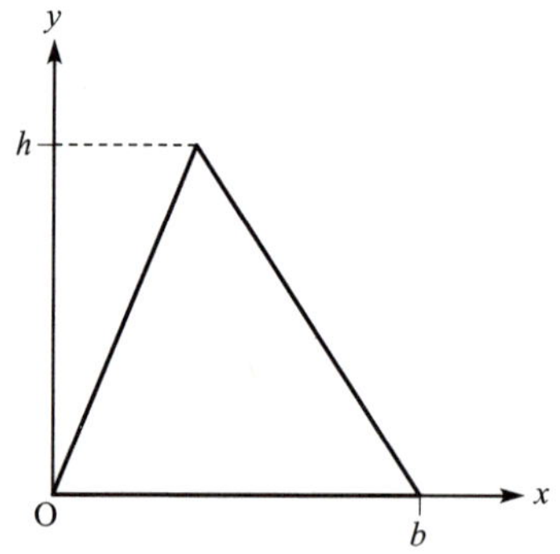

그림 9-7

풀이

그림 9-8과 같이 미소면적 dA를 취하고, dA를 구하기 위해 그 밑변의 길이 s를 삼각형의 닮음을 이용해서 구한다.

$$s : b = (h - y) : h$$

$$\therefore s = \frac{b}{h}(h - y)$$

그러므로

$$dA = sdy = \frac{b}{h}(h - y)dy$$

이다.

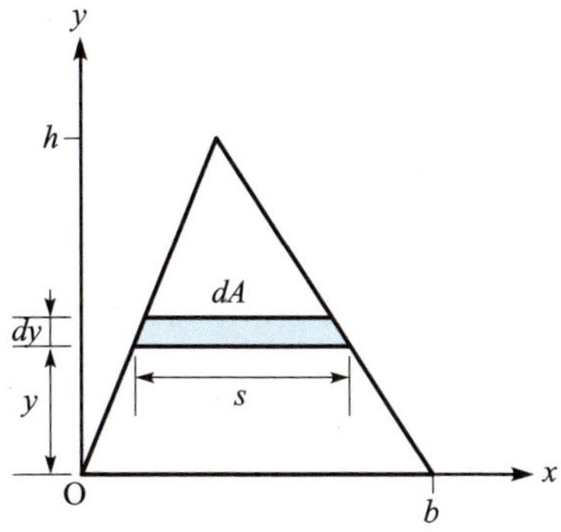

그림 9-8

이제 x축에 대해 전체 면적의 단면1차모멘트는 미소면적의 단면1차모멘트의 총합과 같다는 점을 이용하여 $\bar{y}$를 구한다.

$$A\bar{y} = \int_A y dA$$

$$\left(\frac{1}{2}bh\right)\bar{y} = \int_0^h y\left(\frac{b}{h}(h-y)dy\right)$$

$$= \left[\frac{b}{h}\left(\frac{1}{2}hy^2 - \frac{1}{3}y^3\right)\right]_0^h = \frac{1}{6}bh^2$$

$$\therefore \bar{y} = \frac{h}{3}$$

예제 9-3

그림과 같이 $y = kx^2$과 x축, 그리고 $x = b$로 둘러싸인 면적의 도심을 구하시오. 단, $k = h/b^2$이다.

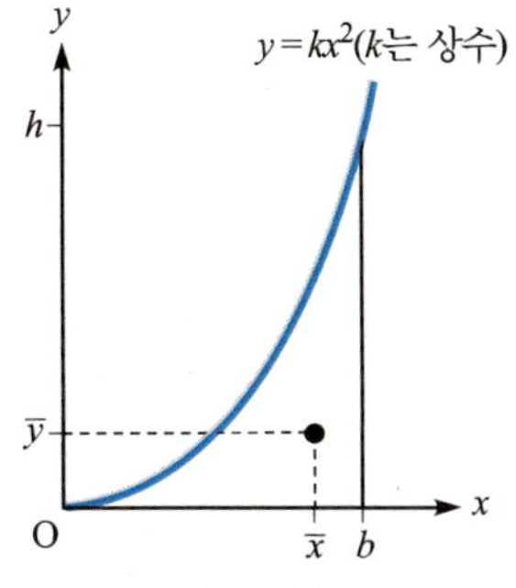

그림 9-9

풀이

그림 9–10과 같이 미소면적 dA를 취하면,

$$dA = kx^2 dx$$

이고, 전체 면적은

$$A = \int_0^b dA = \int_0^b kx^2 dx = k\left[\frac{1}{2+1}x^{2+1}\right]_0^b = \frac{1}{3}kb^3$$

이다. $\bar{x}$를 구하기 위해 y축에 대한 단면1차모멘트를 이용한다.

$$A\bar{x} = \int_A x dA$$

$$\left(\frac{1}{3}kb^3\right)\bar{x} = \int_0^b x(kx^2 dx)$$

$$= \int_0^b kx^3 dx = k\left[\frac{1}{3+1}x^{3+1}\right]_0^b = \frac{1}{4}kb^4$$

$$\therefore \bar{x} = \frac{3}{4}b$$

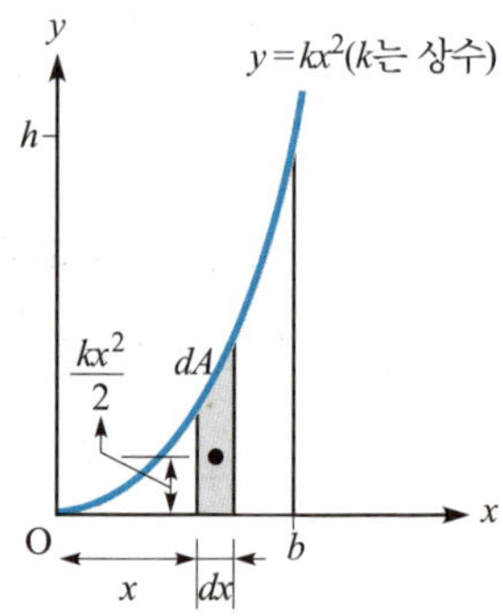

그림 9-10

또한, 그림 9–10과 같이 미소면적 dA를 취하고, $\bar{y}$를 구하기 위해 x축에 대한 단면1차모멘트를 이용하기로 하자. 이때 미소면적 dA의 모멘트 팔의 길이는 $kx^2/2$이다.

$$A\bar{y} = \int_A y dA$$

$$\left(\frac{1}{3}kb^3\right)\bar{y} = \int_0^b \frac{kx^2}{2}(kx^2 dx)$$

$$= \frac{k^2}{2}\int_0^b x^4 dx = \frac{k^2}{2}\left[\frac{1}{5}x^5\right]_0^b = \frac{1}{10}k^2b^5$$

$$\therefore \bar{y} = \frac{3}{10}kb^2 = \frac{3}{10}h$$

예제 9-4

그림과 같이 $y = \sqrt{x}$와 x축, 그리고 $x = b$로 둘러싸인 면적의 도심을 구하시오.

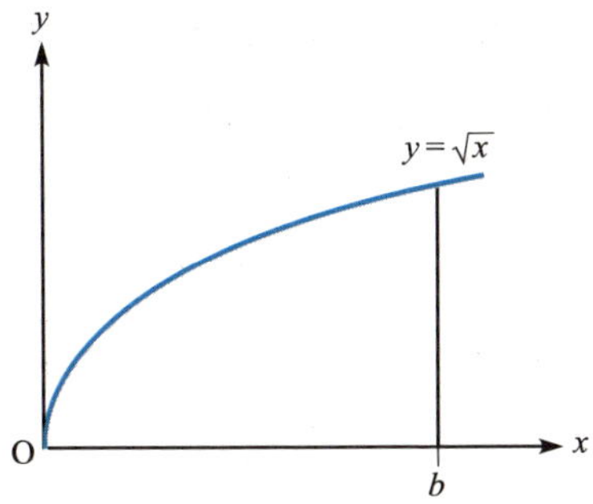

그림 9-11

풀이

그림 9-12와 같이 미소면적 dA를 취하면,

$$dA = \sqrt{x}\, dx$$

이고, 전체 면적은

$$A = \int_0^b dA = \int_0^b \sqrt{x}\, dx = \int_0^b x^{\frac{1}{2}} dx = \left[\frac{1}{1/2+1} x^{1/2+1}\right]_0^b = \frac{2}{3} b^{\frac{3}{2}}$$

이다. $\bar{x}$를 구하기 위해 y축에 대한 단면1차모멘트를 이용한다.

$$A\,\bar{x} = \int_A x dA$$

$$\left(\frac{2}{3} b^{\frac{3}{2}}\right) \bar{x} = \int_0^b x\left(\sqrt{x}\, dx\right)$$

$$= \int_0^b x^{\frac{3}{2}} dx = \left[\frac{1}{3/2+1} x^{3/2+1}\right]_0^b = \frac{2}{5} b^{\frac{5}{2}}$$

$$\therefore\ \bar{x} = \frac{3}{5} b$$

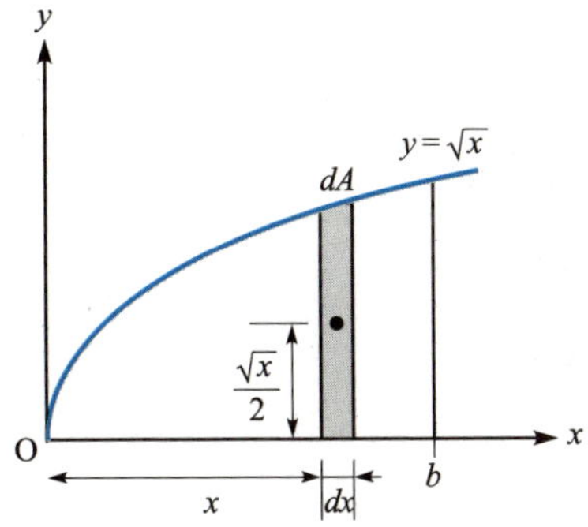

그림 9-12

또한, 그림 9-12와 같이 미소면적 dA를 취하고, $\bar{y}$를 구하기 위해 x축에 대한 단면1차모멘트를 이용하기로 하자. 이때 미소면적 dA의 모멘트 팔의 길이는 $\sqrt{x}/2$이다.

$$A\,\bar{y} = \int_A y\,dA$$

$$\left(\frac{2}{3}b^{\frac{3}{2}}\right)\bar{y} = \int_0^b \frac{\sqrt{x}}{2}(\sqrt{x}\,dx)$$

$$= \frac{1}{2}\int_0^b x\,dx = \frac{1}{2}\left[\frac{1}{2}x^2\right]_0^b = \frac{1}{4}b^2$$

$$\therefore\ \bar{y} = \frac{3}{8}b^{\frac{1}{2}}$$

9.3 합성도형의 중심과 도심

우리가 공학에서 다루게 되는 많은 도형들은 앞 절에 나온 것과 같은 단순한 도형이 아닌 경우가 많다. 그러나 복잡한 형태로 된 도형인 경우도 여러 개의 단순한 도형으로 적절하게 나누고, 앞 절에서와 같은 원리를 적용하여 그 중심(重心)이나 도심(圖心)을 구할 수 있다.[5)]

예를 들어 그림 9-13과 같이 전체 면적이 A이고, 직사각형에서 한쪽 귀퉁이가 잘려나간 형태인 도형의 도심 $(\bar{x},\ \bar{y})$를 구해보기로 하자.

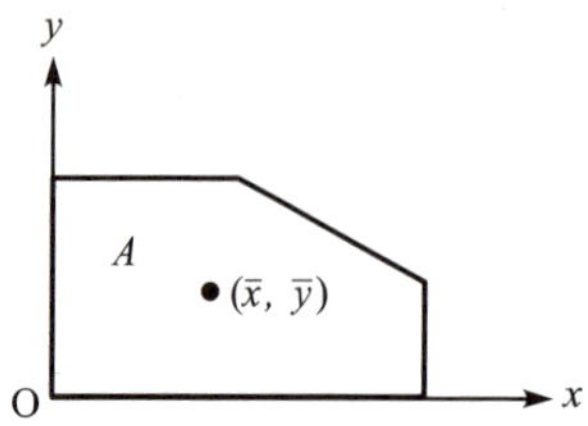

그림 9-13

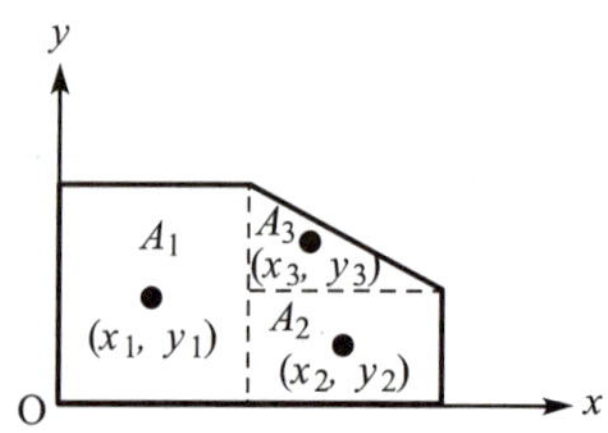

그림 9-14

5) 바리뇽의 정리를 적용하여 구한다.

먼저 주어진 도형을 그림 9-14와 같이 단순한 3개의 도형으로 적절하게 나누고, 각각의 면적을 A_1, A_2, A_3, 그리고 그 도심의 좌표를 각각 $(x_1,\ y_1)$, $(x_2,\ y_2)$, $(x_3,\ y_3)$라고 두면, 나누어진 세 도형이 y축에 대해 일으키는 단면 1차모멘트의 합은 전체 면적 A가 y축에 대해 일으키는 단면 1차모멘트와 같아야 한다.

$$\begin{aligned} A\bar{x} &= \int_A x dA \\ &= \int_{A_1} x dA + \int_{A_2} x dA \int_{A_3} x dA \\ &= A_1 x_1 + A_2 x_2 + A_3 x_3 \end{aligned}$$

$$\therefore \bar{x} = \frac{A_1 x_1 + A_2 x_2 + A_3 x_3}{A} = \frac{\sum_{i=1}^{3} A_i x_i}{A} = \frac{\sum_{i=1}^{3} A_i x_i}{\sum_{i=1}^{3} A_i}$$

여기서, $A = A_1 + A_2 + A_3 = \sum_{i=1}^{3} A_i$이다.

그리고 $\bar{y}$는 동일한 방법으로 x축에 대한 단면 1차모멘트를 계산함으로써 구할 수 있다.

$$\bar{y} = \frac{\sum_{i=1}^{3} A_i y_i}{\sum_{i=1}^{3} A_i}$$

또는 그림 9-15에 나타낸 것과 같이 직사각형의 면적 A_4가 축에 대해 일으키는 단면1차모멘트에 잘려나간 부분의 면적 A_5가 일으키는 단면1차모멘트를 뺀 값이 도형의 면적 A가 일으키는 단면1차모멘트와 같아야 한다는 것을 이용하여 도형의 도심을 구할 수도 있다. 여기서 $(x_4,\ y_4)$는 직사각형의 도심이고, $(x_5,\ y_5)$는 잘려나간 삼각형의 도심이다.

$$\bar{x} = \frac{A_4 x_4 - A_5 x_5}{A}, \qquad \bar{y} = \frac{A_4 y_4 - A_5 y_5}{A}$$

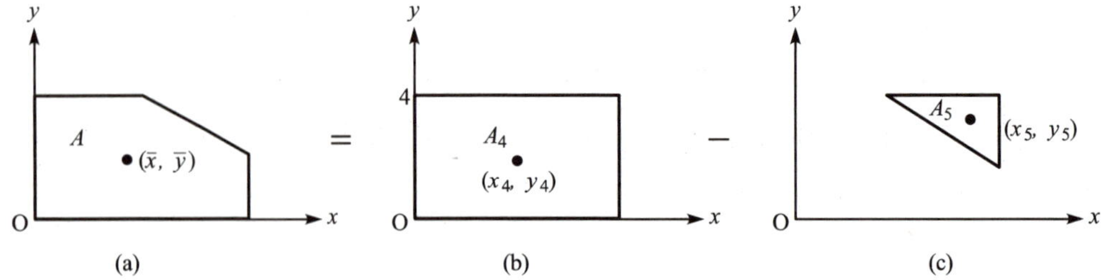

그림 9-15

[합성도형의 중심(重心)과 도심(圖心)]

합성도형의 경우에 그 중심과 도심은 다음 식으로 구한다.

$$\bar{x} = \frac{\Sigma x_i A_i}{A}, \qquad \bar{y} = \frac{\Sigma y_i A_i}{A}$$

여기서, 전체 면적 $A = \Sigma A_i$이고, x_i, y_i는 A_i의 도심의 좌표이다. 그리고 위의 식에 있는 A를 W(중량)로 대치시키면 위의 식은 물체의 중심을 구하는 식이 되고, L(선분의 길이)로 대치시키면 선분의 도심을 구하는 식이 된다.

한편, 합성도형의 도심을 구할 때, 편리하게 이용할 수 있도록 표 9-1에는 많이 사용되는 도형의 도심을 정리해 두었다.

표 9-1 여러 가지 도형의 도심

도형		면적 또는 길이	도심
직사각형	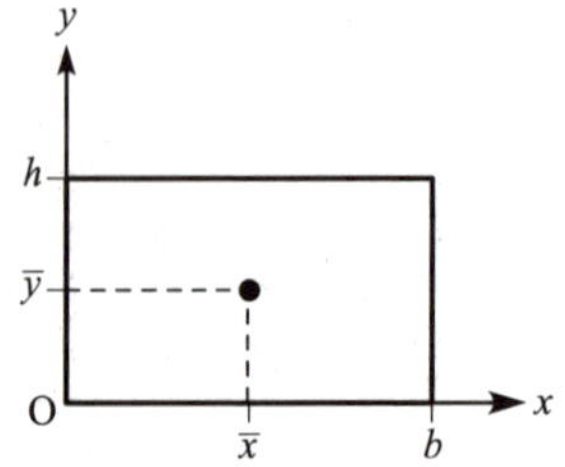	$A = bh$	$\bar{x} = \frac{b}{2}$ $\bar{y} = \frac{h}{2}$
삼각형	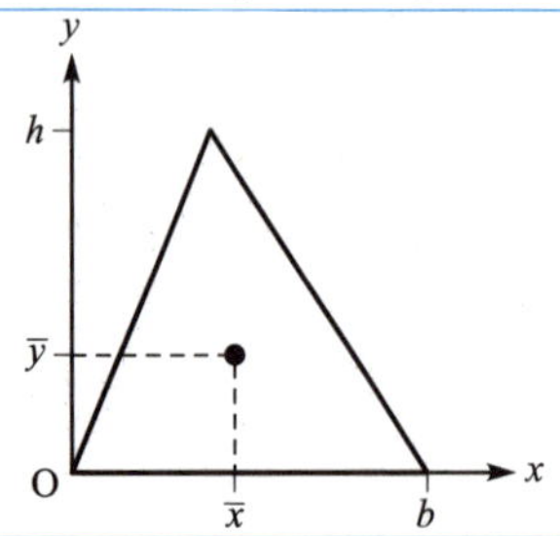	$A = \frac{1}{2}bh$	$\bar{y} = \frac{h}{3}$

포물선 아래의 면적	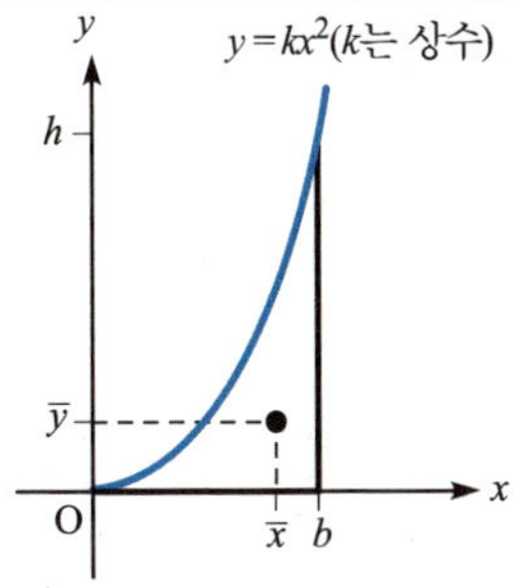	$A=\dfrac{bh}{3}$	$\bar{x}=\dfrac{3}{4}b$ $\bar{y}=\dfrac{3}{10}h$
포물선 위의 면적	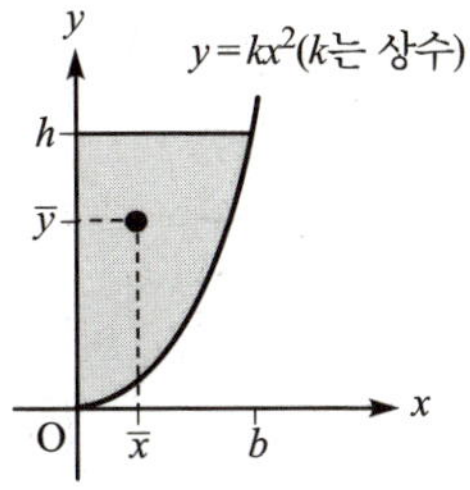	$A=\dfrac{2}{3}bh$	$\bar{x}=\dfrac{3}{8}b$ $\bar{y}=\dfrac{3}{5}h$
부채꼴	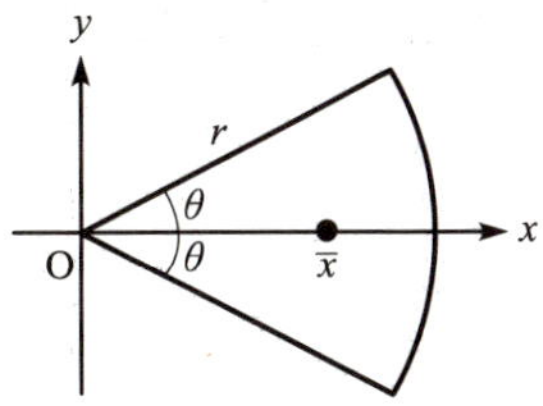	$A=r^2\theta$	$\bar{x}=\dfrac{2}{3}\dfrac{r\sin\theta}{\theta}$
사분원	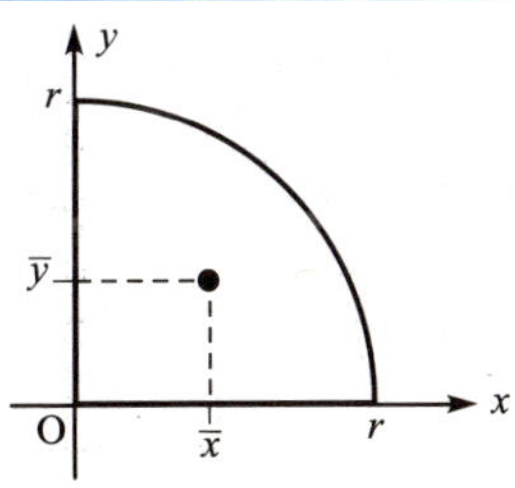	$A=\dfrac{\pi r^2}{4}$	$\bar{x}=\dfrac{4r}{3\pi}$ $\bar{y}=\dfrac{4r}{3\pi}$
호	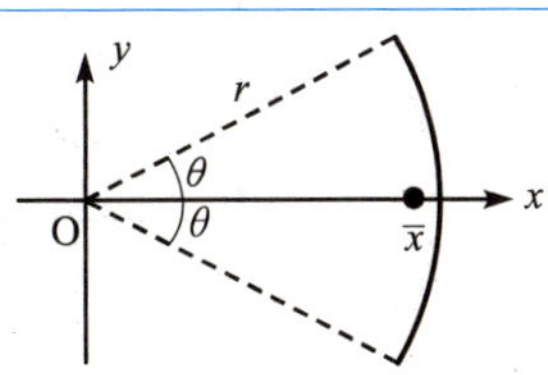	$L=2r\theta$	$\bar{x}=\dfrac{r\sin\theta}{\theta}$

예제 9-5

그림과 같은 도형의 도심을 구하시오.

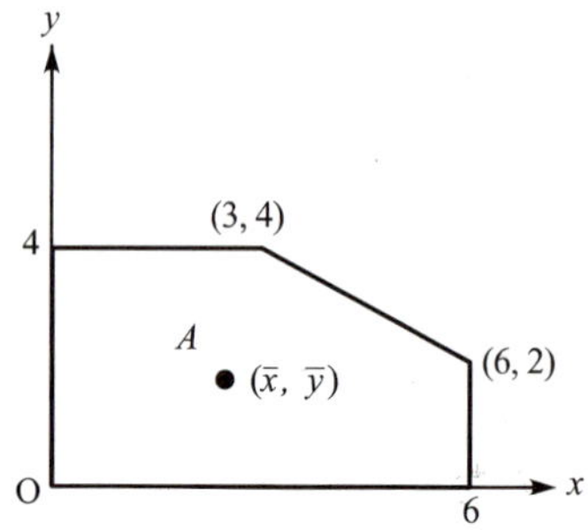

그림 9-16

풀이 1

먼저 주어진 도형을 그림 9-17과 같이 3개의 도형으로 나누고, 각각의 면적을 구하면,

$$A_1 = 3 \times 4 = 12$$

$$A_2 = 3 \times 2 = 6$$

$$A_3 = \frac{1}{2} \times 3 \times 2 = 3$$

이고, 그 도심의 좌표는 표 9-1을 참고하여 구하면 각각 다음과 같다. 즉, 사각형의 도심은 그 중앙이고, 삼각형의 도심은 밑변으로부터 $\frac{h}{3}$ 되는 지점이다. 여기서 h는 삼각형의 높이이다.

$$(x_1,\ y_1) = (1.5,\ 2)$$

$$(x_2,\ y_2) = (4.5, 1)$$

$$(x_3,\ y_3) = \left(3 + \frac{1}{3} \times 3,\ 2 + \frac{1}{3} \times 2\right) = \left(4,\ \frac{8}{3}\right)$$

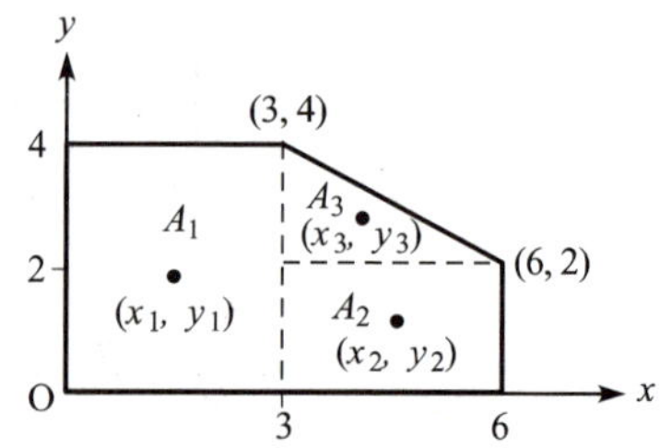

그림 9-17

그리고 전체 면적은

$$A = A_1 + A_2 + A_3 = 12 + 6 + 3 = 21$$

이다.

나누어진 세 도형의 y축에 대한 단면1차모멘트의 합은 전체 면적 A의 y축에 대한 단면1차모멘트와 같아야 하므로

$$A\bar{x} = A_1 x_1 + A_2 x_2 + A_3 x_3$$

$$21\bar{x} = 12 \times 1.5 + 6 \times 4.5 + 3 \times 4$$

$$\therefore \bar{x} = 2.71$$

이다. 그리고 동일한 원리를 이용하여 x축에 대한 단면1차모멘트를 취함으로써 $\bar{y}$를 구한다.

$$A\bar{y} = A_1y_1 + A_2y_2 + A_3y_3$$

$$21\bar{y} = 12\times2 + 6\times1 + 3\times\frac{8}{3}$$

$$\therefore\ \bar{y} = 1.81$$

풀이 2

그림 9-18에 나타낸 것과 같이 가로가 6, 세로가 4인 직사각형 A_4의 단면1차모멘트에 잘려나간 삼각형 A_5의 단면1차모멘트를 뺀 값이 주어진 도형의 단면1차모멘트와 같아야 한다는 것을 이용하여 주어진 도형의 도심을 구해보기로 한다.

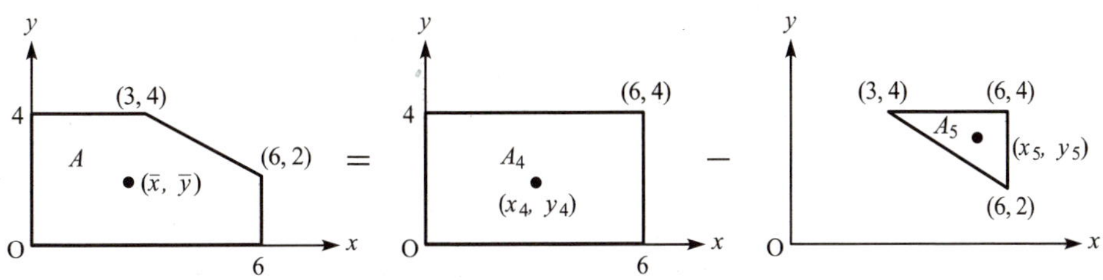

그림 9-18

직사각형과 잘려나간 삼각형의 면적은

$$A_4 = 6\times4 = 24$$

$$A_5 = \frac{1}{2}\times3\times2 = 3$$

이고, 그 도심의 좌표는 각각

$$(x_4,\ y_4) = (3,\ 2)$$

$$(x_5,\ y_5) = \left(6-\frac{1}{3}\times3,\ \ 4-\frac{1}{3}\times2\right) = \left(5,\ \frac{10}{3}\right)$$

이다. 그리고 주어진 도형의 면적 A는

$$A = A_4 - A_5 = 24 - 3 = 21$$

이다. 따라서, 도심의 좌표는 다음과 같이 구해진다.

$$A\bar{x} = A_4x_4 - A_5x_5$$

$$21\bar{x} = 24\times3 - 3\times5$$

$$\therefore\ \bar{x} = 2.71$$

$$A\bar{y} = A_4 y_4 - A_5 y_5$$

$$21\bar{y} = 24 \times 2 - 3 \times \frac{10}{3}$$

$$\therefore \bar{y} = 1.81$$

예제 9-6

그림과 같이 직사각형 도형에 반지름이 $r = 1$인 반원형 구멍이 뚫려 있다. 이 도형의 도심을 구하시오.

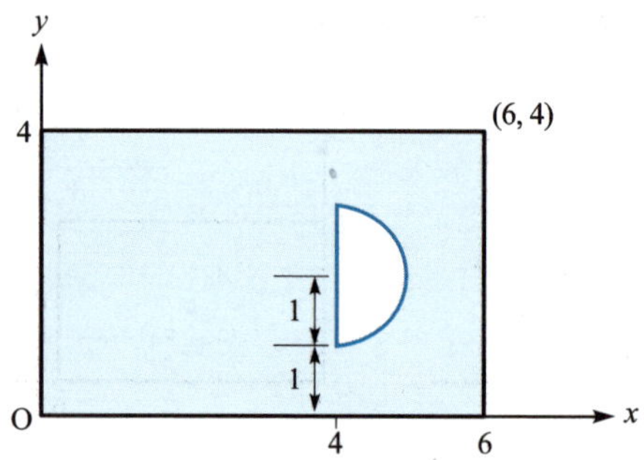

그림 9-19

풀이

그림 9-20에 나타낸 것과 같이 직사각형 A_1의 단면1차모멘트에 반원 A_2의 단면1차모멘트를 뺀 값이 주어진 도형의 단면1차모멘트와 같아야 한다는 것을 이용하여 주어진 도형의 도심을 구하기로 한다.

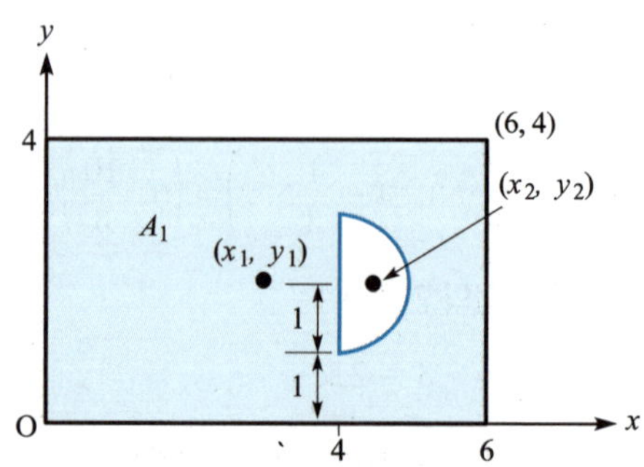

그림 9-20

직사각형의 면적은

$$A_1 = 6 \times 4 = 24$$

이고, 그 도심의 x 좌표는

$$x_1 = 3$$

이다. 또 반원의 면적은

$$A_2 = \frac{1}{2}\pi r^2 = \frac{1}{2} \times \pi \times 1^2 = \frac{\pi}{2}$$

이고, 그 도심의 x 좌표는 표 9-1로부터 다음과 같이 구해진다.

$$x_2 = 4 + \frac{2}{3}\frac{r\sin\theta}{\theta} = 4 + \frac{2}{3}\frac{1 \times \sin\frac{\pi}{2}}{\frac{\pi}{2}} = 4 + \frac{4}{3\pi}$$

따라서 주어진 도형의 면적 A는 다음과 같이 구해지고,

$$A = A_1 - A_2 = 24 - \frac{\pi}{2} = 22.4$$

주어진 도형의 도심의 x 좌표는 다음과 같이 구해진다.

$$A\bar{x} = A_1 x_1 - A_2 x_2$$

$$22.4\bar{x} = 24 \times 3 - \frac{\pi}{2} \times \left(4 + \frac{4}{3\pi}\right)$$

$$\therefore \bar{x} = 2.9$$

그리고 주어진 도형이 $y = 2$에 대해서 대칭이므로 $\bar{y} = 2$이다.

예제 9-7

다음 그림과 같은 삼각형의 도심을 구하시오.

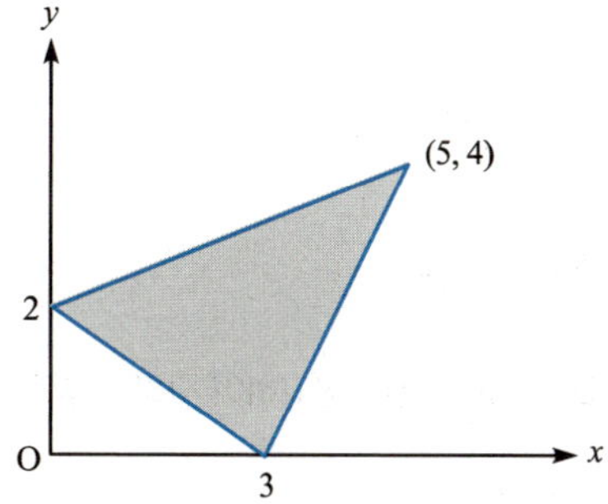

그림 9-21

풀이

그림 9-23에 나타낸 것과 같이 직사각형의 단면1차모멘트에 삼각형 A_1, A_2, A_3의 단면1차모멘트를 뺀 값이 주어진 삼각형 A의 단면1차모멘트와 같아야 한다는 것을 이용하여 도심을 구하기로 한다.

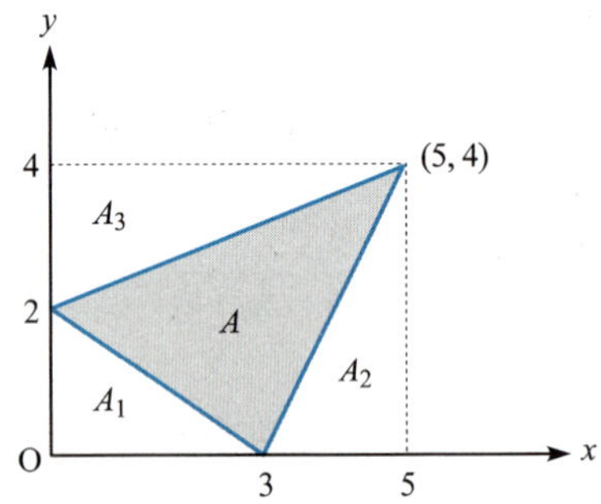

그림 9-22

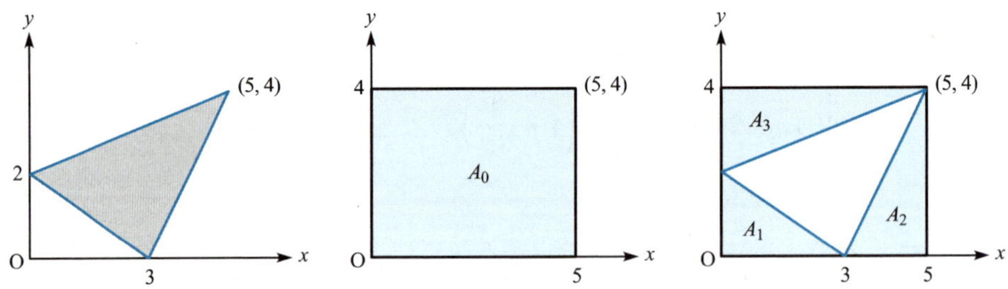

그림 9-23

직사각형 A_0와 각 삼각형의 면적은

$$A_0 = 5 \times 4 = 20$$

$$A_1 = \frac{1}{2} \times 3 \times 2 = 3$$

$$A_2 = \frac{1}{2}(5-3) \times 4 = 4$$

$$A_3 = \frac{1}{2}(4-2) \times 5 = 5$$

이고, 그 도심의 좌표는 표 9-1을 참고하여 구하면 각각 다음과 같다.

$$(x_0,\ y_0) = (2.5,\ 2)$$

$$(x_1,\ y_1) = \left(\frac{1}{3} \times 3,\ \frac{1}{3} \times 2\right) = \left(1,\ \frac{2}{3}\right)$$

$$(x_2,\ y_2)=\left(5-\frac{1}{3}(5-3),\ \frac{1}{3}\times 4\right)=\left(\frac{13}{3},\ \frac{4}{3}\right)$$

$$(x_3,\ y_3)=\left(\frac{1}{3}\times 5,\ 4-\frac{1}{3}(4-2)\right)=\left(\frac{5}{3},\ \frac{10}{3}\right)$$

그리고 주어진 삼각형의 면적 A는

$$A=A_0-A_1-A_2-A_3=20-3-4-5=8$$

이므로 도심의 좌표 $(\bar{x},\ \bar{y})$는 다음과 같이 구해진다.

$$A\bar{x}=A_0x_0-A_1x_1-A_2x_2-A_3x_3$$

$$\bar{x}=\frac{A_0x_0-A_1x_1-A_2x_2-A_3x_3}{A}$$

$$=\frac{1}{8}\left(20\times 2.5-3\times 1-4\times\frac{13}{3}-5\times\frac{5}{3}\right)$$

$$=2.67$$

$$\bar{y}=\frac{A_0y_0-A_1y_1-A_2y_2-A_3y_3}{A}$$

$$=\frac{1}{8}\left(20\times 2-3\times\frac{2}{3}-4\times\frac{4}{3}-5\times\frac{10}{3}\right)$$

$$=2$$

$$\therefore\ (\bar{x},\ \bar{y})=(2.67,\ 2)$$

예제 9-8

다음 그림과 같은 사다리꼴 도형의 X축으로부터의 도심을 구하시오.

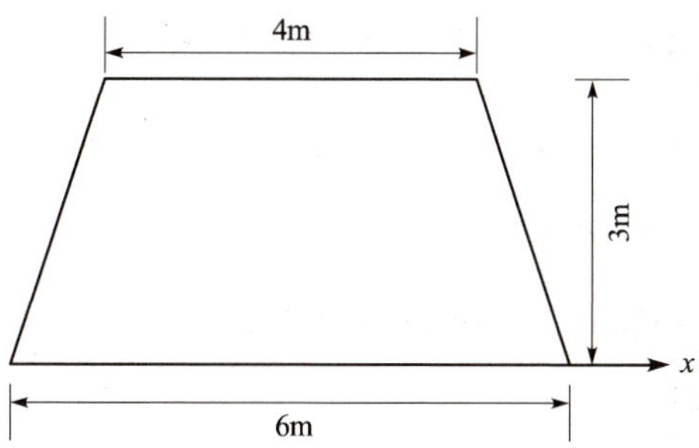

그림 9-24

풀이

그림 9-25에 나타낸 것과 같이 2개의 삼각형으로 분할을 하여 각각의 삼각형의 단면1차모멘트를 구하여 2개를 더하여 전체 도형의 단면1차모멘트를 구하고 도형의 도심을 구하기로 한다.

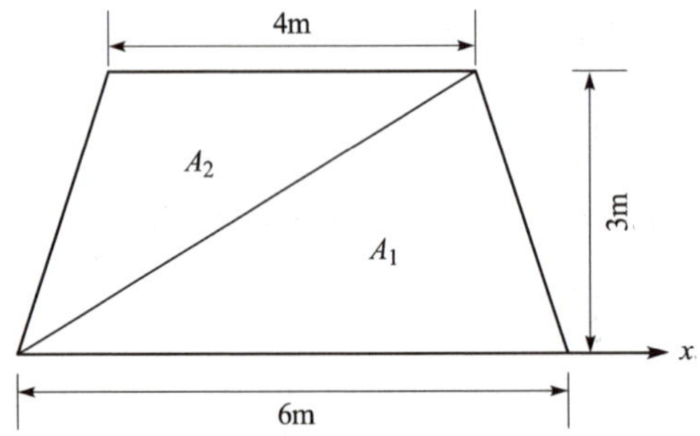

그림 9-25

삼각형의 A_1의 면적은

$$A_1 = \frac{1}{2} \times 6 \times 3 = 9$$

이고, 그 도심의 y좌표는

$$y_1 = 1$$

이다. 또 삼각형의 A_2의 면적은

$$A_2 = \frac{1}{2} \times 4 \times 3 = 6$$

이고, 그 도심의 y좌표는

$$y_2 = 2$$

이다. 따라서 주어진 도형의 면적 A는 다음과 같이 구해지고,

$$A = A_1 + A_2 = 9 + 6 = 15$$

주어진 도형의 도심의 y좌표는 다음과 같이 구해진다.

$$A\bar{y} = A_1 y_1 - A_2 y_2$$

$$15\bar{y} = 9 \times 1 + 6 \times 2$$

따라서 X축으로부터 도심까지의 거리는 다음과 같다.

$$\therefore \bar{y} = \frac{21}{15} = 1.4$$

예제 9-9

다음 그림과 같은 도형의 도심을 구하시오.

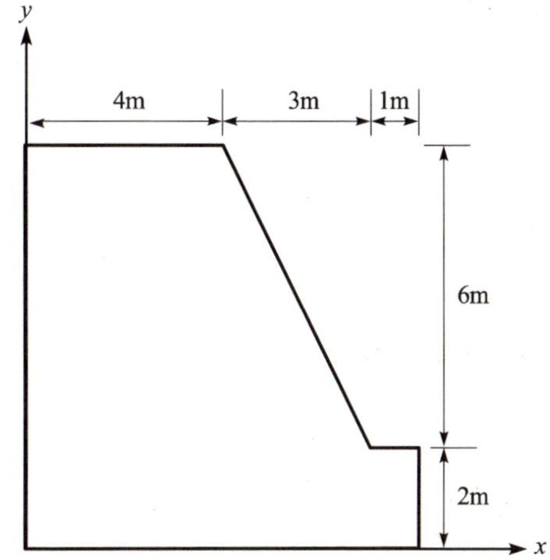

그림 9-26

풀이

그림 9-27에 나타낸 것과 같이 2개의 사각형과 1개의 삼각형으로 분할을 하여 각각의 단면1차모멘트를 구하여 3개를 더하여 전체 도형의 단면1차모멘트를 구하고 도형의 도심을 구하기로 한다.

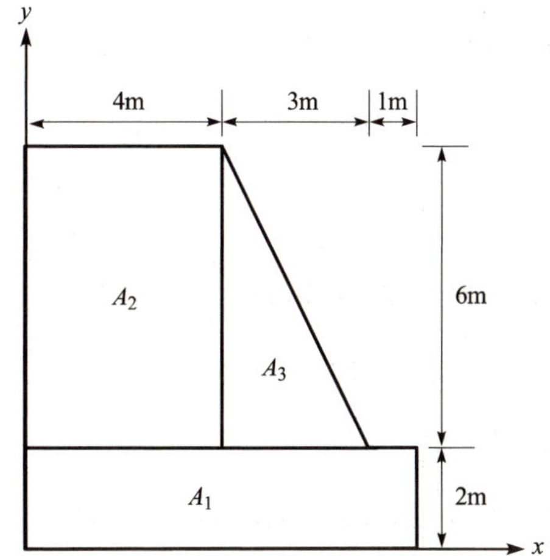

그림 9-27

사각형의 A_1의 면적은

$$A_1 = 8 \times 2 = 16$$

이고, 그 도심의 좌표는

$$x_1 = 4,\ \ y_1 = 1$$

이고 사각형의 A_2의 면적은

$$A_2 = 4 \times 6 = 24$$

이고, 그 도심의 좌표는

$$x_2 = 2,\ \ y_2 = 5$$

이다. 또 삼각형의 A_3의 면적은

$$A_3 = \frac{1}{2} \times 3 \times 6 = 9$$

이고, 그 도심의 좌표는

$$x_3 = 5,\ \ y_1 = 4$$

이다. 따라서 주어진 도형의 면적 A는 다음과 같이 구해지고,

$$A = A_1 + A_2 + A_3 = 16 + 24 + 9 = 49$$

주어진 도형의 도심의 x좌표는 다음과 같이 구해진다.

$$A\overline{x} = A_1x_1 + A_2x_2 + A_3x_3$$

$$49\overline{x} = 16 \times 4 + 24 \times 2 + 9 \times 5 = 157$$

따라서 Y축으로부터 도심까지의 거리 $\overline{x}$는 다음과 같다.

$$\therefore\ \overline{x} = \frac{157}{49} = 3.20$$

주어진 도형의 도심의 y좌표는 다음과 같이 구해진다.

$$A\overline{y} = A_1y_1 + A_2y_2 + A_3y_3$$

$$49\overline{y} = 16 \times 1 + 24 \times 5 + 9 \times 4 = 172$$

따라서 X축으로부터 도심까지의 거리 $\overline{y}$는 다음과 같다.

$$\therefore\ \overline{y} = \frac{170}{49} = 3.51$$

예제 9-10

다음 그림과 같은 4분원으로 그려진 빗금친 도형의 X 축으로부터의 도심을 구하시오.

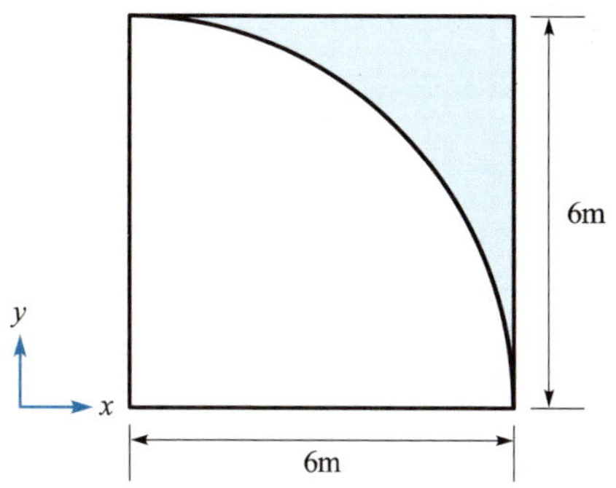

그림 9-28

풀이

정사각형의 단면1차모멘트에 사반원의 단면1차모멘트를 뺀 값이 주어진 도형의 단면1차모멘트와 같아야 한다는 것을 이용하여 주어진 도형의 도심을 구하기로 한다.

정사각형 A_1의 면적은

$$A_1 = 6 \times 6 = 36$$

이고, 그 도심의 y좌표는

$$y_1 = 3$$

이다. 또 사분원의 면적은

$$A_2 = \frac{1}{4}\pi r^2 = \frac{1}{4} \times \pi \times 6^2 = 9\pi$$

이고, 그 도심의 y좌표는 다음과 같이 구해진다.

$$y_2 = \frac{4r}{3\pi} \equiv \frac{4 \times 6}{3\pi} \equiv \frac{8}{\pi}$$

따라서 주어진 도형의 면적 A는 다음과 같이 구해지고,

$$A = A_1 - A_2 = 36 - 9\pi = 7.73$$

주어진 도형의 도심의 y좌표는 다음과 같이 구해진다.

$$A\bar{y} = A_1 y_1 - A_2 y_2$$

$$7.73\bar{y} = 36 \times 3 - 9\pi \times \frac{8}{\pi} = 36$$

따라서 X 축으로부터 도심까지의 거리는 다음과 같다.

$$\therefore \bar{y} = \frac{36}{7.73} = 4.66$$

예제 9-11

다음 그림과 같은 빗금 친 도형의 Y 축으로부터의 도심을 구하시오.

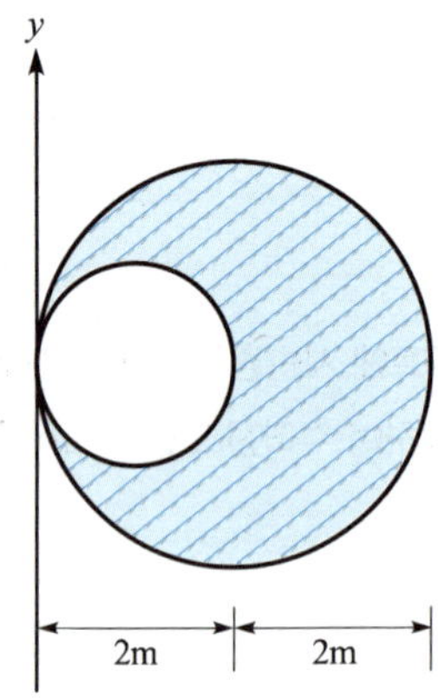

그림 9-29

풀이

큰 원의 단면1차모멘트에서 작은 원의 단면1차모멘트를 뺀 값이 주어진 도형의 단면1차모멘트와 같아야 한다는 것을 이용하여 주어진 도형의 도심을 구하기로 한다.

큰 원 A_1의 면적은

$$A_1 = \frac{\pi \times d^2}{4} = \pi \times r^2 = \pi \times 2^2 = 4\pi$$

이고, 그 도심의 x 좌표는

$$x_1 = 2$$

이다. 또 작은 원 A_2의 면적은

$$A_2 = \frac{\pi \times d^2}{4} = \pi \times r^2 = \pi \times 1^2 = \pi$$

이고, 그 도심의 x 좌표는 다음과 같이 구해진다.

$$x_2 = 1$$

따라서 주어진 도형의 면적 A는 다음과 같이 구해지고,

$$A = A_1 - A_2 = 4\pi - \pi = 3\pi$$

주어진 도형의 도심의 x 좌표는 다음과 같이 구해진다.

$$A\bar{x} = A_1 x_1 - A_2 x_2$$

$$3\pi \times \bar{x} = 4\pi \times 2 - \pi \times 1 = 7\pi$$

따라서 X 축으로부터 도심까지의 거리는 다음과 같다.

$$\therefore \bar{x} = \frac{7\pi}{3\pi} = 2.33$$

예제 9-12

다음 그림과 같은 도형의 도심을 구하시오.

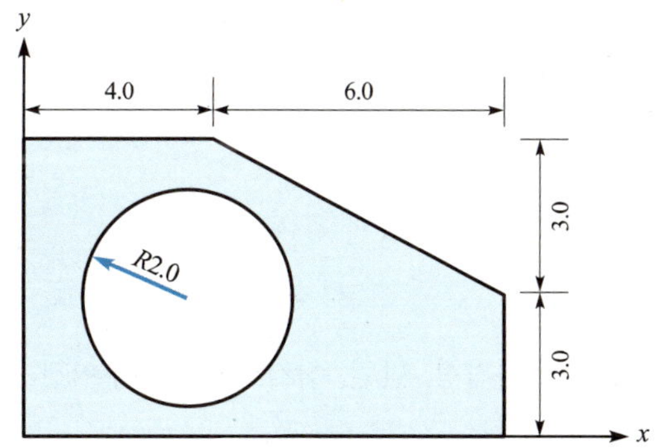

그림 9-30

풀이

사각형과 삼각형과 원으로 분할을 하여 각각의 단면1차모멘트를 구하여 사각형에서 삼각형과 원의 단면1차모멘트를 빼서 도형의 도심을 구한다.

전체 도형의 단면적은 다음과 같다.

$$A = 10 \times 6 - \frac{1}{2} \times 6 \times 3 - \pi \times 2^2 = 38.43$$

x축에 대한 단면1차모멘트를 구하면 다음과 같다.

$$A\bar{y} = 10\times6\times3 - \frac{1}{2}\times6\times3\times5 - \pi\times2^2\times3$$
$$= 93.30$$

따라서 x축으로부터 도심까지의 거리 $\bar{y}$는 다음과 같다.

$$\therefore \bar{y} = \frac{93.30}{38.43} = 2.53\,\text{m}$$

y축에 대한 단면1차모멘트를 구하면 다음과 같다.

$$A\bar{x} = 10\times6\times5 - \frac{1}{2}\times6\times3\times\left(4+\frac{6}{3}\right) - \pi\times2^2\times4$$
$$= 195.73$$

따라서 y축으로부터 도심까지의 거리 $\bar{x}$는 다음과 같다.

$$\therefore \bar{x} = \frac{195.73}{38.43} = 5.09\text{ m}$$

따라서 도형의 도심의 좌표는 (5.09, 2.53)이다.

$$V = \sum A(2\pi\bar{x})$$
$$= 5\times1\times2\pi\times3.5 + 2\times4\times2\pi\times2 + \frac{1}{2}\times3\times4\times2\pi\times4.0$$
$$= 361.28\ \ \text{m}^3$$

예제 9-13

그림 9-31과 같이 사각형, 반원, 삼각형으로 이루어진 도형의 도심을 구하시오.

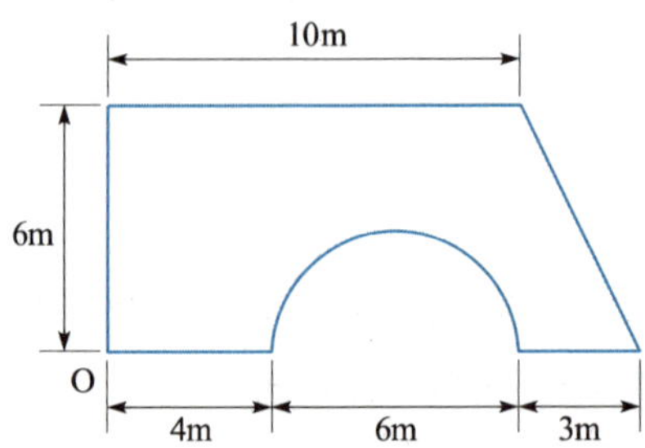

그림 9-31

풀이

이 도형은 그림 9-32와 같이 3개의 요소로 이루어져 있으므로 각 요소로 나누어서 면적과 도심의 위치를 구한다.

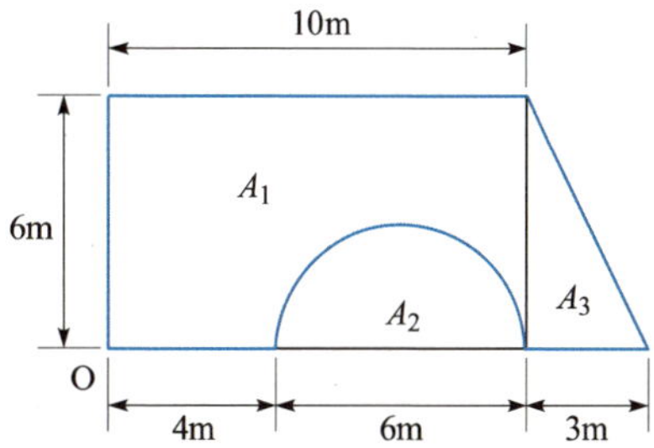

그림 9-32

면적은

$$A_1 = 10\text{m} \times 6\text{m} = 60\text{m}^2$$

$$A_2 = \frac{1}{2} \times \frac{\pi \times 6^2}{4} = 14.14\text{m}^2$$

$$A_3 = \frac{1}{2} \times 3\text{m} \times 6\text{m} = 9\text{m}^2$$

$$\therefore \Sigma A = A_1 - A_2 + A_3 = 60 - 14.14 + 9 = 54.86\text{m}^2$$

각 단면에 대한 도심의 좌표는

$$x_1 = 5\text{m}, \quad y_1 = 3\text{m}$$

$$x_2 = 7\text{m}, \quad y_2 = \frac{4r}{3\pi} = \frac{4 \times 3}{3 \times \pi} = 1.27\text{m}$$

$$x_3 = 11\text{m}, \quad y_3 = 2\text{m}$$

도심을 계산하면

$$\bar{x} = \frac{\Sigma A_i x_i}{\Sigma A} = \frac{A_1 x_1 - A_2 x_2 + A_3 x_3}{A_1 - A_2 + A_3}$$

$$= \frac{60 \times 5 - 14.14 \times 7 + 9 \times 11}{54.86}$$

$$= 5.47\text{m}$$

$$\bar{y} = \frac{\Sigma A_i y_i}{\Sigma A} = \frac{A_1 y_1 - A_2 y_2 + A_3 y_3}{A_1 - A_2 + A_3}$$

$$= \frac{60 \times 3 - 14.14 \times 1.27 + 9 \times 2}{54.86}$$

$$= 3.28\text{m}$$

예제 9-14

그림 9-33과 같은 빗금 친 도형의 X축으로부터의 도심의 위치를 구하시오.

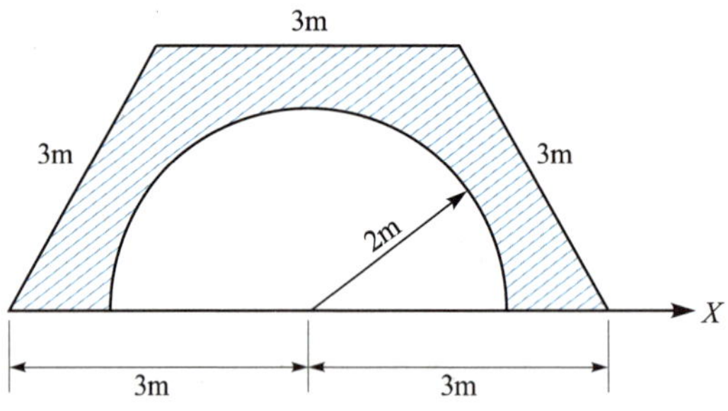

그림 9-33

풀이

이 도형은 한 변이 3m인 정육면체에 반경 2m인 원이 뚫려 있는 도형의 반을 자른 모습으로 정육면체는 한 변이 3m인 삼각형으로 나누어서 도심을 구하여야 한다.

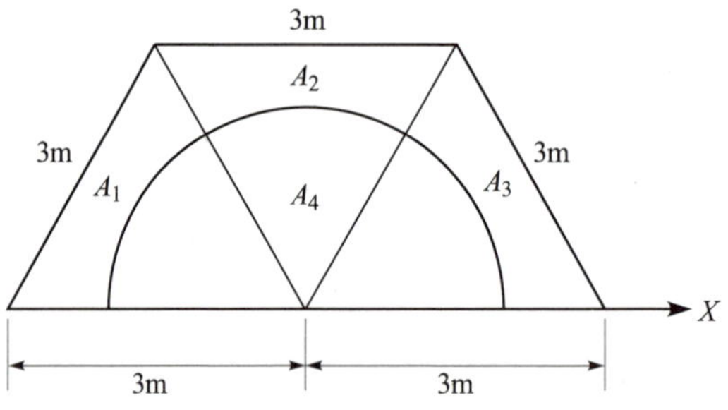

그림 9-34

면적을 구할 때 해론의 공식을 사용한다.

해론의 공식은 삼각형의 세 변의 길이를 a, b, c라 하고 $P = \dfrac{a+b+c}{2}$라 할 때

삼각형의 면적 $A = \sqrt{P\times(P-a)\times(P-b)\times(P-c)}$ 이 된다.

$$P = \frac{3+3+3}{2} = 4.5$$

$$A_1 = A_2 = A_3 = \sqrt{4.5\times(4.5-3)\times(4.5-3)\times(4.5-3)}$$

$$= \sqrt{4.5\times 1.5\times 1.5\times 1.5} = 3.90\,\text{m}^2$$

$$A_4 = \frac{1}{2} \times \pi \times 2^2 = 2\pi = 6.28\,\text{m}^2$$

$$\therefore \sum A = A_1 + A_2 + A_3 - A_4 = 5.42\,\text{m}^2$$

각 단면에 대한 도심의 좌표는

$$y_1 = y_3 = \frac{1}{3} \times 3 \times \sin 60 = 0.87\,m$$

$$y_2 = \frac{2}{3} \times 3 \times \sin 60 = 1.73\,m$$

$$y_4 = \frac{4r}{3\pi} = \frac{4 \times 2}{3\pi} = 0.85\,cm$$

도심을 계산하면

$$\bar{y} = \frac{\sum A_i y_i}{\sum A} = \frac{A_1 y_1 + A_2 y_2 + A_3 y_3 - A_4 y_4}{A_1 + A_2 + A_3 - A_4}$$

$$= \frac{3.90 \times 0.87 + 3.90 \times 1.73 + 3.90 \times 0.87 - 6.28 \times 0.85}{5.42}$$

$$= 1.51\,m$$

9.4 Pappus의 정리

어떤 곡선이나 면적이 회전하여 만들어지는 회전체의 표면적이나 체적을 구할 때 유용한 Pappus의 정리는 AD 4세기경에 희랍의 기하학자 파푸스(Pappus)가 제안하였으며, 또 AD 17세기경에 스위스의 수학자 Guldinus가 동일한 내용의 정리를 발표하여 Pappus–Guldinus의 정리라고도 한다.

9.4.1 Pappus의 제1정리

곡선을 어떤 고정된 축(軸)에 대해서 회전시켰을 때 생성되는 곡면을 회전면(回轉面, surface of revolution)이라고 하는데, 이 회전면의 면적은 회전시킨 곡선의 길이에 곡선의 도심이 회전하면서 이동한 거리를 곱한 값과 같다는 것이 Pappus의 제1정리이다.

(회전면의 면적) = (회전시킨 곡선의 길이) × (곡선의 도심이 이동한 거리)

[Pappus의 제1정리]

어떤 고정 축(軸)에 대해서 한 곡선을 회전시켰을 때 생기는 회전면의 면적은 회전시킨 곡선의 길이에 그 곡선의 도심이 이동한 거리를 곱한 값과 같다.

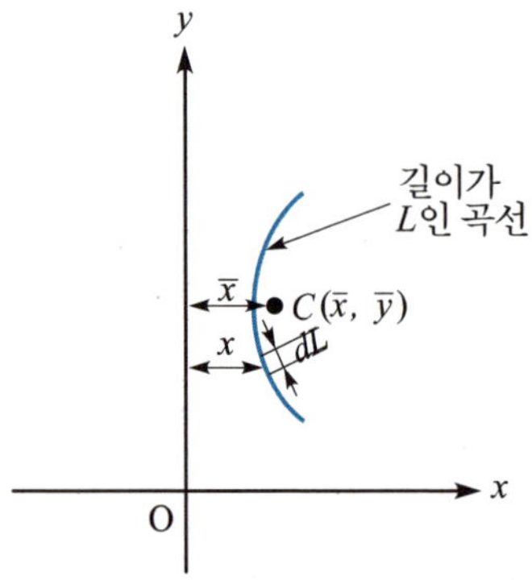

그림 9-35

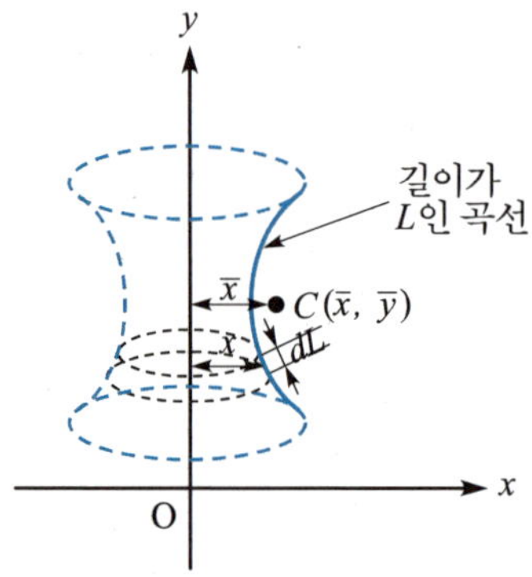

그림 9-36

그림 9-35와 같이 길이가 L이고, 도심이 $(\overline{x}, \overline{y})$인 곡선을 그림 9-36과 같이 y축을 중심으로 회전시켜 얻어진 회전면의 넓이를 구해보자.

주어진 곡선의 미소길이를 dL이라고 하고, dL이 y축으로부터 떨어져 있는 거리를 x라고 하면, 미소요소 dL이 y축을 한 바퀴 회전하면서 생성하는 회전면의 넓이 dA는 다음과 같고,

$$dA = (2\pi x)dL$$

주어진 곡선이 y축을 중심으로 회전하면서 생성하는 회전면의 넓이 A는 주어진 곡선에 있는 모든 미소요소가 y축을 중심으로 회전하면서 생성하는 회전면의 넓이 dA를 전부 더한 값이 된다.

$$A = \int_L dA = \int_L (2\pi x)dL = 2\pi \int_L x dL$$

그리고 $L\overline{x} = \int_L x dL$가 성립하기 때문에 위의 식은 다음과 같이 바꾸어 쓸 수 있으며,

$$A = 2\pi \int_L x dL = 2\pi(L\overline{x}) = L(2\pi\overline{x})$$

이 결과로부터 어떤 고정된 축에 대해서 한 곡선을 회전시켜 얻어진 회전면의 면적 A는 회전시킨 곡선의 길이 L에 그 곡선의 도심이 이동한 거리 $(2\pi\overline{x})$를 곱한 값과 같다는 것을 알 수 있다.

한편, 곡선이 매끈하게 연속이지 않을 경우, 그 곡선을 회전시켜 얻어지는 회전면의 면적은 먼저 그 곡선을 적절한 몇 개의 구간으로 나눈 다음, 나누어진 각각의 곡선에 의한 회전면의 면적을 모두 합함으로써 구할 수 있다.

또 길이가 L인 곡선을 고정된 축에 대해 완전히 한 바퀴 회전시킨 것이 아니고, 특정한 크기의 각 θ만큼만 회전시킨 경우라면, 그 회전면의 넓이는 다음과 같으며, 이때 θ의 단위는 rad(라디안)이고, $\overline{x}$는 회전축으로부터 곡선의 도심까지의 거리이다.

$$A = L(\theta\overline{x})$$

예제 9-15

그림과 같은 선분을 y축을 중심으로 한 바퀴 회전시킬 때, 생성되는 표면의 면적을 구하시오.

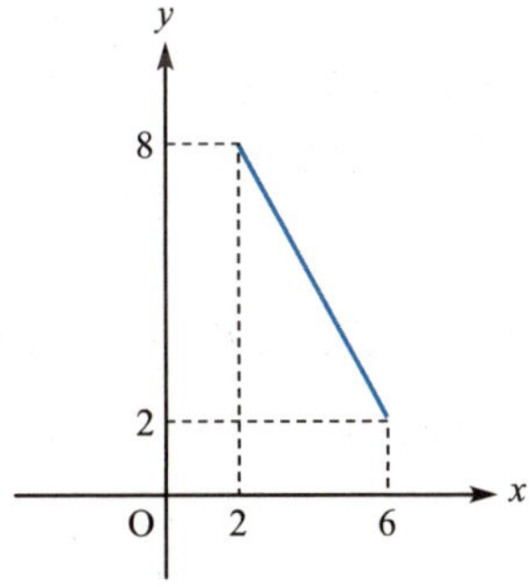

그림 9-37

풀이

주어진 선분의 길이는

$$L = \sqrt{(x_2 - x_1)^2 + (y_2 - y_1)^2}$$
$$= \sqrt{(6-2)^2 + (8-2)^2} = 7.21$$

이다. 그리고 선분의 도심은 그 중간이므로 주어진 선분의 도심의 x좌표는

$$\bar{x} = 4$$

이다. 따라서 주어진 선분이 한 바퀴 회전할 때, 생성되는 표면의 면적은 다음과 같다.

$$A = L(2\pi\bar{x})$$
$$= 7.21 \times (2\pi \times 4) = 181$$

9.4.2 Pappus의 제2정리

Pappus의 제2정리는 제1정리와 그 원리가 같으며, 면을 회전시킬 때 생성되는 입체의 부피를 구한다.

평면도형을 어떤 고정된 축(軸)에 대해서 회전시켰을 때 생성되는 입체를 회전체(回轉體, volume of revolution)라고 하는데, 이 회전체의 체적은 회전시킨 평면도형의 면적에 평면도형의 도심이 회전하면서 이동한 거리를 곱한 값과 같다는 것이 Pappus의 제2정리이다. 즉,

(회전체의 체적) = (회전시킨 평면도형의 면적)×(평면도형의 도심이 이동한 거리)

이다.

[Pappus의 제2정리]

어떤 고정 축에 대해서 한 평면도형을 회전시켰을 때 생기는 회전체의 체적은 회전시킨 평면도형의 면적에 그 평면도형의 도심이 이동한 거리를 곱한 값과 같다.

그림 9-38과 같이 면적이 A이고, 도심이 $(\bar{x}, \bar{y})$인 평면도형을 그림 9-39와 같이 y축을 중심으로 회전시켜 얻어진 회전체의 체적을 구해보자.

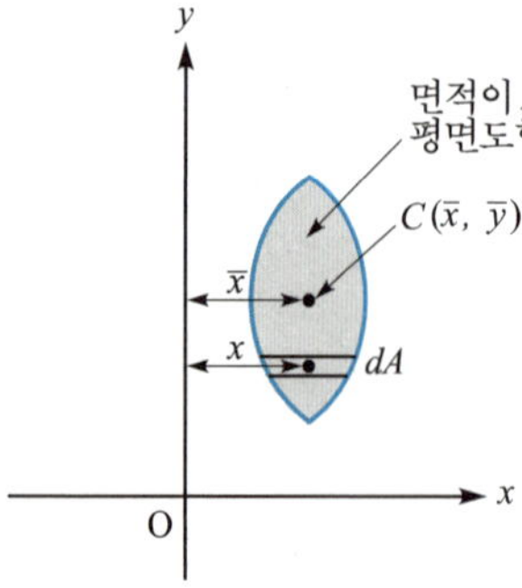

그림 9-38

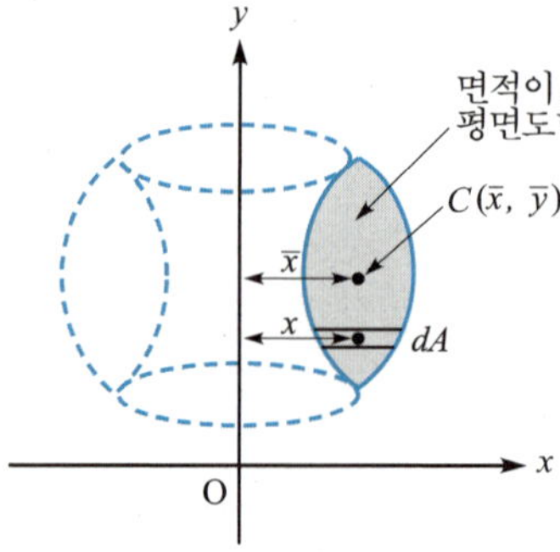

그림 9-39

주어진 평면도형의 미소면적을 dA라 하고, dA의 도심이 y축으로부터 떨어져 있는 거리를 x라고 하면, 미소요소 dA가 y축을 한 바퀴 회전하면서 생성하는 회전체의 체적 dV는 다음과 같고,

$$dV = (2\pi x)dA$$

주어진 평면도형이 y축을 중심으로 회전하면서 생성하는 회전체의 체적 V는 주어진 평면도형에 있는 모든 미소요소가 y축을 중심으로 회전하면서 생성하는 회전체의 체적 dV를 전부 더한 값이 된다.

$$V = \int_A dV = \int_A (2\pi x)dA = 2\pi \int_A x dA$$

그리고 $A\bar{x} = \int_A x dA$가 성립하기 때문에 위의 식은 다음과 같이 바꾸어 쓸 수 있으며,

$$V = 2\pi \int_A x dA = 2\pi(A\bar{x}) = A(2\pi\bar{x})$$

이 결과로부터 어떤 고정된 축에 대해서 평면도형을 회전시켜 얻어진 회전체의 체적 V는 회전시킨 도형의 면적 A에 그 도형의 도심이 이동한 거리 $(2\pi\bar{x})$를 곱한 값과 같다는 것을 알 수 있다.

그리고 평면도형이 여러 개의 단순한 도형으로 이루어진 합성도형일 경우, 그 합성도형을 회전시켜 얻어지는 회전체의 체적은 합성도형을 이루고 있는 각각의 단순한 도형에 의한 회전체의 체적을 모두 합함으로써 구할 수 있다.

또 면적이 A인 평면도형을 고정된 축에 대해 한 바퀴 완전히 회전시키는 것이 아니라 특정한 크기의 각 θ만큼만 회전시키는 경우라면, 그 회전체의 체적은 다음과 같으며, 이때 θ의 단위는 rad(라디안)이고, $\bar{x}$는 회전축으로부터 평면도형의 도심까지의 거리이다.

$$V = A(\theta\bar{x})$$

예제 9-16

그림 9-40과 같이 반지름이 $r = 2$인 반원을 y축을 중심으로 한 바퀴 회전시킬 때, 생성되는 입체의 체적을 구하시오.

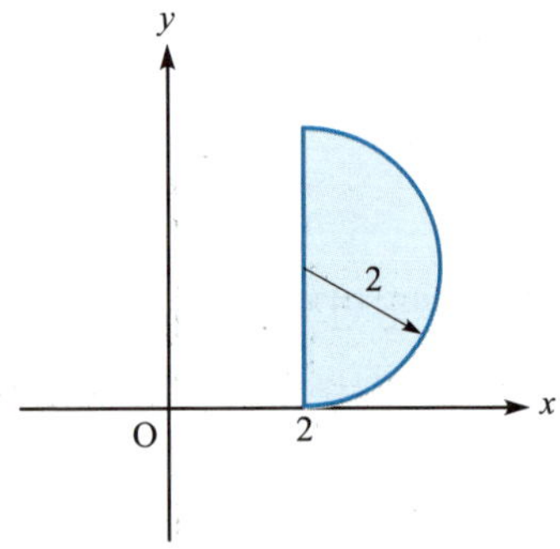

그림 9-40

풀이

반원의 면적은

$$A = \frac{1}{2}\pi r^2 = \frac{1}{2}\times\pi\times 2^2 = 2\pi$$

이고, 그 도심의 x좌표는 표 9-1로부터 다음과 같이 구해진다.

$$\bar{x} = 2 + \frac{2}{3}\frac{r\sin\theta}{\theta} = 2 + \frac{2}{3}\frac{2\times\sin\frac{\pi}{2}}{\frac{\pi}{2}} = 2 + \frac{8}{3\pi}$$

따라서, 주어진 반원을 y축을 중심으로 한 바퀴 회전시킬 때, 생성되는 입체의 체적은 다음과 같다.

$$V = A(2\pi\bar{x}) = 2\pi(2\pi)\left(2 + \frac{8}{3\pi}\right) = 112.5$$

예제 9-17

그림과 같은 도형을 y축을 중심으로 한 바퀴 회전시킬 때, 생성되는 입체의 표면적과 체적을 구하시오.

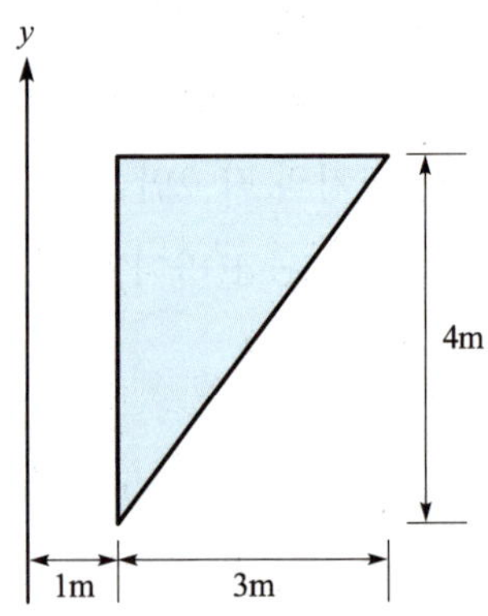

그림 9-41

풀이

삼각형의 직각부분의 길이는 3m, 4m이고, 경사진 선분의 길이는

$$L = \sqrt{x^2 + y^2}$$
$$= \sqrt{3^2 + 4^2} = 5$$

이다. 그리고 선분의 도심은 그 중간이므로 그림 9-42와 같다.

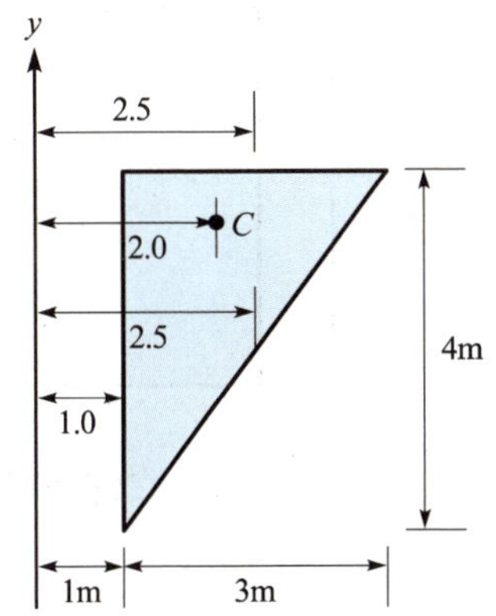

그림 9-42

따라서 주어진 선분이 한 바퀴 회전할 때, 생성되는 표면의 면적은 다음과 같다.

$$A = \sum L(2\pi \bar{x})$$
$$= 3 \times (2\pi \times 2.5) + 4 \times (2\pi \times 1) + 5 \times (2\pi \times 2.5)$$
$$= 150.80 \ \ \mathrm{m}^2$$

삼각형의 면적은

$$A = \frac{1}{2} \times 3 \times 4 = 6$$

이고, 그 도심의 x 좌표는 그림 9-42로부터 2m이다.

따라서, 주어진 삼각형을 y축을 중심으로 한 바퀴 회전시킬 때, 생성되는 입체의 체적은 다음과 같다.

$$V = A(2\pi \bar{x})$$
$$= 6 \times 2\pi \times 2 = 24\pi$$
$$= 75.40 \ \ \mathrm{m}^3$$

예제 9-18

그림과 같은 도형을 y축을 중심으로 한 바퀴 회전시킬 때, 생성되는 입체의 표면적과 체적을 구하시오.

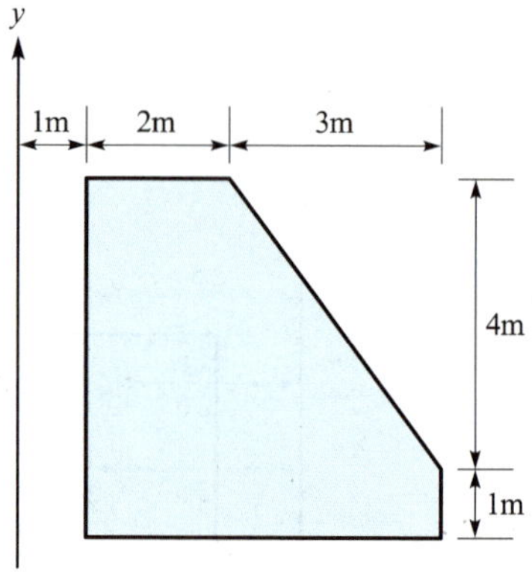

그림 9-43

풀이

표면적을 구하기 위하여 그림 9-44와 같이 각 외각 선분의 기호를 붙여 회전체의 표면적을 구한다.

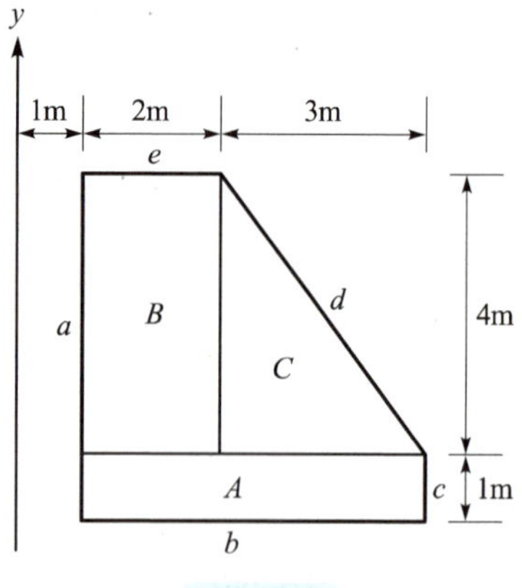

그림 9-44

따라서 주어진 선분이 한 바퀴 회전할 때, 생성되는 표면의 면적은 다음과 같다.

$$A = \sum L(2\pi \bar{x})$$

$$= 5 \times (2\pi \times 1) + 5 \times (2\pi \times 3.5) + 1 \times (2\pi \times 6) + 5 \times (2\pi \times 4.5) + 2 \times (2\pi \times 2)$$

$$= 345.58 \ \text{m}^2$$

체적을 구하기 위하여 그림 9-44와 같이 각 단면의 기호를 붙여 회전체의 체적을 구한다.
따라서, 주어진 단면을 y축을 중심으로 한 바퀴 회전시킬 때, 생성되는 입체의 체적은 다음과 같다.

$$V = \sum A\,(2\pi \overline{x})$$

$$= 5 \times 1 \times 2\pi \times 3.5 + 2 \times 4 \times 2\pi \times 2 + \frac{1}{2} \times 3 \times 4 \times 2\pi \times 4.0$$

$$= 361.28 \ \ \mathrm{m}^3$$

9.5 물체의 중심 및 입체도형의 도심

9.5.1 3차원 공간에 있는 물체의 중심(重心)

3차원에 있는 물체의 중심을 구하는 것은 중심의 위치를 나타내는 좌표의 성분을 3개 구해야 한다는 점 외에는 평판이나 봉의 중심을 구하는 것과 별로 다를 게 없다.

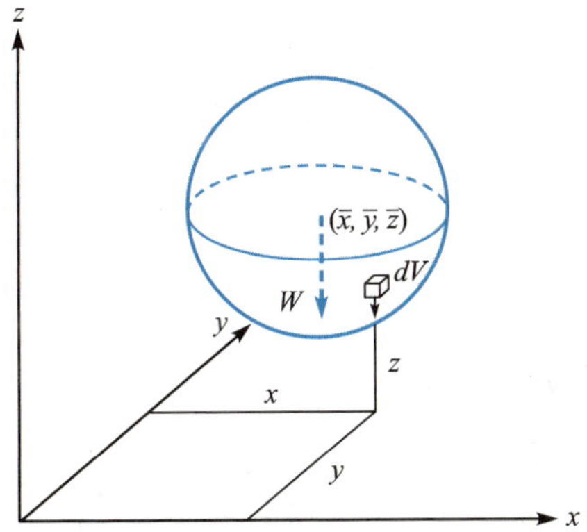

그림 9-45

예를 들어 그림 9-45와 같은 입체의 단위중량(단위체적의 무게)을 γ라고 하면, 입체의 미소요소 $dV(= dxdydz)$의 중량은 γdV이고, 미소요소 dV의 좌표가 $(x,\ y,\ z)$라고 하면, 미소요소의 중량이 x또는 y축에 대해 일으키는 모멘트는 각각 $y\gamma dV$, $x\gamma dV$이다. 따라서 입체의 전체 체적 V에 속해 있는 모든 미소요소의 중량의 합, 즉 전체 중량

$$W = \int_V \gamma d V$$

가 한 좌표축에 대해 일으키는 모멘트는 미소요소의 중량이 그 좌표축에 대해 일으키는 모멘트의 총합과 같아야 한다는 것으로부터 다음 두 식이 각각 얻어진다. 여기서 $\bar{x}$, $\bar{y}$는 중심(重心) 좌표의 성분이다.

$$W\bar{x} = \int_V x\gamma d V \qquad \therefore \bar{x} = \frac{\int_V x\gamma d V}{W} = \frac{\int_V x\gamma d V}{\int_V \gamma d V}$$

$$W\bar{y} = \int_V y\gamma d V \qquad \therefore \bar{y} = \frac{\int_V y\gamma d V}{W} = \frac{\int_V y\gamma d V}{\int_V \gamma d V}$$

또한 중력의 작용방향이 y축과 평행한 경우라고 가정하고, x축에 대해 모멘트의 평형을 취하면, $\bar{z}$를 구할 수 있다.

$$\bar{z} = \frac{\int_V z\gamma d V}{\int_V \gamma d V}$$

[입체의 중심(重心)]

단위중량이 γ이고, 체적이 V인 입체의 중심의 좌표 $(\bar{x},\ \bar{y}, \bar{z})$는 다음과 같다.

$$\bar{x} = \frac{\int_V x\gamma d V}{\int_V \gamma d V},\ \bar{y} = \frac{\int_V y\gamma d V}{\int_V \gamma d V},\ \bar{z} = \frac{\int_V z\gamma d V}{\int_V \gamma d V}$$

여기서, $W = \int_V \gamma\, d V$는 전체중량이고, x, y, z는 미소체적 $d V$의 중심좌표이다.

9.5.2 입체 도형의 도심

평면 도형의 도심을 구할 때와 마찬가지로 어떤 입체 도형의 도심은 균질이고 동일한 형상을 가진 물체의 중심(重心)을 구함으로써 그 입체 도형의 도심을 구할 수 있다.

예를 들어 체적이 V인 어떤 물체가 균질이면, 물체의 단위중량 γ는 하나의 고정된 상수이므로 다음 식에서 약분될 수 있고, 그 물체를 둘러싸고 있는 입체 도형의 도심 $(\bar{x},\ \bar{y},\ \bar{z})$는 다음 식으로 구할 수 있다.

$$\bar{x}=\frac{\int_V x\gamma dV}{\int_V \gamma dV}=\frac{\gamma\int_V xdV}{\gamma\int_V dV}=\frac{\int_V xdV}{\int_V dV}$$

$$\bar{y}=\frac{\int_V y\gamma dV}{\int_V \gamma dV}=\frac{\int_V ydV}{\int_V dV}\ ,\qquad \bar{z}=\frac{\int_V z\gamma dV}{\int_V \gamma dV}=\frac{\int_V zdV}{\int_V dV}$$

여기서, $(x,\ y,\ z)$는 dV의 중심좌표이고, $V=\int_V dV$이며, $\int_V xdV$는 yz평면에 관한 체적 V의 1차모멘트라고 한다.

한편, 3차원 공간에 있는 선분이나 평면 또는 곡선이나 곡면의 도심도 동일한 방법으로 구할 수 있으며, 평면의 도심은 그 평면상에 있으나, 곡면의 도심은 곡면상에 있지 않는 경우가 많다.

[입체 도형의 도심(圖心)]

체적이 V인 어떤 입체 도형의 도심 $(\bar{x},\ \bar{y},\ \bar{z})$은 다음과 같다.

$$\bar{x}=\frac{\int_V xdV}{\int_V dV},\ \bar{y}=\frac{\int_V ydV}{\int_V dV},\ \bar{z}=\frac{\int_V zdV}{\int_V dV}$$

여기서, $(x,\ y,\ z)$는 dV의 중심좌표이고, $V=\int_V dV$이다.

그리고 위의 식에 있는 체적 V를 면적 A 또는 선분의 길이 L로 대치시키면, 각각 3차원 공간에 있는 곡면 또는 곡선의 도심을 구하는 식이 된다.

예제 9-19

다음 그림과 같이 반지름이 r인 반구(半球)[6]의 도심의 z좌표를 구하시오.

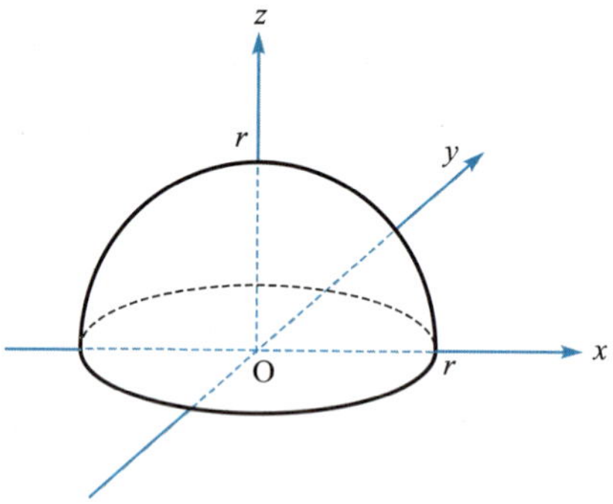

그림 9-46

풀이

그림 9–47과 같이 xy평면에 평행하도록 미소체적을 취하면, 미소체적의 도심은 xy평면으로부터 z만큼 떨어진 z축 위에 있다. 그리고 피타고라스의 정리를 이용하면,

$$r_d^2 = r^2 - z^2$$

이므로 미소체적의 부피는

$$dV = \pi r_d^2 dz = \pi(r^2 - z^2)dz$$

이다.

따라서, 도심의 위치는 다음과 같이 구해진다.

$$V\bar{z} = \int_V z\,dV$$

$$\frac{1}{2}\left(\frac{4}{3}\pi r^3\right)\bar{z} = \int_0^r z\{\pi(r^2 - z^2)dz\}$$

$$= \pi r^2 \int_0^r z\,dz - \pi\int_0^r z^3 dz = \frac{1}{4}\pi r^4$$

$$\therefore\ \bar{z} = \frac{3}{8}r$$

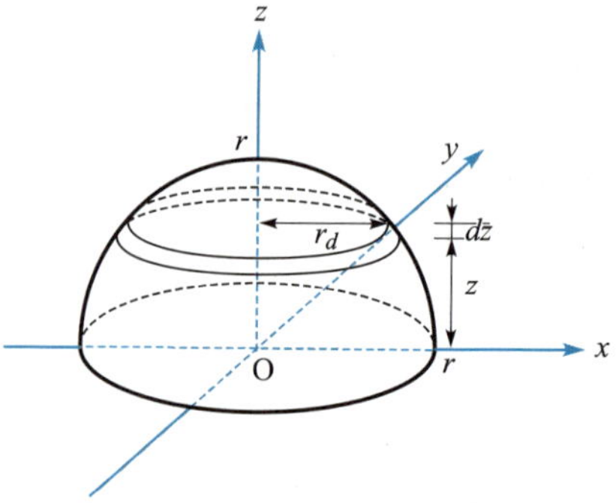

그림 9-47

6) 구(球)의 절반

CHAPTER 9

연습문제

9.1 그림과 같은 도형의 도심을 구하시오.

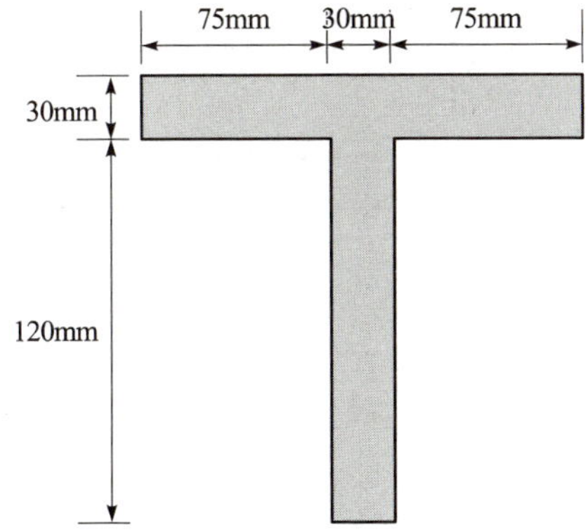

그림 9-48

9.2 그림과 같은 도형의 도심을 구하시오.

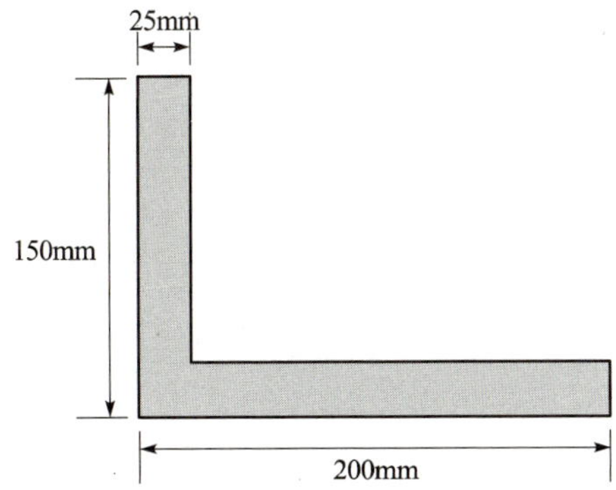

그림 9-49

9.3 그림과 같은 도형의 도심을 구하시오. (단, 잘려나간 부분은 사분원이다.)

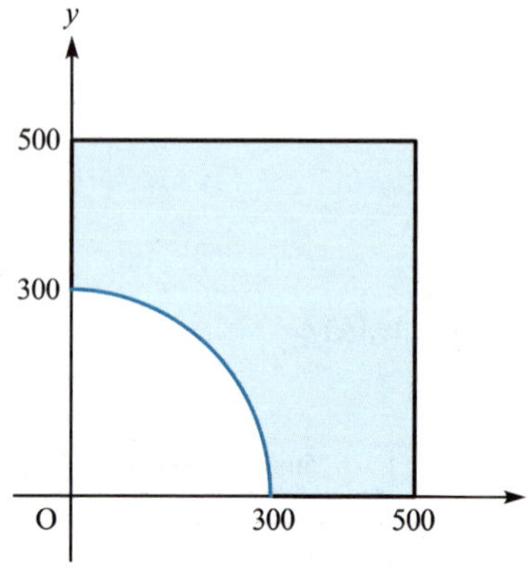

그림 9-50

9.4 $y = x$와 $y = x^2$에 의해 둘러싸인 도형의 도심을 구하시오.

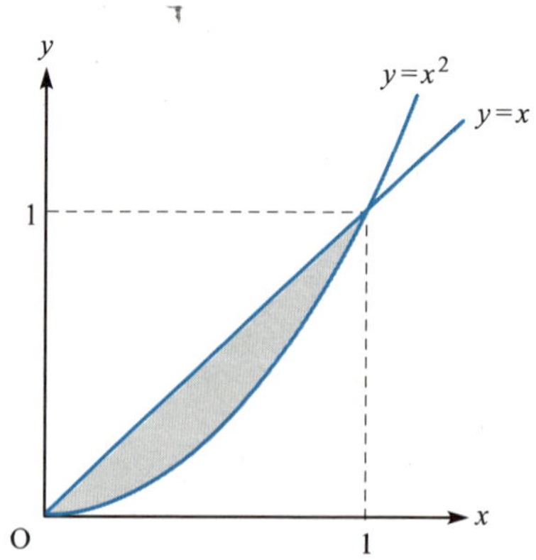

그림 9-51

9.5 $n \geq 0$이고, k가 상수일 때, $y = kx^n$과 x축, 그리고 $x = b$로 둘러싸인 면적의 도심을 구하시오.

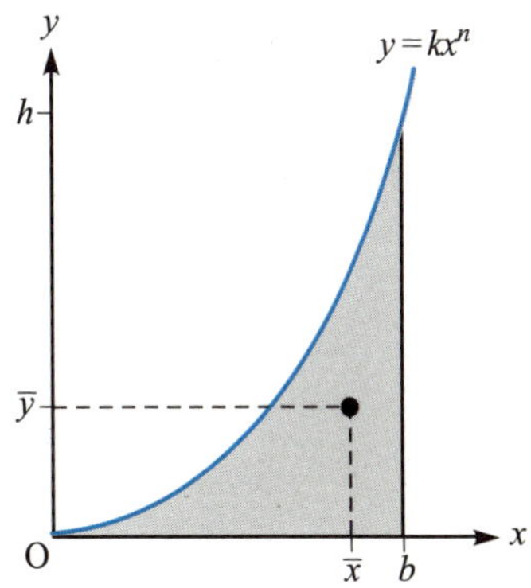

그림 9-52

9.6 그림과 같은 삼각형의 도심을 구하시오.

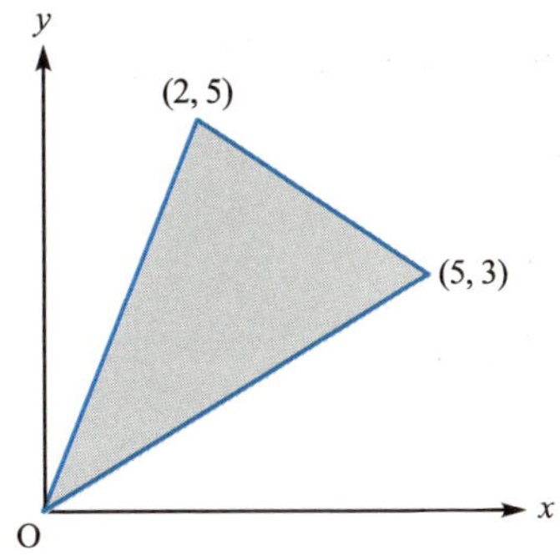

그림 9-53

9.7 다음 그림과 같이 원형 구멍이 뚫린 삼각형의 도심을 구하시오.

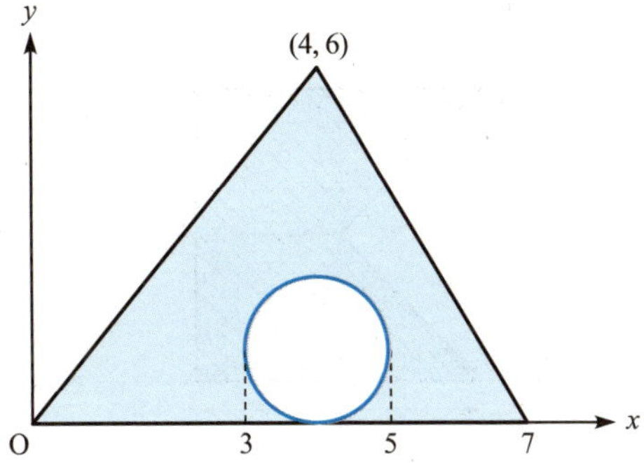

그림 9-54

9.8 그림 9-55와 같이 사각형, 반원, 삼각형으로 이루어진 빗금 친 도형의 도심을 구하시오.

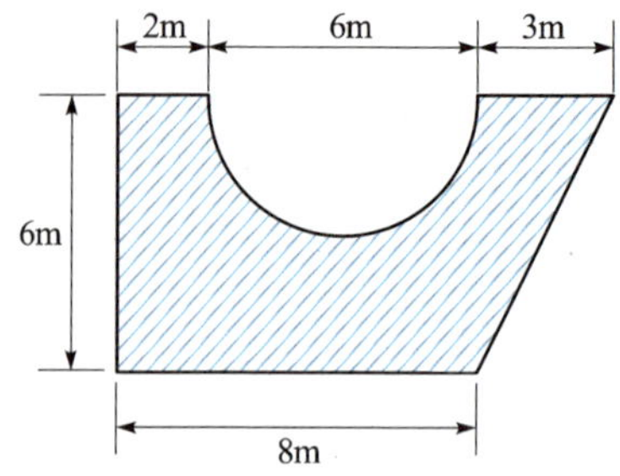

그림 9-55

9.9 그림과 같이 직각삼각형 안에 지름이 1인 원형 구멍이 뚫려 있다. 이 도형을 y축을 중심으로 회전시킬 때 생성되는 입체의 부피를 구하시오.

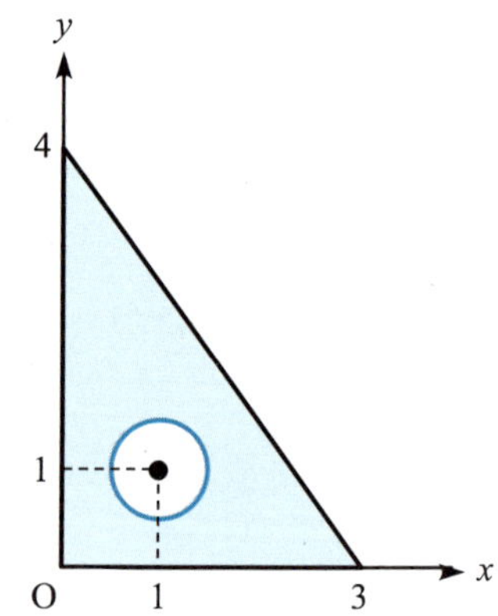

그림 9-56

9.10 다음 그림에서 빗금 친 부분의 도심 x_c값을 구하여라.

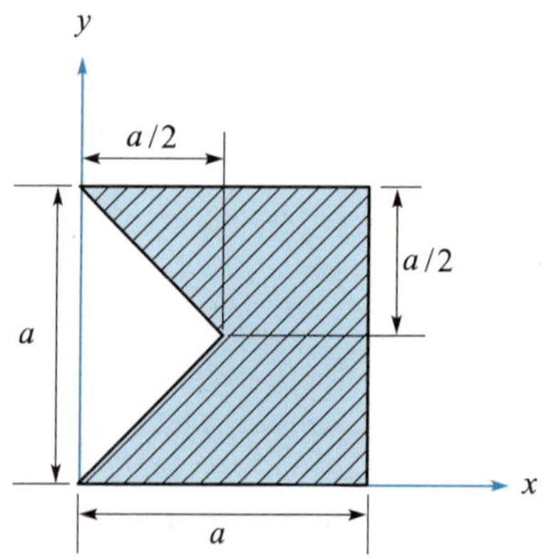

그림 9-57

9.11 그림과 같은 도형의 도심 x_c, y_c를 구하여라.

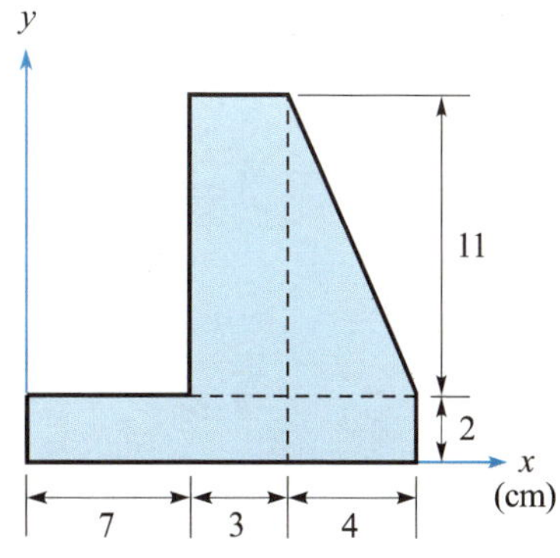

그림 9-58

9.12 다음 그림 면적의 도심 위치를 구하여라.

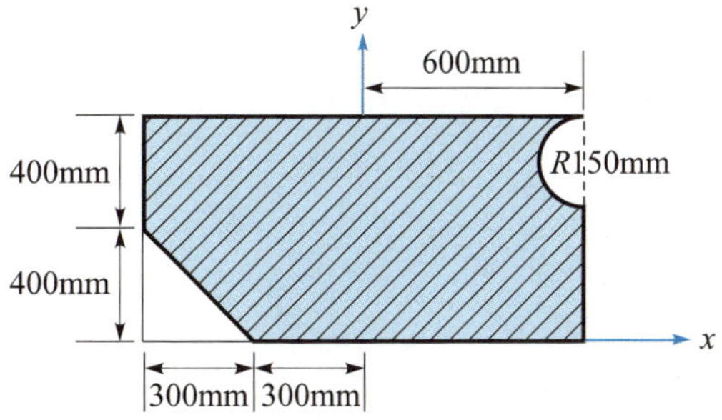

그림 9-59

9.13 다음 그림에서 빗금 친 부분의 도심 y_c값을 구하여라.

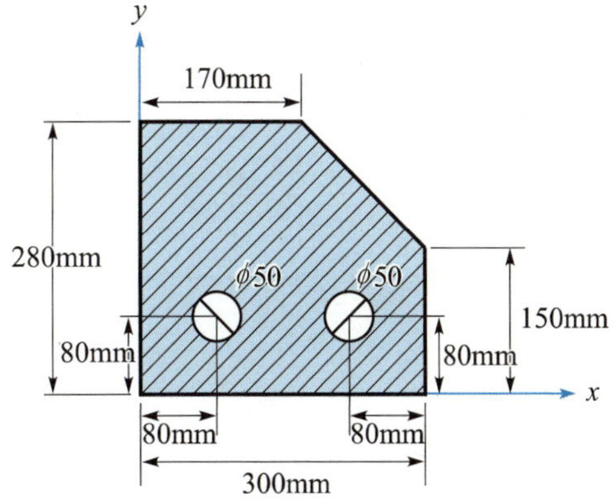

그림 9-60

CHAPTER 10

관성모멘트

CHAPTER **10**

관성모멘트

본 장에서는 역학 문제에서 많이 다루게 되는 구조물의 면적, 도심, 관성모멘트 등에 대하여 다루고자 한다.

10.1 단면2차모멘트

10.1.1 단면2차모멘트 (관성모멘트)

역학에서 나오는 식 중에는 $\int \rho^2 dA$와 같은 형태로 된 식이 포함되어 있는 경우가 많은데, 이와 같은 식을 단면2차모멘트라고 한다. 여기서, ρ는 기준으로 한 축으로부터 미소면적 dA까지의 거리를 나타낸다. 단면2차모멘트는 거리의 제곱을 곱한다는 것 외에는 앞 단원에서 나왔던 단면1차모멘트[1]와 유사하다고 할 수 있다.

[단면2차모멘트(斷面二次--, moment of inertia of area)]

평면도형의 미소면적에 기준으로 한 축으로부터 미소면적까지의 거리의 제곱을 곱하여 그 도형 전체에 걸쳐 적분한 값을 단면2차모멘트 또는 관성모멘트라고 한다.[2]

그림 10-1과 같이 전체 면적이 A인 도형에 있는 미소면적의 좌표가 $(x,\ y)$라고 하면, x축에 관한 단면2차모멘트 I_x와 y축에 관한 단면2차모멘트 I_y는 각각 다음과 같다.

1) 단면1차모멘트는 평면도형의 미소면적에 기준으로 한 축으로부터 미소면적까지의 거리를 곱하여 그 도형 전체에 걸쳐 적분한 값을 말한다.

2) 여기서 말하는 평면도형이 구조물을 이루고 있는 부재의 한 단면이라고 생각하면, 단면2차모멘트라고 이름 붙여진 연유를 짐작할 수 있다.

$$I_x = \int_A y^2 dA$$

$$I_y = \int_A x^2 dA$$

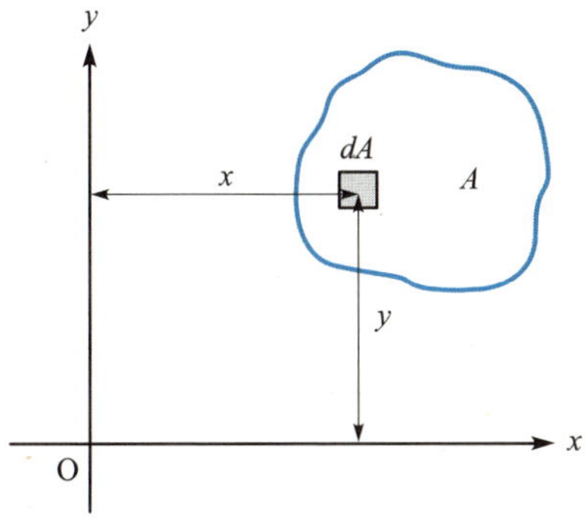

그림 10-1

단면2차모멘트는 기준으로 한 축의 위치에 따라 그 값이 달라지는데, 그것은 단면2차모멘트를 구하는 과정에서 기준 축으로부터 미소면적까지의 거리의 제곱이 미소면적에 곱해지기 때문이다. 따라서, 단면2차모멘트는 그 값을 구할 때 기준으로 한 축을 항상 명시(明示)해야 할 필요가 있다.

그리고 단면2차모멘트는 면적에 거리의 제곱을 곱한 값이므로 mm^4, m^4 등이 그 단위가 된다.

예제 10-1

그림과 같이 밑변의 길이가 b, 높이가 h인 직사각형의 단면2차모멘트를 다음 두 가지 축에 대해 각각 구하시오.

(1) 밑변과 일치하는 축

(2) 밑변에 평행하고, 도심을 지나가는 축

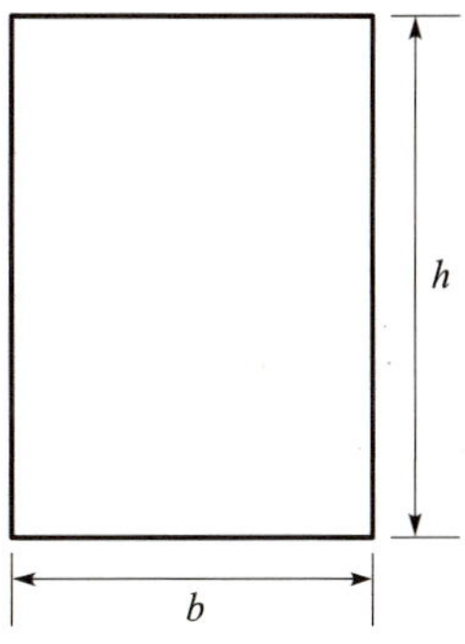

그림 10-2

풀이

(1) 그림 10-3과 같이 좌표축을 정하고, x축에 대한 단면2차모멘트를 구한다.

그림 10-3과 같이 미소면적 dA를 취하면, 미소면적은 $dA = bdy$이고, x축으로부터 미소면적까지의 거리는 y이다. 따라서 직사각형의 밑변에 대한 단면2차모멘트 I_x는 다음과 같이 구해진다.

$$I_x = \int_A y^2 dA$$

$$= \int_0^h y^2 (bdy)$$

$$= b\left[\frac{1}{3}y^3\right]_0^h$$

$$= \frac{1}{3}bh^3$$

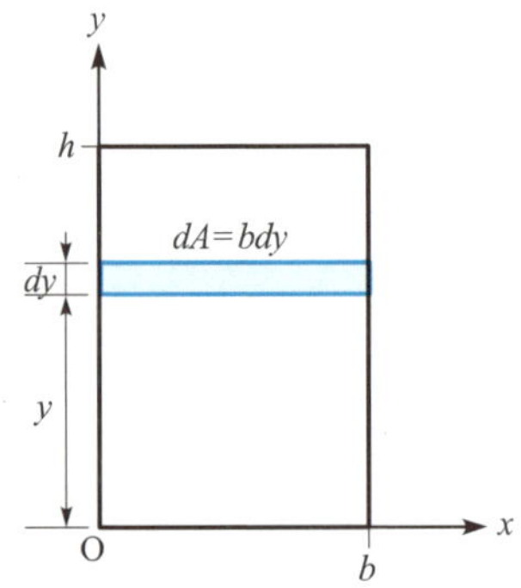

그림 10-3

(2) 그림 10-4와 같이 도심을 지나가도록 x축을 정하고, x축에 대한 단면2차모멘트를 구한다.

$$I_x = \int_A y^2 dA$$

$$= \int_{-\frac{h}{2}}^{\frac{h}{2}} y^2 (bdy)$$

$$= b\left[\frac{1}{3}y^3\right]_{-\frac{h}{2}}^{\frac{h}{2}}$$

$$= \frac{1}{12}bh^3$$

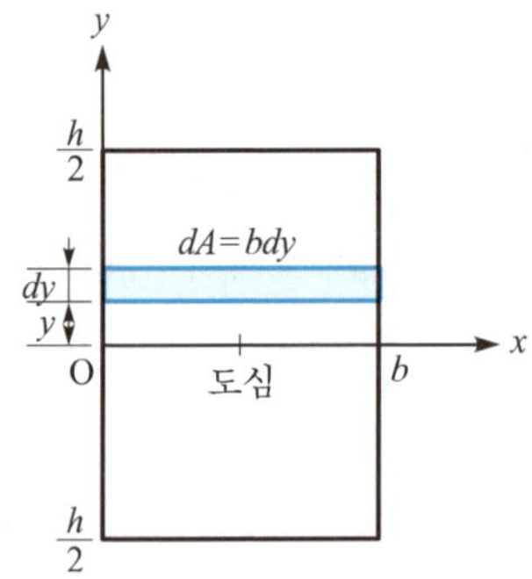

그림 10-4

참고

다음과 같이 중적분을 이용하여 단면2차모멘트를 구해도 동일한 결과를 얻을 수 있다. 여기서는 밑변과 일치하는 축에 대해서만 구해보기로 한다.

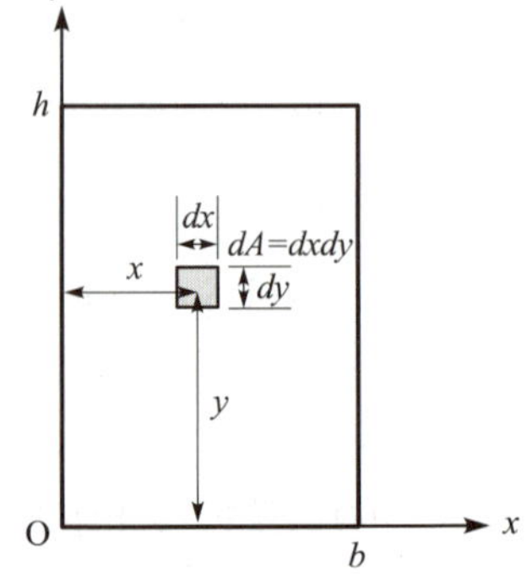

그림 10-5

$$
\begin{aligned}
I_x &= \int_A y^2 dA \\
&= \int_0^h \int_0^b y^2 dx dy \\
&= \int_0^h [y^2 x]_0^b dy \\
&= \int_0^h b y^2 dy \\
&= b\left[\frac{1}{3}y^3\right]_0^h \\
&= \frac{1}{3}bh^3
\end{aligned}
$$

예제 10-2

다음 그림과 같이 밑변의 길이가 b, 높이가 h인 삼각형의 밑변에 대한 단면2차모멘트를 구하시오.

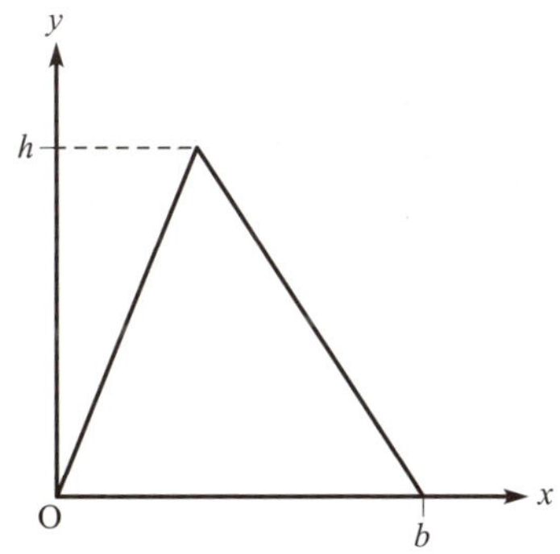

그림 10-6

풀이

그림 10-7과 같이 미소면적 dA를 취하고, dA를 구하기 위해 그 밑변의 길이 s를 삼각형의 닮음을 이용해서 구하면,

$$s : b = (h - y) : h$$

$$\therefore s = \frac{b}{h}(h - y)$$

이다. 따라서,

$$dA = sdy = \frac{b}{h}(h-y)dy$$

이다.

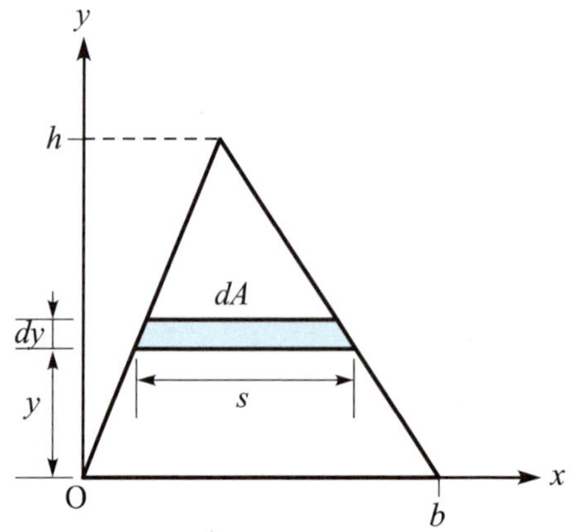

그림 10-7

삼각형의 밑변에 대한 단면2차모멘트 I_x는 다음과 같이 구해진다.

$$\begin{aligned} I_x &= \int_A y^2 dA \\ &= \int_0^h y^2 \left\{ \frac{b}{h}(h-y)dy \right\} \\ &= \frac{b}{h}\left[\frac{h}{3}y^3 - \frac{1}{4}y^4 \right]_0^h \\ &= \frac{1}{12}bh^3 \end{aligned}$$

10.1.2 회전반경

그림 10-1에서 면적 A의 x축에 대한 단면2차모멘트가 $I_x = \int_A y^2 dA$일 때, 다음 식으로 정의되는 γ_x를 x축에 대한 면적 A의 회전반경(回轉半徑, radius of gyration)이라 하고, y축에 대한 단면2차모멘트가 $I_y = \int_A x^2 dA$일 때, γ_y를 y축에 대한 회전반경이라 한다.

$$I_x = \gamma_x^2 A \quad \therefore \gamma_x = \sqrt{\frac{I_x}{A}} \qquad\qquad I_y = \gamma_y^2 A \quad \therefore \gamma_y = \sqrt{\frac{I_y}{A}}$$

예제 10-3

빗금 친 면적의 x축, y축에 대한 회전반경을 구하시오. 단, 길이의 단위는 mm이다.

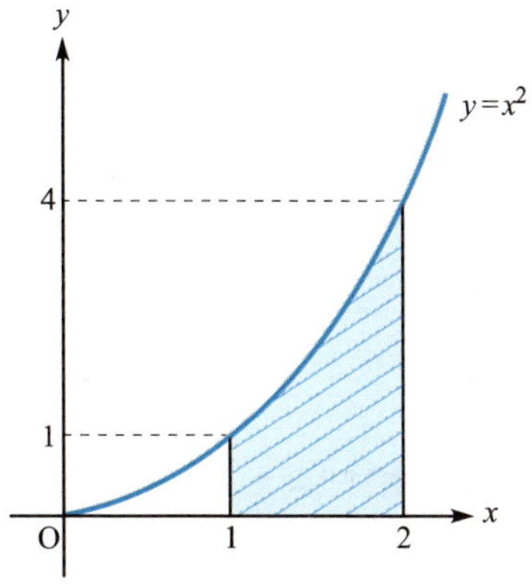

그림 10-8

풀이

먼저 빗금 친 부분의 면적을 구하면,

$$A = \int_A dA = \int_1^2 x^2 dx = \left[\frac{1}{3}x^3\right]_1^2 = 2.33\text{mm}^2$$

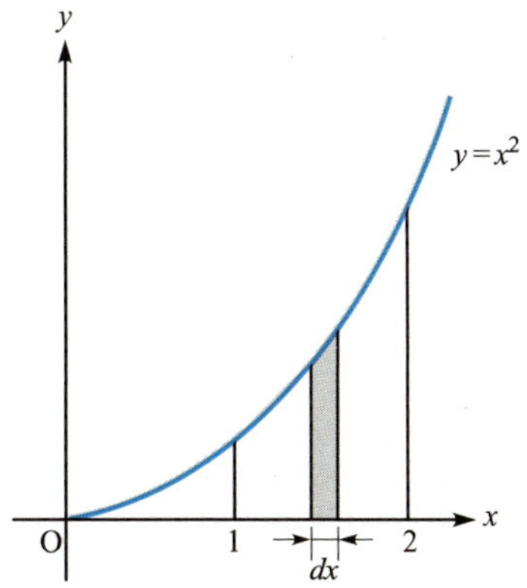

그림 10-9

이고, x축에 대한 단면2차모멘트 I_x를 구하면,

$$
\begin{aligned}
I_x &= \int_A y^2 dA \\
&= \int_1^2 \left(\frac{x^2}{2}\right)^2 x^2 dx \\
&= \frac{1}{4}\int_1^2 x^6 dx \\
&= \frac{1}{4}\left[\frac{1}{7}x^7\right]_1^2 \\
&= 4.54\text{mm}^4
\end{aligned}
$$

이다. 따라서, x축에 대한 회전반경 γ_x는 다음과 같다.

$$\gamma_x = \sqrt{\frac{I_x}{A}} = \sqrt{\frac{4.54}{2.33}} = 1.40\text{mm}$$

동일한 방법으로 y축에 대한 단면2차모멘트 I_y와 회전반경 γ_y를 구하면 다음과 같다.

$$
\begin{aligned}
I_y &= \int_A x^2 dA \\
&= \int_1^2 x^2 \cdot x^2 dx \\
&= \int_1^2 x^4 dx \\
&= \left[\frac{1}{5}x^5\right]_1^2 \\
&= 6.20\text{mm}^4
\end{aligned}
$$

$$\gamma_y = \sqrt{\frac{I_x}{A}} = \sqrt{\frac{6.20}{2.33}} = 1.63\text{mm}$$

10.2 극단면2차모멘트와 단면상승모멘트

10.2.1 극단면2차모멘트 (극관성모멘트)

[극단면2차모멘트(極斷面二次--, polar moment of inertia of area)]

평면도형을 포함하고 있는 평면에 수직인 축에 관한 그 평면도형의 단면2차모멘트를 극단면2차모멘트 또는 극관성모멘트라고 한다.

그림 10-10과 같이 xy평면 위에 있고 전체 면적이 A인 도형의 z축에 관한 극단면2차모멘트 J_z는 다음과 같다.

$$J_z = \int_A r^2 dA = \int_A (x^2 + y^2) dA = \int_A x^2 dA + \int_A y^2 dA = I_x + I_y$$

여기서, 미소면적 dA의 좌표는 $(x,\ y,\ 0)$이고, I_x는 평면도형의 x축에 관한 단면2차모멘트, I_y는 y축에 관한 단면2차모멘트이다.

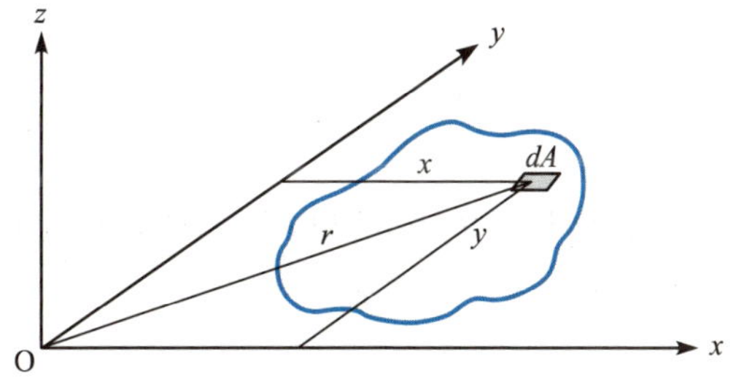

그림 10-10

10.2.2 단면상승모멘트 (상승관성모멘트)

[단면상승모멘트(斷面相乘--, product moment of inertia of area)]

평면도형의 미소면적에 그 미소면적의 좌표 x와 y를 곱하여 전 면적에 걸쳐 적분한 값을 단면상승모멘트 또는 상승관성모멘트라고 한다.

그림 10-11과 같이 전체 면적이 A인 도형에 있는 미소면적의 중심의 좌표가 $(x,\ y)$라고 하면, 단면상승모멘트 P_{xy}는 다음과 같다.

$$P_{xy} = \int_A xy\,dA$$

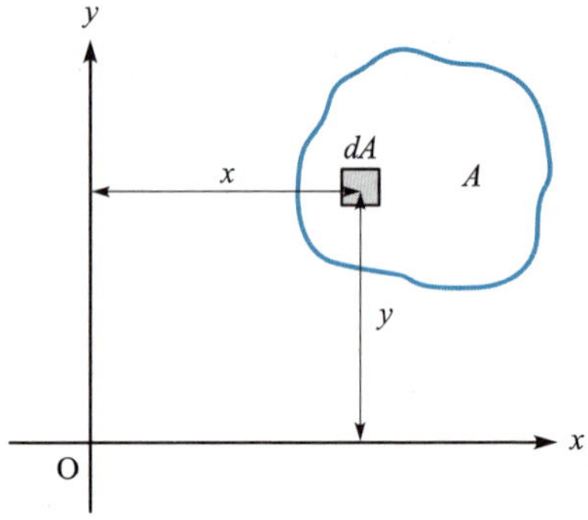

그림 10-11

그리고 단면상승모멘트는 단면2차모멘트와 마찬가지로 mm^4, m^4 등이 그 단위가 되는데, 부호는 기준으로 한 축의 위치에 따라 달라진다. 즉, 미소면적 dA에 곱해진 x좌표와 y좌표의 부호에 따라, 좌표평면의 1사분면과 3사분면에 있는 면적의 단면상승모멘트는 양의 값으로 구해지고, 2사분면과 4사분면에 있는 면적의 단면상승모멘트는 음으로 구해진다.

예제 10-4

그림과 같이 밑변의 길이가 b, 높이가 h인 직사각형의 도심에 좌표축의 원점이 있다. z축에 대한 극단면2차모멘트를 구하시오.

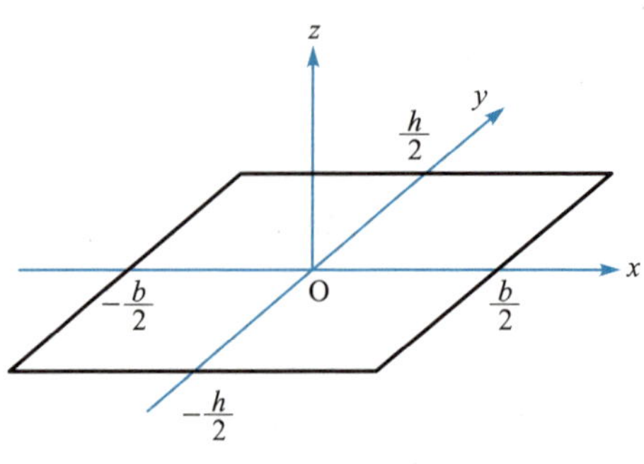

그림 10-12

풀이

예제 10–1의 결과를 이용하기로 하자.

그러면 x축에 대한 단면2차모멘트 I_x는 다음과 같고,

$$I_x = \frac{bh^3}{12}$$

y축에 대한 단면2차모멘트 I_y는 다음과 같다.

$$I_y = \frac{hb^3}{12}$$

따라서, 주어진 직사각형의 z축에 대한 극단면2차모멘트 J_z는

$$J_z = I_x + I_y = \frac{bh}{12}(b^2 + h^2)$$

이다.

예제 10-5

다음 그림과 같은 직사각형에 대한 단면상승모멘트를 구하시오.

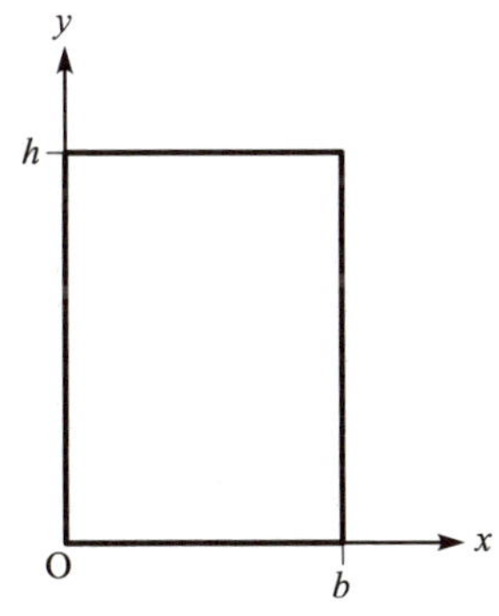

그림 10-13

풀이

그림 10-14와 같이 미소면적 dA를 취하면, 미소면적은

$$dA = bdy$$

이고, 미소면적의 도심의 좌표는

$$\left(\frac{b}{2},\ y\right)$$

이다.

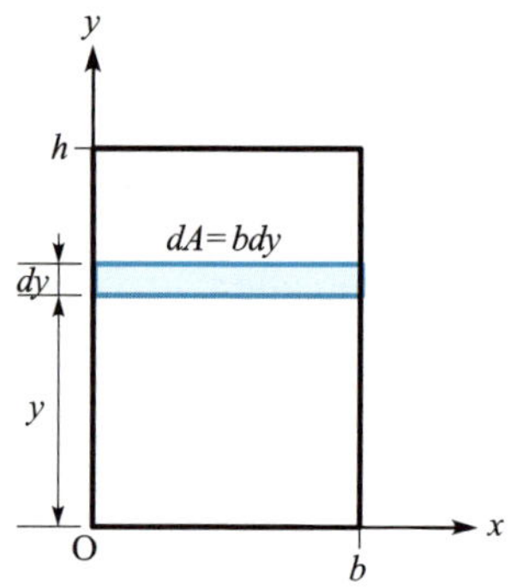

그림 10-14

따라서, 단면상승모멘트 P_{xy}는 다음과 같이 구해진다.

$$P_{xy} = \int_A xy\, dA$$

$$= \int_0^h \frac{b}{2} y(bdy)$$

$$= \frac{b^2}{2} \int_0^h ydy$$

$$= \frac{b^2h^2}{4}$$

10.3 평행축 정리

단면2차모멘트나 단면상승모멘트를 도형의 도심축(圖心軸)[3]에 대해 구한 다음에 그 축과 평행한 축에 대한 값으로 옮기는 경우가 종종 있다. 그러므로 여기서는 축이 옮겨지는데 따른 단면2차모멘트나 단면상승모멘트의 변화에 대해 알아보기로 한다.

10.3.1 단면2차모멘트에 대한 평행축 정리

그림 10-15와 같은 도형의 도심축 x_0에 관한 단면2차모멘트가

3) 도심을 지나가는 축

$$\overline{I_x} = \int_A y^2 dA$$

이고, $\bar{y}$가 두 축 사이의 거리로서 정해진 상수라고 한다면, x_0축과 평행한 축 x에 대한 단면2차모멘트 I_x는 다음과 같이 구해진다.

$$I_x = \int_A (y + \bar{y})^2 dA$$

$$= \int_A y^2 dA + 2\bar{y}\int_A y dA + \bar{y}^2 \int_A dA$$

이 식에서 $\int_A y dA$는 도심축에 관한 단면1차모멘트로서 그 값은 0이 되고, $\int_A dA = A$이므로 위의 식은 다음과 같이 바꾸어 쓸 수 있다.

$$I_x = \overline{I_x} + A\bar{y}^2$$

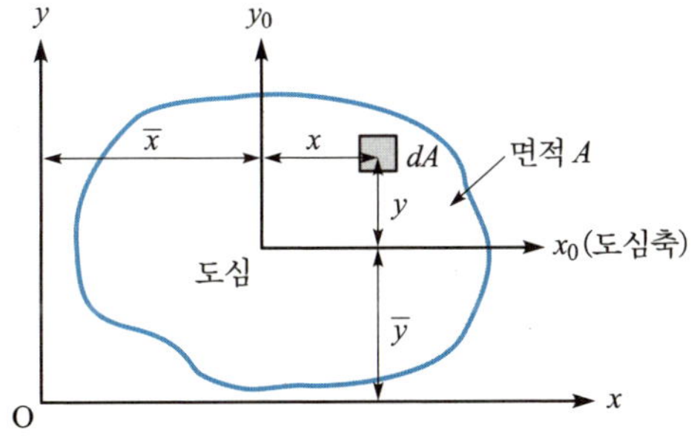

그림 10-15

또한 동일한 원리에 의해 y축에 관한 단면2차모멘트 I_y도 다음과 같이 구해진다.

$$I_y = \overline{I_y} + A\bar{x}^2$$

[단면2차모멘트에 대한 평행축 정리]

도형의 도심축 x_0에 관한 단면2차모멘트가 $\overline{I_x}$이면, x_0축과 평행한 축 x에 대한 단면2차모멘트 I_x는 다음과 같다.

$$I_x = \overline{I_x} + A\overline{y^2}$$

여기서, $\bar{y}$는 두 축 사이의 거리로서 정해진 상수이고, A는 도형의 면적이다.

예제 10-6

그림과 같은 삼각형의 x축에 대한 단면2차모멘트는 $I_x = bh^3/12$이다. 평행축 정리를 이용하여 삼각형의 도심을 지나가고 밑변에 평행한 축에 대한 단면2차모멘트를 구하시오.

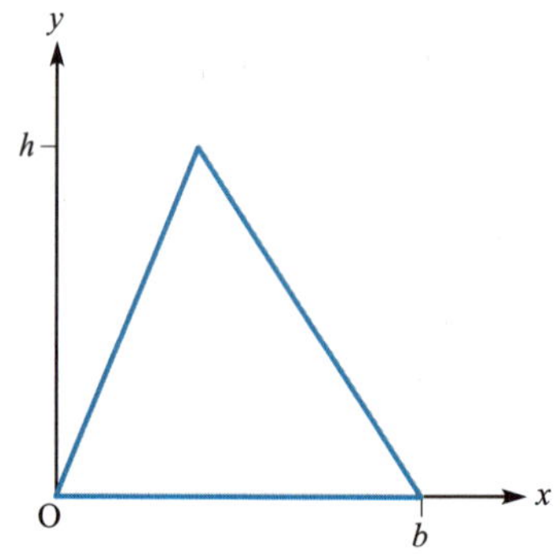

그림 10-16

풀이

그림 10-17에 나타낸 것처럼 삼각형의 도심은 밑변으로부터 높이가 $h/3$되는 지점에 있다.

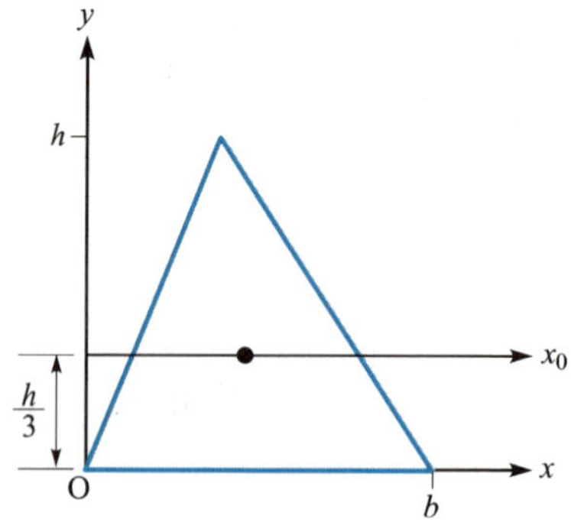

그림 10-17

도심을 지나가는 x_0축에 대한 삼각형의 단면2차모멘트를 $\overline{I_x}$라고 하면, 평행축 정리에 의해 $\overline{I_x}$는 다음과 같이 구해진다.

$$I_x = \overline{I_x} + A\overline{y}^2$$

$$\frac{bh^3}{12} = \overline{I_x} + \left(\frac{1}{2}bh\right)\left(\frac{h}{3}\right)^2$$

$$\therefore \overline{I_x} = \frac{bh^3}{36}$$

10.3.2 합성도형의 단면2차모멘트

합성도형의 단면2차모멘트는 평행축 정리를 이용하면 쉽게 그 값을 구할 수 있다. 즉, 합성도형을 간단한 몇 개의 도형으로 나누고, 기준으로 한 축에 대해 나누어진 각 도형의 단면2차모멘트를 구해서 모두 합하면, 합성도형의 단면2차모멘트가 구해진다. 표 10-1에 많이 사용되는 도형의 단면2차모멘트를 정리해 두었다.

표 10-1 평면도형의 단면2차모멘트

도형		단면2차모멘트
직사각형	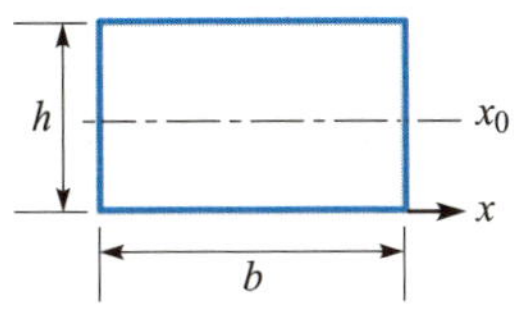	$\overline{I_x} = \frac{bh^3}{12}$ $I_x = \frac{bh^3}{3}$
삼각형	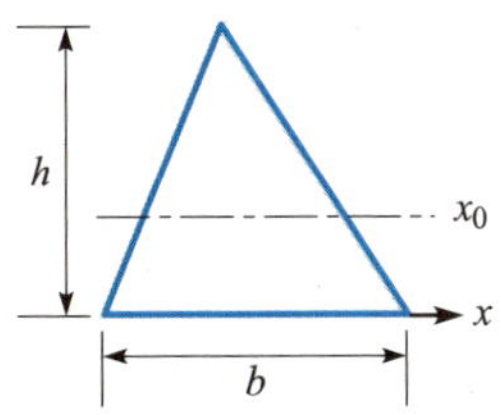	$\overline{I_x} = \frac{bh^3}{36}$ $I_x = \frac{bh^3}{12}$
원	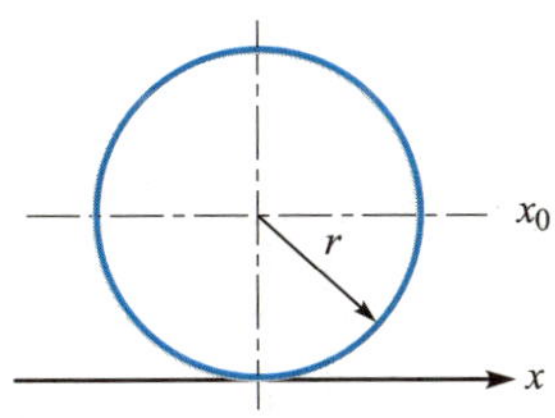	$\overline{I_x} = \frac{\pi r^4}{4}$ $I_x = \frac{5\pi r^4}{4}$
반원	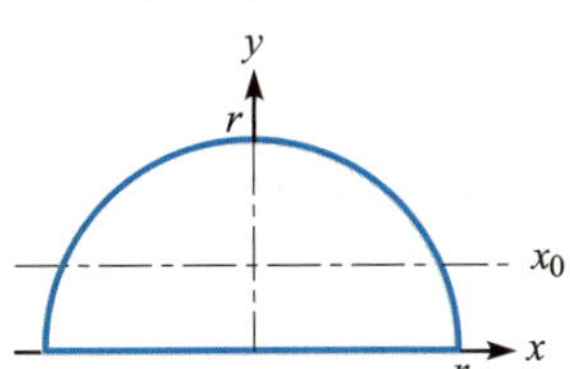	$I_x = \frac{\pi r^4}{8}$
사분원	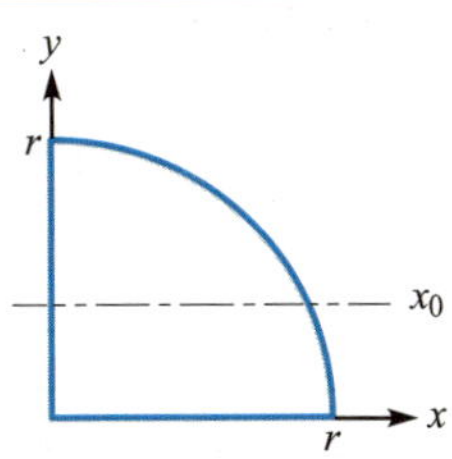	$I_x = \frac{\pi r^4}{16}$

예제 10-7

다음 그림과 같은 도형의 x축에 대한 단면2차모멘트를 구하시오. 단, x축은 주어진 도형의 도심축이다.

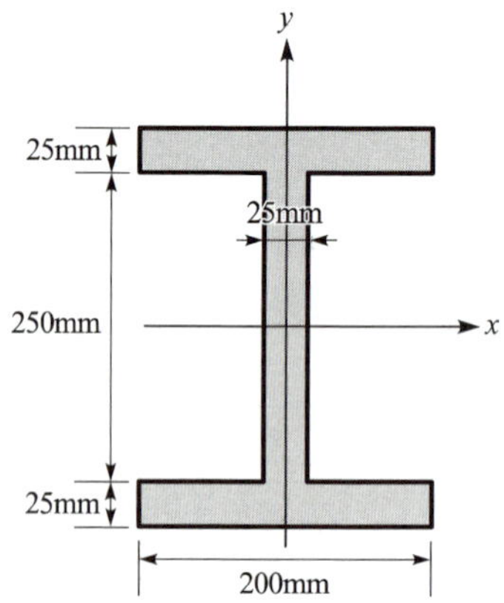

그림 10-18

풀이 1

그림 10-19와 같이 도형을 세 부분으로 나누어 x축에 대한 단면2차모멘트를 각각 구하여 그 결과를 모두 합하면, 주어진 도형의 단면2차모멘트가 구해진다.

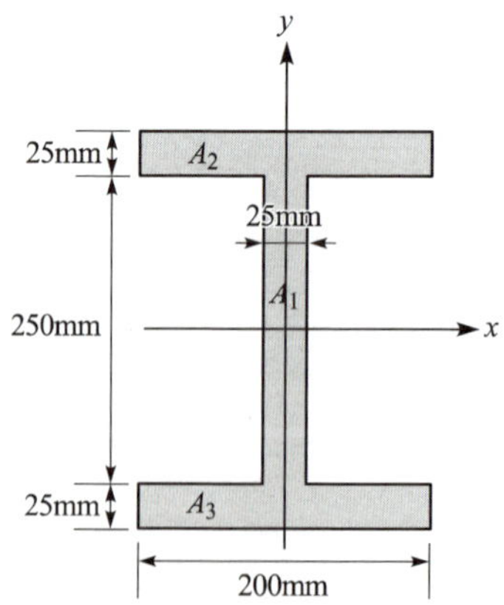

그림 10-19

밑변의 길이가 b, 높이가 h인 직사각형의 도심축에 대한 단면2차모멘트는

$$\overline{I_x} = \frac{bh^3}{12}$$

이고, x축은 A_1의 도심축이므로 A_1의 x축에 대한 단면2차모멘트는 다음과 같다.

$$I_{xA_1} = \overline{I_{xA_1}} = \frac{25 \times 250^3}{12} = 32.55 \times 10^6 \text{mm}^4$$

그리고 평행축 정리를 이용하여 A_2의 x축에 대한 단면2차모멘트를 구하면,

$$\begin{aligned} I_{xA_2} &= \overline{I_{xA_2}} + A_2 \overline{y}^2 \\ &= \frac{200 \times 25^3}{12} + (200 \times 25)\left(125 + \frac{25}{2}\right)^2 \\ &= 94.79 \times 10^6 \text{mm}^4 \end{aligned}$$

이다. 여기서, $\overline{y}$는 x축으로부터 A_2의 도심까지의 거리이다.
그리고 A_3의 x축에 대한 단면2차모멘트는 A_2의 x축에 대한 단면2차모멘트와 같다. 즉,

$$I_{xA_3} = I_{xA_2}$$

이다. 따라서, 주어진 도형의 x축에 대한 단면2차모멘트 I_x는 다음과 같다.

$$\begin{aligned} I_x &= I_{xA_1} + I_{xA_2} + I_{xA_3} \\ &= 32.55 \times 10^6 + 94.79 \times 10^6 + 94.79 \times 10^6 \\ &= 222.14 \times 10^6 \text{mm}^4 \end{aligned}$$

풀이 2

그림 10-20과 같이 A_1의 단면2차모멘트에 A_2와 A_3의 단면2차모멘트를 빼서 주어진 도형의 x축에 대한 단면2차모멘트를 구할 수도 있다.

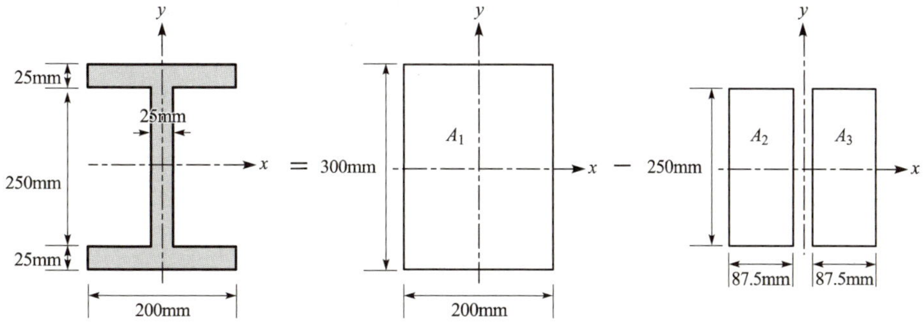

그림 10-20

A_1의 x축에 대한 단면2차모멘트는

$$I_{xA_1} = \frac{200 \times 300^3}{12} = 450.0 \times 10^6 \text{mm}^4$$

이고, A_2의 x축에 대한 단면2차모멘트는

$$I_{xA_2} = \frac{87.5 \times 250^3}{12} = 113.93 \times 10^6 \text{mm}^4$$

이다. 그리고 A_3의 x축에 대한 단면2차모멘트는 A_2의 값과 같다.

$$I_{xA_3} = I_{xA_2}$$

따라서, 주어진 도형의 x축에 대한 단면2차모멘트는 다음과 같다.

$$\begin{aligned} I_x &= I_{xA_1} - I_{xA_2} - I_{xA_3} \\ &= 450.0 \times 10^6 - 113.93 \times 10^6 - 113.93 \times 10^6 \\ &= 222.14 \times 10^6 \text{mm}^4 \end{aligned}$$

예제 10-8

그림과 같은 합성단면의 x, y축에 대한 단면2차모멘트를 각각 구하시오.

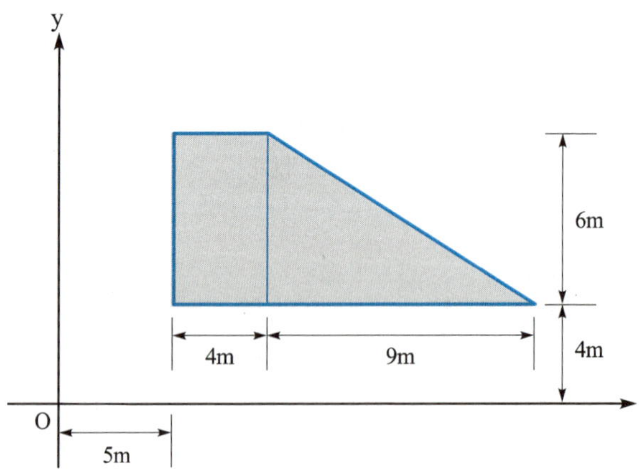

그림 10-21

풀이

직사각형 단면의 도심축에 대한 단면2차모멘트는 각각

$$\overline{I_x} = \frac{bh^3}{12}, \quad \overline{I_y} = \frac{hb^3}{12}$$

이며, 삼각형의 도심축에 대한 단면2차모멘트는 각각

$$\overline{I_x} = \frac{bh^3}{36},\quad \overline{I_y} = \frac{hb^3}{36}$$

이므로, 전체 합성도형의 x, y축에 대한 단면2차모멘트는 평행축 정리를 이용하여

$$\begin{aligned} I_x &= \overline{I_x} + Ay^2 \\ &= \left\{\left(\frac{4\times 6^3}{12}\right) + (4\times 6)(4+3)^2\right\} + \left\{\left(\frac{9\times 6^3}{36}\right) + \left(\frac{6\times 9}{2}\right)(4+2)^2\right\} \\ &= \{72 + 1176\} + \{54 + 972\} \\ &= 2274m^4 \end{aligned}$$

$$\begin{aligned} I_y &= \overline{I_y} + Ax^2 \\ &= \left\{\left(\frac{6\times 4^3}{12}\right) + (6\times 4)(5+2)^2\right\} + \left\{\left(\frac{6\times 9^3}{36}\right) + \left(\frac{9\times 6}{2}\right)(5+4+3)^2\right\} \\ &= \{32 + 1176\} + \{121.5 + 3888\} \\ &= 5217.5m^4 \end{aligned}$$

10.3.3 단면상승모멘트에 대한 평행축 정리

그림 10-15와 같은 도형의 도심축에 관한 단면상승모멘트가

$$\overline{P}_{xy} = \int_A xydA$$

이고, $\overline{x}$와 $\overline{y}$가 각각 두 축 사이의 거리로서 정해진 상수라고 한다면, 축 x, y에 대한 단면상승모멘트 P_{xy}는 다음과 같이 구해진다.

$$\begin{aligned} P_{xy} &= \int_A (x+\overline{x})(y+\overline{y})dA \\ &= \int_A xydA + \overline{x}\int_A ydA + \overline{y}\int_A xdA + \overline{x}\,\overline{y}\int_A dA \end{aligned}$$

그런데 도심축에 관한 단면1차모멘트는 그 값이 0이다. 즉,

$$\int_A ydA = \int_A xdA = 0$$

이다. 그리고

$$\int_A dA = A$$

이므로 위에 있는 P_{xy}에 대한 식은 다음과 같이 바꾸어 쓸 수 있다.

$$P_{xy} = \overline{P}_{xy} + A\overline{x}\overline{y}$$

[단면상승모멘트에 대한 평행축 정리]

도형의 도심축에 관한 단면상승모멘트가 $\overline{P_{xy}}$이면, 도심축과 평행한 축 x, y에 대한 단면상승모멘트 P_{xy}는 다음과 같다.

$$P_{xy} = \overline{P_{xy}} + A\overline{x}\overline{y}$$

여기서, $\overline{x}$, $\overline{y}$는 각각 두 축 사이의 거리로서 정해진 상수이고, A는 도형의 면적이다.

예제 10-9

다음 그림 10.22와 같은 도형에 대하여 아래를 구하시오.

1) 도심의 위치($\overline{x}$, $\overline{y}$)

2) x, y축에 대한 단면2차모멘트(I_x, I_y)

3) x, y축에 대한 극단면2차모멘트(J_z)

4) 도심축에 대한 단면2차모멘트($\overline{I_x}$, $\overline{I_y}$)

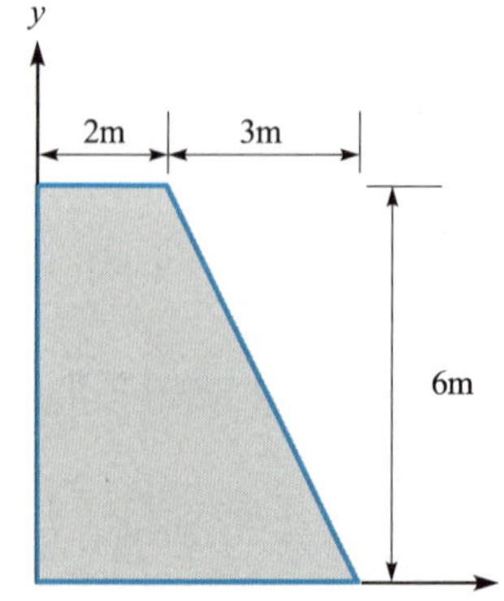

그림 10-22

풀이

1) 도심의 위치($\bar{x}$, $\bar{y}$)

그림 10-23과 같이 도형을 두 부분으로 나누어 단면적을 구한 후 x축 및 y축에 대한 단면1차모멘트를 각각 구하여 그 결과를 모두 합하여 단면적으로 나누면 도심의 위치가가 구해진다.

$$A = 2\times6 + \frac{1}{2}\times3\times6 = 21$$

$$A\bar{x} = 2\times6\times1 + \frac{1}{2}\times3\times6\times3 = 39$$

$$\therefore\ \bar{x} = \frac{A\bar{x}}{A} = \frac{39}{21} = 1.86\,\text{m}$$

$$A\bar{y} = 2\times6\times3 + \frac{1}{2}\times3\times6\times2 = 54$$

$$\therefore\ \bar{y} = \frac{A\bar{y}}{A} = \frac{54}{21} = 2.57\text{m}$$

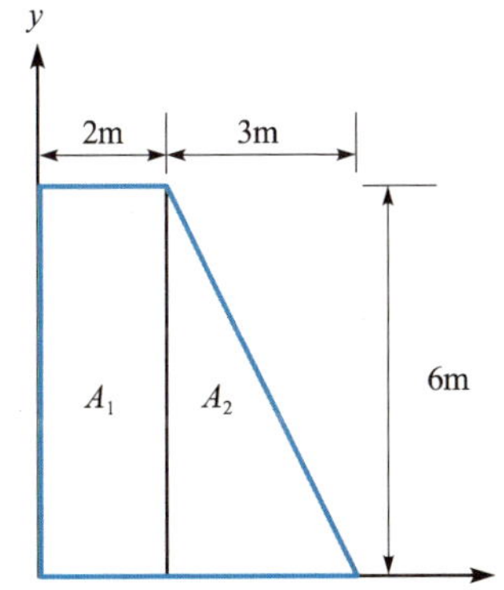

그림 10-23

2) x, y축에 대한 단면2차모멘트(I_x, I_y)

그림 10-23과 같이 도형을 두 부분으로 나누어 평행축 정리를 이용하여 x축 및 y축에 대한 단면2차모멘트를 각각 구한다.

$$I_x = \overline{I_x} + A\cdot\overline{y^2}$$

$$= \frac{2\times6^3}{12} + 2\times6\times3^2 + \frac{3\times6^3}{36} + \frac{1}{2}\times3\times6\times2^2$$

$$= 198.0\,\text{m}^4$$

$$I_y = \overline{I_y} + A \cdot \overline{x}^2$$

$$= \frac{6 \times 2^3}{12} + 2 \times 6 \times 1^2 + \frac{6 \times 3^3}{36} + \frac{1}{2} \times 3 \times 6 \times 3^2$$

$$= 101.5\,\mathrm{m}^4$$

3) x, y축에 대한 극단면2차모멘트(J_z)

극단면2차모멘트는 x축 및 y축에 대한 단면2차모멘트의 합이므로 위의 계산에서 구한 단면2차모멘트를 합하여 구한다.

$$J_x = I_x + I_y = 198.0 + 101.5 = 299.5\ \ \mathrm{m}^4$$

4) 도심축에 대한 단면2차모멘트($\overline{I_x}$, $\overline{I_y}$)

그림 10-23과 같이 도형을 두 부분으로 나누어 평행축 정리를 이용하여 x축 및 y축에 대한 단면2차모멘트를 각각 구한다.

$$\overline{I_x} = \overline{I_x} + A \cdot \overline{y}$$

$$= \frac{2 \times 6^3}{12} + 2 \times 6 \times 0.43^2 + \frac{3 \times 6^3}{36} + \frac{1}{2} \times 3 \times 6 \times 0.57^2$$

$$= 59.14\,\mathrm{m}^4$$

$$\overline{I_y} = \overline{I_y} + A \cdot \overline{x}$$

$$= \frac{6 \times 2^3}{12} + 2 \times 6 \times 0.86^2 + \frac{6 \times 3^3}{36} + \frac{1}{2} \times 3 \times 6 \times 1.14^2$$

$$= 29.07\,\mathrm{m}^4$$

10.4 단면2차모멘트의 응용

힘을 가하여도 그 모양과 부피가 변하지 않는 물체를 강체라고 한다는 것은 이미 앞에서 언급하였으며, 지금까지는 구조물을 강체로 가정하고 구조물에 작용하는 힘, 힘의 평형 등에 대해서 다루었다. 그러나 이 절에서는 단면1차모멘트와 단면2차모멘트의 응용 예에 대해 알아보기 위해, 구조물에 변형이 발생되는 경우를 고려하기로 한다. 먼저 응력, 변형률, 훅의 법칙, 곡률 등에 대해 알아본 뒤, 모멘트가 작용하는 보의 휨을 다루면서 단면1차모멘트와 단면2차모멘트가 어떻게 사용되는지 알아본다.

10.4.1 응력

응력(stress)은 단위면적에 작용하는 힘을 나타내는 물리량이며, 단위는 Pa(= N/m^2, 파스칼) 또는 MPa(= 10^6Pa = N/mm^2) 등으로 나타내고, 일반적으로 σ (sigma) 또는 f로 표기한다. 즉, 그림 10-24와 같이 단면적이 A인 봉에 인장력 P가 작용할 경우, 단면에 작용하는 응력 σ는 다음과 같이 구해지며, 단면에 수직으로 작용하기 때문에 수직응력(normal stress)이라고 한다. 이때 수직응력의 부호는 인장응력을 양(+), 압축응력을 음(−)으로 정하는 것이 일반적이다.

$$\sigma = \frac{P}{A}$$

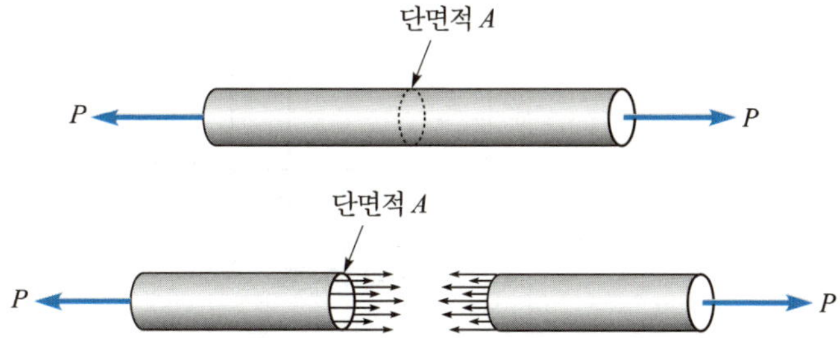

그림 10-24

예제 10-10

그림 10-25와 같은 빗금 친 도형의 도심의 위치를 구하고, 도심 축에 대한 단면2차모멘트와 단면상승모멘트를 구하시오.

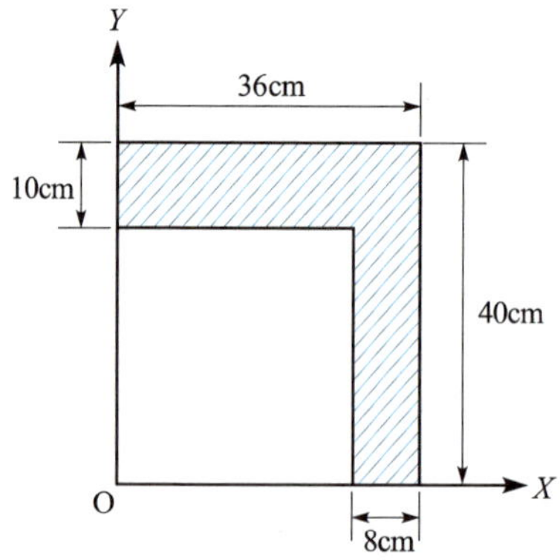

그림 10-25

풀이

이 도형은 그림 10-26과 같이 2개의 요소로 이루어져 있으므로 각 요소로 나누어서 면적과 도심의 위치를 구한다.

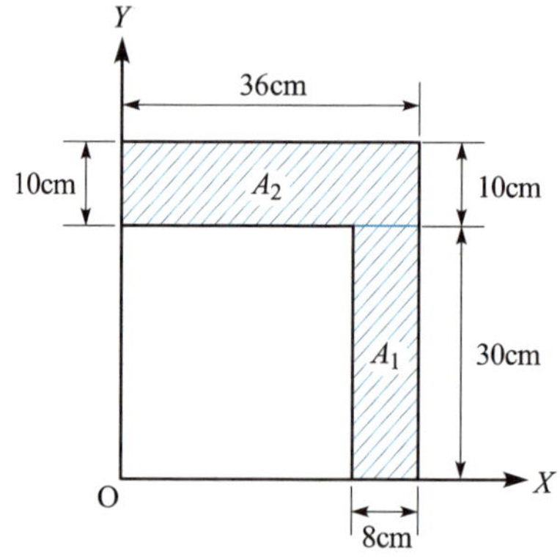

그림 10-26

면적은

$$A_1 = 8 \times 30\text{m} = 240\,\text{cm}^2$$

$$A_2 = 36 \times 10\text{m} = 360\,\text{cm}^2$$

$$\therefore \Sigma A = A_1 + A_2 = 240 + 360 = 600\,\text{cm}^2$$

각 단면에 대한 도심의 좌표는

$$x_1 = 32\,\text{cm}, \quad y_1 = 15\,\text{cm}$$

$$x_2 = 18\,\text{cm}, \quad y_2 = 35\,\text{cm}$$

도심을 계산하면

$$\bar{x} = \frac{\sum A_i x_i}{\sum A} = \frac{A_1 x_1 + A_2 x_2}{A_1 + A_2} = \frac{240 \times 32 + 360 \times 18}{600} = 23.6\,\text{cm}$$

$$\bar{y} = \frac{\sum A_i y_i}{\sum A} = \frac{A_1 y_1 + A_2 y_2}{A_1 + A_2} = \frac{240 \times 15 + 360 \times 35}{600} = 27\,\text{cm}$$

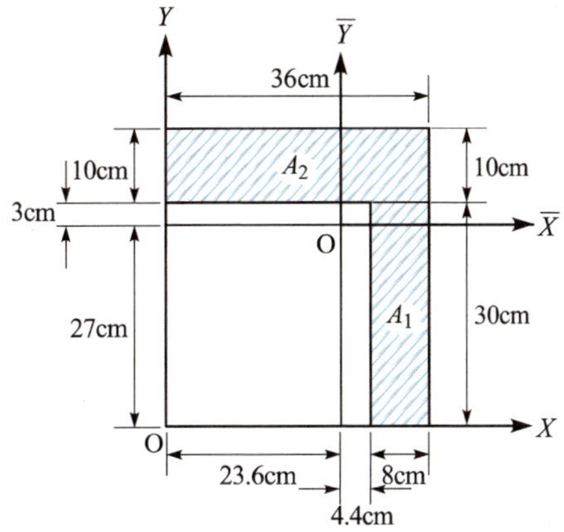

그림 10-27

그림 10-27에서 도심 축에 대한 단면2차모멘트를 구하면

$$I_x = \overline{I_x} + A \cdot \overline{y^2}$$

$$= \frac{8 \times 30^3}{12} + 240 \times 12^2 + \frac{36 \times 10^3}{12} + 360 \times 8^2$$

$$= 78{,}600\text{cm}^2$$

$$I_y = \overline{I_y} + A \cdot \overline{x^2}$$

$$= \frac{30 \times 8^3}{12} + 240 \times 8.8^2 + \frac{10 \times 36^3}{12} + 360 \times 5.6^2$$

$$= 70{,}035.2\text{cm}^2$$

도심 축에 대한 단면상승모멘트는

$$P_{xy} = \overline{P_{xy}} + A \cdot \overline{x}\,\overline{y}$$
$$= 0 + 240 \times 8.8 \times 12 + 0 + 360 \times 8 \times 5.6$$
$$= 41,472\text{cm}^2$$

예제 10-11

단면의 직경이 $d = 32\,\text{mm}$인 원형 봉에 길이 방향으로 인장력 $P = 4000\,\text{N}$이 작용할 때, 봉의 단면에 작용하는 응력을 구하시오.

풀이

봉의 단면적은

$$A = \frac{\pi d^2}{4} = \frac{\pi \times 0.032^2}{4} = 8.042 \times 10^{-4}\ \text{m}^2$$

이므로 단면에 작용하는 응력 σ는 다음과 같다.

$$\sigma = \frac{P}{A} = \frac{4000}{8.042 \times 10^{-4}} = 4974000\text{Pa} = 4.974\text{MPa}$$

10.4.2 변형률

변형률(strain)은 단위길이당 늘어나거나 줄어든 변형량을 말하며, 그 값은 무차원이고, 보통 ε(epsilon)으로 표기한다. 그림 10-28과 같이 본래의 길이가 l인 부재가 인장력을 받아 Δl만큼 늘어났다고 하면, 이 부재의 변형률 ε은 다음과 같으며, 이때 부호는 일반적으로 인장변형률을 양(+), 압축변형률을 음(-)으로 정한다.

$$\varepsilon = \frac{\Delta l}{l}$$

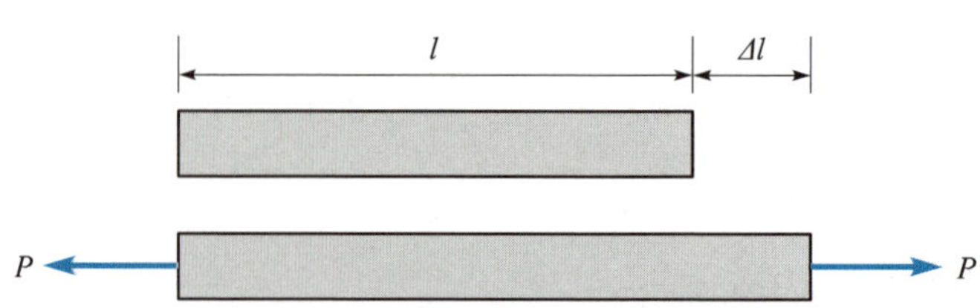

그림 10-28

예제 10-12

길이가 $l=1\text{m}$ 인 봉에 인장력을 가했더니, 2mm 늘어났다고 한다. 이 봉의 변형률 ε을 구하시오.

풀이

$$\varepsilon = \frac{\Delta l}{l} = \frac{2}{1\times 10^3} = 0.002$$

10.4.3 Hooke의 법칙

금속이나 목재와 같이 구조물을 만드는데 사용되는 재료는 힘을 받으면 변형되는데, 이때 발생되는 응력과 변형률 사이에는 일정한 관계가 존재하며, 이 관계를 식으로 나타낼 수 있다. 즉, 그림 10-24와 같이 봉의 길이방향으로 힘이 작용할 경우, 발생되는 응력과 변형률 사이의 관계를 다음과 같은 간단한 식으로 나타낼 수 있다.

$$\sigma = E\varepsilon$$

이 식을 Hooke의 법칙(Hooke's low)[4]이라고 하며, σ는 길이방향에 수직인 단면에 작용하는 응력이고, ε은 길이방향의 변형률이다. 그리고 E는 재료의 탄성계수(modulus of elasticity)[5]라고 하며, 재료를 직접 시험하여 구하는 값이고, 단위는 $\text{Pa}(=\text{N/m}^2)$을 사용한다.[6]

대부분 설계에서는 탄성계수를 하나의 상수로 정해서 사용한다. 사실 이런 경우에 Hooke의 법칙이 정확하게 들어맞는 재료는 거의 없다고 보는 게 옳다. 그러나 제한된 범위 내에서 근사적으로 설계에 적용할 경우에는 큰 무리가 없으며, 충분히 정확한 설계를 할 수 있다.

예제 10-13

그림과 같은 트러스교에서 bc부재가 인장력 $1.66\times 10^6\text{N}$ 을 받는다고 할 때, 다음 물음에 답하시오.

4) 영국의 과학자 Robert Hooke(1635~1703)의 이름을 따서 Hooke의 법칙이라고 한다.
5) 탄성계수는 영국의 과학자 Thomas Young(1773~1829)의 이름을 따서 Young계수(Young's modulus)라고도 한다.
6) 변형률이 무차원량이기 때문에 탄성계수의 단위는 응력의 단위와 같다.

(1) bc부재가 25mm×400mm 인 직사각형 단면으로 되어있을 경우, 단면에 작용하는 응력을 구하시오.

(2) bc부재에 사용된 것과 동일한 강재를 시험해 보았을 때, $\sigma_a = 280\text{MPa}$에서 파단되었다고 한다. bc부재가 안전한지 검토하시오.

(3) bc부재에 사용된 강재의 탄성계수가 $2.1 \times 10^5\,\text{MPa}$일 때, bc부재가 늘어난 길이를 구하시오.

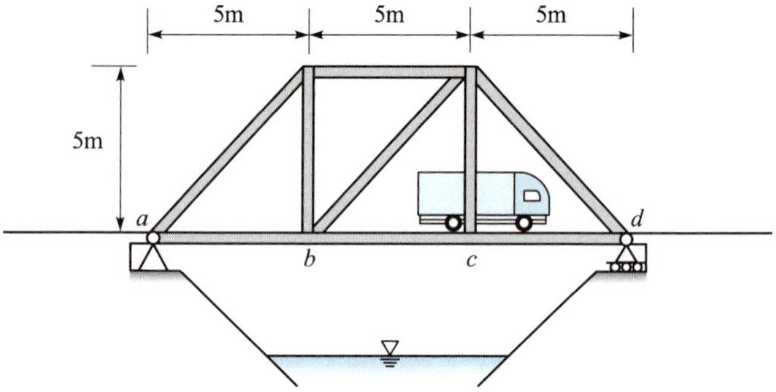

그림 10-29

풀이

(1) $\sigma = \dfrac{P}{A} = \dfrac{1.66 \times 10^6}{0.025 \times 0.4} = 166 \times 10^6\text{Pa} = 166\text{MPa}$

(2) bc부재가 견딜 수 있는 한계치인 $\sigma_a = 280\text{MPa}$보다 충분히 작은 응력 $\sigma = 166\text{MPa}$이 작용하고 있으므로 bc부재는 안전하다.

(3) $\varepsilon = \dfrac{\sigma}{E} = \dfrac{166}{2.1 \times 10^5} = 0.000790$

$\Delta l = \varepsilon \times l = 0.000790 \times (5 \times 10^3) = 3.95\text{mm}$

10.4.4 곡률

곡선과 수직으로 만나는 직선들을 그렸을 때, 그 직선들이 교차하는 점을 곡률중심(center of curvature)이라고 하며, 곡선으로부터 곡률중심까지의 거리를 곡률반지름(radius of curvature)이라고 한다. 특히 원일 경우를 예로 들면, 그 곡률중심은 원의 중심과 일치하고, 곡률반지름은 원의 반지름과 같다.

그리고 곡률반지름의 역수를 곡률(curvature)이라고 한다. 즉, 곡률반지름을 ρ(rho, 로)로 나타내고, 곡률을 κ(kappa, 카파)로 나타내면,

$$\kappa = \frac{1}{\rho}$$

이다.

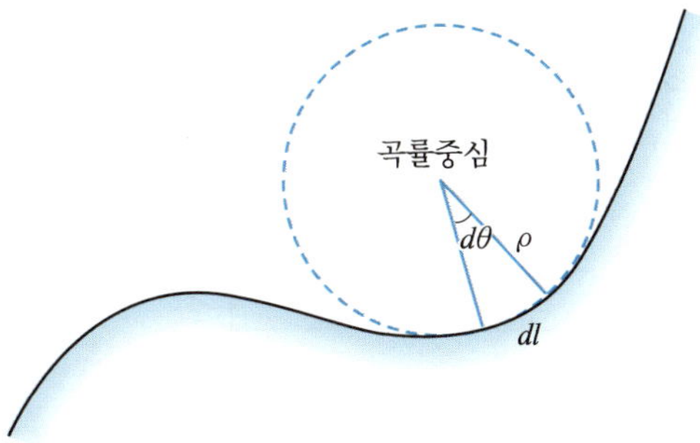

그림 10-30

그림 10-30을 참고하여 미소요소 dl을 구하면, 다음 식을 얻을 수 있다.

$$dl = 2\pi\rho \times \frac{d\theta}{2\pi}$$

$$\therefore\ dl = \rho d\theta$$

10.4.5 휨을 받는 보의 변형률과 응력

그림 10-31(a)는 보의 일부분을 나타낸 것인데, 길이방향에 수직이 되도록 ae, bf 단면을 취했고 두 단면 사이의 거리는 미소요소 dx이다. 그림 10-31(c)는 보에 휨모멘트 M이 작용하여 보가 휘어진 것을 나타낸 것이며, 휘어진 뒤에도 ae, bf 단면은 평면으로 남아 있고 길이방향에 수직이라고 가정한다.

그림 10-31(c)와 같이 휨모멘트를 받아 보가 아래로 휘어지면, 보의 아랫부분은 늘어나고, 윗부분은 줄어든다. 즉, 보의 아랫부분은 인장을 받는 상태이고, 윗부분은 압축을 받는 상태이다. 그리고 보의 중간 어딘가에는 길이의 변화가 없는 면이 있게 마련인데, 이 면을 중립면(neutral surface)이라고 하며, 중립면과 보의 단면이 만나는 선을 중립축(neutral axis)이라고 한다. 즉, 그림 10-31에서 xz면이 중립면과 같아지도록 좌표를 정했다고 한다면, z축이 단면에 대한 중립축이 된다.

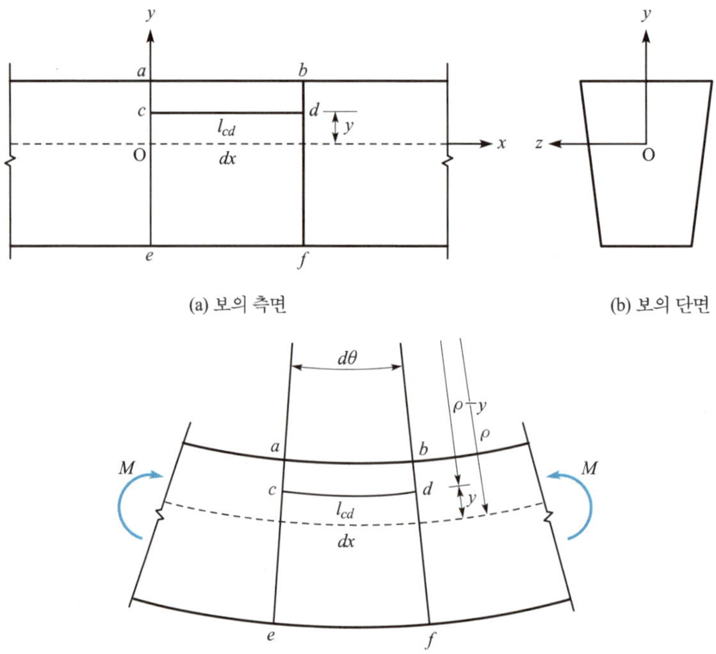

(a) 보의 측면 (b) 보의 단면

(c) 휨모멘트가 작용하는 보

그림 10-31

이제 휨모멘트가 작용할 경우, 중립면으로부터 y만큼 떨어진 선분 l_{cd}의 변형률을 구해보기로 한다. 그림 10-31(c)에서 곡률중심으로부터 중립면까지의 거리를 ρ라고 하면, 곡률중심으로부터 l_{cd}까지의 거리는 $\rho-y$이다. 따라서

$$dx=\rho d\theta \qquad\qquad l_{cd}=(\rho-y)d\theta$$

가 성립한다. 그러므로 l_{cd}의 변형량 Δl_{cd}는 다음과 같이 구해지고,

$$\begin{aligned}\Delta l_{cd}&=l_{cd}-dx\\&=(\rho-y)d\theta-dx\\&=(\rho-y)\frac{dx}{\rho}-dx\\&=-\frac{1}{\rho}ydx\end{aligned}$$

휨모멘트에 의한 l_{cd}의 변형률 ε_x는 다음과 같이 구해진다. 다음 식에서 $l_{cd}=dx$가 대입되었는데 그것은 그림 10-31(a)에 나타낸 것처럼 변형되기 전 l_{cd}의 본래 길이는 dx와 같기

때문이다. 그리고 κ는 곡률이다.

$$\varepsilon_x = \frac{\Delta l_{cd}}{l_{cd}} = \frac{\Delta l_{cd}}{dx} = \frac{-\frac{1}{\rho}ydx}{dx} = -\frac{1}{\rho}y = -\kappa y$$

만일 작용하는 휨모멘트의 크기가 고정된다면, 보의 휘는 정도도 결정된다. 이런 경우 곡률 κ는 상수가 되므로 위의 식은 보의 길이방향에 대한 미소요소 $aefb$의 변형률이 중립면으로부터의 거리 y에 비례한다는 것을 보여준다.

Hooke의 법칙에 위에서 구한 ε_x를 대입하면, 보의 단면에 작용하는 수직응력 σ_x가 다음과 같이 구해지며, E는 보를 만든 재료의 탄성계수이다.

$$\sigma_x = E\varepsilon_x = -E\kappa y$$

이 식은 단면에 작용하는 수직응력은 중립면으로부터의 거리 y에 비례한다는 것을 보여주며, 이러한 응력분포를 그림 10-32에 나타내었다.

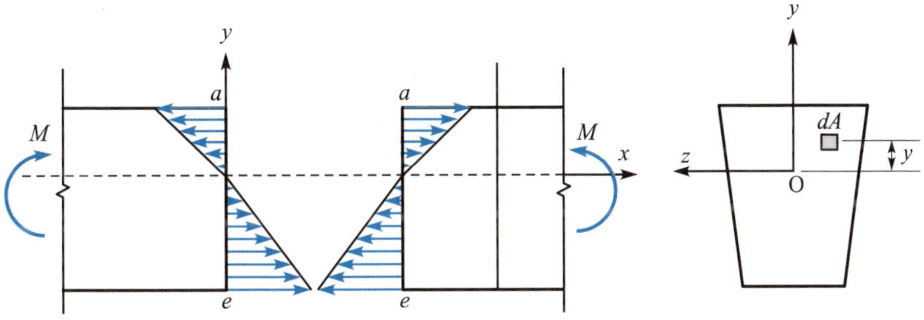

(a) 보의 측면 (b) 보의 단면

그림 10-32

10.4.6 중립축의 위치

여기서는 휨을 받는 보의 단면에서 중립축이 어디에 위치하는지 구해보기로 한다. 그림 10-32(b)에서 중립축으로부터 y만큼 떨어진 미소면적 dA에 작용하는 응력이 σ_x이면, 미소면적에 작용하는 힘은 $\sigma_x dA$이므로 단면 전체에 작용하는 합력은 $\int_A \sigma_x dA$이다. 그런데 그림 10-32(a)에서 힘의 평형조건을 고려해 보면, 수평력의 합력은 0이 되어야 하므로 다음 식이 성립해야한다는 것을 알 수 있다.

$$\int_A \sigma_x dA = 0$$

앞에서 구한 $\sigma_x = -E\kappa y$를 위 식에 대입하면, 다음 식이 얻어지고,

$$-\int_A E\kappa y\, dA = 0$$

이 식에서 탄성계수 E와 곡률 κ가 상수라고 하면, E와 κ를 양변에 나눔으로써 다음 식이 구해진다.

$$\int_A y\, dA = 0$$

이 식은 중립축에 대한 단면1차모멘트가 0임을 나타내고 있다. 따라서, 중립축은 단면의 도심을 통과한다는 것을 알 수 있다.[7)]

10.4.7 굽힘 공식

그림 10-32에서 미소면적 dA에 작용하는 힘은 $\sigma_x dA$이고, 이 힘이 중립축에 대해 일으키는 모멘트는 $-\sigma_x y dA$이다. 이것을 전체 단면적에 대해 적분하여 응력 σ_x의 합력이 일으키는 모멘트를 구하면,

$$-\int_A \sigma_x y dA$$

이다. 힘의 평형조건을 고려해 보면, 그림 10-32에서 응력 σ_x의 합력이 일으키는 모멘트가 휨모멘트 M과 같아야 한다는 것을 알 수 있다. 즉,

$$M = -\int_A \sigma_x y dA$$

이다. 위의 식에 $\sigma_x = -E\kappa y$를 대입하면,

$$M = \int_A E\kappa y^2 dA = E\kappa \int_A y^2 dA = E\kappa I_z$$

7) 평면도형의 도심 축에 대한 단면1차모멘트는 0이다.

가 되며, 이 식에서 $\int_A y^2 dA$는 z축에 대한 단면2차모멘트이므로 이를 I_z로 나타내었다. 위의 식을 κ에 대해 정리하면 다음 식이 얻어지며, 다음 식을 모멘트-곡률방정식(moment -curvature equation)이라고 한다.

$$\kappa = \frac{M}{EI_z}$$

이 식은 곡률이 휨모멘트 M에 비례하고, 굽힘강성(flexural rigidity)이라고 하는 EI_z에 반비례한다는 것을 나타내고 있다.

모멘트-곡률방정식을 $\sigma_x = -E\kappa y$에 대입하면, 다음 식이 구해지는데 다음 식을 굽힘공식(flexure formula)이라고 하며, σ_x를 굽힘응력(bending stress 또는 flexural stress)이라고 한다.

$$\sigma_x = -\frac{M}{I_z}y$$

예제 10-14

폭 $b = 250\text{mm}$, 높이 $h = 600\text{mm}$인 직사각형 단면으로 된 단순보의 한 단면에 휨모멘트 $M = 120\text{kN} \cdot \text{m}$가 작용하고 있다. 단면의 상단에 작용하는 압축응력을 구하시오.

풀이

먼저 중립축의 위치를 구해야 한다. 중립축의 위치는 단면1차모멘트를 이용하여 구할 수 있으며, 단면의 도심 축과 일치한다. 따라서 표 10-1을 참고하면, 직사각형단면일 경우에는 단면 상단으로부터 $h/2 = 300\text{mm}$ 되는 지점에 중립축이 있다.

중립축에 대한 단면2차모멘트는 표 10-1을 참고하여 구하면 다음과 같다.

$$I_z = \frac{bh^3}{12} = \frac{0.25 \times 0.6}{12} = 0.0125\text{m}^4$$

따라서 단면의 상단에 작용하는 압축응력은 다음과 같다.

$$\sigma_x = -\frac{M}{I_z}y = -\frac{120}{0.0125} \times 0.3 = -2880\text{kN/m}^2 = -2.88\text{MPa}$$

위 식에서 y는 중립축으로부터 응력을 구하고자 하는 지점까지의 거리이다. 즉, 여기서는 중립축으로부터 상단까지의 거리이다.

CHAPTER 10

연습문제

10.1 그림과 같은 도형의 도심축 x_0와 x축에 대한 단면2차모멘트를 각각 구하시오.

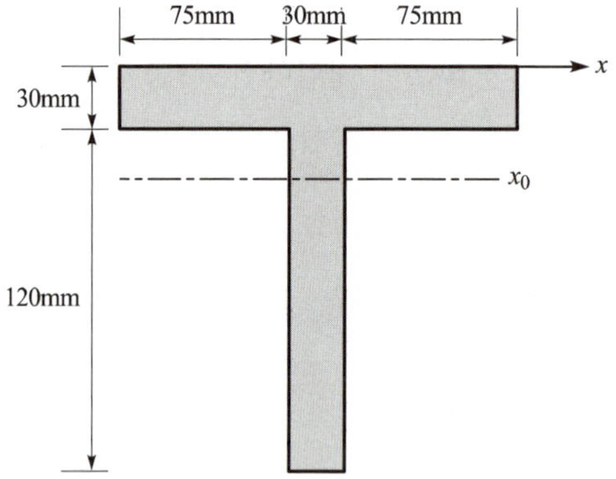

그림 10-33

10.2 그림과 같은 L형강 단면의 도심축 x_0와 y_0에 대한 단면2차모멘트와 x와 y축에 대한 단면2차모멘트를 각각 구하시오.

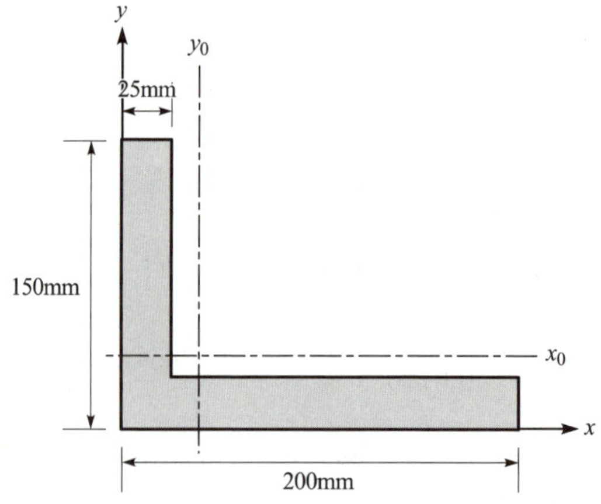

그림 10-34

10.3 그림과 같은 단면의 도심축 x_0와 y_0에 대한 단면2차모멘트와 y축에 관한 단면2차모멘트를 각각 구하시오.

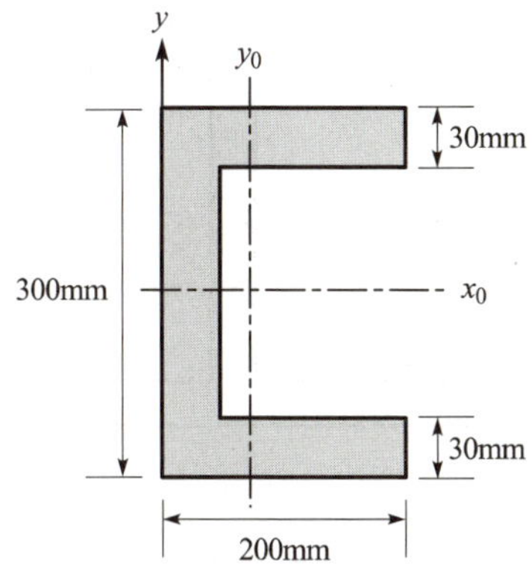

그림 10-35

10.4 그림과 같은 도형의 도심축 x_0를 구하고, 도심축 x_0와 x축에 관한 단면2차모멘트를 각각 구하시오.

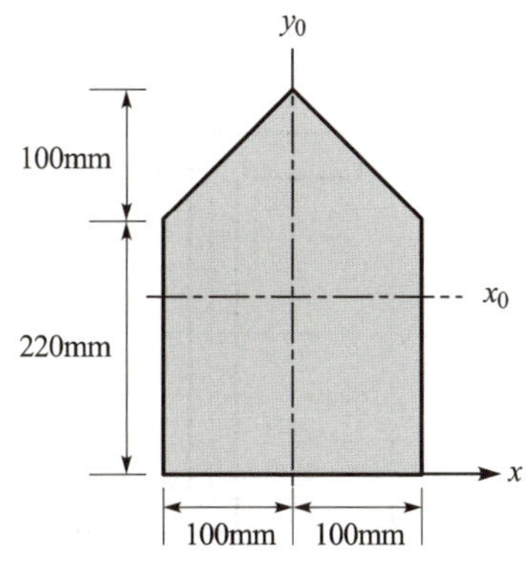

그림 10-36

10.5 그림과 같은 단면의 도심축 x_0와 x축에 관한 단면2차모멘트를 각각 구하시오.

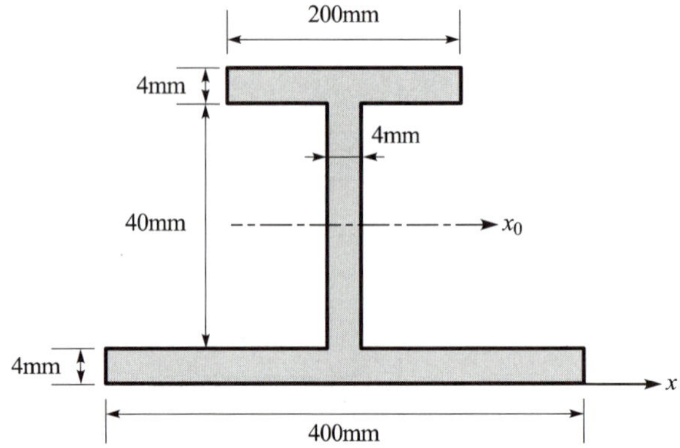

그림 10-37

10.6 그림과 같은 단면의 도심축 x_0와 y_0에 관한 단면2차모멘트를 구하시오. (단, 단면은 좌우대칭이고, 두께는 10mm로 동일하다.)

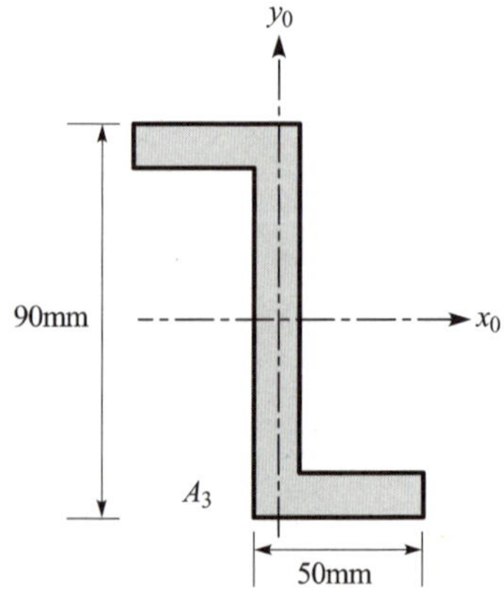

그림 10-38

10.7 그림 10-39와 같은 빗금 친 도형의 도심의 위치를 구하고, 도심 축에 대한 단면2차모멘트와 단면상승모멘트를 구하시오.

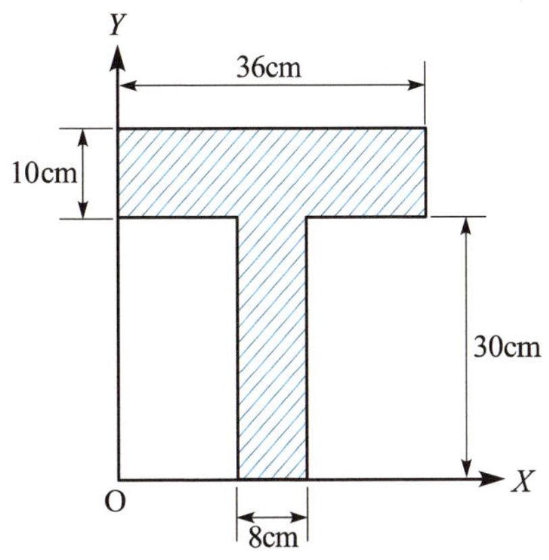

그림 10-39

10.8 x, y좌표축에 대해 빗금 친 면적의 회전반경을 구하시오. 단, 길이의 단위는 mm이다.

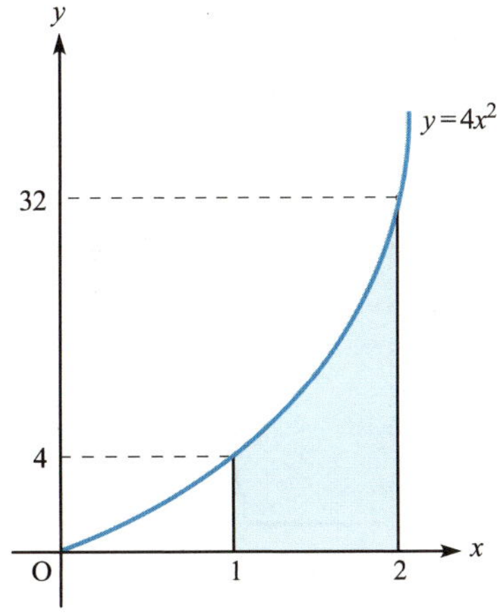

그림 10-40

10.9 그림과 같은 사분원의 x축에 대한 회전반경을 구하시오.

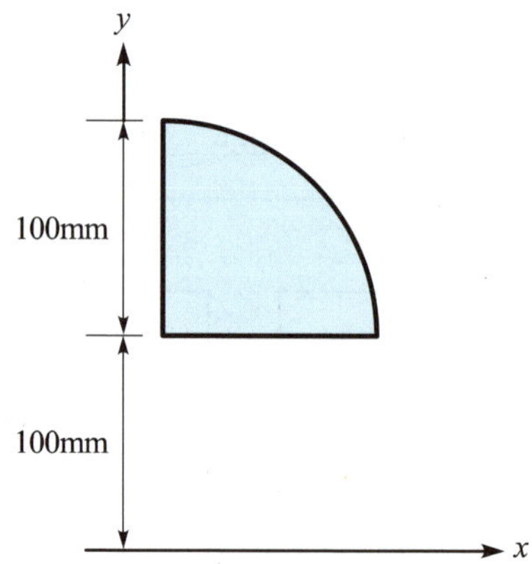

그림 10-41

10.10 그림과 같은 단면의 극단면2차모멘트 J_z를 구하시오. 단, z축은 오른손 법칙에 따라 정해지며, 잘려나간 부분은 반지름이 2인 사분원이다.

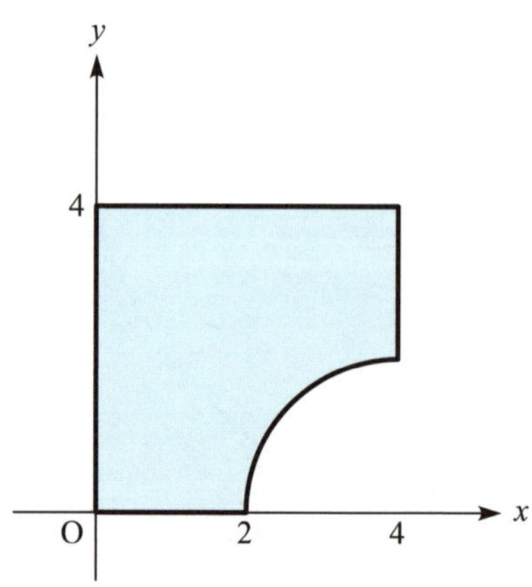

그림 10-42

10.11 그림과 같은 L형강 단면의 x, y축에 대한 단면상승모멘트 P_{xy}를 구하시오.

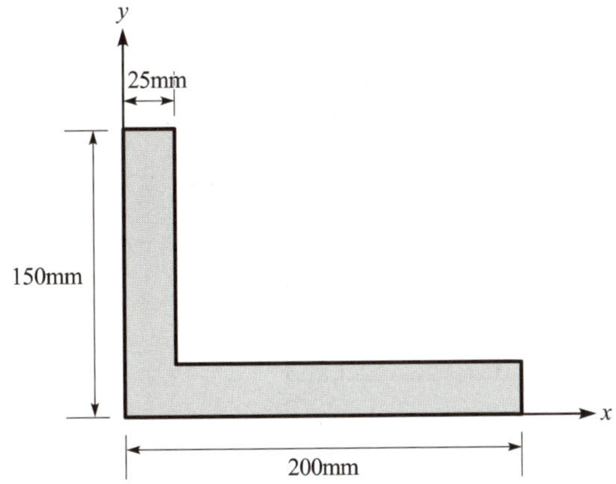

그림 10-43

10.12 그림과 같은 도형에 대하여 아래를 구하시오.

1) 도심의 위치($\overline{x}$, $\overline{y}$)

2) x, y축에 대한 단면2차모멘트(I_x, I_y)

3) x, y축에 대한 극단면2차모멘트(J_z)

4) 도심 축에 대한 단면2차모멘트($\overline{I_x}$, $\overline{I_y}$)

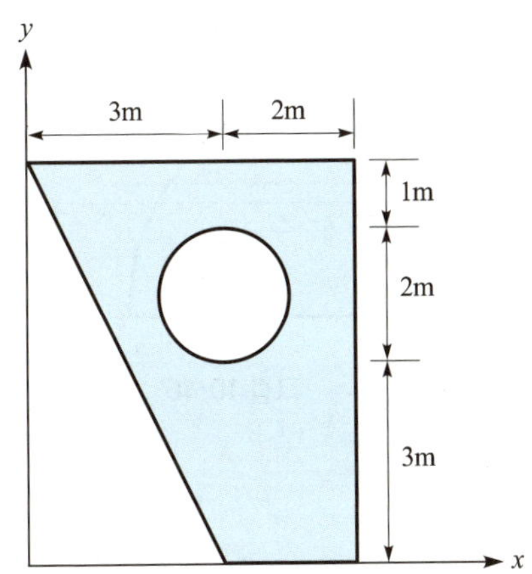

그림 10-44

10.13 다음 단면에서 중심축에 대하여 단면 2차 모멘트 I_X는 얼마인가?

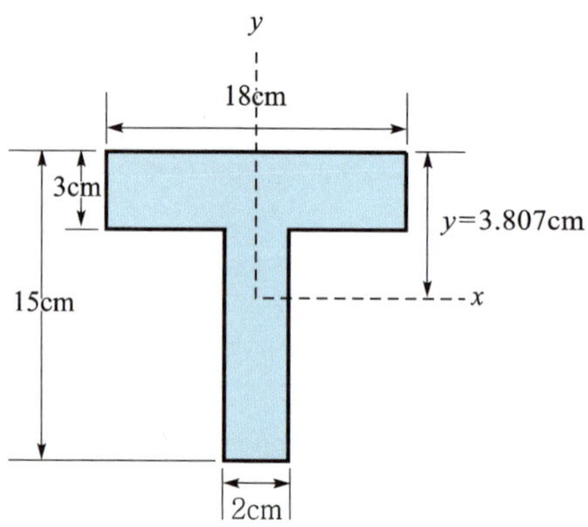

그림 10-45

10.14 4분원의 도심을 지나는 X축에 대한 단면 2차 모멘트는?

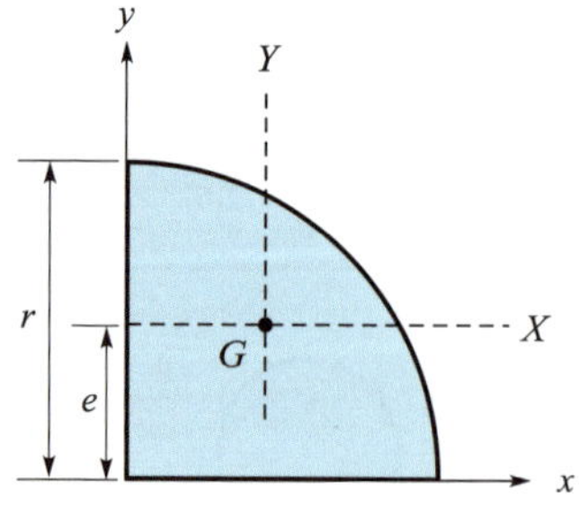

그림 10-46

10.15 빗금 친 도형의 x축에 대한 단면 2차 모멘트는?

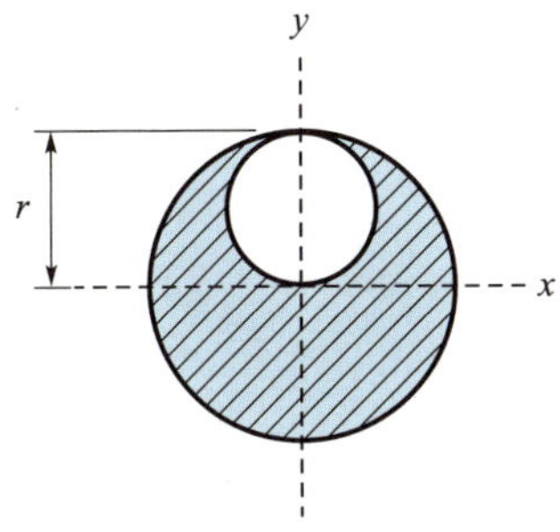

그림 10-47

10.16 다음 그림과 같은 단면의 x, y축에 대한 단면 상승 모멘트 I_{xy}는 얼마인가?

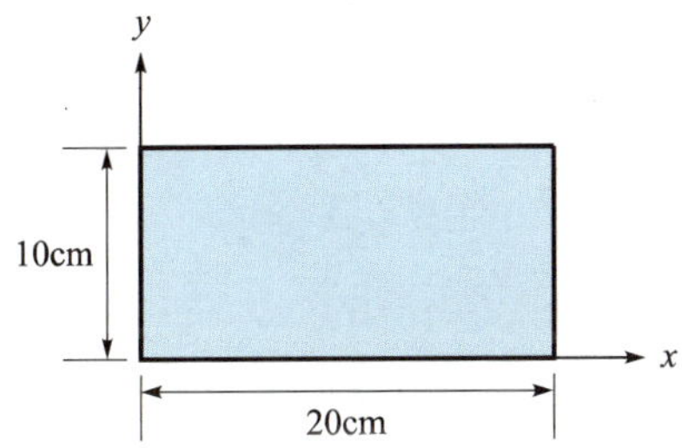

그림 10-48

10.17 다음 그림의 도형에서 x, y축에 대한 단면 상승 모멘트는?

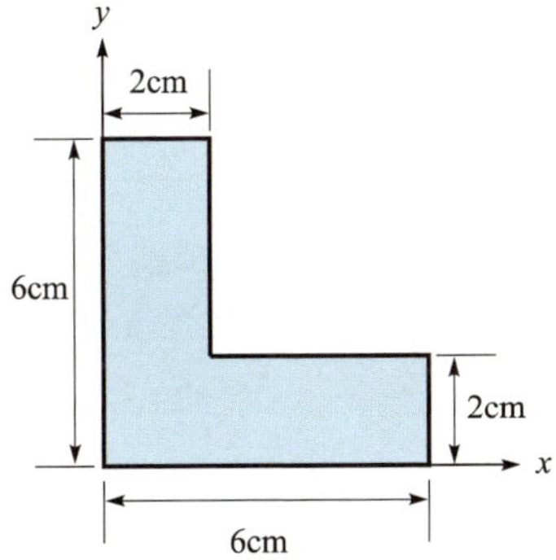

그림 10-49

부 록

부록 1

삼각함수

역학적인 연산에서 삼각함수가 자주 이용되므로 삼각함수에 대해서 알고 있어야 할 필요가 있다.

[1] 삼각함수

삼각형 중에서 그림 A1-1에 나타낸 것과 같이 한 내각이 직각인 삼각형을 직각삼각형이라고 하며, 직각과 마주보는 변 c를 빗변이라고 한다.

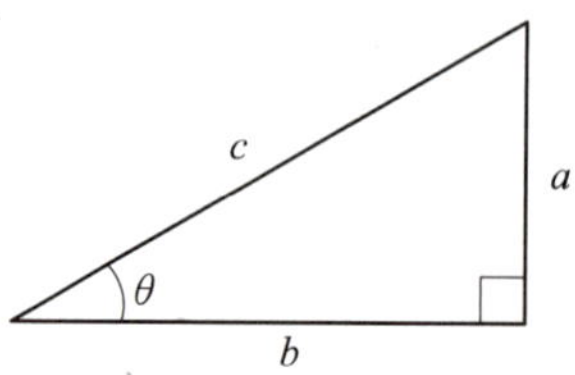

그림 A1-1 직각삼각형

2개 이상의 직각삼각형에서 직각을 제외한 한 내각이 모두 같다면, 직각삼각형은 그 크기에 상관없이 두 변의 길이의 비[1]가 항상 일정하다. 즉, 그림 A1-1에서 각 θ가 하나의 정해진 값이면, 두 변의 길이의 비 a/c, b/c, a/b는 주어진 직각삼각형의 크기에는 상관없이 같은 값으로 구해진다.[2]

따라서 θ를 일정한 영역에서 변하는 변수라고 하면 θ와 a/c(또는 b/c, a/b)는 함수[3] 관계를 이루는데, 이와 같은 함수를 통틀어 삼각함수라고 하며, 삼각함수에는 사인(sine)함수, 코사인(cosine)함수, 탄젠트(tangent)함수 등이 있고, 각각 다음과 같이 정의된다.

---

1) 삼각비라고도 한다.

2) 왜냐하면, 임의의 두 직각삼각형은 직각을 제외한 한 내각이 같으면 닮은꼴이 되기 때문이다.

3) 두 변수 x, y 사이에 어떤 대응 관계가 있어서 x의 값이 정해지면 그 값에 대응하는 y의 값이 하나 정해질 때, y는 x의 함수(函數, function)라고 한다.

$$\sin\theta = \frac{a}{c}, \qquad \cos\theta = \frac{b}{c}, \qquad \tan\theta = \frac{a}{b}$$

만일 θ의 값이 주어지면, $\sin\theta$(또는 $\cos\theta$, $\tan\theta$)의 값은 미리 구해서 정리해둔 표나 계산기를 이용하여 구할 수 있으므로 직각삼각형에서 한 변과 한 각을 알고 있으면 삼각함수를 이용하여 나머지 변의 길이를 구할 수 있다. 즉, 그림 A1-1과 같은 직각삼각형에서 빗변 c의 길이가 10cm이고, θ가 30° 이면, 변 a의 길이는 다음과 같이 구해진다.

$$a = c\sin\theta = 10\sin 30^\circ = 10 \times \frac{1}{2} = 5\text{cm}$$

[2] 피타고라스의 정리

한편 직각삼각형에 대해 자주 이용되는 정리로 피타고라스의 정리를 들 수 있는데, 직각삼각형에서 두 변을 알고 있으면, 피타고라스 정리를 이용하여 나머지 변의 길이를 구할 수 있다.

[피타고라스의 정리]

직각삼각형의 빗변의 제곱은 나머지 두 변의 제곱의 합과 같다. 즉, 직각삼각형의 빗변을 c, 나머지 두 변을 각각 a, b라고 하면 다음 식이 성립한다.

$$c^2 = a^2 + b^2$$

[3] 사인법칙과 코사인법칙

또한 자주 사용되는 삼각함수에 관한 식으로는 다음과 같은 사인법칙과 코사인법칙을 들 수 있다.

[사인(sine)법칙]

그림 A1-2와 같이 α, β, γ는 삼각형의 세 내각이고, a, b, c는 각 내각에 대한 대변이면, 다음 식이 성립한다.

$$\frac{a}{\sin\alpha} = \frac{b}{\sin\beta} = \frac{c}{\sin\gamma}$$

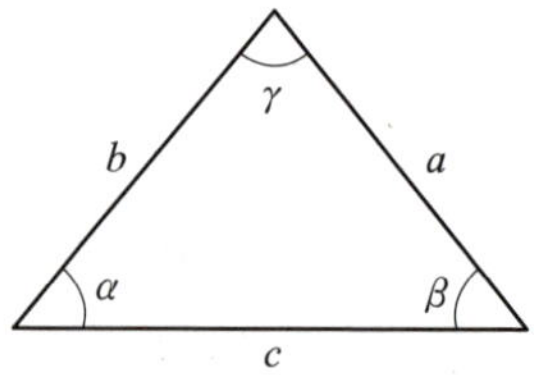

그림 A1-2

[코사인(cosine)법칙]

그림 A1-2와 같이 α, β, γ는 삼각형의 세 내각이고, a, b, c는 각 내각에 대한 대변이면, 다음 식이 각각 성립한다.

$$a^2 = b^2 + c^2 - 2bc\cos\alpha$$

$$b^2 = c^2 + a^2 - 2ca\cos\beta$$

$$c^2 = a^2 + b^2 - 2ab\cos\gamma$$

부록 2

전달성의 원리

강체는 역학에서 다루어지는 가상적(假想的)인 물체이다. 대부분의 고체는 큰 힘이 가해지지 않는 한 부서지거나 변형되지 않으므로 강체로 간주할 수 있다.

[강체(剛體, rigid body)]

강체는 질량과 부피를 가지고 있고, 힘을 가하여도 그 모양과 부피가 변하지 않는 물체를 말하는데, 실제적으로는 외력에 의한 변형이 아주 적은 물체를 이르는 말이다.

전달성의 원리는 강체가 받고 있는 외적인 힘의 관계를 다룰 때 자주 이용되는 원리이며, 과도한 힘에 의한 물체의 변형과 같은 내적인 효과에는 적용되지 않는다.

[전달성의 원리(傳達性--, principle of transmissibility)]

강체역학에서 강체에 작용하는 힘을 그 힘의 작용선상에 있는 다른 점으로 옮겨 작용시켜도 강체에 미치는 외적(外的)인 효과는 동일하다. 따라서 강체의 평형조건이나 운동상태는 변하지 않는다.

예를 들어 그림 A2-1과 같이 힘 F를 작용시켜 수레를 끌고 가는 경우를 고려해 보자.

이런 경우 힘 F를 점 p_1에 작용시켜 수레를 끌거나 또는 동일한 힘 F를 점 p_2나 p_3에 작용시켜 수레를 밀고 가더라도 힘 F가 수레에 미치는 효과는 동일함을 알 수 있다.

또 다른 예로서 그림 A2-2와 같이 지면 위에 있는 기둥에 힘 F가 작용할 때, 힘 F를 기둥의 상부인 점 p_1에 작용시킨 경우나 또는 동일한 힘 F를 점 p_2에 작용시킨 경우 모두 지면의 반력은 동일하다.

이와 같이 강체에 어떤 힘이 작용할 때, 그 힘을 그 힘의 작용선상에 있는 다른 점으로 옮겨서 작용시켜도 힘이 강체에 미치는 외적인 효과는 동일하기 때문에 강체의 평형조건이나 운동상태는 변하지 않는다는 것이 전달성의 원리이다.

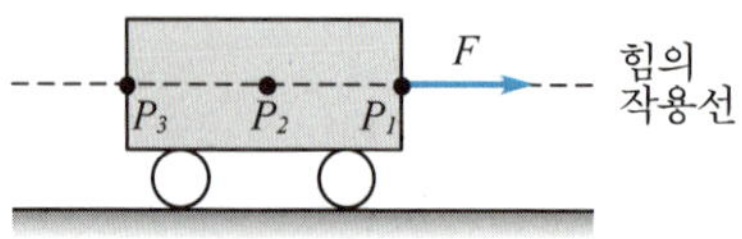

그림 A2-1

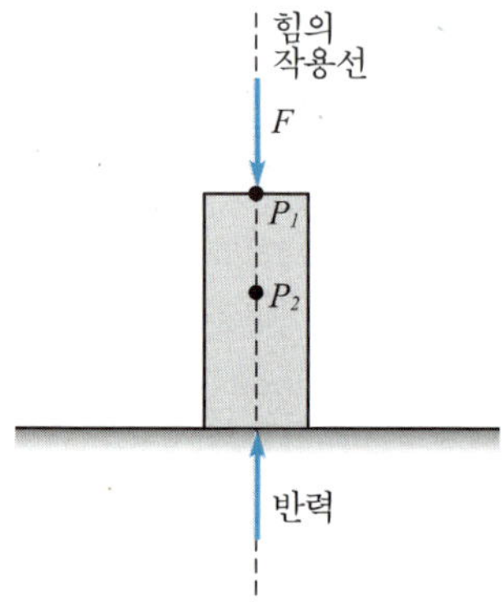

그림 A2-2

그러나 이때 한 가지 유의할 점은 힘을 작용시키는 점을 옮길 경우, 힘이 물체의 내부에 미치는 효과는 달라진다는 점이다. 예를 들어 그림 A2-2의 경우에서 힘 F를 기둥의 중간에 있는 점 p_2에 작용시킬 경우, 점 p_2의 아래 부분들은 힘을 받지만, 그 위에 있는 부분은 힘을 받지 않는다.

부록 3

뉴턴의 운동법칙

다음은 17세기 후반에 뉴턴(Isaac Newton)에 의해 정립된 3가지 운동법칙이다.

[제1법칙(관성의 법칙)]

외부로부터 힘이 작용하지 않으면 정지해 있던 물체는 계속 정지해 있고, 운동하고 있던 물체는 움직이던 방향을 향해 일정한 속도로 직선운동을 계속한다.

[제2법칙]

물체에 힘이 작용할 때 발생되는 가속도의 크기는 작용하는 힘의 크기에 비례하고 물체의 질량에 반비례하며, 그 가속도의 방향은 힘의 방향과 같다.

물체에 작용하는 힘을 F, 물체의 질량을 m, 가속도를 a라고 하면, 제2법칙은 다음과 같은 식으로 나타내지고,

$$\mathrm{F} = ma$$

힘의 단위로는 N(뉴턴)과 dyn(다인)이 있다.

$$1\ \mathrm{N} = (1\ \mathrm{kg}) \times (1\ \mathrm{m/s^2}) = 1\ \mathrm{kg} \cdot \mathrm{m/s^2}$$

$$1\ \mathrm{dyn} = (1\ \mathrm{g}) \times (1\ \mathrm{cm/s^2}) = 1\ \mathrm{g} \cdot \mathrm{cm/s^2}$$

즉, 1N은 질량이 1kg인 물체가 $1\ \mathrm{m/s^2}$의 가속도로 가속되도록 하는 힘의 크기를 말한다. 다시 말해 질량이 1kg인 물체에 1N의 힘이 작용하게 되면, 그 물체는 $1\mathrm{m/s^2}$의 가속도로 그 속도가 증가하게 된다.

지구상에서 어떤 물체의 중량(重量, weight) 또는 무게라고 하는 것은 그 물체에 작용하

는 중력(重力)의 크기를 말하며, 질량이 m 인 물체의 무게 W는

$$W = mg$$

이다. 여기서 g 는 중력가속도이며, 그 값은 지구상의 위치와 높이에 따라 다르지만 대략적으로 $9.81\mathrm{m/s^2}$ 정도이다.

[제3법칙(작용 반작용의 법칙)]

서로 접촉하고 있는 물체들 사이에 작용하는 작용력과 반작용력은 동일한 작용선 상에서 반대방향으로 작용하며, 그 크기는 같다.

예를 들어 그림 A3-1과 같이 지표면 위에 둥근 물체가 놓여 있는 경우에는 물체의 중량 W가 지표면에 작용하고, 물체에는 W와 크기는 같고 작용방향은 반대인 힘이 반작용력으로서 작용하게 된다.

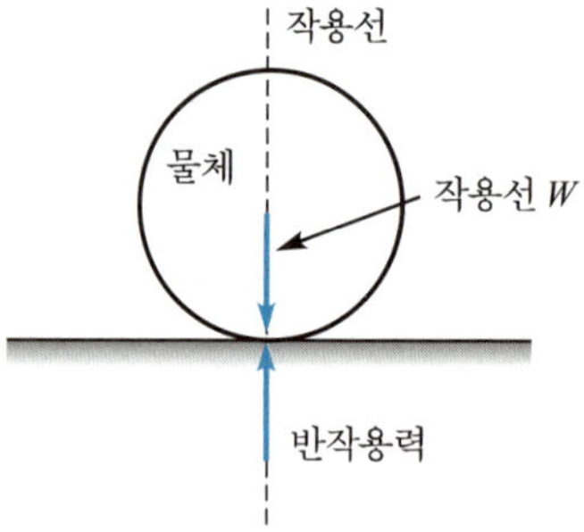

그림 A3-1

부록 4

단위계의 접두어 및 그리스 문자

표 A4-1 단위계의 접두어

곱하는 배수	기호	명칭	곱하는 배수	기호	명칭
10^{12}	T	tera(테라)	10^{-1}	d	deci(데시)
10^{9}	G	giga(기가)	10^{-2}	c	centi(센티)
10^{6}	M	mega(메가)	10^{-3}	m	milli(밀리)
10^{3}	k	kilo(킬로)	10^{-6}	μ	micro (마이크로)
10^{2}	h	hecto(헥토)	10^{-9}	η	nano(나노)
10	da	deca(데카)	10^{-12}	ρ	pico(피코)

표 A4-2 그리스 문자

대문자	소문자	명칭	대문자	소문자	명칭	대문자	소문자	명칭
A	α	alpha	I	ι	iota	P	ρ	rho
B	β	beta	K	κ	kappa	Σ	σ	sigma
Γ	γ	gamma	Λ	λ	lambda	T	τ	tau
Δ	δ	delta	M	μ	mu	Y	υ	upsilon
E	ϵ	epsilon	N	ν	nu	Φ	ϕ	phi
Z	ζ	zeta	Ξ	ξ	xi	X	χ	chi
H	η	eta	O	o	omicron	Ψ	ψ	psi
Θ	θ	theta	Π	π	pi	Ω	ω	omega

부록 5

단위환산표

표 A5-1 단위환산표

	US 단위	US 단위를 SI 단위로 환산할 때의 공식
길이	inch	1 in = 25.40 mm
	foot	1 ft = 0.3048 m
	mile	1 mi = 1.609 km
면적	square inch	1 in^2 = 645.2 mm^2
	square foot	1 ft^2 = 0.0929 m^2
부피	cubic inch	1 in^3 = 16.39(10(3)) mm^3
	cubic foot	1 ft^3 = 0.02832 m^3
	gallon	1 gal 3.785 L
속력	inch per second	1 in/s = 0.0254 m^3
	foot per second	1 ft/s = 0.3048 m^3
	mile per hour	1 mi/h 1.609 km/h
가속력	inch per square second	1 in/s^2 = 0.0254 m/s^2
	foot per square second	1 ft/s^2 = 0.3048 m/s^2
질량	slug	1 slug = 14.59 kg
2차관성모멘트	inch to fourth power	1 in^4 = 0.4162(10^6) mm^4
힘	pound	1 lb = 4.448 N
분포하중	pound per foot	1 lb/ft = 14.59 N/m
압력(응력)	pound per square inch	1 psi = 6.895 Kpa
	kilo pound per square inch	1 ksi = 6.895 Mpa
모멘트	foot pound	1 ft-lb = 1.356 N-m
일(에너지)	foot pound	1 ft-lb = 1.356 J
일률	foot pound per second	1 lb-ft/s = 1.356 W
	horse power	1 hp = 745.7 W

	SI 단위	SI 단위를 US 단위로 환산할 때의 공식
길이	meter	1 m = 39.37 in
		1 m = 3.281 ft
	kilo meter	1 km = 0.6214 mi
면적	square meter	$1\ m^2$ = $1550\ in^2$
		$1\ m^2$ = $10.76\ ft^2$
부피	cubic milli meter	$1\ mm^3$ = $61.02(10^{-6})\ in^3$
	cubic meter	$1\ m^3$ = $35.31\ ft^3$
	liter	1L = 0.2642 gal
속력	meter per second	1 m/s = 39.37 in/s
		1 m/s = 3.281 ft/s
	kilo meter per hour	1 km/h = 0.6214 mi/h
가속력	meter per square second	$1\ m/s^2$ = $39.37\ in/s^2$
		$1\ m/s^2$ = $3.281\ ft/s^2$
질량	kilogram	1 kg = 0.06854 slug
2차관성모멘트	milli meter to fourth power	$1\ mm^4$ = $2.402(10^{-6})\ in^4$
힘	newton	1 N = 0.2248 lb
분포하중	kilo newton per meter	1 kN/m = 68.54 lb/ft
압력(응력)	kilo pascal	1 kpa = 0.1450 psi
	mega pascal	1 Mpa = 145.0 psi
모멘트	newton meter	1 N-m = 0.7376 ft-lb
일(에너지)	joule	1 J = 0.7376 ft-lb
일률	watt	1 W = 0.7376 ft-lb/s
	kilo watt	1 kW = 1.341 hp

찾아보기

| 저자 소개 |

김낙석

고려대학교 토목공학과 학사
고려대학교 대학원 토목공학과 석사
North Carolina 주립대학 토목공학과 석사
North Carolina 주립대학 토목공학과 박사
현재 : 경기대학교 토목공학과 교수

황신우

단국대학교 토목공학과 학사
단국대학교 대학원 토목공학과 석사
단국대학교 대학원 토목공학과 박사
전 경기대학교 토목공학과 겸임교수

주석범

서울대학교 토목공학과 학사
서울대학교 대학원 토목공학과 석사
서울대학교 대학원 토목공학과 박사
현재 : 세명대학교 토목공학과 교수

윤석호

서울시립대학교 토목공학과 학사
서울시립대학교 대학원 토목공학과 석사
서울시립대학교 대학원 토목공학과 박사
현재 : 경동대학교 토목공학과 교수

정역학 정가 20,000원

저자 : 김낙석 · 황신우 · 주석범 · 윤석호

발행인 : 임해진
발행처 : 도서출판 구미서관

발행 : 2008년 1월 30일 제1판 1쇄
2016년 2월 27일 제2판 1쇄
2018년 8월 14일 제2판 2쇄

등록 : 1979년 6월 29일 No.9-6호
주소 : 서울시 마포구 신촌로 2길 5-15 구미빌딩
전화 : 02-333-1101
팩스 : 02-335-2201
http://www.goomibook.com

ISBN : 978-89-8225-490-1 (93530)

저자와의 협의 하에 인지를 생략합니다.
파본이나 잘못된 책은 교환하여 드립니다.